21 世纪大学数学丛书

U0890583

概率论与数理统计

（第二版）

主　编　朱翼隽
编　者　朱翼隽　杨卫国　孙　梅
蔡国梁　赵跃生

江苏大学出版社
JIANGSU UNIVERSITY PRESS
镇　江

图书在版编目(CIP)数据

概率论与数理统计/朱翼隽主编. —2 版. —镇江：江苏大学出版社，2015. 8(2023.1 重印)
ISBN 978-7-5684-0017-6

Ⅰ.①概… Ⅱ.①朱… Ⅲ.①概率论②数理统计 Ⅳ.①O21

中国版本图书馆 CIP 数据核字(2015)第 158171 号

概率论与数理统计(第二版)
Gailülun Yu Shuli Tongji

主　　编/朱翼隽
责任编辑/吴昌兴
出版发行/江苏大学出版社
地　　址/江苏省镇江市京口区学府路 301 号(邮编：212013)
电　　话/0511-84446464(传真)
网　　址/http://press.ujs.edu.cn
排　　版/镇江文苑制版印刷有限责任公司
印　　刷/镇江恒华彩印包装有限责任公司
开　　本/787 mm×960 mm　1/16
印　　张/24.25
字　　数/480 千字
版　　次/2009 年 12 月第 1 版　2015 年 8 月第 2 版
印　　次/2023 年 1 月第 2 版第 12 次印刷 累计第 16 次印刷
书　　号/ISBN 978-7-5684-0017-6
定　　价/49.00 元

序

朱翼隽、杨卫国等教授编写的《概率论与数理统计》即将由江苏大学出版社正式出版，今表示衷心祝贺，并愿意向读者郑重推荐该书．我与朱翼隽教授、杨卫国教授已经相知多年，对他们的情况比较了解．两位教授都是著名的概率统计专家．他们数十年来一直从事概率论与数理统计方面的教学与科研工作，在教学与科研中积累了大量的教案资料和丰富的教学经验，同时对工科院校概率统计的特点与要求有深刻的认识．该书就是作者多年来从事该课程教学工作的经验总结．具体来说，该书有以下特点：

（1）该书特别注重概率论与数理统计学科的基本概念、基本原理和基本方法的论述．

对于基本概念的表述，从背景引申到严格定义以及示例解释都注重启发式，以便学生加深理解；对于基本定理和主要结果的介绍，从意义解释到严格证明以及方法应用皆有细致的分析和讨论．这些都有助于学生获得扎实的基础知识，并培养学生提出问题和解决问题的能力．同时，该书并不过分探讨数学理论的细节，而更注重概率统计基本思想、基本原理的论述，从而尽可能适应非数学专业学生的需要．另外，该书也较好地做到了高等数学各门课程之间的衔接，在普通高等数学和线性代数的基础上，比较系统地、由浅入深地介绍了概率论与数理统计学科的基本知识．

（2）该书特别注重概率论与数理统计这门学科基本理论与实际应用的结合．

该书附有丰富的例题和习题，其中大多来自工科类专业及经济管理方面的实际问题．为了帮助学生理解随机现象的规律并提高统计推断的能力，该书在有关章节安排了较多的典型示例，其中有的是为了加深对基本概念的理解；有的是为了加强对典型方法和技巧的训练．这些示例大部分都有应用背景和实际参考价值，某些问题也带有研究性质，结果比较新颖，其中的构思和处理方法很有启发性．

(3) 该书适用范围比较广.

读者只要具有高等数学和线性代数的基础知识，即可通过该书掌握概率论与数理统计的基本原理和基本方法，因此，该书可作为工程技术、管理科学、经济金融、生物医学等本科专业的教材，亦可供相关专业的教师、研究生及科技人员和统计工作者参考.

综上所述，根据21世纪教学内容和课程体系改革的要求，该书凝聚了作者多年来从事课程教学工作的经验，内容充实、结构合理、详略得当、典型实用，是一本很有特色、适应面广的好教材，特此推荐给广大读者.

中国工程概率统计学会常务副理事长
东南大学数学系教授、博导

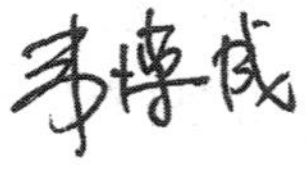

2009 年 7 月

第二版前言

本书第一版自 2009 年出版以来，在理工类和管理类多个专业用作教材，已经经历了多次教学实践. 这次出版第二版正好赶上高校审核性评估和本科教学质量名校建设的强劲东风.

众所周知，作为本科教学质量内涵提升的关键：一是夯实基础，二是拓展视野. 本着这一宗旨，本书在第一版编写过程中已注意到：为了严守“本科概率论只建立在样本空间的基础上”这一循序渐进的共识，多数同类教材都不得不隐去随机变量可测性的本质. 为了弥补这一缺憾，我们在出版的教材中，借助于规定随机事件概率的公理化定义(见第 1 章 1.3.1)，绕过概率空间的概念，做了巧妙、妥当的处理. 具体可见：在第 2 章 2.1.1 随机变量的定义 2.1 中强调了“$\forall x \in \mathbf{R}$，$\{\omega, X(\omega) \leqslant x\}$ 是一个随机事件”，因而，间接地给出了随机变量可测的本质，而在第 11 章作为概率论延拓的随机过程理论中，用三个定义，从三个侧面给出了随机过程的精确描述，为理论的进一步延拓留出了发展的接轨处.

第二版第 13 章习题中，与理论延拓相关的习题均打上了 * 号，以期达到与学科发展接轨，与国际接轨的目的.

在此，我们谨向关心本书和对第一版教材提出宝贵意见的师生及同仁表示衷心的感谢，并真诚希望广大读者对第二版不足之处提出批评和指正.

第一版前言

高校实现跨越式发展将"与时俱进"和"特色发展"的教改要求提到了我们面前. 作为研究随机规律的学科分支——概率论与数理统计有极强的工科应用背景,掌握其基本知识和应用能力应是一个大学生(特别是理工科大学生)的基本素质. 为适应当前科技和学科发展的需要,编者结合多年来的教学实践,拟编写一本有专业特色的,努力用现代化教学思想来统一处理的本科概率统计教材.

本书是田立新教授主编的"21 世纪大学数学丛书"之一. 我们在本书编写过程中渗透了两项教改思路:一是各章节中精选与专业背景密切结合的课堂例题;二是注重理论体系的清晰和完整,力求与现代化接轨,与研究生教学接轨,与学科发展接轨. 作为以理工科为主的公共基础课程教材,本书着重叙述其数学机理和应用背景,既注重概念和理论的自然引进、逐步深入,又力求联系应用实际,结合当前强势学科的特色. 在内容叙述上考虑了本科学生易于接受的形式,力求直观,提高可读性,其理论阐述的深度应使学生不至于望而却步,又能较准确地把握其知识结构,尽量做到内容拓展,篇幅不增,并考虑与研究生教学基础的衔接. 考虑到全书的系统性及深度,书中部分标星号(*)的内容,在教学中,根据实际情况,作为拓宽学生知识面的需要,教师可选讲或不讲.

全书共 13 章. 第 1,11,12,13 章由朱翼隽编写;第 2,6 章由赵跃生编写;第 3,9,10 章由孙梅编写;第 4,7,8 章由蔡国梁编写;第 5 章由杨卫国编写;周宗好博士负责附录和习题,并完成了全书图表和习题参考答案. 全书由朱翼隽教授统稿. 杨卫国教授和孙梅教授分别对初稿的概率和统计部分进行了审阅.

本书在编写过程中,参阅了众多同行的资料,在此表示衷心感谢. 由于水平有限,书中不妥之处在所难免,欢迎专家、读者批评指正.

目　录

1 随机事件与概率

概率论是研究随机现象规律性的一个数学分支，是近代数学的重要组成部分. 掌握概率论的基本知识及其应用能力应是一个大学生的基本素质. 本章将阐明随机事件及其概率这两个概念，并介绍事件概率的基本计算方法.

1.1 随机事件与样本空间

1.1.1 随机现象及其统计规律性

自然界和社会上发生的现象大体上可以归结为两类：一类是所谓的确定性现象，它在一定的条件下必然发生. 例如，向上抛的石子必然下落；在一个标准大气压下，温度达到 100 ℃时，纯水必沸腾；同性的电荷必相互排斥等. 另一类是事先无法预言其结果的，即使在相同的条件下重复进行观察，其结果也未必相同. 例如，受孕胎儿是男孩还是女孩；抛掷一枚均匀的、对称的硬币，结果是正面向上还是反面向上；夏季某河流可能出现的最高水位；某电话交换台单位时间内可能接到的呼唤次数等. 这类现象在观察后才能知道它的结果，事先由于它出现哪个结果的不确定性而无法预言，称之为随机现象. 随机现象既然无法预言其结果，它是不是就无规律可循呢？事实并非如此. 人们通过长期观察或试验，发现所谓不可预言只是对一次或少数几次观察或试验而言，若在相同条件下进行大量的观察或试验时，这些随机现象就呈现出某种规律性，因而从总体上还是可以预言的。例如，根据各个国家各时期的人口统计资料，受孕胎儿中男孩和女孩的比例约各占一半；抛掷一枚质地均匀且对称的硬币相当多次以后，就会发现出现正面和反面次数的比例大约为 1∶1. 这种在大量重复试验或观察中所呈现出的固有规律性，称之为随机现象的统计规律性.

概率论作为研究随机现象统计规律性的学科，它的理论和方法的应用是很广泛的，几乎遍及所有科学技术领域、工农业生产和国民经济的各个部门. 例如使用概率统计方法可以进行气象预报、水文预报及地震预报；产品的抽样验收；在研制新产品时，为寻求最佳生产方案，可以进行试验设计和数据处理；在可靠性工程中，使用概率统计方法可以给出元件或系统的可靠性及平均寿命的估计；在自动控制中可以给出数学模型以便通过计算机来控制工业生产；在通信工程中可以提高信号的抗干扰性和分辨率等.

1.1.2 随机试验与随机事件

为了叙述方便，把对一定条件下的自然现象和社会现象的观察或进行的试验，都称为试验，也就是说这里把试验的含义推广，它既指各种各样的科学试验，也把对某事物的某一特征进行的一次观察，称为进行一次试验.

随机试验具有以下特点：

(1) 它可以在相同的条件下重复进行；

(2) 每次试验的可能结果不止一个，而究竟出现哪个结果，试验前并不能准确地预言；

(3) 试验中一切可能的结果在试验前是已知的，而且每次试验中必有一个结果出现，也仅有一个结果出现.

例 1.1 抛掷一枚硬币，观察其出现正面或反面的次数.

例 1.2 掷一粒骰子，观察出现的点数.

例 1.3 在一批灯泡里，任意取一只，测试它的寿命.

例 1.4 对成批铸件中的任意一个的某部位尺寸进行一次测量.

例 1.5 记录上午 8 点某公共汽车站等车的人数.

把随机试验中可能发生但不一定发生的事情，称为随机事件，简称为事件，通常用大写字母 $A,B,C,\cdots$ 表示，而把试验中每一个可能结果称为基本事件. 基本事件是不能分解成其他事件组合的最简单的随机事件. 例如，掷一粒骰子的试验中，其出现的点数“1 点”、“2 点”、…、“6 点”都是基本事件. “奇数点”也是随机事件，但它不是基本事件，它由“1 点”、“3 点”、“5 点”这三个基本事件组成，只要这三个基本事件中的一个发生，“奇数点”这个事件就发生.

每次试验中一定发生的事情称为必然事件，记作 Ω；而必然不发生的事情，称为不可能事件，记作 $\varnothing$. 例如在上面提到的掷骰子试验中，“点数小于 7”是必然事件，必然事件与不可能事件都属确定性现象，为了今后研究方便，把它们看做随机事件的两个极端情况.

1.1.3 样本空间

随机试验的所有可能结果或全体基本事件的集合称为样本空间，也记作 Ω，而把 Ω 中的每一个基本事件记作 ω，称为样本点，这样试验中的任一随机事件都是其样本空间 Ω 中的某些样本点所组成的集合，因而它是 Ω 的子集. 于是，从集合论的角度来看，可以定义随机事件如下：

定义 1.1 设 D 为样本空间的一个子集,称"试验结果属于 D"为一个随机事件,简称为事件,为了简单,就用 D 表示这个事件.

例 1.6 若把例 1.1 中抛掷硬币的两种可能结果——正面或反面分别记为 ω_1,ω_2,则其样本空间由两个样本点组成,即 $\Omega=\{\omega_1,\omega_2\}$. 若将"出现正面"这一事件记为 A,则

$$A=\{\omega_1\}$$

是 Ω 的子集.

例 1.7 若某电话交换台,单位时间内可能接到的呼唤次数是 0,1,2,…,用 ω_i 表示接到 i 次呼唤的事件,则样本空间 Ω 由可列无限多个样本点组成,即 $\Omega=\{\omega_0,\omega_1,\cdots,\omega_i,\cdots\}$. 若把"单位时间接到呼唤不超过 20 次"这一事件记为 B,则

$$B=\{\omega_0,\omega_1,\cdots,\omega_{20}\}$$

是 Ω 的子集.

例 1.8 若某河流夏季的最高水位是在 3 m 到 5 m 之间,则样本空间为 3 到 5 内的一切实数所成的集合,即 $\Omega=\{X|3\leqslant X\leqslant 5\}$. 若把"夏季最高水位在 3.5 m 与4 m 之间"这一事件记为 C,则

$$C=\{X|3.5\leqslant X\leqslant 4\}$$

是 Ω 的子集.

1.1.4 事件的关系与运算

在实际问题中,同一随机试验中出现的几个事件往往不是孤立的,而是彼此之间有联系的. 例如,检验圆柱形产品,要求它的长度与直径都合格时,产品才算合格. 这时就要考虑"产品合格","产品不合格","长度合格","长度不合格","直径合格","直径不合格","长度合格而直径不合格"等事件. 显然这些事件之间是有联系的. 研究在同样条件下发生的几个事件以及它们之间的关系,使我们能够通过对一些较简单事件的了解,去研究与之有关的较复杂的事件.

下面介绍事件之间的几个主要关系以及作用在事件上的运算.

事件的包含与相等

如果事件 A 出现必然导致事件 B 出现,则称事件 B 包含事件 A 或称 A 是 B 的子事件,记作

$$A\subset B(\text{或 } B\supset A).$$

例如,"直径不合格"必然导致"产品不合格",所以"直径不合格"是"产品不合格"的子事件,为了方便,规定对于任一事件 A,有 $\varnothing\subset A$,而 $A\subset\Omega$.

如果事件 A 包含事件 B,同时事件 B 也包含事件 A,即 $B\subset A$ 和 $A\subset B$ 同时成

立，则称事件 A 与 B 相等，记作

$$A=B.$$

例如，检验圆柱形产品时，事件 A_1——“直径和长度都合格”出现，必然导致事件 A_2——“产品合格”出现，即 $A_1\subset A_2$，反之亦有 $A_2\subset A_1$，故“产品合格”与“直径和长度都合格”两事件相等，即 $A_1=A_2$.

事件的和

“两事件 A 与 B 中至少有一个出现”的事件，称为事件 A 与 B 的和事件，记作

$$A\cup B.$$

例如，“产品不合格”便是“直径不合格”与“长度不合格”两事件的和事件.

类似地，“事件 $A_1,A_2,\cdots,A_n$ 中至少有一个出现”的事件，称为事件 $A_1,A_2,\cdots,A_n$ 的和事件，记作

$$A_1\cup A_2\cup\cdots\cup A_n \text{ 或 } \bigcup_{i=1}^{n}A_i.$$

例如，“一分钟内接到不多于 15 次呼唤”这一事件便是“一分钟内接到 1 次呼唤”，“一分钟内接到 2 次呼唤”，…，“一分钟内接到 15 次呼唤”及“一分钟内没有接到呼唤”等事件的和事件.“可列个事件 $A_1,A_2,\cdots$ 中至少有一个出现”的事件，称为事件 $A_1,A_2,\cdots$的和事件，记作

$$A_1\cup A_2\cup\cdots \text{或 } \bigcup_{i=1}^{\infty}A_i.$$

事件的积

“两事件 A 与 B 同时发生”的事件，称为事件 A 与 B 的积事件，记作 $A\cap B$ 或记为 AB，例如，“产品合格”便是“直径合格”和“长度合格”两事件的积事件. 类似地，“事件 $A_1,A_2,\cdots,A_n$ 同时出现”的事件，称为事件 $A_1,A_2,\cdots,A_n$ 的积事件，记作

$$A_1\cap A_2\cap\cdots\cap A_n \text{ 或 } \bigcap_{i=1}^{n}A_i.$$

“可列个事件 $A_1,A_2,\cdots$同时出现”的事件，称为事件 $A_1,A_2,\cdots$的积事件，记作

$$A_1\cap A_2\cap\cdots \text{或 } \bigcap_{i=1}^{\infty}A_i.$$

事件的互斥与互逆

如果事件 A 与 B 不能同时出现，即 $A\cap B=\varnothing$，则称事件 A 与 B 互斥或互不相容. 通常将这样的两事件的和，记作 $A+B$. 如果 n 个事件 $A_1,A_2,\cdots,A_n$ 两两互斥，即 $A_i\cap A_j=\varnothing,(i\neq j,i,j=1,2,\cdots,n)$，则将 $A_1\cup A_2\cup\cdots\cup A_n$ 记作 $\sum\limits_{i=1}^{n}A_i$. 如果可列个事件 $A_1,A_2,\cdots$两两互斥，则将 $A_1\cup A_2\cup\cdots$记作 $\sum\limits_{i=1}^{\infty}A_i$.

如果两事件 A 与 B 中必有一个出现，而又不能同时出现，即 $A\cup B=\Omega,A\cap B=\varnothing$同时成立，则称 A 是 B 的逆事件，或 B 是 A 的逆事件，也称事件 A 与 B 互逆或相

互对立．记事件 A 的逆事件为 $\overline{A}$，则有 $B=\overline{A}$，$A=\overline{B}$．

例如，“产品合格”与“产品不合格”是互逆的事件，“一分钟内接到电话”与“一分钟内没有接到电话”也是互逆的事件．

显然，对任一事件 A 有

$$A\overline{A}=\varnothing,\ A+\overline{A}=\Omega,\ \overline{\overline{A}}=A.$$

人们注意到，随机试验的所有基本事件都是两两互斥的，因为每次试验只能出现一个结果，任何两个不同结果都不能同时出现，但基本事件彼此未必互为逆事件．例如，在掷骰子的试验中，“掷出 3 点”与“掷出 4 点”是互斥事件，但不是互逆事件，因为不掷出 3 点还可能掷出 2 点，5 点，1 点，6 点，因此，互斥未必互逆，但互逆必定互斥．若事件 $A_1,\cdots,A_n$ 两两互斥，且 $A_1+\cdots+A_n=\Omega$，则称 $A_1,\cdots,A_n$ 构成一个简单完备事件组．

事件的差与对称差

“事件 A 出现而 B 不出现”的事件，称为事件 A 与事件 B 的差事件，记为 $A\setminus B$，特别地，当 $B\subset A$ 时，记 $A\setminus B=A-B$．

例如，“直径合格而长度不合格”是“直径合格”与“长度合格”两事件的差事件．

显然，$A\setminus B=A\overline{B}$，$\overline{A}=\Omega\setminus A$．

“事件 A 与 B 中恰出现一个”的事件，称为事件 A 与事件 B 的对称差，记为 $A\Delta B$，显然，$A\Delta B=(A\setminus B)+(B\setminus A)=A\overline{B}+B\overline{A}$．

如图 1-1 所示，文氏图可直观地表示以上事件之间的关系与运算．

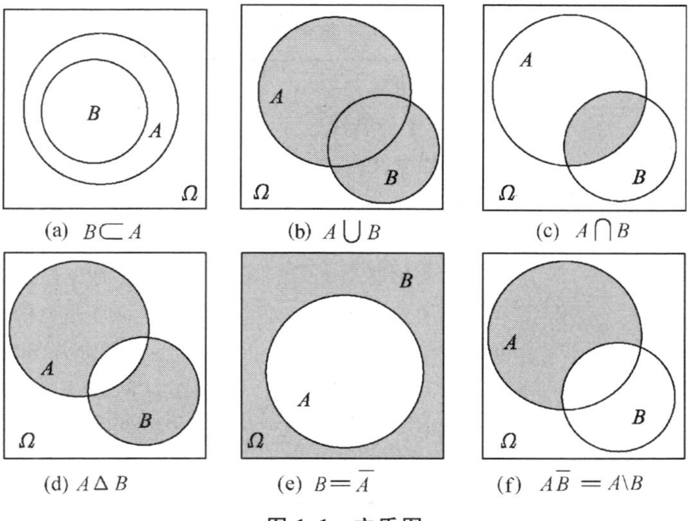

图 1-1　文氏图

例 1.9　设 A,B,C 是三个事件，试用 A,B,C 的运算关系，表示下列事件：

(1) A 出现而 B 与 C 都不出现;

(2) A 与 B 都出现而 C 不出现;

(3) A,B,C 中恰有一个出现;

(4) A,B,C 中不多于一个出现;

(5) A,B,C 中至少有一个出现.

解 可以借助于文氏图直观地得到:

(1) $A\overline{B}\,\overline{C}$ 或 $(A\backslash B)\backslash C$;

(2) $AB\overline{C}$ 或 $(A\cap B)\backslash C$;

(3) $A\overline{B}\,\overline{C}+\overline{A}B\overline{C}+\overline{A}\,\overline{B}C$;

(4) $\overline{B}\,\overline{C}\cup\overline{C}\,\overline{A}\cup\overline{A}\,\overline{B}$ 或 $A\overline{B}\,\overline{C}+\overline{A}B\overline{C}+\overline{A}\,\overline{B}C+\overline{A}\,\overline{B}\,\overline{C}$;

(5) $A\cup B\cup C$ 或 $A\overline{B}\,\overline{C}+\overline{A}B\overline{C}+\overline{A}\,\overline{B}C+\overline{A}BC+A\overline{B}C+AB\overline{C}+ABC$ 或 $\overline{\overline{A}\,\overline{B}\,\overline{C}}$.

例 1.10 在如图 1-2 所示的电路中,以 A 表示"信号灯亮"这一事件,以 B,C,D 分别表示事件"继电器接点Ⅰ,Ⅱ,Ⅲ闭合",那么容易知道 $BC\subset A, BD\subset A, BC\cup BD=A$,而 $\overline{B}A=\varnothing$,即事件 $\overline{B}$ 与事件 A 互斥.

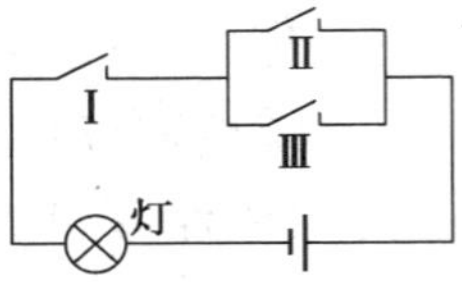

图 1-2 信号灯电路图

为了进一步弄清事件间的关系及运算,可以将它与集合论的相应概念进行比较对照,如表 1-1 所示.

表 1-1 概率论与集合论中相应概念对照表

记 号	概 率 论	集 合 论
Ω	样本空间、必然事件	空间(全集)
$\varnothing$	不可能事件	空集
ω	基本事件,样本点	元素
A	事件	Ω 的子集
$\omega\in A$	事件 A 出现	ω 是集合 A 的元素
$A\subset B$	A 是 B 的子事件	A 是 B 的子集
$A=B$	事件 A 与 B 相等	集合 A 与 B 相等
$A\cup B$	事件 A 与 B 的和事件	集合 A 与 B 的并集
$A\cap B$	事件 A 与 B 的积事件	集合 A 与 B 的交集
$AB=\varnothing$	事件 A 与 B 互斥	集合 A 与 B 不相交
$\overline{A}$	事件 A 的逆事件	集合 A 的余集
$A\backslash B$	事件 A 与事件 B 的差事件	集合 A 与 B 的差集
$A\Delta B$	事件 A 与事件 B 的对称差	集合 A 与 B 的对称差集

1.1.5　事件运算的简单性质

把事件看成样本空间 Ω 的子集后，集合运算的简单性质都可运用到事件的运算中. 例 1.9(5)实际上已给出三个事件运算的对偶原理：$A\cup B\cup C=\overline{\overline{A}\,\overline{B}\,\overline{C}}$.

在进行事件运算时，经常要用到下述定律. 设 A,B,C 为事件，则有

(1) 交换律：$A\cup B=B\cup A$；$A\cap B=B\cap A$.

(2) 结合律：$A\cup(B\cup C)=(A\cup B)\cup C$；

$A\cap(B\cap C)=(A\cap B)\cap C$.

(3) 分配律：$A\cup(B\cap C)=(A\cup B)\cap(A\cup C)$；

$A\cap(B\cup C)=(A\cap B)\cup(A\cap C)$.

(4) 对偶律：$\overline{A\cup B}=\overline{A}\cap\overline{B}$；$\overline{A\cap B}=\overline{A}\cup\overline{B}$；

$\overline{\bigcup_i A_i}=\bigcap_i\overline{A}_i$；$\overline{\bigcap_i A_i}=\bigcup_i\overline{A}_i$.

1.2　随机事件的概率

随机事件在一次试验中可能出现也可能不出现，表现了它具有随机性的一面. 但是在大量重复试验中，人们还是发现它具有一定的规律性. 对于不同的事件，有的出现的可能性大，有的出现的可能性小. 人们希望找到一个合适的数来表示事件在一次试验中出现的可能性大小. 用以度量随机事件出现的可能性大小的数，称为事件的概率.

1.2.1　概率的统计定义

先引入频率的概念，它是描述事件出现的频繁程度.

定义 1.2　若事件 A 在相同条件下进行的 n 次试验中出现了 r 次，则称

$$W_n(A)=\frac{r}{n} \tag{1-1}$$

为事件 A 在 n 次试验中出现的频率，称 r 为事件 A 在 n 次试验中出现的频数.

例 1.11　考虑“抛硬币”试验，A 为“正面向上”的事件. 将一枚硬币抛掷 5 次、50 次、500 次，各做 10 遍，得到数据如表 1-2 所示. 这个试验前人也曾做过，得到如表 1-3所示数据. 从上述数据可以看出：① 频率有随机波动性，即对于同样的试验次数，所得频率不尽相同；② 试验次数较小时频率随机波动的幅度较大，但随着试验次数的增大，频率 $W_n(A)$呈现出某种稳定性，它总是在 0.5 附近摆动，且逐渐稳定于 0.5.

表 1-2 “抛硬币”试验的频数和频率

试验序号	$n=5$		$n=50$		$n=500$	
	r_A	$W_n(A)$	r_A	$W_n(A)$	r_A	$W_n(A)$
1	2	0.4	22	0.44	251	0.502
2	3	0.6	25	0.50	249	0.498
3	1	0.2	21	0.42	256	0.512
4	5	1.0	25	0.50	253	0.506
5	1	0.2	24	0.48	251	0.502
6	2	0.4	21	0.42	246	0.492
7	4	0.8	18	0.36	244	0.488
8	2	0.4	24	0.48	258	0.516
9	3	0.6	27	0.54	262	0.524
10	3	0.6	31	0.62	247	0.494

表 1-3 德·摩根等频数试验表

试验者	n	r_A	$W_n(A)$
德·摩根	2 048	1 061	0.518 1
蒲　丰	4 040	2 048	0.506 9
皮尔逊	12 000	6 019	0.501 6
皮尔逊	24 000	12 012	0.500 5

例 1.12 考察英语中特定字母出现的频率. 当观察字母的个数较少时,频率有较大幅度的随机波动,但当观察数目增大时,频率即呈现出稳定性. 有人统计了约438 023个字母得到了如表 1-4 所示的数据.

表 1-4 特定英语字母的出现频率

字母	频率	字母	频率	字母	频率
E	0.126 8	L	0.039 4	P	0.018 6
T	0.097 8	D	0.038 9	B	0.015 6
A	0.078 8	U	0.028 0	V	0.010 2
O	0.077 6	C	0.026 8	K	0.006 0
I	0.070 7	F	0.025 6	X	0.001 6
N	0.070 6	M	0.024 4	J	0.001 0
S	0.063 4	W	0.021 4	Q	0.000 9
R	0.059 4	Y	0.020 2	Z	0.000 6
H	0.057 3	G	0.018 7		

上述两例揭示了随机事件的一个极其重要的特性:频率的稳定性,即只要试验是在相同的条件下重复进行的,当试验次数充分多时,事件的频率总是在一定值左右摆动,这一定值反映了随机事件出现的可能性的大小,是事件本身所固有的一种属性,它是客观存在而且不会改变的. 这种属性是可以对事件出现的可能性大小进行度量的客观基础,因而启发我们给出以下的定义:

定义 1.3 如果随着试验次数 n 的增大,事件 A 出现的频率 $W_n(A)$ 总在区间 $[0,1]$ 上的某个数字 p 附近摆动,那么定义事件 A 的概率为

$$P(A)=p. \tag{1-2}$$

概率的这种定义,称为概率的统计定义,由此确定的概率称为统计概率. 由频率所具有的性质可以推出统计概率具有以下基本性质:

非负性

对于任一事件 A,有 $0\leqslant P(A)\leqslant 1$.

这是由于频率 r/n 总是在区间 $[0,1]$ 上,所以,相应的 $p=P(A)$ 也总是在区间 $[0,1]$ 上.

规范性

$$P(\Omega)=1,\ P(\varnothing)=0.$$

这是因为对于必然事件 Ω、不可能事件 $\varnothing$ 频率依次固定地为 1,0,所以,相应的 $p=P(A)$ 也依次为 1,0.

可加性

对于任意有限个两两互斥的事件 $A_1,A_2,\cdots,A_n$,有

$$P(A_1+A_2+\cdots+A_n)=P(A_1)+P(A_2)+\cdots+P(A_n). \tag{1-3}$$

这是因为 $A_1,A_2,\cdots,A_n$ 两两互斥,所以若记 $A=A_1+A_2+\cdots+A_n$ 的频率为 r/n,则 $A_1,A_2,\cdots,A_n$ 的频率 $r_1/n,r_2/n,\cdots,r_n/n$ 满足等式

$$r/n=r_1/n+r_2/n+\cdots+r_n/n. \tag{1-4}$$

故相应的概率应该满足

$$P(A_1+A_2+\cdots+A_n)=P(A_1)+P(A_2)+\cdots+P(A_n).$$

概率的统计定义指出,任一事件 A 的概率 $P(A)$ 是客观存在的. 在实际问题中,总可以取事件 A 出现的频率作为它的近似值,但它也有不足之处. 因为统计定义依据的主要是试验次数很大时,频率所呈现的稳定性这一事实,然而次数究竟应该多大才能达到稳定,摆动究竟多小才算达到稳定,都不可能给出确切的回答,这就促使人们去考虑能否找到规定概率的其他方法. 下面将会看到对于所谓的古典概型和几何概型两类试验是能够办到的.

1.2.2 概率的古典定义

所谓古典概型是指具有下列两个特征的简单随机试验：

(1) 试验的可能结果只有有限个，且两两互斥；

(2) 试验中每个基本事件出现的可能性相等.

具有以上两个特点的试验是大量存在的，它在概率论发展初期曾是主要的研究对象，故而名之曰：古典概型. 例如，掷一枚质地均匀且对称的骰子，出现的可能结果只有 6 个：$\omega_i, i=1,2,\cdots,6$，ω_i 表示出现 i 点的基本事件. 显然，

$$\omega_i \cap \omega_j = \varnothing,\ i\neq j, i,j=1,2,\cdots,6,$$

且

$$P(\omega_i)=\frac{1}{6},\ i=1,2,\cdots,6.$$

因此，这是一个古典概型. 求“出现奇数点”这一事件 A 的概率 $P(A)$在这里已不是一件困难的事情. 试验的可能结果只有 6 个，因此样本空间

$$\Omega=\{\omega_1,\omega_2,\cdots,\omega_6\},$$

而导致事件 A 出现的可能结果有 3 个，分别为 $\omega_1,\omega_3,\omega_5$，即 $A=\{\omega_1,\omega_3,\omega_5\}$，$\omega_1,\omega_3,\omega_5$ 中任一个出现必导致 A 出现，则有

$$P(A)=\frac{A\text{包括的样本点个数}}{\text{样本点总数}}=\frac{3}{6}=\frac{1}{2}.$$

下面给出古典概型事件的概率定义.

定义 1.4 对于古典概型情况，设样本空间 Ω 包含 n 个基本事件，若任意事件 A 作为 n 的子集包含 r 个基本事件，则规定事件 A 的概率为

$$P(A)=\frac{r}{n}=\frac{\text{事件}A\text{所包括的基本事件数}}{\text{基本事件总数}}. \tag{1-5}$$

由此确定的概率称为古典概率.

例 1.13 在一批 100 件的产品中有 2 件次品，从这批产品中随机地取 3 件，求其中恰有 2 件次品的概率.

解 从 100 件产品中任取 3 件，不考虑顺序有 C_{100}^3 种不同取法，每一种取法都是等可能的，故为古典概型. 设 A 表示“任取 3 件中恰有 2 件次品”的事件，它可以认为从 98 件正品中任取 1 件，再从 2 件次品中取 2 件，搭配起来共有 $r=C_{98}^1\cdot C_2^2$ 种不同取法，故有

$$P(A)=\frac{C_{98}^1\cdot C_2^2}{C_{100}^3}\approx 0.000\,6.$$

例 1.14 2 封信随机地向标号为Ⅰ,Ⅱ,Ⅲ,Ⅳ的 4 个邮筒投寄，求第二个邮筒恰好被投入 1 封信的概率.

解 设事件 A 表示第二个邮筒恰好被投入 1 封信. 2 封信随机地投入 4 个邮筒，共有 4^2 种等可能投法，而组成事件 A 的不同投法只有 $C_2^1 \cdot C_3^1$ 种，故有

$$P(A)=\frac{C_2^1 \cdot C_3^1}{4^2}=\frac{3}{8}.$$

同样还可以计算出前 2 个邮筒中各有 1 封信的概率 $P(B)$. 事实上，事件 B 即前 2 个邮筒中任选 1 个投入 1 封信，剩下的 1 封信投入另一个邮筒，故有

$$P(B)=\frac{C_2^1}{4^2}=\frac{1}{8}.$$

例 1.15 袋中有 a 个白球、b 个黑球，从袋中接连任意取出 $m(m\leqslant a+b)$ 个球，如果每次取出的球不再放回去，求最后取出的是白球的概率.

解 据题意，取出的球要考虑球的排列次序，每取出 m 个排列好的球就构成一个基本事件，从 $a+b$ 个球中取出 m 个球有 A_{a+b}^m 种取法，最后取出的是白球，可以是 a 个白球中的任何一个，故有 a 种取法，其余 $m-1$ 个可以从 $a+b-1$ 个球中任意取出，共有 A_{a+b-1}^{m-1} 种取法，因此，“取出的 m 个球中最后一个是白球”的事件 B 含有 $a \cdot A_{a+b-1}^{m-1}$ 个基本事件，于是有

$$P(B)=\frac{aA_{a+b-1}^{m-1}}{A_{a+b}^m}=\frac{a}{a+b}.$$

值得注意的是，此结果与 m 无关.

例 1.16 考虑 n 个质点在 N 个格子中的分布问题. 设有 n 个不同质点，每个质点都能以同样的概率 $\frac{1}{N}$ 落在 N 个格子($N\geqslant n$)的任意一个之中，求：

(1) 指定的 n 个格子中各有一个质点的概率；

(2) 任意 n 个格子中各有一个质点的概率.

解 由于每个质点都可以落入 N 个格子中的任意一个，所以对于一个质点就有 N 种不同分布法，对于 n 个质点来说应有 N^n 种不同分布法，也就是说，基本事件的总数为 N^n.

在问题(1)中，“指定的 n 个格子中各有一个质点”记为事件 A，它可能分布的种数为 $n!$，故所求概率为

$$P(A)=\frac{n!}{N^n}.$$

在问题(2)中，“任意 n 个格子中各有一个质点”记为事件 B，它可能分布的种数为问题(1)中的 C_N^n 倍，因而所求概率为

$$P(B)=\frac{C_N^n \cdot n!}{N^n}.$$

这两个问题是波尔兹曼统计学中具有一定代表性的问题.

例 1.17 在 0～9 这 10 个数中任取 4 个，能排成一个 4 位偶数的概率是多少？

解 “能排成一个 4 位偶数”记为事件 B. 4 个数一起取，自然不能重复，但与数的顺序有关，故基本事件总数为 10 个数中选 4 个的排列，即有

$$n=A_{10}^{4}.$$

排成偶数时，最后 1 位数有 5 种取法即 0，2，4，6，8，当它取定后，前面 3 位数可以从其余 9 个数字中取 3 个来排列，于是，排列的种数为

$$r_1=C_5^1\cdot A_9^3.$$

但 4 位有效数字不能以 0 开头，故应把首位数字是 0 的情况去掉，而首位数字是 0 时，最后 1 位数字只有 4 种取法，中间的 2 位数字应从余下的 8 个数字中取 2 个来排列，故排列的种数为

$$r_2=C_4^1\cdot A_8^2.$$

而对事件 B 有利的基本事件数为

$$r=r_1-r_2=C_5^1\cdot A_9^3-C_4^1\cdot A_8^2,$$

从而有

$$P(B)=\frac{r}{n}=\frac{C_5^1\cdot A_9^3-C_4^1\cdot A_8^2}{A_{10}^4}=\frac{41}{90}.$$

例 1.18 将 $m(m>3)$ 只同批生产的同型号、外形相同的三极管按电流放大系数分类，其中 $m_1(m_1>2)$ 只属于甲类，$m_2(m_2>1)$ 只属于乙类，$m_1+m_2=m$，现分别按下列方式抽取：

(1) 每次任取一只，测试后放回，然后再任取下一只(这种抽取方式称为有放回抽样)；

(2) 每次任取一只，测试后不放回，在余下的三极管中再任取下一只(这种抽取方式称为无放回抽样).

求事件 B:“从 m 只中任意抽取 3 只，其中 2 只属甲类，1 只属乙类”的概率.

解 (1) 据题意是有放回抽样，故从 m 只中每次任取 1 只，共取 3 只的所有可能取法有 m^3 种，即基本事件总数为 m^3.“先选 2 只甲类，后选 1 只乙类”共有 $m_1^2\cdot m_2$ 种可能取法. 由 1 只乙类在对事件 B 有利事件中的选取方式，故有

$$P(B)=\frac{C_3^1\cdot m_1^2\cdot m_2}{m^3}.$$

(2) 由于是无放回抽样，故第一只是从 m 只中抽取，第二只是从 $m-1$ 只中抽取，第三只是从 $m-2$ 只中抽取，因而，基本事件总数为

$$m(m-1)(m-2)=A_m^3.$$

而事件 B 含有的基本事件数为 $C_3^1 m_1(m_1-1)\cdot m_2$，所以，

$$P(B)=\frac{C_3^1 m_1(m_1-1)\cdot m_2}{m(m-1)(m-2)}.$$

在本例中，如令 $m=10$，$m_1=4$，$m_2=6$，则求得

(1) $P(B)=\frac{C_3^1\times 4^2\times 6}{10^3}=\frac{36}{125}=0.288.$

(2) $P(B)=\frac{C_3^1\times 4\times 3\times 6}{10\times 9\times 8}=\frac{3}{10}=0.3.$

如令 $m=100, m_1=40, m_2=60$,则得

(1) $P(B)=\frac{C_3^1\times 40^2\times 60}{100^3}=0.288.$

(2) $P(B)=\frac{C_3^1\times 40\times 39\times 60}{100\times 99\times 98}\approx 0.289.$

一般地说,有放回抽样与无放回抽样的概率是不同的,当抽取的对象数目不大时,两者相差十分明显,如取 $m=10, m_1=4, m_2=6$ 的情况.但当抽取的对象数目较大时,有放回抽样与无放回抽样的概率则相差不大,如取 $m=100, m_1=40, m_2=60$ 的情况.因此,在实际问题中常利用这一特点,把抽取对象数目较大时的无放回抽样当做有放回抽样来处理,这样往往给解决问题带来方便.

例 1.19 某接待站在某一周曾接待过 12 次来访,已知所有这 12 次接待都是在周二和周四进行的,问是否可以推断接待时间是有规定的?

解 假设接待站的接待时间没有规定,而各来访者在一周的任一天到接待站是等可能的,那么 12 次接待来访者都在周二、周四的概率为 $2^{12}/7^{12}\approx 0.000\,000\,3$,即约为千万分之三.人们在长期的实践中总结得到"概率很小的事件在一次试验中实际上几乎是不可能出现的"(称之为实际推断原理).现在概率很小(只有千万分之三)的事件,在一次试验中竟然发生了,因此,有理由怀疑假定的正确性,从而推断接待站不是每天都接待来访者,即认为其接待时间是有规定的.

1.2.3 概率的几何定义

概率的古典定义直观而简洁,便于计算,但这仅局限于古典概型,对于试验有无限多个结果的情况就不适用了.为此,人们尝试将这种概率计算方法推广到试验结果有无限多个而又具有某种等可能性的场合,后来发现这类问题一般可以通过几何方法来解决.

定义 1.5 以等可能性为基础,借助于几何上的度量(长度、面积、体积或容积等)来合理规定的事件的概率,称为几何概率.称这种具有等可能性的随机试验为几何概型.

如前所述,随机事件可以看做基本空间的子集,在每一样本点等可能的前提下,用代表事件的子集的几何度量与基本空间的总度量之比来描述随机事件出现的可能性的大小,应是合乎逻辑的.

下面给出几何概型事件的概率定义.

定义 1.6 对于几何概型情况，设 A 为“向有限几何度量的区域 G 中任意掷一点，这点落在 $g(g\subset G)$ 内”的事件，则规定事件 A 的概率为

$$P(A)=\frac{g\text{ 的几何度量}}{G\text{ 的几何度量}}. \tag{1-6}$$

例 1.20（约会问题） 两人约定于 9 时到 10 时在某地会面，先到的等候 20 min，过时就离去，试求此两人能会面的概率.

解 以 x,y 分别表示两人到达的时刻，则

$$9\leqslant x\leqslant 10,\ 9\leqslant y\leqslant 10.$$

满足两不等式的点 (x,y) 构成边长为 1 的正方形 G，那么两人会面的充要条件为

$$|x-y|\leqslant\frac{1}{3}.$$

这个条件决定了 G 中一子集 g（见图 1-3）. 于是约会问题等价于向 G 中掷点，求点落入 g 内的概率，这是一个几何概型问题，于是得

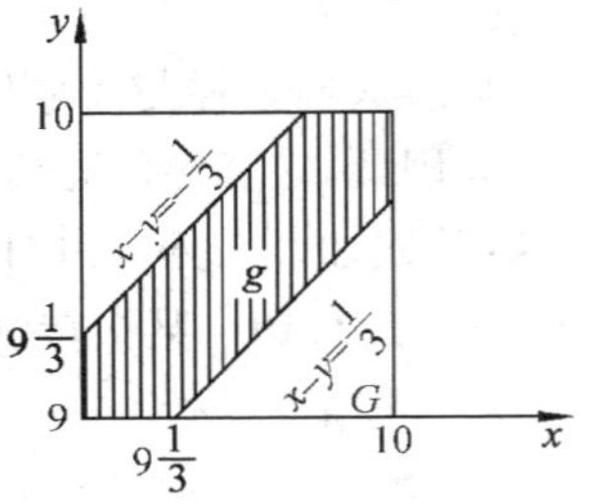

图 1-3 会面子集图

$$P(A)=\frac{g\text{ 的面积}}{G\text{ 的面积}}=\frac{1-\left(\frac{2}{3}\right)^2}{1}=\frac{5}{9}.$$

例 1.21（蒲丰问题） 在平面上画一些平行线，它们之间的距离都等于 $a(a>0)$，现向此平面上随意投掷一长为 $l(l<a)$ 的蒲丰针，试求此针与任一平行线相交的概率.

解 以 x 表示针的中点 M 到最近一条平行线的距离，φ 表示针与平行线的交角（见图 1-4a）. 可知

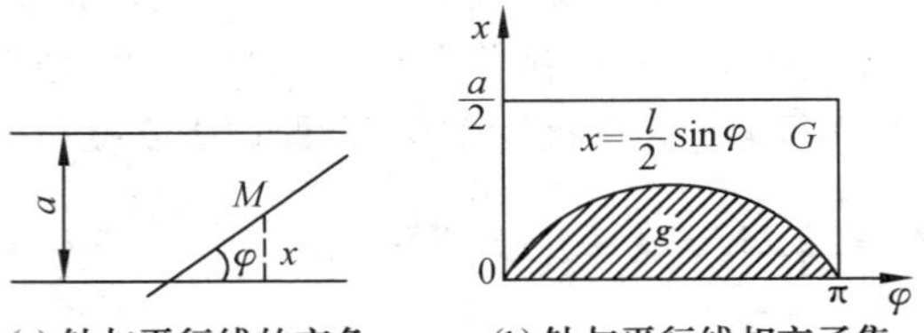

(a) 针与平行线的交角 (b) 针与平行线相交子集

图 1-4 蒲丰试验图

$$0\leqslant x\leqslant\frac{a}{2},\ 0\leqslant\varphi\leqslant\pi.$$

满足上面两不等式的点 (φ,x) 在平面上构成一矩形 G（见图 1-4b），为使针与平行线相交，充要条件是

$$x\leqslant\frac{l}{2}\sin\varphi.$$

此不等式构成 G 的一个子集 g，于是投针问题就等价于向 G 内掷点，而求点落入 g 内的概率问题，这是一个几何概型问题. 于是得事件 A：“蒲丰针与任一平行线相交”的概率为

$$P(A)=\frac{g\text{ 的面积}}{G\text{ 的面积}}=\frac{\frac{l}{2}\int_0^{\pi}\sin\varphi\,\mathrm{d}\varphi}{\frac{1}{2}\pi a}=\frac{2l}{\pi a}. \tag{1-7}$$

有趣的是，利用式(1-7)可以计算 π 的近似值，其方法是投针 N 次，计算针与平行线相交的次数 n，然后用频率值$\frac{n}{N}$作为 P 的近似值代入式(1-7)，得

$$\pi=\frac{2lN}{an}.$$

如福克斯(Fox)在 1884 年取 $a=1, l=0.75$，投掷了 1 030 次，实际相交次数为 489 次，代入式(1-7)计算得

$$\pi\approx 3.1595.$$

这种方法为计算 π 的近似值开辟了一条新的途径. 不难验证，几何概率和古典概率也具有与统计概率类似的 3 条基本性质：

(1) 非负性：对任何事件 A，有 $0\leqslant P(A)\leqslant 1$.

(2) 规范性：$P(\Omega)=1, P(\varnothing)=0$.

(3) 可列(完全)可加性：若 $A_1, A_2, \cdots$，两两互斥，则

$$P\left(\sum_{n=1}^{\infty}A_n\right)=\sum_{n=1}^{\infty}P(A_n). \tag{1-8}$$

几何概率与前述古典概率和统计概率的性质(1)和(2)完全相同，性质(3)形式相似、本质不同.

对前两个定义要求可能场合的总数必须有限，称为有限可加性，由式(1-3)给出，而几何定义可以是可列无限多个，称之为可列可加性.

上面介绍了 3 种概率定义，概率的古典定义要求所考虑的基本事件的个数是有限的，两两互斥及等可能的；对于不能归结为古典概型的事件，一般用频率来近似概率，这就用到概率的统计定义. 事实上，许多实际问题并不具备古典概型的条件. 例如，电话交换台在单位时间内接到的呼唤次数这一事件就包含接到“1 次呼唤”、“2 次呼唤”……无穷多个事件，而且接到“1 次呼唤”与接到“2 次呼唤”、“3 次呼唤”等的可能性一般是不等的.

用频率作为概率的近似值，虽没有古典概型的那种局限性，且比较实用，但存在着明显的理论缺陷. 例如“当试验次数充分多时，频率呈现出稳定性”，次数究竟多到什么程度？稳定性的标准是什么？概率的几何定义虽然推广了古典概率的应用范围，但仍建立在事件的等可能性基础上，没有从根本上摆脱古典概型的那种局限性. 因此，寻求对一般随机现象普遍适用的确切的概率定义，就显得十分必要了.

1.3 概率的公理化体系

1.3.1 概率的公理化定义

前面分别介绍了概率的 3 种定义，即统计概率、古典概率和几何概率，它们在解决实际问题中所起的作用是必须肯定的，但由于它们各自的局限性，要想把其一作为一般概型的概率定义，从而建立起概率的理论是不可能的. 这就促使人们想到，概率论也应像几何、代数一样通过建立公理化体系，给概率以严密的数学定义，使之既包含前 3 种概率定义，又具有一般性.

如前分析，概率的前 3 种定义尽管内容不同，却有共同的属性(非负性、规范性、可加性)，因此，自然想到可以此为背景，提出一组公理用来给出概率的数学定义.

定义 1.7 设随机试验的样本空间为 Ω，如果对于每一事件 $A\subset\Omega$，总有一实数 $P(A)$ 与之对应，如果此实值函数 $P(A)$ 满足以下的 3 条公理，则称 $P(A)$ 为事件 A 的概率.

公理 1(非负性) 对任一随机事件 A，有

$$0\leqslant P(A)\leqslant 1. \tag{1-9}$$

公理 2(规范性)

$$P(\Omega)=1,P(\varnothing)=0. \tag{1-10}$$

公理 3(完全可加性) 对两两互斥的随机事件 $A_1,A_2,\cdots$，有

$$P\Big(\sum_{i=1}^{\infty}A_i\Big)=\sum_{i=1}^{\infty}P(A_i). \tag{1-11}$$

这个定义称为概率的公理化定义，定义中只规定了一般的随机试验中事件概率所具有共同性质，并未具体规定 $P(A)$ 是 A 的什么样的函数. 从前面的讨论可知，古典概率和几何概率都符合定义中的要求，它们都是这个一般定义范围内的特例.

1.3.2 概率的基本性质

由概率的公理化定义，可以推出概率的许多性质.

性质 1(有限可加性) 设有限个事件 $A_1,A_2,\cdots,A_n$ 两两互斥(即 $A_iA_j=\varnothing$，$i\neq j,i,j=1,2,\cdots,n$)，则

$$P\Big(\sum_{i=1}^{n}A_i\Big)=\sum_{i=1}^{n}P(A_i). \tag{1-12}$$

证 利用公理 3(完全可加性)，在式(1-11)中令 $A_{n+1}=A_{n+2}=\cdots=\varnothing$，再由公理

2 中的 $P(\varnothing)=0$,即得

$$P\left(\sum_{i=1}^{n} A_i\right)=P\left(\sum_{i=1}^{\infty} A_i\right)=\sum_{i=1}^{\infty} P(A_i)$$
$$=P(A_1)+P(A_2)+\cdots+P(A_n)+0+\cdots$$
$$=\sum_{i=1}^{n} P(A_i).$$

习惯上,统称公理 3 及性质 1 为加法定理.

性质 2 对任一事件 A,有

$$P(\overline{A})=1-P(A). \tag{1-13}$$

证 因为 $A+\overline{A}=\Omega, A\overline{A}=\varnothing$,故由公理 2、性质 1 得

$$1=P(\Omega)=P(A+\overline{A})=P(A)+P(\overline{A}),$$

从而得

$$P(\overline{A})=1-P(A).$$

性质 3 设 A,B 是两个事件,若 $B\subset A$,则

(1) $P(A-B)=P(A)-P(B)$; (1-14)

(2) $P(A)\geqslant P(B)$. (1-15)

证 因为 $B\subset A$,所以 $A=B\cup(A-B)$,又 $B\cap(A-B)=\varnothing$,故由性质 1,得

$$P(A)=P(B)+P(A-B),$$

于是得

$$P(A-B)=P(A)-P(B).$$

又由公理 1,$P(A-B)\geqslant 0$,有 $P(A)-P(B)\geqslant 0$,此即 $P(A)\geqslant P(B)$.

性质 4 对任意两事件 A,B,有

(1) $P(A\cup B)=P(A)+P(B)-P(AB)$; (1-16)

(2) $P(A\cup B)\leqslant P(A)+P(B)$. (1-17)

证 由 $A\cup B=A\cup(B-AB)$(见图 1-1b)及 $A(B-AB)=\varnothing$,根据性质 1,得

$$P(A\cup B)=P(A)+P(B-AB).$$

因 $AB\subset B$,故由性质 3 有

$$P(B-AB)=P(B)-P(AB),$$

于是得

$$P(A\cup B)=P(A)+P(B)-P(AB).$$

又 $P(AB)\geqslant 0$,故

$$P(A\cup B)\leqslant P(A)+P(B).$$

后一结果可以推广到有限多个事件.

习惯上,称性质 4 为广义加法定理.

一般地,可用归纳法证明对于 n 个事件 $A_1,A_2,\cdots,A_n$ 有一般加法公式

$$P(\bigcup_{i=1}^{n}A_i)=S_1-S_2+S_3-S_4+\cdots+(-1)^{n-1}S_n. \tag{1-18}$$

其中 $S_1=\sum_{i=1}^{n}P(A_i)$, $S_2=\sum_{1\leqslant i\leqslant j\leqslant n}P(A_iA_j)$, $S_3=\sum_{1\leqslant i\leqslant j\leqslant k\leqslant n}P(A_iA_jA_k)$, $\cdots$, $S_n=P(A_1A_2\cdots A_n)$.

例 1.22 设事件 A,B 的概率分别为 $\frac{1}{3}$ 与 $\frac{1}{2}$,求在下列情况下 $P(B\overline{A})$ 的值:

(1) A 与 B 互斥;

(2) $A\subset B$;

(3) $P(AB)=\frac{1}{8}$.

解 (1) 由于 A 与 B 互斥,$B\subset\overline{A}$,所以 $B\overline{A}=B$,即得

$$P(B\overline{A})=P(B)=\frac{1}{2}.$$

(2) 当 $A\subset B$ 时,$P(B\overline{A})=P(B-A)=P(B)-P(A)=\frac{1}{2}-\frac{1}{3}=\frac{1}{6}$.

(3) $P(B\overline{A})=P(B)-P(AB)=\frac{1}{2}-\frac{1}{8}=\frac{3}{8}$.

例 1.23 从正整数 1,2,$\cdots$,100 中随机取出一个,求事件"能被 6 整除或能被 8 整除"的概率.

解 设 A 为事件"取到的数能被 6 整除",B 为事件"取到的数能被 8 整除",C 为事件"取到的数能被 6 整除或能被 8 整除",显然

$$C=A\cup B.$$

由加法定理,应有

$$P(C)=P(A)+P(B)-P(AB).$$

对事件 A,设 100 个正整数中有 x 个数能被 6 整除,则 $6x\leqslant 100$,即 $x\leqslant\frac{50}{3}$,故 $x=16$. 它说明事件 A 包含 16 个基本事件,于是

$$P(A)=\frac{16}{100}.$$

同理可得
$$P(B)=\frac{12}{100}.$$

事件 AB 表示取出的数既能被 6 整除又同时能被 8 整除,即能被 6 和 8 的最小公倍数 24 整除,显然,这样的数在 100 以内的自然数中只有 4 个,故有

$$P(AB)=\frac{4}{100}.$$

从而有
$$P(C)=\frac{16}{100}+\frac{12}{100}-\frac{4}{100}=\frac{24}{100}=0.24.$$

例 1.24 设某班有 $n(n\leqslant 100)$ 个人，每个人的生日在一年 365 天的任一天是等可能的，求下列事件的概率：

(1) n 个人中任何两个人的生日都不在同一天；

(2) n 个人中至少有两个人的生日在同一天.

解 设 A 为"n 个人中任何两个人的生日都不在同一天"的事件，B 为"n 个人中至少有两个人的生日在同一天"的事件.

由于每个人的生日都可能在 365 天中的任一天，故 n 个人的生日共有 365^n 种情况，即基本事件总数为 365^n.

(1) A 所包含的基本事件数为

$$365,364,\cdots,[365-(n-1)],$$

即第 1 个人的生日可能有 365 种情况，而第 2 个人则只有 $365-1=364$ 种情况，…，第 n 个人有 $365-(n-1)$ 种情况，故有

$$P(A)=\frac{365\cdot 364\cdot\cdots\cdot[365-(n-1)]}{365^n}=\frac{365!}{365^n(365-n)!}.$$

(2) 显然 B 是 A 的对立事件，故有

$$P(B)=P(\overline{A})=1-P(A)=1-\frac{365!}{365^n(365-n)!}.$$

对 $P(B)$ 经计算可得下述结果：

n	30	50	64	100
$P(B)$	0.706	0.970	0.997	0.999 999 7

由此可以看出，"一个班中至少有两个人的生日在同一天"这个事件出现的概率并不像绝大多数人直观想像的那样小，当一个班的人数达到 64 人时，几乎已经是必然要出现的事情. 这个例子说明单凭直觉是不可靠的，这也说明研究随机现象规律性是必要的.

1.4 条件概率

1.4.1 条件概率的定义

在实际问题中，除了要知道事件 A 的概率 $P(A)$ 外，往往还要知道在事件 B 出现条件下事件 A 出现的概率，人们称这种概率为事件 B 出现条件下事件 A 的条件

概率,记为 $P(A|B)$.

例 1.25 掷一粒骰子,观察它出现的点数,设事件 A 为"点数不大于 3"的事件,事件 B 为"出现奇数点"的事件,求已知事件 A 已经出现条件下,事件 B 出现的概率.

解 这里,样本空间为 $n=\{1,2,3,4,5,6\}$,A,B 作为 n 的子集,分别为 $A=\{1,2,3\}$,$B=\{1,3,5\}$,已知事件 A 已经发生,有了这一信息,可知试验所有可能结果所成的集合就是 A,A 中共有 3 个元素,其中 $\{1,3\}\subset B$,于是在 A 出现条件下,B 出现的概率为

$$P(B|A)=\frac{2}{3}.$$

在这里看到 $P(B)=3/6\neq P(B|A)$. 这很容易理解,因为在求 $P(B|A)$ 时,是限制在 A 已经出现条件下考虑 B 出现的概率的,此时样本空间已缩小到 $A=\{1,2,3\}$.

另外,易知

$$P(A)=\frac{3}{6},\ P(AB)=\frac{2}{6},$$

$$P(B|A)=\frac{2}{3}=\frac{2/6}{3/6}.$$

故有

$$P(B|A)=\frac{P(AB)}{P(A)}.$$

对于一般古典概型问题,上述关系式仍然成立. 事实上,设试验的基本事件总数为 n,A 所包含的基本事件数为 $m(m>0)$,AB 所包含的基本事件数为 r,则有

$$P(B|A)=\frac{r}{m}=\frac{r/n}{m/n}=\frac{P(AB)}{P(A)}.$$

一般地,根据以上关系式,给出条件概率的定义.

定义 1.8 设 Ω 为样本空间,A,B 是两个事件,且 $P(A)>0$,在事件 A 出现条件下事件 B 出现的条件概率定义为

$$P(B|A)=\frac{P(AB)}{P(A)}. \tag{1-19}$$

在式(1-19)中,当 $A=\Omega$ 时,$P(\Omega B)=P(B)$,$P(\Omega)=1$,于是 $P(B|\Omega)=P(B)$,这时条件概率就变为无条件概率. 因此也可以把一般概率看做是必然事件出现条件下的条件概率.

不难验证,条件概率 $P(\cdot|A)$ 也满足概率定义中的 3 条公理,即

(1) 非负性:对于任一事件 B,有 $0\leqslant P(B|A)\leqslant 1$; (1-20)

(2) 规范性:$P(\Omega|A)=1$,$P(\varnothing|A)=0$; (1-21)

(3) 完全可加性:设 $B_1,B_2,\cdots$ 为两两互斥的事件,则有

$$P\left(\sum_{i=1}^{\infty} B_i | A\right)=\sum_{i=1}^{\infty} P(B_i | A). \tag{1-22}$$

既然条件概率满足上述性质，故前文对概率所证明的一些重要结果都适用于条件概率. 例如，对于任意两个事件 B_1, B_2 有

$$P(B_1 \cup B_2 | A)=P(B_1 | A)+P(B_2 | A)-P(B_1 B_2 | A). \tag{1-23}$$

1.4.2 乘法定理

由式(1-19)，若 $P(A)>0$，即可得

$$P(AB)=P(A)\cdot P(B|A), \tag{1-24}$$

称式(1-24)为概率的乘法定理.

若 $P(B)>0$，则有 $P(A|B)=\dfrac{P(AB)}{P(B)}$，因此，当 $P(A)>0, P(B)>0$ 时，有

$$P(AB)=P(A)\cdot P(B|A)=P(B)\cdot P(A|B). \tag{1-25}$$

乘法定理可以推广到有限多个事件的情况. 例如，对于 A, B, C 三个事件，若 $P(AB)>0$，有

$$\begin{aligned} P(ABC) &= P((AB)C)=P(AB)\cdot P(C|AB) \\ &= P(A)\cdot P(B|A)\cdot P(C|AB). \end{aligned}$$

一般地，若 $P(A_1 A_2 \cdots A_{n-1})>0$，$n$ 个事件的乘法公式为

$$P(A_1 A_2 \cdots A_n)=P(A_1)P(A_2 | A_1)\cdots P(A_n | A_1 A_2 \cdots A_{n-1}). \tag{1-26}$$

例 1.26 设袋内有 $a(a\geqslant 2)$ 个白球、b 个黑球，从其中任意选取 2 个球，每次取出的球不放回，试求 2 个球都是白球的概率是多少？

解 设 A_i 表示“第 i 次取出白球”这一事件($i=1,2$). 易知第一次取得白球的概率为

$$P(A_1)=\frac{C_a^1}{C_{a+b}^1}=\frac{a}{a+b}>0.$$

在第一次取得白球不放回的条件下，袋内只剩下 $a-1$ 个白球，故有

$$P(A_2 | A_1)=\frac{C_{a-1}^1}{C_{a+b-1}^1}=\frac{a-1}{a+b-1}.$$

于是得

$$P(A_1 A_2)=P(A_1)\cdot P(A_2 | A_1)=\frac{a}{a+b}\cdot\frac{a-1}{a+b-1}.$$

例 1.27 甲、乙两城市都位于长江下游，根据 100 多年来气象记录，知道甲、乙两市一年中雨天占的比例分别为 20% 和 18%，两地同时下雨的比例为 12%，试求：

(1) 乙市为雨天时，甲市也为雨天的概率为多少？

(2) 甲市为雨天时，乙市也为雨天的概率为多少？

(3) 甲、乙两城市至少有一个为雨天的概率为多少？

解 设"甲市是雨天"这一事件为 A,"乙市是雨天"这一事件为 B,则根据题意有

$$P(A)=0.20,\ P(B)=0.18,\ P(AB)=0.12.$$

因此得

$$P(A|B)=\frac{P(AB)}{P(B)}=\frac{0.12}{0.18}\approx 0.67.$$

$$P(B|A)=\frac{P(AB)}{P(A)}=\frac{0.12}{0.20}=0.60.$$

$$P(A\cup B)=P(A)+P(B)-P(AB)=0.20+0.18-0.12=0.26.$$

1.5 全概率公式与贝叶斯公式

1.5.1 全概率公式

在事件的概率计算中,总是希望能够通过简单事件的概率计算而得到复杂事件的概率,为了达到此目的,经常把一个复杂事件分解成若干两两互斥的较简单事件之和,然后再综合运用概率的加法定理和乘法定理,计算出所要求的概率.

如前所述,随机事件是样本空间的子集,为了将事件分解,可先将样本空间进行划分.

定义 1.9 满足以下两条件的一组事件 $B_1,B_2,\cdots,B_n$,称为是样本空间 Ω 的一个划分:

(1) $B_iB_j=\varnothing\ (i\neq j,i,j=1,2,\cdots,n)$; (1-27)

(2) $B_1\cup B_2\cup\cdots\cup B_n=\Omega$. (1-28)

由 1.1 节中的定义可知,随机试验中的任一简单完备事件组均构成样本空间的一个划分.

把以上想法一般化,即得到全概率定理.

定理 1.1 如果事件 $B_1,B_2,\cdots,B_n$ 构成样本空间里的一个划分,且 $P(B_i)>0$ $(i=1,2,\cdots,n)$,则对任一事件 A,有

$$\begin{aligned}P(A)&=P(B_1)\cdot P(A\mid B_1)+P(B_2)\cdot P(A\mid B_2)+\cdots+P(B_n)\cdot P(A\mid B_n)\\&=\sum_{i=1}^{n}P(B_i)\cdot P(A\mid B_i).\end{aligned}\tag{1-29}$$

式(1-29)称为全概率公式.

上述定理中的条件:$B_1,B_2,\cdots,B_n$ 作为划分的完备性,式(1-28)还可以放宽到 $B_1+B_2+\cdots+B_n\supset A$.

证 因为 $A=A(B_1+B_2+\cdots+B_n)=AB_1+AB_2+\cdots+AB_n$.
由加法定理,得

$$P(A)=P(AB_1+AB_2+\cdots+AB_n)=P(AB_1)+P(AB_2)+\cdots+P(AB_n).$$

再由乘法定理,得

$$P(AB_i)=P(B_i)\cdot P(A|B_i)\ (i=1,2,\cdots,n),$$

即得 $$P(A)=P(B_1)\cdot P(A|B_1)+\cdots+P(B_n)\cdot P(A|B_n).$$

例 1.28 商店销售一批收音机,共有 10 台,其中有 3 台次品,但是已经出售了 2 台,求从剩下的收音机中任取 1 台,是正品的概率是多少?

解 从剩下的收音机中任取 1 台是正品,显然与售出的 2 台的情况有关,它只能在售出的 2 台中没有正品、恰有 1 台正品或 2 台都是正品这 3 种情况下发生,而这些情况构成两两互斥的事件组.

设 A 表示"从剩下的收音机中任取 1 台是正品"的事件,B_i 表示"已出售的 2 台中有 $i(i=0,1,2)$ 台正品"的事件,可见

$$B_0\cup B_1\cup B_2=\Omega,$$

且 $$B_iB_j=\varnothing\ (i\neq j),$$

$$A=AB_0+AB_1+AB_2.$$

由全概率公式,得

$$P(A)=P(B_0)\cdot P(A|B_0)+P(B_1)\cdot P(A|B_1)+P(B_2)\cdot P(A|B_2).$$

而 $$P(B_0)=\frac{C_3^2}{C_{10}^2}=\frac{1}{15},\ P(B_1)=\frac{C_3^1\cdot C_7^1}{C_{10}^2}=\frac{7}{15},P(B_2)=1-\frac{1}{15}-\frac{7}{15}=\frac{7}{15}.$$

$P(A|B_0)$为在售出 2 台次品的条件下,任取 1 台是正品的概率,此时商店还有 8 台收音机,其中 1 台是次品,因此,

$$P(A|B_0)=\frac{7}{8}.$$

同理可得

$$P(A|B_1)=\frac{6}{8},\ P(A|B_2)=\frac{5}{8},$$

于是 $$P(A)=\frac{1}{15}\cdot\frac{7}{8}+\frac{7}{15}\cdot\frac{6}{8}+\frac{7}{15}\cdot\frac{5}{8}=0.7.$$

例 1.29 有 2 个口袋,甲袋中装有 n_1 个白球,m_1 个黑球,乙袋中装有 n_2 个白球,m_2 个黑球.由甲袋中任取 1 球放入乙袋中,再从乙袋中任取 1 球,问取到白球的概率是多少?

解 设 B_1 为"由甲袋中任取 1 球是白球放入乙袋"的事件,B_2 表示"从甲袋中任取 1 球是黑球放入乙袋"的事件,A 为"从甲袋中任取 1 球,放入乙袋,再从乙袋中取到 1 个白球"的事件,显然

$$B_1\cup B_2=\Omega,\ B_1B_2=\varnothing,$$

且 $$A=AB_1+AB_2.$$

由全概率公式，得

$$P(A)=P(B_1)\cdot P(A|B_1)+P(B_2)\cdot P(A|B_2).$$

而 $$P(B_1)=\frac{n_1}{n_1+m_1},\ P(B_2)=\frac{m_1}{n_1+m_1},$$

$$P(A|B_1)=\frac{n_2+1}{n_2+m_2+1},\ P(A|B_2)=\frac{n_2}{n_2+m_2+1}.$$

于是

$$P(A)=\frac{n_1}{n_1+m_1}\cdot\frac{n_2+1}{n_2+m_2+1}+\frac{m_1}{n_1+m_1}\cdot\frac{n_2}{n_2+m_2+1}=\frac{(n_1+m_1)n_2+n_1}{(n_1+m_1)(n_2+m_2+1)}.$$

1.5.2 贝叶斯公式

与全概率公式密切相关的另一个重要公式，称为贝叶斯(Bayes)公式. 设事件 A 能且只能与两两互斥的事件 $B_1,B_2,\cdots,B_n$ 之一同时发生，即有 $A\subset B_1+B_2+\cdots+B_n$. 现在求事件 A 出现条件下，事件 B_i 出现的概率.

由条件概率得

$$P(AB_i)=P(A)\cdot P(B_i|A)=P(B_i)\cdot P(A|B_i),$$

故 $$P(B_i|A)=\frac{P(B_i)\cdot P(A|B_i)}{P(A)}.$$

又由全概率公式知

$$P(A)=\sum_{i=1}^{n}P(B_i)\cdot P(A|B_i).$$

代入上式得

$$P(B_i|A)=\frac{P(B_i)\cdot P(A|B_i)}{\sum\limits_{j=1}^{n}P(B_j)\cdot P(A|B_j)}.\tag{1-30}$$

式(1-30)即称为贝叶斯公式.

贝叶斯公式具有重要的实际意义. 以治病为例，假定医生在治病中对患各种病的可能性大小事先就知道，若以 $B_i(i=1,2,\cdots,n)$ 记病人患有的每种病，则 $P(B_i)(i=1,2,\cdots,n)$ 已知. 当医生给病人诊断时，往往需要通过对病人进行检查与观察来发现某个指标 A(如体温、脉搏、血压等)，以便帮助诊断病人到底患了 $B_i(i=1,2,\cdots,n)$ 中的哪一种病，概率 $P(A|B_i)$ 表示患 B_i 病者出现指标 A 的可能性大小，这对于医疗水平较高的医生也是事先就知道的. 于是，医生可以利用贝叶斯公式算出 $P(B_i|A)$，从而知道病人有指标 A 出现是由于患某种病引起的可能性大小. 如果 $P(B_i|A)$ 值较大，那么对病因 B_i 要特别加以重视. 由于 $P(B_i)$ 一般事先是知道的，故称之为先验概率.

事件 $B_i(i=1,2,\cdots,n)$是导致试验结果 A 产生的"原因",而 $P(B_i|A)$是反映试验后对各种"原因"出现的可能性大小的新知识,称之为后验概率.

例 1.30 假定某工厂甲、乙、丙 3 个车间生产同一种螺钉,产量依次占全厂的 45%,35%,20%.如果各车间的次品率依次为 4%,2%,5%.现在从待出厂产品中检查出 1 个次品,试判定它是由甲车间生产的概率.

解 设事件 B 表示"产品为次品",A_1,A_2,A_3 分别表示"产品为甲、乙、丙车间生产的".显然,A_1,A_2,A_3 构成一个完备事件组.根据题意,有

$$P(A_1)=0.45,\ P(A_2)=0.35,\ P(A_3)=0.20,$$
$$P(B|A_1)=0.04,\ P(B|A_2)=0.02,\ P(B|A_3)=0.05.$$

由贝叶斯公式应有

$$\begin{aligned}P(A_1|B)&=\frac{P(A_1)\cdot P(B|A_1)}{\sum_{i=1}^{3}P(A_i)\cdot P(B|A_i)}\\&=\frac{0.45\times0.04}{0.45\times0.04+0.35\times0.02+0.20\times0.05}\\&\approx0.514.\end{aligned}$$

例 1.31 假定用血清蛋白法诊断肝癌,设 C 表示"被检验者确患有肝癌"这一事件,A 表示"诊断被检验者患有肝癌"这一事件,已知 $P(A|C)=0.95$,$P(\overline{A}|\overline{C})=0.98$,$P(C)=0.004$,现有一人被此检验法诊为患肝癌,求此人真正患肝癌的概率$P(C|A)$.

解 由贝叶斯公式,得

$$\begin{aligned}P(C|A)&=\frac{P(C)\cdot P(A|C)}{P(C)\cdot P(A|C)+P(\overline{C})\cdot P(A|\overline{C})}\\&=\frac{P(C)\cdot P(A|C)}{P(C)\cdot P(A|C)+(1-P(C))\cdot(1-P(\overline{A}|\overline{C}))}\\&=\frac{0.004\times0.95}{0.004\times0.95+0.996\times0.02}\approx0.16.\end{aligned}$$

可见用此法检验,诊断为肝癌的人而确患肝癌的可能性并不大.

1.6 事件的相互独立性

1.6.1 两个事件的独立性

一般情况下,条件概率 $P(B|A)$与概率 $P(B)$是不等的.因为在事件 A 出现的前提下,试验的样本空间较前缩小了,但在某些情况下它们是相等的.例如,在一批有一定次品率的产品中,接连两次抽取产品,每次任取一件,如果第一次抽取后

仍放回这批产品中，由于是有放回地抽取，所以第二次抽取时，这批产品中正品与次品的比例丝毫未变，自然第一次抽取的结果对第二次抽取没有影响.

故有 $P(B|A)=P(B)$，此时，乘法定理可以表示为

$$P(AB)=P(A)\cdot P(B).$$

由此，引入事件的相互独立性的概念.

定义 1.10 对于任意两个事件 A 和 B，若

$$P(AB)=P(A)\cdot P(B), \tag{1-31}$$

则称此两事件 A,B 相互独立.

由式(1-31)，在 $P(A)>0$ 或 $P(B)>0$ 的前提下，不难得到

$$P(B|A)=P(B) \text{或} P(A|B)=P(A). \tag{1-32}$$

因此，事件 A 和 B 相互独立的含义是：其中任一事件的出现并不影响另一事件出现的概率.

定理 1.2 若事件 A 和 B 相互独立，则 $\overline{A}$ 与 B，A 与 $\overline{B}$，$\overline{A}$ 与 $\overline{B}$ 也是相互独立的.

证 不妨设 $P(A)$，$P(B)$ 均不为 0，现要证当 A,B 相互独立时，$A,\overline{B}$ 也相互独立.

由全概率公式可知，

$$P(A)=P(B)P(A|B)+P(\overline{B})\cdot P(A|\overline{B}).$$

于是有

$$P(A)=P(B)\cdot P(A)+P(\overline{B})\cdot P(A|\overline{B}),$$

即

$$[1-P(B)]P(A)=P(\overline{B})\cdot P(A|\overline{B}).$$

两边约去 $P(\overline{B})$，即得

$$P(A|\overline{B})=P(A).$$

故定理得证.

其余情况也可类似证明，这里把它留给读者.

例 1.32 甲、乙各自同时向一敌机炮击，已知甲击中敌机的概率为 0.6，乙击中敌机的概率为 0.5，求敌机被击中的概率.

解 设事件 A 为“甲击中敌机”，事件 B 为“乙击中敌机”，事件 C 为“敌机被击中”，显然 A 与 B 相互独立，$C=A\cup B$，由广义加法定理知

$$\begin{aligned}P(C)=P(A\cup B)&=P(A)+P(B)-P(AB)\\&=P(A)+P(B)-P(A)\cdot P(B)\\&=0.6+0.5-0.6\times 0.5=0.8.\end{aligned}$$

由 A,B 相互独立,也可以应用定理 1.2 推出 $\overline{A},\overline{B}$ 也相互独立,遂由事件运算的性质,知

$$\begin{aligned}P(C)&=1-P(\overline{A\cup B})=1-P(\overline{A}\,\overline{B})\\&=1-P(\overline{A})\cdot P(\overline{B})\\&=1-0.4\times 0.5=0.8.\end{aligned}$$

1.6.2　多个事件的独立性

定义 1.11　设 A,B,C 是三个事件,如果具有等式

$$\left.\begin{aligned}P(AB)&=P(A)\cdot P(B),\\P(BC)&=P(B)\cdot P(C),\\P(AC)&=P(A)\cdot P(C),\end{aligned}\right\}\tag{1-33}$$

则称三个事件 A,B,C 两两独立.

注意　当事件 A,B,C 两两独立时,等式

$$P(ABC)=P(A)\cdot P(B)\cdot P(C)$$

不一定成立(见例 1.33).

定义 1.12　设 A,B,C 是三个事件,如果具有等式

$$\left.\begin{aligned}P(AB)&=P(A)\cdot P(B),\\P(BC)&=P(B)\cdot P(C),\\P(AC)&=P(A)\cdot P(C),\\P(ABC)&=P(A)\cdot P(B)\cdot P(C),\end{aligned}\right\}\tag{1-34}$$

则称 A,B,C 为相互独立的事件.

事件相互独立性的概念也可以推广到有限多个事件的情况.

定义 1.13　设 $A_1,A_2,\cdots,A_n$ 为 n 个事件,如果对于任一组数 $k_1,k_2,\cdots,k_s$ $(2\leqslant s\leqslant n$,每组 $k_1,k_2,\cdots,k_s$ 取 $1,2,\cdots,n$ 中的 s 个不同的值),等式

$$P(A_{k_1},A_{k_2},\cdots,A_{k_s})=P(A_{k_1})\cdot P(A_{k_2})\cdot\cdots\cdot P(A_{k_s})\tag{1-35}$$

总成立,则称 $A_1,A_2,\cdots,A_n$ 为相互独立的事件.

例 1.33　设一个口袋中有 4 张卡片,在这 4 张卡片上依次标有下列各组数字:110,101,011,000,从这口袋中任取一张卡片,依次用 A_1,A_2,A_3 表示事件"取得的卡片上第 $i(i=1,2,3)$ 位上的数字为 1",证明:A_1,A_2,A_3 两两独立,但并不相

互独立.

证 $P(A_1)=P(A_2)=P(A_3)=\frac{1}{2}$,

$P(A_1A_2)=P(A_2A_3)=P(A_3A_1)=\frac{1}{4}$,

$P(A_1A_2A_3)=0$.

从而有

$$P(A_1A_2)=P(A_1)\cdot P(A_2),$$
$$P(A_2A_3)=P(A_2)\cdot P(A_3),$$
$$P(A_3A_1)=P(A_3)\cdot P(A_1),$$

即 A_1,A_2,A_3 两两独立,但是

$$P(A_1A_2A_3)\neq P(A_1)\cdot P(A_2)\cdot P(A_3).$$

故事件 A_1,A_2,A_3 不相互独立.

例 1.34 设 A,B 为两个事件,已知 $P(A)>0,P(B)>0$. 问:

(1) 如果事件 A 与 B 互斥,那么它们是否独立?

(2) 如果事件 A 与 B 相互独立,那么它们是否互斥?

解 (1) 若事件 A 与 B 互斥,则有

$$P(AB)=P(\varnothing)=0.$$

因为 $P(A)>0$,故

$$P(B|A)=\frac{P(AB)}{P(A)}=0.$$

又因 $P(B)>0$,所以,

$$P(B|A)\neq P(B).$$

由此可见,A 与 B 不相互独立.

(2) 如果事件 A 与 B 独立,则有

$$P(AB)=P(A)\cdot P(B)>0.$$

由此可见,A 与 B 不是互斥的.

经验告诉我们,当进行概率的加法运算时,需要特别注意事件的两两互斥性,而当进行概率的乘法运算时,需要特别注意事件的相互独立性.

例 1.35 对同一靶子进行 3 次独立射击,3 次射中的概率分别为 0.4,0.5 和 0.7,求在这 3 次射击中恰有一次射中的概率.

解 设 A 表示"3 次射击恰有一次射中"的事件,A_i 表示"第 $i(i=1,2,3)$次射中"的事件,则

$$A=A_1\overline{A_2}\,\overline{A_3}+\overline{A_1}A_2\overline{A_3}+\overline{A_1}\,\overline{A_2}A_3.$$

直接应用概率的加法定理和概率的乘法定理,并注意到加项事件的两两互斥

性及乘项事件的相互独立性，可得

$$
\begin{aligned}
P(A) &= P(A_1\overline{A_2}\,\overline{A_3}) + P(\overline{A_1}A_2\overline{A_3}) + P(\overline{A_1}\,\overline{A_2}A_3) \\
&= 0.4\times 0.5\times 0.3 + 0.6\times 0.5\times 0.3 + 0.6\times 0.5\times 0.7 \\
&= 0.36.
\end{aligned}
$$

例 1.36 在如图 1-5 所示的开关电路中，开关 a,b,c,d 开或关的概率均为 $\frac{1}{2}$，且相互独立，求灯亮的概率.

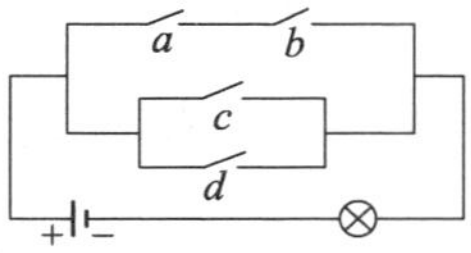

图 1-5 开关电路

解 用 A,B,C,D 分别记开关 a,b,c,d 闭合的事件. 由图 1-5 可知，当 a,b 同时闭合或者 c,d 中有一个闭合时，灯亮. 记灯亮的事件为 E，则有 $E=AB\cup C\cup D$. 根据题意，可得

$$
\begin{aligned}
P(E) &= P(AB\cup C\cup D) \\
&= P(AB)+P(C)+P(D)-P(ABC)-P(ABD)-P(CD)+P(ABCD) \\
&= P(A)\cdot P(B)+P(C)+P(D)-P(A)\cdot P(B)\cdot P(C)-P(A)\cdot \\
&\quad P(B)\cdot P(D)-P(C)\cdot P(D)+P(A)\cdot P(B)\cdot P(C)\cdot P(D) \\
&= \left(\frac{1}{2}\right)^2+\frac{1}{2}+\frac{1}{2}-\left(\frac{1}{2}\right)^3-\left(\frac{1}{2}\right)^3-\left(\frac{1}{2}\right)^2+\left(\frac{1}{2}\right)^4=\frac{13}{16}.
\end{aligned}
$$

1.7 重复独立试验和伯努利定理

1.7.1 重复独立试验

如前所述，随机现象的统计规律性是通过在相同的条件下进行大量的重复观察或试验呈现出来的，因而这类随机试验在概率论的研究中有重要的作用.

定义 1.14 将试验在同样条件下重复进行，如果每次试验的结果都不影响其他各次试验结果出现的概率，即各次试验的结果相互独立，则称这类试验为重复独立试验.

重复独立试验也是广泛应用的一种概率模型. 例如，从有一定次品率的一批产品中逐件地抽取产品，如果每次取出后都立即放回这批产品中，再抽下一件(有放回地抽样)，那么把每取一件产品作为一个试验. 由于每次取出后，记下试验结果即行放回，所以各次取得的结果都不影响其余各次抽取时取得的产品是正品或次品的概率. 又因为每次抽取时面对的产品的次品率相同，各次抽取的试验又是重复进行的，所以，这是一种重复独立试验概型.

定义 1.15 重复独立试验中，如果每次试验的结果只有两个，即事件 A 和 $\overline{A}$，且 $P(A)=p, P(\overline{A})=1-p=q$ 时，则称之为伯努利试验. 伯努利试验是一种非常重要的概率模型，故又称其为伯努利概型.

上述有放回的重复抽样试验就是一种常见的伯努利概型.

1.7.2 伯努利定理

对于伯努利概型，可以得到以下结果：

定理 1.3 如果在 n 次伯努利试验中，事件 A 在每一次试验中出现的概率为 $p(0<p<1)$，则事件 A 在 n 次试验中恰好出现 k 次的概率为

$$P_n(k)=C_n^k p^k(1-p)^{n-k} \quad (k=0,1,2,\cdots,n), \tag{1-36}$$

并且有

$$\sum_{k=0}^{n} P_n(k) = \sum_{k=0}^{n} C_n^k p^k (1-p)^{n-k} = 1. \tag{1-37}$$

证 事实上，若将“第 i 次试验中 A 出现”的事件记为 $A_i(i=1,2,\cdots,n)$，则由伯努利概型知，在 n 次试验中事件 A 在指定的 k 次试验中出现(例如在前 k 次出现)，其余 $n-k$ 次试验中不出现的概率为

$$\begin{aligned}&P(A_1A_2\cdots A_k\overline{A_{k+1}}\cdots\overline{A_n})\\&=P(A_1)\cdot P(A_2)\cdot\cdots\cdot P(A_k)\cdot P(\overline{A_{k+1}})\cdot\cdots\cdot P(\overline{A_n})\\&=p^k(1-p)^{n-k}.\end{aligned}$$

由于 n 次试验中 A 出现 k 次的方式很多(在前 k 次出现，这只是其中一种方式)，其总数相当于将 k 个相同的球放到 n 个抽屉中去(限定每个抽屉最多只能放一个球)的所有可能方式，易知共有 C_n^k 种方式，而它所对应的这 C_n^k 个事件(即“n 次试验中 A 出现 k 次”这一事件)是两两互斥的，故由概率的加法定理得

$$P_n(k)=C_n^k p^k(1-p)^{n-k} \quad (k=0,1,2,\cdots,n).$$

由牛顿二项式定理，即得

$$\sum_{k=0}^{n} P_n(k) = \sum_{k=0}^{n} C_n^k (1-p)^{n-k} = [p+(1-p)]^n = 1.$$

注意到 $C_n^k p^k q^{n-k}$(其中 $q=1-p$)刚好是二项式$(p+q)^n$ 的展开式中出现 p^k 的一项，故通常称式(1-36)为二项概率公式.

例 1.37 一条自动生产线上产品的一级品率为 0.6，现检查了 10 件，求至少有 2 件一级品的概率.

解 设 B 为“至少有 2 件一级品”的事件，由于每件产品可能是一级品，也可

能不是一级品，各件产品是否为一级品是相互独立的，故为伯努利概型. 由二项概率公式，即得

$$
\begin{aligned}
P(B) &= \sum_{k=2}^{10} P_{10}(k) \\
&= 1 - P_{10}(0) - P_{10}(1) \\
&= 1 - (0.4)^{10} - C_{10}^{1} \times 0.6 \times (0.4)^{9} \approx 0.998.
\end{aligned}
$$

例 1.38 某人进行射击，设每次射击命中的概率是 0.001，独立射击 5 000 次，试求：

(1) 恰好命中 1 次的概率；

(2) 命中 1 次以上的概率.

解 射击 5 000 次看成进行 5 000 次重复独立试验，每次射击的结果为命中或没有命中，只有这两个结果，而每次射击的结果对其他各次射击结果是独立的，因此，属于伯努利概型. 在这里 $n=5\,000$，$p=0.001$，$q=1-p=0.999$.

(1) 恰好命中 1 次的概率为 $P_{5\,000}(1)$，有

$$P_{5\,000}(1)=C_{5\,000}^{1}\times(0.001)\times(0.999)^{4\,999}\approx 0.033\,5.$$

(2) 设"没有命中"的事件为 A_0，则"至少命中一次"的事件即为 $\overline{A_0}$，而

$$P(A_0)=P_{5\,000}(0)=(0.999)^{5\,000}\approx 0.006\,7,$$

故

$$P(\overline{A_0})=1-P(A_0)\approx 1-0.006\,7=0.993\,3.$$

这个结果说明，尽管每次射击命中目标的可能性很小，但进行多次射击，例如 5 000次，至少命中 1 次以上的概率很接近 1，这实际上可以认为射击 5 000 次几乎必命中目标.

例 1.39 设某种药物对某种疾病的治愈率为 0.8，现有 10 个患这种病的病人同时服用此药，求其中至少有 6 人治愈的概率.

解 设病人服用此药后"治愈"事件为 A，"未治愈"事件为 $\overline{A}$，由题设知 $P(A)=0.8$，$P(\overline{A})=0.2$，而且这是一个 $n=10$ 的伯努利概型，故有

$$
\begin{aligned}
P = {} & C_{10}^{6}(0.8)^{6}(0.2)^{4}+C_{10}^{7}(0.8)^{7}(0.2)^{3}+C_{10}^{8}(0.8)^{8}(0.2)^{2}+ \\
& C_{10}^{9}(0.8)^{9}(0.2)^{1}+(0.8)^{10}\approx 0.97.
\end{aligned}
$$

这个结果表明服用此药，10 人中至少有 6 人治愈的把握很大(概率为 0.97)，而少于 6 人治愈的事件是小概率事件(概率为 0.03). 如果在实际服此药的试验中，10 个病人服此药后治愈的少于 6 人，那么，就认为治愈率 0.8 不可靠，实际治愈率应该小于 0.8.

习 题 1

1. 写出下列随机试验的样本空间：

(1) 记录一个小班一次数学考试的平均分数(设以百分制记分).

(2) 同时掷 3 粒骰子，记录 3 粒骰子点数之和.

(3) 生产产品直到有 10 件正品为止，记录生产产品的总件数.

(4) 对某工厂出厂的产品进行检验，合格的记上“正品”，不合格的记上“次品”，如连续查出 2 个次品就停止检验，或检查 4 个产品就停止检验，记录检验的结果.

(5) 在单位圆内任意取一点，记录它的坐标.

(6) 将一尺之棰折成 3 段，观察各段的长度.

2. 设 A,B,C 表示 3 个事件，利用 A,B,C 的运算关系表达下列事件：

(1) A 出现，B,C 都不出现；

(2) A,B 都出现，C 不出现；

(3) 所有 3 个事件都出现；

(4) 3 个事件中至少有 1 个出现；

(5) 3 个事件都不出现；

(6) 不多于 1 个事件出现；

(7) 不多于 2 个事件出现；

(8) 3 个事件中至少有 2 个事件出现；

(9) 3 个事件中恰出现 1 个.

3. 设 $\Omega=\{1,2,\cdots,10\}$，$A=\{2,3,4\}$，$B=\{3,4,5\}$，$C=\{5,6,7\}$，具体写出下列各式表示的集合：

(1) $\overline{A}B$；

(2) $\overline{A}\cup B$；

(3) $\overline{\overline{A}\,\overline{B}}$；

(4) $\overline{A\overline{B}\,\overline{C}}$；

(5) $\overline{A(B\cup C)}$.

4. 设 $\Omega=\{x\mid 0\leqslant x\leqslant 2\}$，$A=\left\{x\mid \frac{1}{2}<x<1\right\}$，$B=\left\{x\mid \frac{1}{4}\leqslant x\leqslant \frac{3}{2}\right\}$，具体写出下列各事件：

(1) $\overline{A}B$；

(2) $\overline{A}\cup B$；

(3) $\overline{\overline{A}\,\overline{B}}$；

(4) $\overline{AB}$.

5. 设某工人生产了 4 个零件，A_i 表示事件“工人生产的第 $i(i=1,2,3,4)$ 个零件是正品”，试用诸 A_i 表示下列各事件：

(1) 没有 1 个产品是次品；

(2) 至少有 1 个产品是次品；

(3) 只有 1 个产品是次品；

(4) 至少有 3 个产品不是次品.

6. 一口袋中有 5 个红球及 2 个白球. 从这袋中任取 1 个球，看过它的颜色后就放回袋中，然后从这袋中任取 1 个球，设每次取球时，口袋中各个球被取到的可能性相同. 试求：

(1) 第一次、第二次都取得红球的概率；

(2) 第一次取得红球，第二次取得白球的概率；

(3) 二次取得的球为红、白各 1 个的概率；

(4) 第二次取得红球的概率.

7. 为了减少比赛场次，把 20 支球队任意分成 2 组(每组 10 队)进行比赛，求最强的两队被分在不同组内的概率.

8. 袋内放 2 个伍分的钱币，3 个贰分的钱币，5 个壹分的钱币，任取其中 5 个，求总数超过 1 角的概率.

9. 2 封信随机地投入 4 个邮筒，求前 2 个邮筒内没有信的概率及第一个邮筒内只有 1 封信的概率.

10. 甲、乙两艘轮船驶向一个不能同时停泊 2 艘轮船的码头，它们在一昼夜内到达的时刻是等可能的，如果甲船的停泊时间是 1 h，乙船的停泊时间是 2 h，求它们中的任何一艘都不需等候码头空出的概率.

11. 甲、乙两人约定在下午 1 时至 2 时之间到某站乘公共汽车，这段时间内有 4 班公共汽车，它们的开车时刻分别为 1:15，1:30，1:45，2:00，如果他们约定：

(1) 见车就乘；

(2) 最多等 1 辆车.

求甲、乙同乘一车的概率(假定甲、乙两人到达车站的时刻是互不关联的，且每人在 1 时至 2 时的任何时刻到达车站是等可能的).

12. 在线段 AD 上任取 2 点 B 和 C，在 B，C 处折断而得 3 条线段，求“这 3 条线段能构成三角形”的概率.

13. 对于任意 3 个事件 A，B，C，证明：

$$P(A\cup B\cup C)=P(A)+P(B)+P(C)-P(AB)-P(BC)-P(CA)+P(ABC).$$

14. 设一个口袋中有 4 个红球及 3 个白球，从这口袋中任取 1 个球后，不放回去，再从这口袋中任取 1 个球，令 A 表示事件“第一次取得白球”，B 表示事件“第二次取得红球”，求 $P(B)$ 及 $P(B|A)$.

15. 一批零件共 100 个，次品率为 10%，每次从其中任取 1 个零件，取出的零件不再放回去，求第三次才取得正品的概率.

16. 设甲袋中有 3 个红球及 1 个白球，乙袋中有 4 个红球及 2 个白球，从甲袋中任取 1 个球(不看颜色)放到乙袋中后，再从乙袋中任取 1 个球，用全概率公式求最后取得红球的概率.

17. 2 台车床加工同样的零件，第一台出现废品的概率是 0.03，第二台出现废品的概率是 0.02. 加工出来的零件放在一起，并且已知第一台加工的零件比第二台加工的零件多 1 倍，求任意取出的零件是合格品的概率.

18. 12 个乒乓球中有 9 个新的，3 个旧的，第一次比赛取出了 3 个，用完后放回去，第二次比赛又取出了 3 个，求第二次取到的 3 个球中有 2 个新球的概率.

19. 某商店买进甲厂生产的产品 30 箱，乙厂生产的同种产品 20 箱. 甲厂每箱装 100 个，废品率为 0.06，乙厂每箱装 120 个，废品率是 0.05，求：

(1) 任取 1 箱，从中任取 1 个为废品的概率；

(2) 若将所有产品开箱混放，求任取 1 个为废品的概率.

20. 已知在 10 只晶体管中有 2 只次品，在其中取 2 次，每次任取 1 只，做不放回抽样，求下列事件的概率：

(1) 2 只都是正品；

(2) 2 只都是次品；

(3) 1 只是正品，1 只是次品；

(4) 第二次取出的是次品.

21. 某油漆公司发出 17 桶油漆，其中白漆 10 桶，黑漆 4 桶，红漆 3 桶，在搬运中所有标签脱落，交货人随意将这些油漆发给顾客，问一个订货 4 桶白漆，3 桶黑漆和 2 桶红漆的顾客，能按所订颜色如数得到订货的概率是多少？

22. 袋中有 10 个球，9 个是白球，1 个是红球，10 个人依次从袋中各取 1 个球，每人取 1 个球后不再放回袋中，问第一人，第二人，…，最后一人取得红球的概率是多少？

23. 已知 $P(\overline{A})=0.3$，$P(B)=0.4$，$P(A\overline{B})=0.5$，求 $P(B|A\cup\overline{B})$.

24. 已知 $P(A)=\frac{1}{4}$，$P(B|A)=\frac{1}{3}$，$P(A|B)=\frac{1}{2}$，求 $P(A\cup B)$.

25. 据以往资料表明，某三口之家，患某种传染病的概率有以下规律：

P(孩子得病)$=0.6$，P(母亲得病|孩子得病)$=0.5$，P(父亲得病|母亲及孩子得病)$=0.4$，求母亲及孩子得病但父亲未得病的概率.

26. 某人忘了电话号码的最后一个数字，因而他随意地拨号，求：

(1) 他拨号不超过 3 次而接通所需电话的概率；

(2) 若已知最后一个数字是奇数，那么此概率是多少？

27. 证明：如果 $P(A|B)=P(A|\overline{B})$，那么事件 A，B 相互独立.

28. 设 3 台机器相互独立地运转着，又第一台、第二台、第三台机器不发生故障的概率依次为 0.9，0.8，0.7，求这 3 台机器全不发生故障及它们中至少有 1 台发生故障的概率.

29. 电路由电池 A 与 2 个并联的电池 B，C 串联而成，设电池 A，B，C 损坏与否相互独立，且损坏的概率依次为 0.3，0.2，0.2，求这电路发生间断的概率.

30. 设每次射击时命中率为 0.2，问必须进行多少次独立射击才能使至少击中 1 次的概率不小于 0.9？

31. 某店内有 4 名售货员，据经验每名售货员平均在 1 h 内只用秤 15 min，问该店配置几台秤较为合理(一般以 95%的概率可用视为合理)？

32. 甲、乙 2 个篮球运动员，投篮命中率分别为 0.7 及 0.6，每人投篮 3 次，求：

(1) 两人进球数相等的概率；

(2) 甲比乙进球数多的概率.

33. 设一个口袋中有 6 个球，令 A_1，A_2，A_3 依次表示这 6 个球为 4 个红球、2 个白球；3 个红球、3 个白球；2 个红球、4 个白球这 3 种情况. 设验前概率为

$$P(A_1)=\frac{1}{2};\ P(A_2)=\frac{1}{6};\ P(A_3)=\frac{1}{3}.$$

从这口袋中任取 1 个球，得到了白球，求相应的验后概率.

34. 已知男人中有 5% 是色盲患者，女人中有 0.25% 是色盲患者，今从男女人数相等的人群中随机挑选 1 人，恰好是色盲患者，问此人是男性的概率是多少？

35. 甲、乙、丙 3 人同时对飞机进行射击，3 人击中的概率分别为 0.4，0.5，0.7. 飞机被 1 人击中而被击落的概率为 0.2，被 2 人击中而被击落的概率为 0.6，若 3 人都击中，飞机必定被击落，求飞机被击落的概率.

36. 将 A，B，C 3 个字母之一输入信道，输出为原字母的概率为 α，而输出为其他任一字母的概率都是 $(1-\alpha)/2$，今将字母串 AAAA，BBBB，CCCC 之一输入信道，输入 AAAA，BBBB，CCCC 的概率分别为 p_1，p_2，p_3（其中 $p_1+p_2+p_3=1$），已知输出为 ABCA，问输入的是 AAAA 的概率是多少？（设信道传输每个字母的工作是相互独立的.）

2 随机变量及其分布

第 1 章用样本空间的子集表示随机事件,这种表示的方式对随机现象的统计规律性的分析有较大的局限性.本章将引进概率论中的一个重要的基本概念——随机变量,它将随机试验的结果数量化,使得随机事件可以用随机变量的取值来表示,从而可以用分析的方法来研究随机现象的统计规律性.本章将先介绍描述随机变量分布规律的一般工具——分布函数;然后讨论两类特殊而常见的随机变量:离散型随机变量与连续型随机变量,并分别给出描述它们分布规律的工具,同时介绍一些有代表性的典型分布;最后讨论随机变量函数的分布.

2.1 随机变量与分布函数

2.1.1 随机变量的概念

在第 1 章中,介绍了事件及事件的概率.为了进一步研究随机现象所呈现出的数量上的规律性,首先必须把随机试验的结果数量化.实际上,在具体的问题中,试验的结果往往直接或间接地和实数之间建立着对应关系.例如:某射手进行一次射击,考察其命中的环数,结果 ω_i ="命中 i 环"与实数 i 相对应,这种对应关系可以通过当 $\omega=\omega_i$ 时,$X(\omega)=i$ 来表述,其中,$X(\omega)$是随 ω 变化而变化的量.

定义 2.1 如果对于样本空间 Ω 中的每一个基本事件 ω,都有一个单值实值函数 $X(\omega)$与之对应,且 $\forall x\in \mathbf{R}$,$\{\omega, X(\omega)\leqslant x\}$是一个随机事件,则称 $X=X(\omega)$为随机变量.

注意,随机变量 $X(\omega)$是随试验结果变化而变化的量.随机变量通常用 X,Y,Z 或 ξ,η,ζ 等表示.

下面再给出一些随机变量的例子:

(1) 抛两枚硬币,用 X 表示出现正面向上的硬币数,则 X 是一随机变量,其可能取值为 0,1,2.

(2) 假定某候车室最多可容纳 M 人,用 X 表示某段时间内该候车室里的旅客数,则 X 是一随机变量,其可能取值为 $0,1,\cdots,M$.

(3) 一个沿数轴进行随机运动的质点,它在数轴上的坐标 X 是一随机变量,该随机变量可以取 $(-\infty,+\infty)$ 内任何一个值.

由于随机变量是随试验结果变化而变化的量,因此随机变量的取值具有一定的随机性,其可能性大小是可以用概率来度量的.这种概率在一定程度上反映了随机变量取值的规律性,如何揭示和研究所述的规律性正是概率论所要解决的任务.

2.1.2 随机变量的分布函数

描述随机变量取值规律性的一般工具是分布函数.

定义 2.2 设 X 为一个随机变量,对于任意的实数 x,定义

$$F(x)=P(X\leqslant x), \tag{2-1}$$

称 $F(x)$ 为随机变量 X 的分布函数.

对于任意的 $x_1<x_2$,随机变量 X 落入区间 $(x_1,x_2]$ 内的概率为

$$P(x_1<X\leqslant x_2)=P(X\leqslant x_2)-P(X\leqslant x_1)=F(x_2)-F(x_1). \tag{2-2}$$

由式(2-2)可知,根据随机变量的分布函数 $F(x)$,就可以计算出事件 $\{X_1<X\leqslant x_2\}$ 的概率,因此,分布函数表述了随机变量取值的分布规律.

例 2.1 抛两枚硬币,用 X 表示出现正面向上的硬币数,则 X 的可能取值为 $0,1,2$;$P(X=0)=P(X=2)=\dfrac{1}{4}$,$P(X=1)=\dfrac{1}{2}$,于是可计算得 X 的分布函数为

$$F(x)=\begin{cases}0, & x<0,\\ \dfrac{1}{4}, & 0\leqslant x<1,\\ \dfrac{3}{4}, & 1\leqslant x<2,\\ 1, & x\geqslant 2.\end{cases}$$

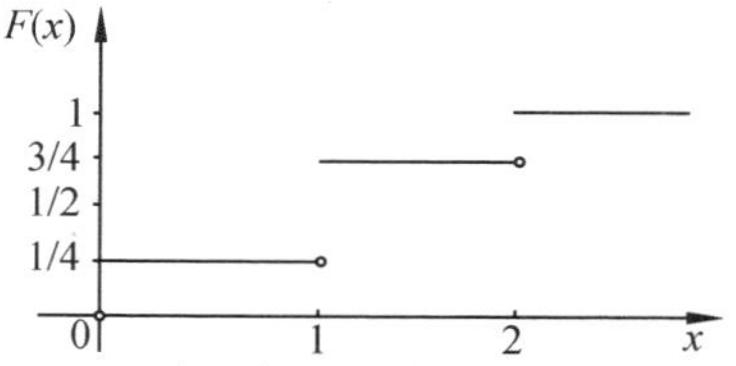

图 2-1 分布函数 $F(x)$

$F(x)$ 的图形如图 2-1 所示.

图 2-1 对分布函数 $F(x)$ 的性质提供了直观上的认识.

定理 2.1 随机变量 X 的分布函数具有下列性质:

(1) 单调不减性:对于任意的 $x_1<x_2$,有 $F(x_1)\leqslant F(x_2)$;

(2) 右连续性:$\lim\limits_{x\to x_0^+} F(x)=F(x_0)$;

(3) $\lim\limits_{x\to-\infty} F(x)=0$, $\lim\limits_{x\to+\infty} F(x)=1$.

该性质的证明从略.需要说明的是,对于任一满足上述性质的函数,必存在随机变量 X,使 $F(x)$为 X 的分布函数.

利用分布函数的性质可得下面的关系式:

$$P(X=a)=\lim_{n\to\infty}P\left(a-\frac{1}{n}<X\leqslant a\right)=F(a)-\lim_{n\to\infty}F\left(a-\frac{1}{n}\right)=F(a)-F(a-0), \tag{2-3}$$

$$P(x_1\leqslant X\leqslant x_2)=P(X\leqslant x_2)-P(X<x_1)=F(x_2)-F(x_1-0). \tag{2-4}$$

例 2.2 设随机变量 X 具有分布函数

$$F(x)=A+B\arctan x,\quad -\infty<x<+\infty.$$

试求常数 A,B.

解 根据分布函数的性质(3)有

$$\lim_{x\to-\infty}F(x)=A+B\times\left(-\frac{\pi}{2}\right)=0,$$

$$\lim_{x\to+\infty}F(x)=A+B\times\frac{\pi}{2}=1,$$

可解得

$$A=\frac{1}{2},\ B=\frac{1}{\pi}.$$

随机变量有两种基本而常见的类型:

(1) 取值只有有限个或可数无限个,这种随机变量称为离散型随机变量;

(2) 取值至少充满一个区间.这种随机变量中有一种重要而常见的是连续型随机变量.

下面分别介绍这两类随机变量及描述它们分布规律的方法.

2.2 离散型随机变量

2.2.1 离散型随机变量的概念

定义2.3 如果随机变量 X 只取有限个或可数无限个值,则称 X 为一个离散型随机变量.假定 X 的可能取值为 $x_1,x_2,\cdots,x_k,\cdots$,称 $p_k=P(X=x_k)(k=1,2,\cdots)$为随机变量 X 的概率分布或分布律.

由概率的性质易知,离散型随机变量 X 的概率分布具有以下性质:

(1) $p_k \geqslant 0,\ k=1,2,\cdots;$ (2-5)

(2) $\sum_k p_k = 1.$ (2-6)

反之,若一数列满足上述两条性质,则它必定可以作为某个离散型随机变量的概率分布.

概率分布通常列成如表2-1所示的概率分布表.

表2-1 概率分布表

X	x_1	x_2	$\cdots$	x_k	$\cdots$
$P(X=x_k)$	p_1	p_2	$\cdots$	p_k	$\cdots$

由 X 的概率分布可以求出与其相关的事件的概率及其分布函数:

$$P(a<X\leqslant b)=\sum_{a<x_k\leqslant b} P(X=x_k)=\sum_{a<x_k\leqslant b} p_k, \tag{2-7}$$

$$F(x)=P(X\leqslant x)=\sum_{x_k\leqslant x} p_k. \tag{2-8}$$

例2.3 若 $P(X=k)=\frac{c}{3^k}$, $k=1,2,\cdots$,试求常数 c.

解 由于
$$\sum_{k=1}^{+\infty}\frac{c}{3^k}=c\,\frac{\frac{1}{3}}{1-\frac{1}{3}}=\frac{c}{2},$$
因此由 $\sum_k P_k=1$ 知 $c=2$.

例2.4 5名奥运志愿者被随机地分到 A,B,C,D 4个不同的岗位服务,每个岗位至少有1名志愿者.设随机变量 X 为这5名志愿者中参加 A 岗位服务的人数,求 X 的概率分布.

解 随机变量 X 可能取的值为1,2,而事件"$X=2$"表示有2人同时参加 A 岗位服务.由题意可知,不论怎么安排,有且只有2人会被分在同一岗位,因此根据岗位 A,B,C,D 的对称性知 $P(X=2)=1/4$,而 $P(X=1)=1-P(X=2)=3/4$,故 X 的概率分布为

X	1	2
$P(X=x_i)$	$\frac{3}{4}$	$\frac{1}{4}$

2.2.2 若干常见的离散型分布

二点分布

定义 2.4 概率分布为

X	0	1
$P(X=x_i)$	q	p

的分布称为二点分布(其中 $q=1-p,0<p<1$),记为 $B(1,p)$,其中 p 为参数.如果随机变量 X 的分布为二点分布(或 0-1 分布),也称 X 服从二点分布,记为 $X\sim B(1,p)$.

一次伯努利试验中事件 $A(P(A)=p)$ 发生次数服从二点分布.事实上,记

$$X=\begin{cases}1,\text{若事件 } A \text{ 发生},\\0,\text{若事件 } A \text{ 不发生}.\end{cases}$$

由于 X 只取 0,1 两值且 $P(X=1)=P(A)=p$,因此 $X\sim B(1,p)$.

二项分布

定义 2.5 概率分布为

$$P(X=k)=C_n^k p^k q^{n-k},k=0,1,2,\cdots,n;q=1-p,0<p<1 \quad (2\text{-}9)$$

的分布称为二项分布,记为 $B(n,p)$,其中 n,p 为参数.

二项分布中的概率恰好是二项式$(p+q)^n$ 展开的各个项:

$$1=(p+q)^n=\sum_{k=0}^{n}C_n^k p^k q^{n-k},$$

二项分布的名称也是因此而来.

n 次伯努利试验中事件 $A(P(A)=p)$ 发生次数服从二项分布.事实上,若记 X 为 n 次伯努利试验中事件 A 发生的次数,则 $P(X=k)=C_n^k p^k q^{n-k}$.从二项分布的实际背景还可知二点分布是二项分布 $B(n,p)$中 $n=1$ 的情形.

例 2.5 假设有 10 台设备,每台的可靠性(无故障工作的概率)为 0.90,每台出现故障时需要由 1 人进行维护.问为保证在 90%的情况下当设备出现故障时都能及时得到维护,至少需要安排几个人值班?

解 设 X 为 10 台设备中同时出现故障的台数,由题意知 $X\sim B(10,0.10)$.假定安排 k 人值班,则问题是求 k 使得 $P(X\leqslant k)\geqslant 0.90$.

由于 $P(X\leqslant 1)=P(X=0)+P(X=1)=0.90^{10}+10\times 0.9^9\times 0.10\approx 0.74$,

$$P(X\leqslant 2)=P(X\leqslant 1)+P(X=2)\approx 0.93>0.90,$$

因此,至少需要安排 2 人值班.

例 2.6 某条生产线 3 min 生产 1 件成品,假定不合格品的概率为 0.01,问需要多长时间才能以不小于 95%的概率断言至少出现 1 件不合格品?

解 设 n 为至少出现 1 件不合格品所要生产成品的件数,而 X 为 n 件成品中不合格品的件数,则由题意知 $X\sim B(n,0.01)$. 本题的问题是先要求 n,使得

$$P(X\geqslant 1)=1-P(X=0)=1-0.99^n\geqslant 0.95,$$

即

$$n\geqslant\frac{\ln 0.05}{\ln 0.99}\approx 298.0729.$$

由此可知,至少需要 $298.0729\times 3\approx 894$ min,即将近 14 h 54 min,才能以不小于0.95 的概率断言至少出现 1 件不合格品.

概率 $C_n^k p^k q^{n-k}$ 的计算在实际问题中是经常遇到的,但 n 很大时,它的计算是非常繁琐的,有必要探讨其近似计算方法. 常用的近似计算方法有两个:一个是二项分布的泊松近似;另一个是二项分布的正态近似. 这里先介绍第一种方法,关于二项分布的正态近似将在第 5 章中给出.

定理 2.2(泊松定理) 设 $\lim\limits_{n\to\infty} np_n=\lambda$,则

$$\lim_{n\to\infty} C_n^k p_n^k q_n^{n-k}=\frac{\lambda^k}{k!}e^{-\lambda}, \tag{2-10}$$

其中,$q_n=1-p_n$.

证 记 $\lambda_n=np_n$,则 $p_n=\dfrac{\lambda_n}{n}$,有

$$\begin{aligned}
\lim_{n\to\infty} C_n^k p_n^k q_n^{n-k} &=\lim_{n\to\infty}\frac{n(n-1)\cdots(n-k+1)}{k!}p_n^k(1-p_n)^{n-k}\\
&=\lim_{n\to\infty}\frac{n(n-1)\cdots(n-k+1)}{k!}\frac{\lambda_n^k}{n^k}\left(1-\frac{\lambda_n}{n}\right)^{n-k}\\
&=\lim_{n\to\infty}\frac{n(n-1)\cdots(n-k+1)}{n^k}\frac{\lambda_n^k}{k!}\left[\left(1-\frac{\lambda_n}{n}\right)^{\frac{n}{\lambda_n}}\right]^{\frac{n-k}{n}\lambda_n}\\
&=\lim_{n\to\infty}\frac{n(n-1)\cdots(n-k+1)}{n^k}\lim_{n\to\infty}\frac{\lambda_n^k}{k!}\lim_{n\to\infty}\left[\left(1-\frac{\lambda_n}{n}\right)^{\frac{n}{\lambda_n}}\right]^{\frac{n-k}{n}\lambda_n}\\
&=\frac{\lambda^k}{k!}e^{-\lambda}.
\end{aligned}$$

由定理 2.2 可知,若 n 较大,p 较小,np 大小适中,则

$$C_n^k p^k q^{n-k}\approx\frac{\lambda^k}{k!}e^{-\lambda}, \tag{2-11}$$

其中,$\lambda=np$.

上述近似称为二项分布的泊松近似，$\frac{\lambda^k}{k!}e^{-\lambda}$可以通过查泊松分布表得到.

例 2.7 保险公司中，有 10 000 名同年龄段且同社会阶层的人参加了人寿保险，根据调查，这类人的年死亡率为 0.001. 每个投保人在年初需交纳 200 元保险费，若在这一年中投保人死亡，则受益人可从保险公司获得 100 000 元的赔偿金. 试求：(1) 保险公司在这项业务上亏本的概率；(2) 保险公司获利不少于 500 000 元的概率.

解 设 X 为 10 000 名投保人一年中的死亡数，则 $X\sim B(10\,000,0.001)$. 保险公司在这项业务上的总收入为 $200\times 10\,000=2\,000\,000$ 元，总支出为 $100\,000\,X$ 元，利润为 $2\,000\,000-100\,000\,X$. "保险公司亏本" $=\{2\,000\,000-100\,000\,X<0\}=\{X>20\}$，"获利不少于 500 000" $=\{2\,000\,000-100\,000X\geqslant 500\,000\}=\{X\leqslant 15\}$. 因为 $n=10\,000$ 很大，$p=0.001$ 很小，所以可用 $\lambda=np=10$ 的泊松近似来近似计算它们的概率.

(1) $P(X>20)=1-P(X\leqslant 20)\approx 1-\sum\limits_{k=0}^{20}\frac{10^k}{k!}e^{-10}=1-0.998=0.002.$

由此看出，保险公司在这项业务上亏本的可能性是十分微小的.

(2) $P(X\leqslant 15)\approx \sum\limits_{k=0}^{15}\frac{10^k}{k!}e^{-10}=0.951.$

以上可看出，保险公司在这项业务上获利不少于 500 000 元的可能性是很大的.

泊松分布

定义 2.6 概率分布为

$$P(X=k)=\frac{\lambda^k}{k!}e^{-\lambda},\quad k=0,1,2,\cdots \tag{2-12}$$

的分布称为泊松分布，记为 $P(\lambda)$，其中 $\lambda>0$ 为参数.

根据二项分布的泊松近似可以看出：在大量的试验中，稀有事件（概率很小的事件）A 发生的次数服从或近似服从泊松分布. 例如，一个城市居民中活到百岁的老人数，显微镜下某区域的微生物的数量等都近似服从泊松分布.

例 2.8 某急救中心在间隔 t 小时的时间段中收到呼救的次数 X 服从参数为 $t/2$ 的泊松分布，且与时间间隔的起点无关. 试求某天 12:00 至 14:00 之间没有呼救的概率.

解 因为 $t=14-12=2$，所以 $X\sim P(1)$，所求概率为

$$P(X=0)=\frac{1^0}{0!}e^{-1}=e^{-1}\approx 0.368.$$

超几何分布

定义 2.7 概率分布为

$$P(X=k)=\frac{C_M^k C_{N-M}^{n-k}}{C_N^n},\ k=0,1,2,\cdots,\min(M,n) \tag{2-13}$$

的分布称为超几何分布(其中 $N \geqslant M$).

考虑在含有 M 件次品的 N 件产品中无放回地取 n 件,则次品数恰为 k 件的概率即为式(2-13),因此次品数 X 的分布为超几何分布.

直观上,如果 N 很大,而 n 相对较小,有放回抽取和无放回抽取的差别是很小的.无放回抽取其次品数的分布为超几何分布,而有放回抽取其次品数的分布则应该是二项分布.因此,当 N 很大时,有

$$\frac{C_M^k C_{N-M}^{n-k}}{C_N^n} \approx C_n^k p^k q^{n-k}, \tag{2-14}$$

其中 $p=M/N$.

2.3 连续型随机变量

2.3.1 连续型随机变量的概念

连续型随机变量是在数轴$(-\infty,+\infty)$上连续取值的随机变量.就像无法由物体各个点上的质量来描述物体的质量一样,也不能由随机变量取各个值的概率来描述连续型随机变量的概率分布.对于连续型随机变量,如同物体质量的分布用质量密度描述一样,人们通常用概率密度来描述它的概率分布.

定义 2.8 如果随机变量 X 的分布函数 $F(x)$ 可以表示成非负函数 $f(x)$ 的积分

$$F(x)=\int_{-\infty}^{x} f(t)\mathrm{d}t, \tag{2-15}$$

则称随机变量 X 为连续型随机变量,$f(x)$ 称为 X 的概率分布密度函数或概率密度函数,简称为概率密度或密度.

易知,概率密度 $f(x)$ 具有以下性质:

(1) $f(x) \geqslant 0$; (2-16)

(2) $\int_{-\infty}^{+\infty} f(x)\mathrm{d}x=1$. (2-17)

反之，若一个函数满足上述两条性质，则它必定可以作为某个连续型随机变量的概率密度.

从概率密度的定义及微积分的有关知识还可得以下性质：

(1) $P(a<X\leqslant b)=\int_a^b f(x)\mathrm{d}x$；

(2) 在概率密度 $f(x)$的连续点上，有 $f(x)=F'(x)$；

(3) 连续型随机变量取任何一个值的概率为零.

性质(2)给出了求概率密度的一种常用方法，性质(3)表明连续型随机变量落入某一区间内的概率与该区间的开闭性无关.

例 2.9 设随机变量 X 的概率密度为

$$f(x)=\begin{cases}c(1-x), & 0<x<1,\\ 0, & \text{其他}.\end{cases}$$

试确定：

(1) 常数 c；

(2) X 的分布函数；

(3) $P(-1<X<\frac{1}{2})$.

解 (1) 由于

$$\int_{-\infty}^{+\infty}f(x)\mathrm{d}x=\int_{-\infty}^{0}f(x)\mathrm{d}x+\int_0^1 f(x)\mathrm{d}x+\int_1^{+\infty}f(x)\mathrm{d}x=\int_0^1 c(1-x)\mathrm{d}x=\frac{c}{2},$$

因此，据 $\int_{-\infty}^{+\infty}f(x)\mathrm{d}x=1$ 知 $c=2$.

(2) 当 $x<0$ 时，

$$F(x)=\int_{-\infty}^{x}f(t)\mathrm{d}t=0;$$

当 $0\leqslant x<1$ 时，

$$F(x)=\int_{-\infty}^{x}f(t)\mathrm{d}t=\int_{-\infty}^{0}f(t)\mathrm{d}t+\int_0^x f(t)\mathrm{d}t=\int_0^x 2(1-t)\mathrm{d}t=2x-x^2;$$

当 $x\geqslant 1$ 时，

$$F(x)=\int_{-\infty}^{x}f(t)\mathrm{d}t=\int_{-\infty}^{0}f(t)\mathrm{d}t+\int_0^1 f(t)\mathrm{d}t+\int_1^x f(t)\mathrm{d}t=\int_0^1 2(1-t)\mathrm{d}t=1.$$

故分布函数为

$$F(x)=\begin{cases}0, & x<0,\\ 2x-x^2, & 0\leqslant x<1,\\ 1, & x\geqslant 1.\end{cases}$$

(3) $P\left(-1<X<\frac{1}{2}\right)=\int_{-1}^{\frac{1}{2}}f(x)\mathrm{d}x=\int_{-1}^{0}f(x)\mathrm{d}x+\int_0^{\frac{1}{2}}f(x)\mathrm{d}x$

$$= \int_0^{\frac{1}{2}} 2(1-x)\mathrm{d}x = \frac{1}{4}.$$

2.3.2 若干常见的连续型分布

均匀分布

定义 2.9 概率密度为

$$f(x)=\begin{cases}\dfrac{1}{b-a}, & a\leqslant x\leqslant b,\\ 0, & \text{其他}\end{cases} \tag{2-18}$$

的分布称为区间$[a,b]$上的均匀分布，记为$U(a,b)$.

在区间$[a,b]$内均匀投点，其落点记为X，容易知道$X\sim U(a,b)$.

均匀分布的分布函数为

$$F(x)=\begin{cases}0, & x<a,\\ \dfrac{x-a}{b-a}, & a\leqslant x<b,\\ 1, & x\geqslant b.\end{cases}$$

指数分布

定义 2.10 概率密度为

$$f(x)=\begin{cases}\lambda \mathrm{e}^{-\lambda x}, & x>0,\\ 0, & x\leqslant 0\end{cases} \tag{2-19}$$

的分布称为指数分布，记为$\mathrm{Exp}(\lambda)$，其中$\lambda>0$为参数.

等待某个特定事件发生所需的时间一般服从指数分布. 例如许多电子元件的使用寿命都服从指数分布.

指数分布的分布函数为

$$F(x)=\begin{cases}0, & x<0,\\ 1-\mathrm{e}^{-\lambda x}, & x\geqslant 0.\end{cases}$$

正态分布

定义 2.11 概率密度为

$$f(x)=\frac{1}{\sqrt{2\pi}\sigma}\mathrm{e}^{-\frac{(x-\mu)^2}{2\sigma^2}},\quad -\infty<x<+\infty \tag{2-20}$$

的分布称为正态分布，记为$N(\mu,\sigma^2)$，其中$\mu,\sigma(\sigma>0)$为参数.

图 2-2 给出了 $f(x)$ 在不同 σ 值下的图形，且可以看出 $f(x)$ 的图形是关于 $x=\mu$ 对称的.

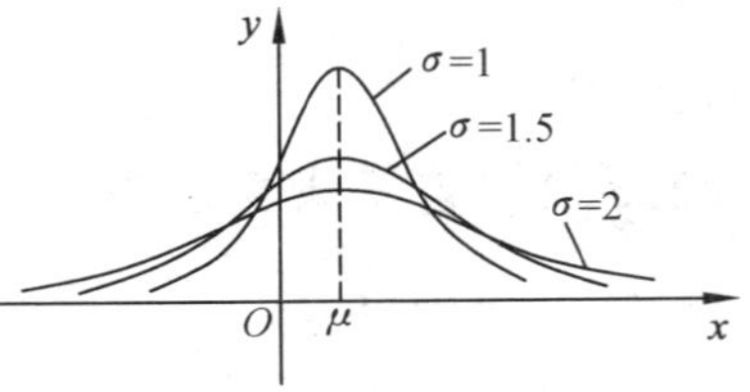

图 2-2　正态分布

正态分布是概率论与数理统计中最重要也是最常见的分布. 一般而言，如果一个随机变量的取值是由大量相互无影响的随机因素的作用叠加而成，而每一因素又不起主导作用，则该随机变量就服从或近似服从正态分布. 例如一个城市的日用电量、用水量、正常情况下的考试成绩等都服从正态分布.

正态分布的分布函数为

$$F(x)=\frac{1}{\sqrt{2\pi}\sigma}\int_{-\infty}^{x}\mathrm{e}^{-\frac{(t-\mu)^2}{2\sigma^2}}\mathrm{d}t.$$

当 $\mu=0,\sigma=1$ 时的正态分布 $N(0,1)$ 称为标准正态分布. 标准正态分布的概率密度、分布函数分别记作 $\varphi(x),\Phi(x)$，即有

$$\varphi(x)=\frac{1}{\sqrt{2\pi}}\mathrm{e}^{-\frac{x^2}{2}},\tag{2-21}$$

$$\Phi(x)=\frac{1}{\sqrt{2\pi}}\int_{-\infty}^{x}\mathrm{e}^{-\frac{t^2}{2}}\mathrm{d}t.\tag{2-22}$$

由于标准正态分布的概率密度 $\varphi(x)$ 为偶函数，它的图像关于 y 轴对称. 因此根据定积分的几何意义知

$$\Phi(-x)=1-\Phi(x).\tag{2-23}$$

书后给出了 $\Phi(x)$ 的附表，正是由于式(2-23)，附表中只给出了 $x\geqslant 0$ 部分 $\Phi(x)$ 的值.

一般正态分布和标准正态分布具有下列关系：

若 $X\sim N(\mu,\sigma^2)$，则 $Y=\dfrac{X-\mu}{\sigma}\sim N(0,1)$.

事实上　$F_Y(y)=P(Y\leqslant y)=P\left(\dfrac{X-\mu}{\sigma}\leqslant y\right)=P(X\leqslant\mu+\sigma y)=F_X(\mu+\sigma y)$，

从而　$f_Y(y)=F_Y'(y)=\dfrac{\mathrm{d}}{\mathrm{d}y}F_X(\mu+\sigma y)=\sigma f_X(\mu+\sigma y)=\dfrac{1}{\sqrt{2\pi}}\mathrm{e}^{-\frac{y^2}{2}}$，

所以 $Y\sim N(0,1)$.

由一般正态分布和标准正态分布的关系知，若 $X\sim N(\mu,\sigma^2)$，则

$$F_X(x)=P(X\leqslant x)=P\left(\frac{X-\mu}{\sigma}\leqslant\frac{x-\mu}{\sigma}\right)=\Phi\left(\frac{x-\mu}{\sigma}\right),\tag{2-24}$$

$$P(a<X\leqslant b)=P\left(\frac{a-\mu}{\sigma}<\frac{X-\mu}{\sigma}\leqslant\frac{b-\mu}{\sigma}\right)=\Phi\left(\frac{b-\mu}{\sigma}\right)-\Phi\left(\frac{a-\mu}{\sigma}\right).\tag{2-25}$$

式(2-24)和(2-25)给出了一般正态分布函数和标准正态分布函数的关系，以及一般正态随机变量落入某一区间内概率的计算方法.

例 2.10 设随机变量 $X\sim N(3,4)$，求：(1) $P(2<X<5)$；(2) $P(X>0)$；(3) $P(|X-3|>4)$.

解 由题意知 $\mu=3,\sigma=2$.

(1) $$P(2<X<5)=P\left(\frac{2-3}{2}<\frac{X-3}{2}<\frac{5-3}{2}\right)=\Phi(1)-\Phi(-0.5)$$
$$=\Phi(1)-[1-\Phi(0.5)]=0.532\,8.$$

(2) $$P(X>0)=1-P(X<0)=1-P\left(\frac{X-3}{2}<-1.5\right)$$
$$=1-\Phi(-1.5)=\Phi(1.5)=0.933\,19.$$

(3) $$P(|X-3|>4)=P\left(\left|\frac{X-3}{2}\right|>2\right)=P\left(\frac{X-3}{2}<-2\right)+P\left(\frac{X-3}{2}>2\right)$$
$$=\Phi(-2)+[1-\Phi(2)]=2[1-\Phi(2)]=0.045\,5.$$

例 2.11 假设某年级学生“概率统计”考试成绩(百分制)服从正态分布 $N(\mu,\sigma^2)$；考试成绩 75 分以下者占 34%，而 90 分以上者占 14%，试求分布参数 μ,σ.

解 由条件知，考试成绩 $X\sim N(\mu,\sigma^2)$.

$$0.34=P(X<75)=P\left(\frac{X-\mu}{\sigma}<\frac{75-\mu}{\sigma}\right)=\Phi\left(\frac{75-\mu}{\sigma}\right)=1-\Phi\left(\frac{\mu-75}{\sigma}\right),$$

$$0.14=P(X>90)=P\left(\frac{X-\mu}{\sigma}>\frac{90-\mu}{\sigma}\right)=1-\Phi\left(\frac{90-\mu}{\sigma}\right),$$

即
$$\Phi\left(\frac{\mu-75}{\sigma}\right)=0.66,\ \Phi\left(\frac{90-\mu}{\sigma}\right)=0.86.$$

查表得

$$\frac{\mu-75}{\sigma}\approx 0.41,$$

$$\frac{90-\mu}{\sigma}\approx 1.08,$$

解上述方程组得 $\mu\approx 79.13,\sigma\approx 10.07$.

2.4 随机变量函数的分布

在很多场合需要讨论随机变量的函数. 设 X 为一随机变量，$g(x)$ 是一函数，所谓随机变量 X 的函数 $Y=g(X)$ 是这样一个随机变量：当 X 取 x 时，Y 取 $g(x)$. 例如要研究一圆盘的面积，通常可以用卡尺测量出圆盘的直径 X，由于测量上的误差，X 为一随机变量，而圆盘的面积为

$$Y=\frac{\pi X^2}{4},$$

它是随机变量 X 的函数.那么,如何求随机变量函数的分布呢?

2.4.1 离散型随机变量函数的分布

设离散型随机变量 X 的概率分布为 $P(X=x_i)=p_i, i=1,2,\cdots, Y=g(X)$,显然 Y 仍是离散型随机变量.求 Y 的概率分布一般有两步:先求出 Y 的可能取值 $y_1, y_2, \cdots$,再求 Y 取每一个值的概率

$$P(Y=y_j)=\sum_{g(x_i)=y_j} P(X=x_i)=\sum_{g(x_i)=y_j} p_i. \tag{2-26}$$

例 2.12 假设随机变量 X 的概率分布为

X	-2	-1	0	1	2
$P(X=x_i)$	0.1	0.2	0.3	0.2	0.2

试求 $Y=X^2+1$ 的概率分布.

解 Y 的可能取值为 1,2,5.

$P(Y=1)=P(X=0)=0.3$;

$P(Y=2)=P(X=-1)+P(X=1)=0.2+0.2=0.4$;

$P(Y=5)=P(X=-2)+P(X=2)=0.1+0.2=0.3$.

所以,Y 的概率分布为

Y	1	2	5
$P(Y=y_j)$	0.3	0.4	0.3

2.4.2 连续型随机变量函数的分布

设连续型随机变量 X 的概率密度为 $f(x)$,$Y=g(X)$.Y 的分布可以是离散型,也可以是连续型.

的分布为离散型

当 Y 的分布为离散型时,求 Y 的概率分布的方法与前文类似.

例 2.13 设随机变量 $X\sim N(0,1)$,

$$Y=\begin{cases}-1, & X<-1,\\ 0, & -1\leqslant X<0,\\ 1, & 0\leqslant X<3,\\ 2, & X\geqslant 3.\end{cases}$$

求 Y 的概率分布.

解 Y 的可能取值为 $-1,0,1,2$.

$P(Y=-1)=P(X<-1)=\Phi(-1)=1-\Phi(1)\approx 0.158\,7$;

$P(Y=0)=P(-1\leqslant X<0)=\Phi(0)-\Phi(-1)=\Phi(0)+\Phi(1)-1\approx 0.341\,3$;

$P(Y=1)=P(0\leqslant X<3)=\Phi(3)-\Phi(0)\approx 0.498\,7$;

$P(Y=2)=P(X\geqslant 3)=1-\Phi(3)\approx 0.001\,3$.

所以,Y 的概率分布为

Y	-1	0	1	2
$P(Y=y_j)$	0.158 7	0.341 3	0.498 7	0.001 3

的分布为连续型

当 $Y=g(X)$ 的分布为连续型时,求 Y 的概率密度的一般方法是:先求出 Y 的分布函数 $F_Y(y)=P(Y\leqslant y)=P(g(X)\leqslant y)=\int\limits_{g(x)\leqslant y} f(x)\mathrm{d}x$,再通过求 $F_Y(y)$ 的导数来获得 Y 的概率密度 $f_Y(y)$.

例 2.14 设随机变量 X 的概率密度为

$$f(x)=\begin{cases}\dfrac{x}{2}, & 0\leqslant x\leqslant 2,\\ 0, & \text{其他}.\end{cases}$$

求 $Y=2X-1$ 的概率密度函数.

解 $F_Y(y)=P(Y\leqslant y)=P(2X-1\leqslant y)=P\left(X\leqslant\dfrac{y+1}{2}\right)=\int_{-\infty}^{\frac{y+1}{2}} f(x)\mathrm{d}x$.

当 $\dfrac{y+1}{2}<0$,即 $y<-1$ 时,$F_Y(y)=\int_{-\infty}^{\frac{y+1}{2}} 0\mathrm{d}x=0$;

当 $0\leqslant\dfrac{y+1}{2}\leqslant 2$,即 $-1\leqslant y\leqslant 3$ 时,$F_Y(y)=\int_{-\infty}^{0} 0\mathrm{d}x+\int_{0}^{\frac{y+1}{2}}\dfrac{x}{2}\mathrm{d}x=\int_{0}^{\frac{y+1}{2}}\dfrac{x}{2}\mathrm{d}x=\dfrac{(y+1)^2}{16}$;

当 $\dfrac{y+1}{2}>2$,即 $y>3$ 时,$F_Y(y)=\int_{-\infty}^{0} 0\mathrm{d}x+\int_{0}^{2}\dfrac{x}{2}\mathrm{d}x+\int_{2}^{\frac{y+1}{2}} 0\mathrm{d}x=1$.

故 Y 的分布函数为

$$F_Y(y)=\begin{cases}0, & y<-1,\\ \int_{0}^{\frac{y+1}{2}}\dfrac{x}{2}\mathrm{d}x, & -1\leqslant y\leqslant 3,\\ 1, & y>3\end{cases}$$

$$=\begin{cases}0, & y<-1,\\ \dfrac{(y+1)^2}{16}, & -1\leqslant y\leqslant 3,\\ 1, & y>3.\end{cases}$$

从而 $Y=2X-1$ 的概率密度为

$$f_Y(y)=F'_Y(y)=\begin{cases}\dfrac{y+1}{4}\cdot\dfrac{1}{2}, & -1\leqslant y\leqslant 3,\\ 0, & \text{其他}\end{cases}=\begin{cases}\dfrac{y+1}{8}, & -1\leqslant y\leqslant 3,\\ 0, & \text{其他}.\end{cases}$$

利用上述求概率密度的方法，可建立更一般的结论：设随机变量 X 的概率密度为 $f(x)$，$x\in(-\infty,+\infty)$，$Y=g(x)$，其中 $g(x)$ 可导，且 $g'(x)>0$（或 $g'(x)<0$），$x=h(y)$ 为 $y=g(x)$ 的反函数，则 Y 的概率密度为

$$f_Y(y)=\begin{cases}f(h(y))|h'(y)|, & \alpha<y<\beta,\\ 0, & \text{其他}.\end{cases}\tag{2-27}$$

其中 $\alpha=\min\{g(-\infty),g(+\infty)\}$，$\beta=\max\{g(-\infty),g(+\infty)\}$.

由式(2-27)不难知道，若 $X\sim N(\mu,\sigma^2)$，则 $Y=kX+b\sim N(k\mu+b,(k\sigma)^2)$，这说明正态随机变量的线性函数仍为正态随机变量.

例 2.15 设随机变量 $X\sim N(0,1)$，$Y=X^2$，求 Y 的概率密度.

解 $F_Y(y)=P(Y\leqslant y)=P(X^2\leqslant y)$.

当 $y<0$ 时，$F_Y(y)=P(X^2\leqslant y)=0$；

当 $y\geqslant 0$ 时，$F_Y(y)=P(X^2\leqslant y)=P(-\sqrt{y}\leqslant X\leqslant\sqrt{y})$

$$=\Phi(\sqrt{y})-\Phi(-\sqrt{y})=2\Phi(\sqrt{y})-1.$$

所以

$$f_Y(y)=F'_Y(y)=\begin{cases}0, & y<0,\\ \varphi(\sqrt{y})\dfrac{1}{\sqrt{y}}, & y\geqslant 0\end{cases}$$

$$=\begin{cases}0, & y<0,\\ \dfrac{1}{\sqrt{2\pi}}y^{-\frac{1}{2}}\mathrm{e}^{-\frac{y}{2}}, & y\geqslant 0.\end{cases}$$

该分布称为自由度为 1 的 χ^2 分布.

习 题 2

1. 掷一粒骰子，出现的点数记为 X，试用随机变量 X 表示事件"出现奇数点"、"出现的点数大于 4".

2. 产品检验中一次取一个进行检验，第 i 次取到正品记作 $X_i=1$，取到次品记作 $X_i=0$（$i=1,2,\cdots$），试指出下列关系式所表示的事件：

(1) $\{X_1=1,X_2=0\}$；

(2) $\{X_1+X_2+X_3\geqslant 1\}$.

3. 求下列随机变量的分布函数：

(1) X 只取一个 a；

(2) 掷一粒骰子，X 表示出现的点数.

4. 确定常数 C，使所给函数成为某随机变量的概率分布：

(1) $P(X=k)=\frac{C}{N}, k=1,2,\cdots,N$；

(2) $P(X=k)=C\frac{\lambda^k}{k!}, \lambda>0, k=1,2,\cdots$；

(3) $P(X=k)=C\cdot 3^k, k=0,1,2,\cdots,n$.

5. 从 5 个数 1,2,3,4,5 中任取 3 个数 x_1,x_2,x_3，试求：

(1) $X=\max\{x_1,x_2,x_3\}$的概率分布及 $P(X\leqslant 4)$；

(2) $Y=\min\{x_1,x_2,x_3\}$的概率分布及 $P(Y>4)$.

6. 一条街道上 6 处设有红绿信号灯，红绿 2 种信号交替出现，且出现的时间比为 1∶2. 假设有一辆汽车沿此街道通过，以 X 表示首次遇到红灯之前已经通过绿灯的个数，试求 X 的概率分布.

7. 甲、乙两人轮流射击，直到某人击中目标为止，已知甲射中目标的概率为 0.4，乙射中目标的概率为 0.6，求甲、乙两人各自的射击次数的概率分布.

8. 有 3 个盒子，第一个盒子装有 4 个红球、1 个黑球，第二个盒子装有 3 个红球、2 个黑球，第三个盒子装有 2 个红球、3 个黑球. 如果任取 1 盒，从中任取 3 个球，以 X 表示所取的红球个数，试求 X 的概率分布.

9. 某车间有 12 台车床独立工作，每台车床开车时间占总工作时间的 2/3，又开车时每台车床需用电力 1 单位. 试问：

(1) 若供给车间 9 单位电力，则因电力不足而耽误生产的概率为多少？

(2) 供给车间至少需多少单位电力，才能使因电力不足而耽误生产的概率小于 1%？

10. 某证券营业部开有 1 000 个资金账户，每户资金 10 万元. 证券营业部规定，每户每日可提取现金 1 次，提取额为 2 万元. 假定各资金账户每日提取现金的概率均为 0.006，问该营业部每日至少要准备多少现金，才能保证 95%以上的概率满足客户的提款需要？

11. 设 X 服从泊松分布，已知 $P(X=1)=2P(X=2)$，试求 $P(X=3)$.

12. 某商店出售某种商品. 根据历史记录分析，每月销售量服从参数为 7 的泊松分布，问在月初进货时要库存多少件此种商品，才能以 0.999 的概率保证当月不脱销？

13. 概率为 0 的事件一定是不可能事件吗？概率为 1 的事件一定是必然事件吗？

14. 试说明下面定义的函数 $F(x)$是一个分布函数，但它既不是离散型分布函数，也不是连续型分布函数.

$$F(x)=\begin{cases}\dfrac{1}{\sqrt{2\pi}}\displaystyle\int_{-x}^{x}\mathrm{e}^{-\frac{t^2}{2}}\,\mathrm{d}t, & x<0,\\ \dfrac{1}{2}, & 0\leqslant x<1,\\ 1, & x\geqslant 1.\end{cases}$$

*15. 假设△ABC，AB 边上的高为 h，在△ABC 中任取一点 P，记 X 为 P 到 AB 边的距离，求 X 的概率密度.

16. 假设随机变量 X 的概率密度 $f(x)$如下：

(1) $f(x)=k\mathrm{e}^{-\lambda|x|}\ (\lambda>0,-\infty<x<+\infty)$,指定区间$(-1,1)$;

(2) $f(x)=\begin{cases}k\cos x, & |x|<\dfrac{\pi}{2},\\ 0, & \text{其他},\end{cases}$ 指定区间$\left(-\dfrac{\pi}{4},\dfrac{\pi}{4}\right)$.

试求其中的系数 k 和 X 出现在指定区间的概率及 X 的分布函数.

17. 设随机变量 X 的分布函数

$$F(x)=\begin{cases}1, & x\geqslant a,\\ A+B\arcsin\dfrac{x}{a}, & -a<x<a,\\ 0, & x\leqslant -a\end{cases}$$

为连续函数.试求:(1) A,B;(2) $P\left(-\dfrac{a}{2}<X<\dfrac{a}{2}\right)$;(3) X 的密度函数.

18. 设 X 服从$[0,5]$上的均匀分布,求方程 $t^2+2Xt+4X-3=0$ 有实根的概率.

19. 某加油站每周的销售量 X(千加仑)具有概率密度

$$f(x)=\begin{cases}5(1-x)^4, & 0<x<1,\\ 0, & \text{其他}.\end{cases}$$

该加油站每周初将油库充满.假如一周内油库被吸干的概率为 0.01,试求油库的容积 V.

20. 某仪器上装有 3 只相同的电器元件,其寿命都服从参数为 1/600(h)的指数分布.已知各元件的状态相互独立,求在安装后工作 200 h 内,至少有 1 只元件损坏的概率.

21. 若已知 $X\sim N(10,4)$,试求:

(1) $P(X<9)$;

(2) $P(7<X<12)$;

(3) $P(X>13)$.

22. 若 $X\sim N(96,9)$,试求:

(1) $P(89.1<X<105.6)$;

(2) 常数 a,使 $P(X<a)=0.90$.

23. 已知随机变量 X 的概率分布为

X	-2	-1	0	1	3
$P(X=x_i)$	$\dfrac{1}{5}$	$\dfrac{1}{6}$	$\dfrac{1}{5}$	$\dfrac{1}{15}$	$\dfrac{11}{30}$

求:(1) $Y=\dfrac{1}{2}X+1$;

(2) $Y=\cos X$ 的概率分布.

24. 设 X 服从$[-1,3]$上的均匀分布,

$$Y=\begin{cases}-1, & X<0,\\ 0, & 0\leqslant X<2,\\ 1, & X\geqslant 2.\end{cases}$$

试求 Y 的概率分布.

25. 设 X 的分布函数 $F(x)$ 为连续函数，求 $Y=\sqrt{|X|}$ 的分布函数.

26. 设 $X\sim U(0,1)$，试求 $Y=\dfrac{X}{1+X}$ 的密度函数.

27. 设 $X\sim N(0,1)$，

$$Y=\begin{cases} X, & 若|X|\leqslant 1, \\ -X, & 若|X|>1. \end{cases}$$

试求 Y 的分布.

28. 设 $X\sim N(0,1)$，试求下列随机变量的概率密度：

(1) $Y_1=e^X$；

(2) $Y_2=2Y^2-1$.

29. 设 X 的概率密度为

$$f(x)=\begin{cases} \dfrac{2x}{\pi^2}, & 0<x<\pi, \\ 0, & 其他. \end{cases}$$

试求 $Y=\sin X$ 的概率密度.

3 多维随机变量及其分布

第 2 章只限于讨论一个随机变量的情形，但在生活实际中，有不少随机试验的结果需要同时用两个或两个以上的随机变量来描述. 例如，炮弹的着落点的横坐标 X 和纵坐标 Y 都是随机变量，而着落点的位置需要用有序数组 (X,Y) 来表示. 又如，对某件零件进行质量检查，需涉及该产品的 3 个部位：全长 X，外径 Y，内径 Z. 为了研究产品的质量，就要研究由这 3 个随机变量组成的有序数组 (X,Y,Z). 这些若干个随机变量组成的有序数组称为多维随机变量. 本章将介绍多维随机变量及其取值规律. 为了简明起见，仅以二维随机变量为例，有关内容可以类推到多于二维的情形.

3.1 二维随机变量

3.1.1 二维随机变量及其分布函数

定义 3.1 设 E 是一个随机试验，它的样本空间是 $\Omega=\{\omega\}$，$X=X(\omega)$ 和 $Y=Y(\omega)$ 是定义在 Ω 上的随机变量，由它们构成的有序数组 (X,Y) 称为二维随机变量或二维随机向量.

二维随机变量 (X,Y) 的性质不仅与 X 及 Y 有关，而且还依赖于这两个随机变量的相互关系. 例如，考察某地区学龄前儿童的身体发育状况，需要观测儿童的身高 X 和体重 Y. 但往往并不是单独分别去采集儿童的身高数据及体重数据，然后分别单独研究身高 X 的分布及体重 Y 的分布，而是成对地采集每个儿童的身高及体重数据，把 X 与 Y 作为一个二元整体 (X,Y) 加以研究. 这样才能通过研究儿童的身高与体重之间的相互关系，获得儿童的身体素质状况. 因此，逐个地研究 X 和 Y 的性质是不够的，还需将 (X,Y) 作为一个整体来进行研究. 通过研究多维随机变量的概率分布规律，可以发现各个分量之间内在联系的统计规律.

与一维相仿，先研究描述任何类型的二维随机变量的概率分布规律的统一方法——联合分布函数. 随后，再分别引入描述二维离散型与连续型随机变量的概率分布规律的特定方法——联合分布律与联合概率密度.

下面定义二维随机变量(X,Y)的分布函数.

定义 3.2 设(X,Y)是二维随机变量,对于任意实数 x 和 y,二元函数 $F(x,y)=P((X\leqslant x)\cap(Y\leqslant y))\triangleq P(X\leqslant x,Y\leqslant y)$称为二维随机变量$(X,Y)$的分布函数,简称分布函数,或称为随机变量 X 和 Y 的联合分布函数,简称联合分布.

由此可知,分布函数 $F(x,y)$在(x,y)处的函数值表示(X,Y)落在以点(x,y)为顶点且位于该点左下方的无穷矩形域内的概率,如图 3-1 所示.

讨论一维随机变量时,已知随机变量 X 落在区间 $x_1<X\leqslant x_2$ 上的概率为

$$P(x_1<X\leqslant x_2)=F(x_2)-F(x_1).$$

现从图 3-2 也可得到二维随机变量(X,Y)落在矩形域 $x_1<X\leqslant x_2,y_1<Y\leqslant y_2$ 上的概率为

$$P(x_1<X\leqslant x_2,y_1<Y\leqslant y_2)=F(x_2,y_2)-F(x_2,y_1)-F(x_1,y_2)+F(x_1,y_1).$$

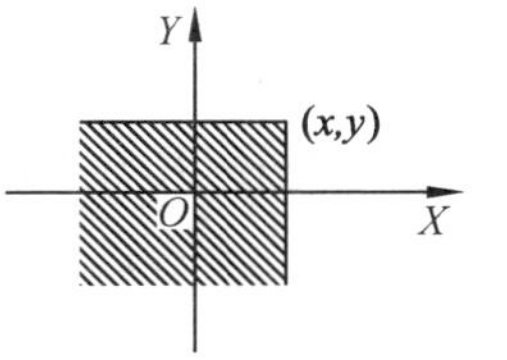

图 3-1

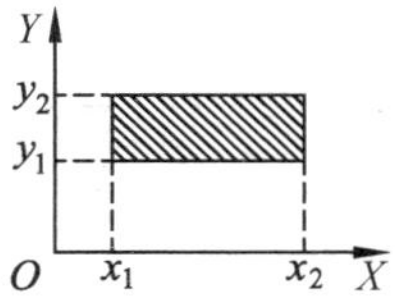

图 3-2

由此可见,只要已知(X,Y)的分布函数,即可求得(X,Y)落在任意矩形域 $x_1<X\leqslant x_2,y_1<Y\leqslant y_2$ 内的概率.这说明分布函数可以完全刻画二维随机变量的概率分布规律.

与一维随机变量的分布函数的性质类似,二维随机变量的分布函数 $F(x,y)$有以下基本性质:

(1) $F(x,y)$是变量 x 或 y 的单调不减函数,即对任意固定的 y,$F(x,y)$是 x 的单调不减函数;对任意固定的 x,$F(x,y)$是 y 的单调不减函数.

(2) $0\leqslant F(x,y)\leqslant 1$,且$F(+\infty,+\infty)=\lim\limits_{\substack{x\to+\infty\\ y\to+\infty}}F(x,y)=1$,

$$F(-\infty,-\infty)=\lim_{\substack{x\to-\infty\\ y\to-\infty}}F(x,y)=0.$$

对任意固定的 x 和 y,有

$$F(x,-\infty)=\lim_{y\to-\infty}F(x,y)=0,F(-\infty,y)=\lim_{x\to-\infty}F(x,y)=0.$$

(3) $F(x+0,y)=F(x,y)$,$F(x,y+0)=F(x,y)$,即 $F(x,y)$关于 x 和 y 分别是右连续函数.

例 3.1 设二维随机变量(X,Y)的分布函数为

$$F(x,y)=A\left(B+\arctan\frac{x}{2}\right)\left(C+\arctan\frac{y}{2}\right),$$

其中 A,B,C 为常数，$-\infty<x<+\infty$，$-\infty<y<+\infty$，试求：

(1) 常数 A,B,C 的值；

(2) 概率 $P(0<X\leqslant 2\sqrt{3},0<Y\leqslant 2\sqrt{3})$.

解 (1) 由分布函数的性质，可得

$$F(+\infty,+\infty)=A\left(B+\frac{\pi}{2}\right)\left(C+\frac{\pi}{2}\right)=1,$$

$$F(-\infty,+\infty)=A\left(B-\frac{\pi}{2}\right)\left(C+\frac{\pi}{2}\right)=0,$$

$$F(+\infty,-\infty)=A\left(B+\frac{\pi}{2}\right)\left(C-\frac{\pi}{2}\right)=0,$$

据此，可解得 $A=\frac{1}{\pi^2},B=\frac{\pi}{2},C=\frac{\pi}{2}$.

(2) 由分布函数的定义，可得

$$\begin{aligned}&P(0<X\leqslant 2\sqrt{3},0<Y\leqslant 2\sqrt{3})\\&=F(2\sqrt{3},2\sqrt{3})-F(2\sqrt{3},0)-F(0,2\sqrt{3})+F(0,0)\\&=\frac{1}{\pi^2}\left(\frac{\pi}{2}+\frac{\pi}{3}\right)\left(\frac{\pi}{2}+\frac{\pi}{3}\right)=\frac{25}{36}.\end{aligned}$$

3.1.2 二维离散型随机变量及其分布律

若二维随机变量(X,Y)的所有可能取值为有限个或可列无穷多个数组，则称(X,Y)是二维离散型随机变量.

与一维离散型随机变量类似，二维离散型随机变量也是用分布律来刻画其概率分布规律的.

定义 3.3 设二维离散型随机变量(X,Y)所有可能取值为(x_i,y_j)，$i,j=1,2,\cdots$，而

$$P(X=x_i,Y=y_j)=p_{ij},\ i,j=1,2,\cdots,\tag{3-1}$$

称式(3-1)为二维离散型随机变量(X,Y)的概率分布或分布律，或称随机变量 X 和 Y 的联合分布律.

(X,Y)的分布律也可用表 3-1 的形式表示.

表 3-1 (X,Y)的分布律

X \ Y	y_1	y_2	…	y_j	…
x_1	p_{11}	p_{12}	…	p_{1j}	…
x_2	p_{21}	p_{22}	…	p_{2j}	…
⋮	⋮	⋮		⋮	
x_i	p_{i1}	p_{i2}	…	p_{ij}	…
⋮	⋮	⋮		⋮	

由概率的定义可得

$$0 \leqslant p_{ij} \leqslant 1, \sum_{i=1}^{+\infty}\sum_{j=1}^{+\infty} p_{ij} = 1. \tag{3-2}$$

反之，若数列 $p_{ij}(i,j=1,2,\cdots)$满足式(3-2)，就可以作为某个二维离散型随机变量的分布律.

例 3.2 一口袋中有 12 支粉笔，其中 4 支红色，8 支白色，现从中取 2 次，每次任取 1 支，采用不放回抽样，定义随机变量 X,Y 如下：

$$X=\begin{cases}0, & \text{若第一次取出的是红粉笔},\\ 1, & \text{若第一次取出的是白粉笔};\end{cases}$$

$$Y=\begin{cases}0, & \text{若第二次取出的是红粉笔},\\ 1, & \text{若第二次取出的是白粉笔}.\end{cases}$$

求(X,Y)的分布律.

解 按题意(X,Y)取值的数组为$(0,0)$，$(1,0)$，$(0,1)$，$(1,1)$，由乘法公式有

$$P(X=0,Y=0)=P(X=0)P(Y=0|X=0)=\frac{4}{12}\times\frac{3}{11}=\frac{3}{33}.$$

同理有$P(X=0,Y=1)=\frac{4}{12}\times\frac{8}{11}=\frac{8}{33}$,

$$P(X=1,Y=0)=\frac{8}{12}\times\frac{4}{11}=\frac{8}{33},$$

$$P(X=1,Y=1)=\frac{8}{12}\times\frac{7}{11}=\frac{14}{33}.$$

于是(X,Y)的分布律为

X \ Y	0	1
0	$\frac{3}{33}$	$\frac{8}{33}$
1	$\frac{8}{33}$	$\frac{14}{33}$

由二维随机变量分布函数的定义,可得二维离散型随机变量(X,Y)的分布函数具有以下形式:

$$F(x,y)=\sum_{\substack{x_i\leqslant x\\ y_j\leqslant y}}P(X=x_i,Y=y_j)=\sum_{\substack{x_i\leqslant x\\ y_j\leqslant y}}p_{ij},\tag{3-3}$$

其中,和式是对一切满足$x_i\leqslant x,y_j\leqslant y$的$i,j$来求和.

3.1.3 二维连续型随机变量及其概率密度

与一维连续型随机变量相类似,有以下二维连续型随机变量的概率密度的定义:

定义 3.4 对于二维随机变量(X,Y)的分布函数$F(x,y)$,如果存在非负函数$f(x,y)$使得

$$F(x,y)=\iint_D f(x,y)\mathrm{d}\sigma=\int_{-\infty}^{x}\int_{-\infty}^{y}f(x,y)\mathrm{d}x\mathrm{d}y,\tag{3-4}$$

其中,D为如图 3-1 所示的无界区域,则称(X,Y)为二维连续型随机变量,函数$f(x,y)$称为二维随机变量(X,Y)的概率密度或称为随机变量X和Y的联合概率密度.

二维随机变量的概率密度具有以下性质:

(1) $f(x,y)\geqslant 0$;

(2) $\int_{-\infty}^{+\infty}\int_{-\infty}^{+\infty}f(x,y)\mathrm{d}x\mathrm{d}y=1$;

(3) $P\{(X,Y)\in D\}=\iint_D f(x,y)\mathrm{d}\sigma$,其中$D$为$xOy$平面内任一区域;

(4) 若$f(x,y)$满足一定条件,则有$\frac{\partial^2 F(x,y)}{\partial x\partial y}=f(x,y)$.

在几何上,函数$z=f(x,y)$表示空间的一张曲面,称为概率密度曲面.相应地,性质(1)表示概率密度曲面总位于xOy面上方;性质(2)表示介于概率密度曲面和xOy面之间的空间区域的体积等于1;性质(3)表示随机变量(X,Y)的可能值落在xOy面内的区域D上的概率,等于以曲面$z=f(x,y)$为顶,以区域D为底的曲顶柱体体积.由此可见,概率密度$f(x,y)$全面地刻画了二维连续型随机变量的概率分布规律.

定义 3.5(二维均匀分布) 如果二维随机变量(X,Y)的概率密度为

$$f(x,y)=\begin{cases}\dfrac{1}{A}, & (x,y)\in D,\\ 0, & \text{其他},\end{cases}$$

其中,D为xOy平面上面积为$A(A>0)$的有界区域,则称(X,Y)在D上服从二维均匀分布,这时(X,Y)只可能在区域D内取值.

关于$f(x,y)$是否为(X,Y)的概率密度,是需要加以证明的,只要证明它满足二维概率密度的性质(1)和(2)即可.

事实上,$f(x,y)\geqslant 0$显然成立,且有

$$\int_{-\infty}^{+\infty}\int_{-\infty}^{+\infty}f(x,y)\mathrm{d}x\mathrm{d}y=\iint_D\frac{1}{A}\mathrm{d}x\mathrm{d}y=\frac{A}{A}=1.$$

若D_1是区域D的子区域,其面积为A_1,则

$$P((X,Y)\in D_1)=\iint_{D_1}f(x,y)\mathrm{d}x\mathrm{d}y=\frac{1}{A}\iint_{D_1}\mathrm{d}x\mathrm{d}y=\frac{A_1}{A}.$$

可见此概率与D_1在D内的位置无关,仅与D_1的面积有关.

定义 3.6(二维正态分布) 如果二维随机变量(X,Y)的概率密度为

$$f(x,y)=\frac{1}{2\pi\sigma_1\sigma_2\sqrt{1-\rho^2}}\mathrm{e}^{-\frac{1}{2(1-\rho^2)}\left[\frac{(x-\mu_1)^2}{\sigma_1^2}-\frac{2\rho(x-\mu_1)(y-\mu_2)}{\sigma_1\sigma_2}+\frac{(y-\mu_2)^2}{\sigma_2^2}\right]},\tag{3-5}$$

$$-\infty<x<+\infty,-\infty<y<+\infty,$$

其中,$\mu_1,\mu_2,\sigma_1,\sigma_2,\rho$均为常数,且$\sigma_1>0,\sigma_2>0,-1<\rho<1$,则称$(X,Y)$服从二维正态分布,同样可以证明$f(x,y)$满足性质(1)和(2).

二维正态分布是实际问题中最常遇到的二维连续型分布.例如,向某一目标袭击,炮弹着落位置的坐标(X,Y)是服从二维正态分布的.

例 3.3 已知二维随机变量(X,Y)的概率密度为

$$f(x,y)=\begin{cases}k(6-x-y), & 0<x<2,\ 2<y<4,\\ 0, & \text{其他}.\end{cases}$$

(1) 试确定常数k;

(2) D为平面上由不等式$x+y<3$所确定的区域(见图 3-3),求$P((X,Y)\in D)$.

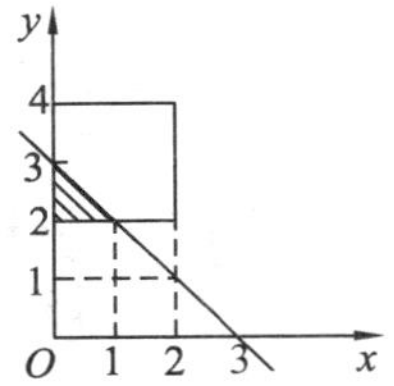

图 3-3

解 (1) 由二维概率密度的性质(2)有

$$\int_{-\infty}^{+\infty}\int_{-\infty}^{+\infty} f(x,y)\mathrm{d}\sigma = k\int_0^2\int_2^4 (6-x-y)\mathrm{d}y\mathrm{d}x = 8k = 1,$$

得 $k=\dfrac{1}{8}$.

(2) $P\{(X,Y)\in D\} = \int_0^1\int_2^{3-x} \dfrac{1}{8}(6-x-y)\mathrm{d}y\mathrm{d}x = \dfrac{5}{24}$.

以上关于二维随机变量的讨论,不难推广到 $n(n>2)$维随机变量的情况.

设 E 是一个随机试验,它的样本空间是 $\Omega=\{\omega\}$, $X_1=X_1(\omega)$, $X_2=X_2(\omega)$, $\cdots$, $X_n=X_n(\omega)$是定义在 Ω 上的随机变量,由它们构成的一个有序数组$(X_1, X_2, \cdots, X_n)$叫做 n 维随机变量或 n 维随机向量.

对于任意 n 个实数 $x_1, x_2, \cdots, x_n$, n 元函数 $F(x_1, x_2, \cdots, x_n)=P(X_1\leqslant x_1, X_2\leqslant x_2, \cdots, X_n\leqslant x_n)$称为 n 维随机变量$(X_1, X_2, \cdots, X_n)$的分布函数,或称为随机变量 $X_1, X_2, \cdots, X_n$ 的联合分布函数. 它具有类似于二维随机变量的分布函数的性质.

3.2 边缘分布

二维随机变量(X,Y)作为一个整体,具有分布函数 $F(x,y)$,而 X 和 Y 都是随机变量,各自也有分布函数,将它们分别记为 $F_X(x)$, $F_Y(y)$,依次称为二维随机变量(X,Y)关于 X 和关于 Y 的边缘分布函数. 边缘分布函数可以由(X,Y)的分布函数 $F(x, y)$来确定,因为事件"$X\leqslant x$"等于事件"$X\leqslant x, Y<+\infty$". 所以 $F_X(x)=P(X\leqslant x)=P(X\leqslant x, Y<+\infty)=F(x,+\infty)$,即

$$F_X(x)=F(x,+\infty)=\lim_{y\to+\infty}F(x,y). \tag{3-6}$$

同理可得

$$F_Y(y)=F(+\infty,y)=\lim_{x\to+\infty}F(x,y). \tag{3-7}$$

下面分别讨论离散型和连续型分布中的边缘分布.

3.2.1 离散型随机变量的边缘分布

定义3.7 设二维离散型随机变量(X,Y)的分布律为

$$P(X=x_i, Y=y_j)=p_{ij},\ i,j=1,2,\cdots,$$

则

$$P(X=x_i)=\sum_{j=1}^{+\infty}p_{ij},\ i=1,2,\cdots \tag{3-8}$$

称为二维离散型随机变量(X,Y)关于 X 的边缘分布律,记作 $p_{i\cdot}$,即 $p_{i\cdot}=\sum\limits_{j=1}^{+\infty}p_{ij}$.

$$P(Y=y_j)=\sum_{i=1}^{+\infty}p_{ij},j=1,2,\cdots \quad (3\text{-}9)$$

称为二维离散型随机变量(X,Y)关于Y的边缘分布律，记作$p_{\cdot j}$，即$p_{\cdot j}=\sum_{i=1}^{+\infty}p_{ij}$.

边缘分布律也可用表3-2和表3-3表示.

表3-2 关于X的边缘分布律

X	x_1	x_2	$\cdots$	x_i	$\cdots$
$p_{i\cdot}$	$p_{1\cdot}$	$p_{2\cdot}$	$\cdots$	$p_{i\cdot}$	$\cdots$

表3-3 关于Y的边缘分布律

Y	y_1	y_2	$\cdots$	y_j	$\cdots$
$p_{\cdot j}$	$p_{\cdot 1}$	$p_{\cdot 2}$	$\cdots$	$p_{\cdot j}$	$\cdots$

例3.4 设二维离散型随机变量(X,Y)的分布律为

X \ Y	-1	0	1
1	0.2	0.1	0.1
2	0.1	0	0.1
3	0	0.3	0.1

求关于X及关于Y的边缘分布律.

解 由式(3-8)及式(3-9)计算得

X \ Y	-1	0	1	$p_{i\cdot}$
1	0.2	0.1	0.1	0.4
2	0.1	0	0.1	0.2
3	0	0.3	0.1	0.4
$p_{\cdot j}$	0.3	0.4	0.3	1

则关于X及Y的边缘分布律为

X	1	2	3
$p_{i\cdot}$	0.4	0.2	0.4

Y	−1	0	1
$p_{\cdot j}$	0.3	0.4	0.3

人们常将边缘分布律写在联合分布律表格的边缘上，如本例所示，这就是“边缘分布律”这个名词的来源.

由边缘分布函数的定义，可得离散型随机变量的边缘分布函数

$$F_X(x)=P(X\leqslant x,Y<+\infty)=\sum_{x_i\leqslant x}\sum_{j=1}^{+\infty}p_{ij},$$

$$F_Y(y)=P(X<+\infty,Y\leqslant y)=\sum_{i=1}^{+\infty}\sum_{y_j\leqslant y}p_{ij}.$$

3.2.2 连续型随机变量的边缘分布

设二维连续型随机变量(X,Y)的概率密度为$f(x,y)$，按式(3-6)和式(3-7)得边缘分布函数为

$$F_X(x)=P(X\leqslant x,Y<+\infty)=\int_{-\infty}^{x}\left[\int_{-\infty}^{+\infty}f(x,y)\mathrm{d}y\right]\mathrm{d}x,\qquad(3\text{-}10)$$

$$F_Y(y)=P(X<+\infty,Y\leqslant y)=\int_{-\infty}^{y}\left[\int_{-\infty}^{+\infty}f(x,y)\mathrm{d}x\right]\mathrm{d}y.\qquad(3\text{-}11)$$

定义 3.8 设二维连续型随机变量(X,Y)的概率密度为$f(x,y)$，则

X 的概率密度为 $$f_X(x)=\int_{-\infty}^{+\infty}f(x,y)\mathrm{d}y,\qquad(3\text{-}12)$$

Y 的概率密度为 $$f_Y(y)=\int_{-\infty}^{+\infty}f(x,y)\mathrm{d}x,\qquad(3\text{-}13)$$

分别称$f_X(x)$，$f_Y(y)$为二维随机变量(X,Y)关于X和Y的边缘概率密度.

可见如果二维随机变量(X,Y)的分布函数或概率密度已知，则边缘分布函数或边缘概率密度可唯一确定，但其逆一般不成立.

例 3.5 设二维随机变量(X,Y)的概率密度

$$f(x,y)=\begin{cases}4.8y(2-x), & 0\leqslant x\leqslant 1,0\leqslant y\leqslant x,\\ 0, & \text{其他},\end{cases}$$

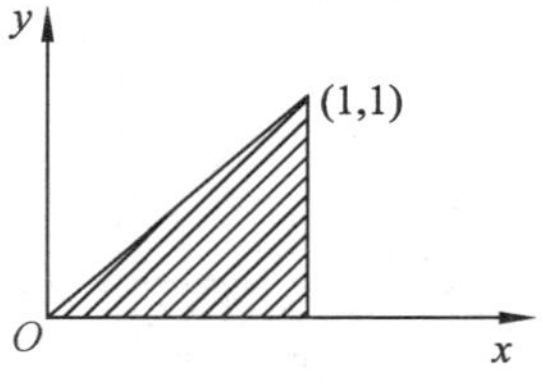

图 3-4

如图 3-4 所示，求边缘概率密度.

解

$$f_X(x)=\int_{-\infty}^{+\infty}f(x,y)\mathrm{d}y=\begin{cases}\int_0^x 4.8y(2-x)\mathrm{d}y=2.4x^2(2-x), & 0\leqslant x\leqslant 1,\\ 0, & \text{其他}.\end{cases}$$

$$f_Y(y)=\int_{-\infty}^{+\infty}f(x,y)\mathrm{d}y=\begin{cases}\int_y^1 4.8y(2-x)\mathrm{d}x=2.4y(3-4y+y^2), & 0\leqslant y\leqslant 1,\\ 0, & \text{其他}.\end{cases}$$

例 3.6 设 D 由曲线 $y=x^2$，$x=1$ 与 $y=0$ 所围成，随机变量 (X,Y) 服从区域 D 上的二维均匀分布，求 (X,Y) 的边缘概率密度 $f_X(x)$ 和 $f_Y(y)$.

解 区域 D 如图 3-5 所示，其面积 $A=\int_0^1 x^2\mathrm{d}x=\dfrac{1}{3}$，因此 (X,Y) 的概率密度函数为

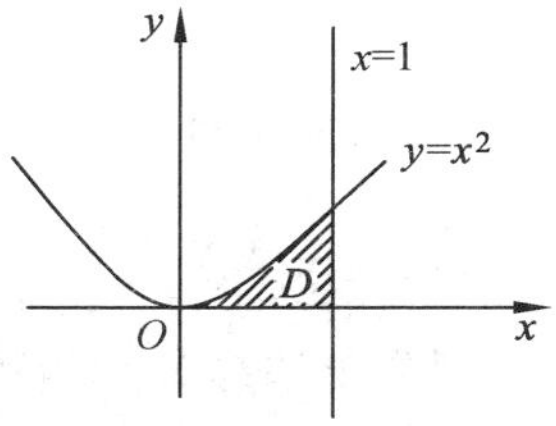

图 3-5

$$f(x,y)=\begin{cases}3, & (x,y)\in D,\\ 0, & \text{其他}.\end{cases}$$

于是

$$f_X(x)=\int_{-\infty}^{+\infty}f(x,y)\mathrm{d}y=\begin{cases}\int_0^{x^2}3\mathrm{d}y=3x^2, & 0\leqslant x\leqslant 1,\\ 0, & \text{其他}.\end{cases}$$

$$f_Y(y)=\int_{-\infty}^{+\infty}f(x,y)\mathrm{d}x=\begin{cases}3(1-\sqrt{y}), & 0\leqslant y\leqslant 1,\\ 0, & \text{其他}.\end{cases}$$

从例 3.6 可见，均匀分布的 (X,Y) 的边缘分布不是均匀分布. 另外也可以证明，若 D 是矩形区域 $a\leqslant x\leqslant b$，$c\leqslant y\leqslant d$，则 (X,Y) 的边缘分布仍为均匀分布.

例 3.7 试求式(3-5)所示二维正态分布关于 X 和关于 Y 的边缘概率密度.

解 $f_X(x)=\int_{-\infty}^{+\infty}f(x,y)\mathrm{d}y.$

由于 $\dfrac{(y-\mu_2)^2}{\sigma_2^2}-2\rho\dfrac{(x-\mu_1)(y-\mu_2)}{\sigma_1\sigma_2}=\left(\dfrac{y-\mu_2}{\sigma_2}-\rho\dfrac{x-\mu_1}{\sigma_1}\right)^2-\rho^2\dfrac{(x-\mu_1)^2}{\sigma_1^2}$，

于是

$$f_X(x)=\frac{1}{2\pi\sigma_1\sigma_2\sqrt{1-\rho^2}}\mathrm{e}^{-\frac{(x-\mu_1)^2}{2\sigma_1^2}}\int_{-\infty}^{+\infty}\mathrm{e}^{-\frac{1}{2(1-\rho^2)}\left(\frac{y-\mu_2}{\sigma_2}-\rho\frac{x-\mu_1}{\sigma_1}\right)^2}\mathrm{d}y.$$

令 $t=\dfrac{1}{\sqrt{1-\rho^2}}\left(\dfrac{y-\mu_2}{\sigma_2}-\rho\dfrac{x-\mu_1}{\sigma_1}\right)$，则有

$$f_X(x)=\frac{1}{2\pi\sigma_1}\mathrm{e}^{-\frac{(x-\mu_1)^2}{2\sigma_1^2}}\int_{-\infty}^{+\infty}\mathrm{e}^{-\frac{t^2}{2}}\mathrm{d}t,$$

即
$$f_X(x)=\frac{1}{\sqrt{2\pi}\sigma_1}\mathrm{e}^{-\frac{(x-\mu_1)^2}{2\sigma_1^2}},\ -\infty<x<+\infty.$$

同理
$$f_Y(y)=\frac{1}{\sqrt{2\pi}\sigma_2}\mathrm{e}^{-\frac{(y-\mu_2)^2}{2\sigma_2^2}},\ -\infty<y<+\infty.$$

由该例可以看出，二维正态分布的两个边缘分布都是一维正态分布，并且都

不依赖于参数 ρ,亦即对于给定的 $\mu_1,\mu_2,\sigma_1,\sigma_2$,不同的 ρ 对应不同的二维正态分布,它们的边缘分布却都是一样的.这一事实说明,仅仅由关于 X 和关于 Y 的边缘分布,一般是不能确定二维随机变量 (X,Y) 的分布的.

3.3 随机变量的相互独立性

由两事件 A,B 相互独立的充要条件,可以引出随机变量相互独立性的定义:

定义 3.9 设 $F(x,y)$ 及 $F_X(x),F_Y(x)$ 分别是二维随机变量 (X,Y) 的分布函数及边缘分布函数.若对于所有 x,y 有

$$P(X\leqslant x,Y\leqslant y)=P(X\leqslant x)\cdot P(Y\leqslant y), \tag{3-14}$$

即

$$F(x,y)=F_X(x)\cdot F_Y(y), \tag{3-15}$$

则称随机变量 X 和 Y 是相互独立的.

对于离散型随机变量 (X,Y),其分布律为

$$P(X=x_i,Y=y_j)=p_{ij},\ i,j=1,2,\cdots,$$

其关于随机变量 X 和 Y 的边缘分布律分别为

$$p_{i\cdot}=P(X=x_i)=\sum_{j=1}^{+\infty}p_{ij},\ i=1,2,\cdots,$$

$$p_{\cdot j}=P(Y=y_j)=\sum_{i=1}^{+\infty}p_{ij},\ j=1,2,\cdots,$$

则随机变量 X 和 Y 相互独立的充要条件为

$$P(X=x_i,Y=y_j)=P(X=x_i)\cdot P(Y=y_j), \tag{3-16}$$

即

$$p_{ij}=p_{i\cdot}\cdot p_{\cdot j},\ i,j=1,2,\cdots.$$

对于连续型随机变量 (X,Y),其概率密度为 $f(x,y)$,边缘概率密度为 $f_X(x)$ 和 $f_Y(y)$,则当 $f(x,y),f_X(x),f_Y(y)$ 在点 (x,y) 处连续时,随机变量 X 与 Y 相互独立的充要条件为

$$f(x,y)=f_X(x)\cdot f_Y(y). \tag{3-17}$$

这是因为:如果 X,Y 相互独立,有

$$\begin{aligned}f(x,y)&=\frac{\partial^2}{\partial x\partial y}F(x,y)=\frac{\partial^2}{\partial x\partial y}F_X(x)\cdot F_Y(y)\\&=\frac{\mathrm{d}F_X(x)}{\mathrm{d}x}\cdot\frac{\mathrm{d}F_Y(y)}{\mathrm{d}y}=f_X(x)\cdot f_Y(y).\end{aligned}$$

反之,若式(3-17)成立,则 X 与 Y 相互独立.

例 3.8 设 (X,Y) 服从式(3-5)中的函数为概率密度的二维正态分布,证明 X,Y 相互独立的充要条件是参数 $\rho=0$.

证 设 $\rho=0$,这时(X,Y)的概率密度为

$$f(x,y)=\frac{1}{2\pi\sigma_1\sigma_2}e^{-\frac{1}{2}\left[\frac{(x-\mu_1)^2}{\sigma_1^2}+\frac{(y-\mu_2)^2}{\sigma_2^2}\right]}.$$

又由例 3.7 的结果,得 X,Y 的概率密度为

$$f_X(x)=\frac{1}{\sqrt{2\pi}\sigma_1}e^{-\frac{(x-\mu_1)^2}{2\sigma_1^2}},$$

$$f_Y(y)=\frac{1}{\sqrt{2\pi}\sigma_2}e^{-\frac{(x-\mu_2)^2}{2\sigma_2^2}}.$$

可见 $f(x,y)=f(x)\cdot f(y)$,因此 X,Y 相互独立.

反之,设 X,Y 相互独立,由于 $f_X(x),f_Y(y),f(x,y)$都是连续函数,故对所有的 x,y 有

$$f(x,y)=f_X(x)\cdot f_Y(y).$$

特别地,令 $x=\mu_1,y=\mu_2$,由该等式得到

$$\frac{1}{2\pi\sigma_1\sigma_2\sqrt{1-\rho^2}}=\frac{1}{2\pi\sigma_1\sigma_2},$$

从而 $\rho=0$.

例 3.9 甲、乙两艘轮船独立驶向一个不能同时停泊两艘轮船的码头,它们在一昼夜内任何时刻到达是等可能的,如果甲、乙两船的停泊时间均是 1 h,求它们中的任何一艘都不需要等待码头空出的概率.

解 设 X 为甲船到达码头的时刻,Y 为乙船到达码头的时刻,则有

$$f_X(x)=\begin{cases}\frac{1}{24}, & 0\leqslant x\leqslant 24,\\ 0, & 其他,\end{cases}$$

$$f_Y(y)=\begin{cases}\frac{1}{24}, & 0\leqslant x\leqslant 24,\\ 0, & 其他.\end{cases}$$

由题意知,X 与 Y 相互独立,故有

$$\begin{aligned}f(x,y)&=f_X(x)\cdot f_Y(y)\\ &=\begin{cases}\frac{1}{24^2}, & 0\leqslant x\leqslant 24,0\leqslant y\leqslant 24,\\ 0, & 其他.\end{cases}\end{aligned}$$

所求概率为

$$\begin{aligned}P(|X-Y|\geqslant 1)&=1-\iint_D f(x,y)\mathrm{d}\sigma=1-\frac{A}{24^2}\\ &=\frac{\frac{1}{2}(24-1)^2+\frac{1}{2}(24-1)^2}{24^2}=0.918,\end{aligned}$$

其中，D 为如图 3-6 所示的阴影部分的区域，A 为 D 的面积.

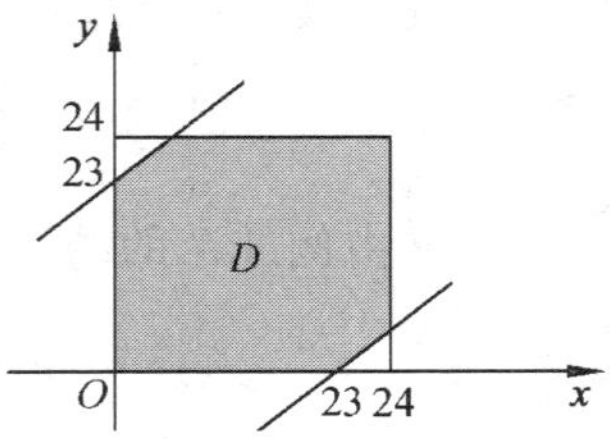

图 3-6

例 3.10 一个电子仪器由两个部件构成，以 X 和 Y 分别表示它们的寿命(单位：kh). 已知二维随机变量(X,Y)的联合分布函数为

$$F(x,y)=\begin{cases}A-e^{-\frac{1}{2}x}-e^{-\frac{1}{2}y}+e^{-\frac{1}{2}(x+y)}, & x\geqslant 0, y\geqslant 0,\\ 0, & \text{其他}.\end{cases}$$

(1) 求常数 A 的值；

(2) 问 X 与 Y 是否相互独立？

(3) 求两个部件的寿命都超过 100 h 的概率.

解 (1) 由分布函数的性质，有

$$\lim_{\substack{x\to+\infty\\ y\to+\infty}} F(x,y)=\lim_{\substack{x\to+\infty\\ y\to+\infty}}(A-e^{-\frac{1}{2}x}-e^{-\frac{1}{2}y}+e^{-\frac{1}{2}(x+y)})=A.$$

可得，$A=1$.

(2) 由边缘分布函数的定义，有

$$F_X(x)=\lim_{y\to+\infty}F(x,y)=\lim_{y\to+\infty}(1-e^{-\frac{1}{2}x}-e^{-\frac{1}{2}y}+e^{-\frac{1}{2}(x+y)})=\begin{cases}1-e^{-\frac{1}{2}x}, & x\geqslant 0,\\ 0, & x<0.\end{cases}$$

$$F_Y(y)=\lim_{x\to+\infty}F(x,y)=\lim_{x\to+\infty}(1-e^{-\frac{1}{2}x}-e^{-\frac{1}{2}y}+e^{-\frac{1}{2}(x+y)})=\begin{cases}1-e^{-\frac{1}{2}y}, & y\geqslant 0,\\ 0, & y<0.\end{cases}$$

因为 $F_X(x)F_Y(y)=F(x,y)$，所以 X 与 Y 相互独立.

(3) 由于 X 与 Y 相互独立，所以

$$\begin{aligned}P\left(X>\frac{100}{1\,000},Y>\frac{100}{1\,000}\right)&=P(X>0.1)P(Y>0.1)\\&=[1-P(X\leqslant 0.1)][1-P(Y\leqslant 0.1)]\\&=[1-F_X(0.1)][1-F_Y(0.1)]\\&=e^{-\frac{1}{2}\times 0.1}e^{-\frac{1}{2}\times 0.1}=e^{-0.1}.\end{aligned}$$

例 3.11 设二维随机变量(X,Y)在区域 $G=\{(x,y)\mid 0\leqslant y\leqslant 1-x^2\}$上服从均匀分布，求：

(1) (X,Y)的概率密度；

(2) $P(Y>X^2)$；

(3) 关于 X 和 Y 的边缘概率密度，并判断 X 与 Y 是否相互独立.

解 (1) 由于区域 G 的面积

$$S=\iint_G \mathrm{d}x\mathrm{d}y=\int_{-1}^{1}\mathrm{d}x\int_0^{1-x^2}\mathrm{d}y=\int_{-1}^{1}(1-x^2)\mathrm{d}x=\frac{4}{3},$$

所以，二维随机变量(X,Y)的概率密度为

$$f(x,y)=\begin{cases}\dfrac{3}{4}, & 0\leqslant y\leqslant 1-x^2,\\ 0, & \text{其他}.\end{cases}$$

(2)

$$P(Y>X^2)=\iint\limits_{y>x^2} f(x,y)\mathrm{d}x\mathrm{d}y=\int_{-\frac{\sqrt{2}}{2}}^{\frac{\sqrt{2}}{2}}\mathrm{d}x\int_{x^2}^{1-x^2}\frac{3}{4}\mathrm{d}y$$

$$=\frac{3}{2}\int_0^{\frac{\sqrt{2}}{2}}(1-2x^2)\mathrm{d}x=\frac{\sqrt{2}}{2}.$$

(3)当 $x<-1$ 或 $x>1$ 时,

$$f_X(x)=\int_{-\infty}^{+\infty}f(x,y)\mathrm{d}y=\int_{-\infty}^{+\infty}0\mathrm{d}y=0;$$

当 $-1\leqslant x\leqslant 1$ 时,

$$f_X(x)=\int_{-\infty}^{+\infty}P(x,y)\mathrm{d}y=\int_0^{1-x^2}\frac{3}{4}\mathrm{d}y=\frac{3}{4}(1-x^2).$$

所以,关于 X 的边缘概率密度为

$$f_X(x)=\begin{cases}\dfrac{3}{4}(1-x^2), & -1\leqslant x\leqslant 1,\\ 0, & \text{其他}.\end{cases}$$

同理,当 $y<0$ 或 $y>1$ 时,

$$f_Y(y)=\int_{-\infty}^{+\infty}f(x,y)\mathrm{d}x=\int_{-\infty}^{+\infty}0\mathrm{d}x=0;$$

当 $0\leqslant y\leqslant 1$ 时,

$$f_Y(y)=\int_{-\infty}^{+\infty}f(x,y)\mathrm{d}x=\int_{-\sqrt{1-y}}^{\sqrt{1-y}}\frac{3}{4}\mathrm{d}x=\frac{3}{2}\sqrt{1-y}.$$

因而,关于 Y 的边缘概率密度为

$$f_Y(y)=\begin{cases}\dfrac{3}{2}\sqrt{1-y}, & 0\leqslant y\leqslant 1,\\ 0, & \text{其他}.\end{cases}$$

显然,$f_X(x)f_Y(y)\neq f(x,y)$,所以 X 与 Y 不独立.

以上所述关于二维随机变量的一些概念,可推广到 n 维随机变量的情况.

定义 3.10

(1) n 维随机变量 $(X_1,X_2,\cdots,X_n)$ 的分布函数定义为

$$F(x_1,x_2,\cdots,x_n)=P(X_1\leqslant x_1,X_2\leqslant x_2,\cdots,X_n\leqslant x_n),$$

其中,$x_1,x_2,\cdots,x_n$ 为任意实数.

(2) 若存在非负函数 $f(x_1,x_2,\cdots,x_n)$,使对于任意实数 $x_1,x_2,\cdots,x_n$ 有

$$F(x_1,x_2,\cdots,x_n)=\int_{-\infty}^{x_n}\int_{-\infty}^{x_{n-1}}\cdots\int_{-\infty}^{x_1}f(x_1,x_2,\cdots,x_n)\mathrm{d}x_1\mathrm{d}x_2\cdots\mathrm{d}x_n,$$

则称 $f(x_1,x_2,\cdots,x_n)$ 为 $(X_1,X_2,\cdots,X_n)$ 的概率密度函数.

(3) 设 $(X_1,X_2,\cdots,X_n)$ 的分布函数 $F(x_1,x_2,\cdots,x_n)$ 和概率密度函数 $f(x_1,x_2,\cdots,x_n)$ 已知,则 $(X_1,X_2,\cdots,X_n)$ 的 $k(1\leqslant k\leqslant n)$ 维边缘分布函数和边缘概率密度函数就随之确定,有

① 当 $k=1$ 时

关于 X_1 的边缘分布函数为

$$F_{X_1}(x_1)=F(x_1,+\infty,\cdots,+\infty)$$
$$=\int_{-\infty}^{x_1}\left[\int_{-\infty}^{+\infty}\cdots\int_{-\infty}^{+\infty}f(x_1,x_2,\cdots,x_n)\mathrm{d}x_2\cdots\mathrm{d}x_n\right]\mathrm{d}x_1.$$

关于 X_1 的边缘概率密度为

$$f_{X_1}(x_1)=\int_{-\infty}^{+\infty}\int_{-\infty}^{+\infty}\cdots\int_{-\infty}^{+\infty}f(x_1,x_2,\cdots,x_n)\mathrm{d}x_2\mathrm{d}x_3\cdots\mathrm{d}x_n.$$

② 当 $k=2$ 时

关于 (X_1,X_2) 的边缘分布函数为

$$F_{X_1X_2}(x_1,x_2)=F(x_1,x_2,+\infty,\cdots,+\infty)$$
$$=\int_{-\infty}^{x_1}\int_{-\infty}^{x_2}\left[\int_{-\infty}^{+\infty}\cdots\int_{-\infty}^{+\infty}f(x_1,x_2,\cdots,x_n)\mathrm{d}x_3\cdots\mathrm{d}x_n\right]\mathrm{d}x_2\mathrm{d}x_1.$$

关于 (X_1,X_2) 的边缘概率密度为

$$f_{X_1X_2}(x_1,x_2)=\int_{-\infty}^{+\infty}\int_{-\infty}^{+\infty}\cdots\int_{-\infty}^{+\infty}f(x_1,x_2,\cdots,x_n)\mathrm{d}x_3\mathrm{d}x_4\cdots\mathrm{d}x_n.$$

(4) 若有 $F(x_1,x_2,\cdots,x_n)=F_{X_1}(x_1)F_{X_2}(x_2)\cdots F_{X_n}(x_n)$,则称 $X_1,X_2,\cdots,X_n$ 相互独立.

若有 $F(x_1,\cdots,x_m,y_1,\cdots,y_n)=F_1(x_1,\cdots,x_m)F_2(y_1,\cdots,y_n)$,其中 F_1,F_2,F 依次为随机变量 $(X_1,\cdots,X_m)$,$(Y_1,\cdots,Y_n)$ 和 $(X_1,\cdots,X_m,Y_1,\cdots,Y_n)$ 的分布函数,则称随机变量 $(X_1,\cdots,X_m)$ 与 $(Y_1,\cdots,Y_n)$ 相互独立.

以下定理在数理统计中是很有用的:

定理 3.1 设 $(X_1,\cdots,X_m)$ 和 $(Y_1,\cdots,Y_n)$ 相互独立,则 $X_i(i=1,\cdots,m)$ 和 $Y_j(j=1,\cdots,n)$ 相互独立.若 h,g 是连续函数,则 $h(X_1,\cdots,X_m)$ 和 $g(Y_1,\cdots,Y_n)$ 相互独立.

3.4 条件分布

前面由对事件的研究转入对随机变量的研究,由对事件的概率的研究转入对

随机变量的分布函数的研究，现在由条件概率的研究转入对条件分布的研究.

3.4.1 离散型随机变量的条件分布

设(X,Y)是二维离散型随机变量，其分布律为

$$P(X=x_i,Y=y_j)=p_{ij},\ i,j=1,2,\cdots.$$

则其关于 X,Y 的边缘分布律分别为

$$P(X=x_i)=p_{i\cdot}=\sum_{j=1}^{+\infty}p_{ij},\ i=1,2,\cdots,$$

$$P(Y=y_j)=p_{\cdot j}=\sum_{i=1}^{+\infty}p_{ij},\ j=1,2,\cdots.$$

设 $p_{i\cdot}>0,p_{\cdot j}>0$，那么在事件“$Y=y_j$”已经发生的条件下，事件“$X=x_i$”发生的概率为

$$P(X=x_i\mid Y=y_j)=\frac{P(X=x_i,Y=y_j)}{P(Y=y_j)}=\frac{p_{ij}}{p_{\cdot j}},i=1,2,\cdots.$$

可以看出上述条件概率具有分布律的特性：

(1) $P(X=x_i\mid Y=y_j)\geqslant 0$；

(2) $\sum_{i=1}^{+\infty}P(X=x_i\mid Y=y_j)=\sum_{i=1}^{+\infty}\frac{p_{ij}}{p_{\cdot j}}=\frac{1}{p_{\cdot j}}\sum_{i=1}^{+\infty}p_{ij}=\frac{p_{\cdot j}}{p_{\cdot j}}=1.$

于是引入以下的定义：

定义 3.11 设(X,Y)是二维离散型随机变量，对于固定的 j，若 $P(Y=y_j)>0$，则称

$$P(X=x_i\mid Y=y_j)=\frac{P(X=x_i,Y=y_j)}{P(Y=y_j)}=\frac{p_{ij}}{p_{\cdot j}},\ i=1,2,\cdots \tag{3-18}$$

为在 $Y=y_j$ 条件下随机变量 X 的条件分布律.

同样地，对于固定的 i，若 $P(X=x_i)>0$，则称

$$P(Y=y_j\mid X=x_i)=\frac{P(X=x_i,Y=y_j)}{P(X=x_i)}=\frac{p_{ij}}{p_{i\cdot}},\ j=1,2,\cdots \tag{3-19}$$

为在 $X=x_i$ 条件下随机变量 Y 的条件分布律.

例 3.12 设(X,Y)的分布律为

X \ Y	-1	1	2
-1	$\frac{5}{20}$	$\frac{2}{20}$	$\frac{6}{20}$
2	$\frac{3}{20}$	$\frac{3}{20}$	$\frac{1}{20}$

求关于 X 和关于 Y 的条件分布律.

解 因为 $P(Y=-1)=\frac{8}{20}, P(Y=1)=\frac{5}{20}, P(Y=2)=\frac{7}{20}$,所以按式(3-18)得关于 X 的诸条件分布律依次为

$(Y=-1)$:

X	-1	2
概率 p	$\frac{5}{8}$	$\frac{3}{8}$

$(Y=1)$:

X	-1	2
概率 p	$\frac{2}{5}$	$\frac{3}{5}$

$(Y=2)$:

X	-1	2
概率 p	$\frac{6}{7}$	$\frac{1}{7}$

3.4.2 连续型随机变量的条件分布

设(X,Y)是二维连续型随机变量,这时由于对任意 x,y,有 $P(X=x)=0$,$P(Y=y)=0$,因此就不能直接用条件概率公式引入“条件分布函数”了.为了避开这一点,很自然地想到用极限的方法来处理,即:给定 y,对于任意正数 $\varepsilon>0$,$P(y-\varepsilon<Y\leqslant y+\varepsilon)>0$.于是对于任意的 x 值有

$$P(X\leqslant x \mid y-\varepsilon<Y\leqslant y+\varepsilon)=\frac{P(X\leqslant x, y-\varepsilon<Y\leqslant y+\varepsilon)}{P(y-\varepsilon<Y\leqslant y+\varepsilon)}.$$

故引入下面的定义:

定义 3.12 设(X,Y)是二维连续型随机变量,给定 y,若对于任意正数 ε,$P(y-\varepsilon<Y\leqslant y+\varepsilon)>0$,且若对于任意实数 x,极限

$$\lim_{\varepsilon\to 0}P(X\leqslant x \mid y-\varepsilon<Y\leqslant y+\varepsilon)=\lim_{\varepsilon\to 0}\frac{P(X\leqslant x, y-\varepsilon<Y\leqslant y+\varepsilon)}{P(y-\varepsilon<Y\leqslant y+\varepsilon)}$$

存在,则称此极限为在条件 $Y=y$ 下 X 的条件分布函数,记为 $P(X\leqslant x \mid Y=y)$ 或记为 $F_{X|Y}(x|y)$.

于是由(X,Y)的分布函数 $F(x,y)$对应的概率密度 $f(x,y)$,可得 $F_{X|Y}(x|y)$

对应的条件概率密度 $f_{X|Y}(x|y)$.

事实上,若 $f(x,y)$ 在点 (x,y) 处连续,边缘概率密度 $f_Y(y)$ 连续且 $f_Y(y)>0$,则有

$$\begin{aligned}F_{X|Y}(x|y)&=\lim_{\varepsilon\to 0}\frac{P(X\leqslant x,y-\varepsilon<Y\leqslant y+\varepsilon)}{P(y-\varepsilon<Y\leqslant y+\varepsilon)}\\&=\lim_{\varepsilon\to 0}\frac{F(x,y+\varepsilon)-F(x,y-\varepsilon)}{F_Y(y+\varepsilon)-F_Y(y-\varepsilon)}\\&=\frac{\lim\limits_{\varepsilon\to 0}\{[F(x,y+\varepsilon)-F(x,y-\varepsilon)]/2\varepsilon\}}{\lim\limits_{\varepsilon\to 0}\{[F_Y(y+\varepsilon)-F_Y(y-\varepsilon)]/2\varepsilon\}}\\&=\frac{\dfrac{\partial F(x,y)}{\partial y}}{\dfrac{\mathrm{d}}{\mathrm{d}y}F_Y(y)}\\&=\frac{\displaystyle\int_{-\infty}^{x}f(u,y)\mathrm{d}u}{f_Y(y)}\\&=\int_{-\infty}^{x}\frac{f(u,y)}{f_Y(y)}\mathrm{d}u,\end{aligned}$$

则有在条件 $Y=y$ 下 X 的条件概率密度为

$$f_{X|Y}(x|y)=\frac{f(x,y)}{f_Y(y)}. \tag{3-20}$$

类似地,可以定义 $F_{Y|X}(y|x)$ 和 $f_{Y|X}(y|x)$,且有

$$f_{Y|X}(y|x)=\frac{f(x,y)}{f_X(x)}. \tag{3-21}$$

例 3.13 设二维随机变量 (X,Y) 在圆域 $x^2+y^2\leqslant 1$ 上服从均匀分布,求条件概率密度 $f_{X|Y}(x|y)$.

解 由题意,(X,Y) 具有概率密度

$$f(x,y)=\begin{cases}\dfrac{1}{\pi}, & x^2+y^2\leqslant 1,\\ 0, & \text{其他},\end{cases}$$

且有边缘概率密度

$$\begin{aligned}f_Y(y)=\int_{-\infty}^{+\infty}f(x,y)\mathrm{d}x&=\begin{cases}\dfrac{1}{\pi}\displaystyle\int_{-\sqrt{1-y^2}}^{\sqrt{1-y^2}}\mathrm{d}x, & -1\leqslant y\leqslant 1,\\ 0, & \text{其他}\end{cases}\\&=\begin{cases}\dfrac{2}{\pi}\sqrt{1-y^2}, & -1\leqslant y\leqslant 1,\\ 0, & \text{其他}.\end{cases}\end{aligned}$$

于是,当 $-1<y<1$ 时有

$$f_{X|Y}(x|y)=\begin{cases}\dfrac{\frac{1}{\pi}}{\frac{2}{\pi}\sqrt{1-y^2}}, & -\sqrt{1-y^2}\leqslant x\leqslant\sqrt{1-y^2},\\ 0, & \text{其他}\end{cases}$$

$$=\begin{cases}\dfrac{1}{2\sqrt{1-y^2}}, & -\sqrt{1-y^2}\leqslant x\leqslant\sqrt{1-y^2},\\ 0, & \text{其他}.\end{cases}$$

由此可见，虽然 X 和 Y 的联合分布是均匀分布，但 X 和 Y 的边缘分布和条件分布不是均匀分布.

例 3.14 假设随机变量 X 有概率密度

$$f_X(x)=\begin{cases}\lambda^2 x\mathrm{e}^{-\lambda x}, & x>0,\\ 0, & x\leqslant 0,\end{cases}$$

而随机变量 Y 在 $(0,X)$ 上服从均匀分布，求 Y 的概率密度 $f_Y(y)$.

解 易知，当 $x\leqslant 0$ 或 $y\leqslant 0$ 时，X 和 Y 的联合概率密度 $f(x,y)=0$，以下设 $x>0,y>0$. 由题设条件知，在 $\{X=x\}$ 的条件下，Y 的条件概率密度为

$$f_{Y|X}(y|x)=\begin{cases}\dfrac{1}{x}, & 0<y<x,\\ 0, & \text{其他}.\end{cases}$$

由式(3-21)知

$$f(x,y)=f_X(x)f_{Y|X}(y|x)=\begin{cases}\lambda^2\mathrm{e}^{-\lambda x}, & 0<y<x,\\ 0, & \text{其他}.\end{cases}$$

于是得关于 Y 的边缘概率密度为

$$f_Y(y)=\int_{-\infty}^{+\infty}f(x,y)\mathrm{d}x=\begin{cases}\displaystyle\int_y^{+\infty}\lambda^2\mathrm{e}^{-\lambda x}\mathrm{d}x, & y>0,\\ 0, & \text{其他}\end{cases}$$

$$=\begin{cases}\lambda\mathrm{e}^{-\lambda y}, & y>0,\\ 0, & \text{其他}.\end{cases}$$

即 Y 服从参数为 λ 的指数分布.

3.5 两个随机变量的函数的分布

第 2 章已经介绍过一个随机变量的函数的分布，本节介绍两个随机变量的函数的分布.

3.5.1 离散型随机变量的函数的分布

例 3.15 设 (X,Y) 的分布律为

X \ Y	-1	1	2
-1	$\frac{5}{20}$	$\frac{2}{20}$	$\frac{6}{20}$
2	$\frac{3}{20}$	$\frac{3}{20}$	$\frac{1}{20}$

求：(1) $X+Y$ 的分布律；

(2) $X-Y$ 的分布律.

解 由(X,Y)的分布律可得

(X,Y)	$(-1,-1)$	$(-1,1)$	$(-1,2)$	$(2,-1)$	$(2,1)$	$(2,2)$
$X+Y$	-2	0	1	1	3	4
$X-Y$	0	-2	-3	3	1	0
概率 p	$\frac{5}{20}$	$\frac{2}{20}$	$\frac{6}{20}$	$\frac{3}{20}$	$\frac{3}{20}$	$\frac{1}{20}$

从而得到：

(1) $X+Y$ 的分布律为

$X+Y$	-2	0	1	3	4
概率 p	$\frac{5}{20}$	$\frac{2}{20}$	$\frac{9}{20}$	$\frac{3}{20}$	$\frac{1}{20}$

(2) $X-Y$ 的分布律为

$X-Y$	-3	-2	0	1	3
概率 p	$\frac{6}{20}$	$\frac{2}{20}$	$\frac{6}{20}$	$\frac{3}{20}$	$\frac{3}{20}$

例 3.16 设 X,Y 相互独立且依次服从参数为 λ_1,λ_2 的泊松分布 $P(\lambda_1)$，$P(\lambda_2)$，证明：$X+Y$ 服从 $P(\lambda_1+\lambda_2)$.

证 由题意知，随机变量 X 和 Y 的分布律分别为

$$P(X=k_1)=\frac{\lambda_1^{k_1}}{k_1!}e^{-\lambda_1},\ k_1=0,1,2,\cdots,$$

$$P(Y=k_2)=\frac{\lambda_2^{k_2}}{k_2!}e^{-\lambda_2},\ k_2=0,1,2,\cdots.$$

随机变量 $X+Y$ 的全部可能取值为 $i=0,1,2,\cdots$，则

$$\begin{aligned}P(X+Y=i)&=P(X=0,Y=i)+P(X=1,Y=i-1)+\cdots+P(X=i,Y=0)\\&=P(X=0)P(Y=i)+P(X=1)P(Y=i-1)+\cdots+P(X=i)P(Y=0)\\&=e^{-\lambda_1}\frac{\lambda_2^i e^{-\lambda_2}}{i!}+\lambda_1 e^{-\lambda_1}\frac{\lambda_2^{i-1}e^{-\lambda_2}}{(i-1)!}+\cdots+\frac{\lambda_1^i e^{-\lambda_1}}{i!}e^{-\lambda_2}\end{aligned}$$

$$=\frac{e^{-(\lambda_1+\lambda_2)}}{i!}(\lambda_2^i+i\lambda_2^{i-1}\lambda_1+\cdots+i\lambda_2\lambda_1^{i-1}+\lambda_1^i)$$

$$=\frac{e^{-(\lambda_1+\lambda_2)}}{i!}(\lambda_1+\lambda_2)^i\quad(i=0,1,2,\cdots),$$

从而 $X+Y$ 服从 $P(\lambda_1+\lambda_2)$.

3.5.2 连续型随机变量的函数的分布

若已知(X,Y)的概率密度为 $f(x,y)$，如何求 $Z=g(X,Y)$ 的概率密度 $f_Z(z)$ 呢？仿照求解一维随机变量的函数的概率密度的方法，可得以下一般思路.

先求出 $Z=g(X,Y)$ 的分布函数，即

$$F_Z(z)=P(Z\leqslant z)=P(g(X,Y)\leqslant z)$$

$$=\iint_D f(x,y)\mathrm{d}x\mathrm{d}y\quad(\text{其中 } D=\{(x,y)\mid g(x,y)\leqslant z\}).$$

亦可记为

$$F_Z(z)=\iint_{g(x,y)\leqslant z}f(x,y)\mathrm{d}x\mathrm{d}y.$$

再求导，即可得 $Z=g(X,Y)$ 的概率密度为

$$f_Z(z)=\frac{\mathrm{d}}{\mathrm{d}z}F_Z(z).$$

例 3.17 设随机变量(X,Y)的概率密度为

$$f(x,y)=\begin{cases}2e^{-(x+2y)}, & x>0,y>0,\\ 0, & \text{其他}.\end{cases}$$

求 $Z=X+2Y$ 的分布函数与概率密度.

解 当 $z<0$ 时，$Z=X+2Y$ 的分布函数为

$$F_Z(z)=P(Z\leqslant z)=P(X+2Y\leqslant z)=\iint_{x+2y\leqslant z}f(x,y)\mathrm{d}x\mathrm{d}y=0.$$

当 $z\geqslant 0$ 时，

$$F_Z(z)=P(Z\leqslant z)=P(X+2Y\leqslant z)=\iint_{x+2y\leqslant z}f(x,y)\mathrm{d}x\mathrm{d}y$$

$$=\int_0^z\mathrm{d}x\int_0^{\frac{z-x}{2}}2e^{-(x+2y)}\mathrm{d}y=\int_0^z(e^{-x}-e^{-z})\mathrm{d}x=1-e^{-z}-ze^{-z}.$$

所以，$Z=X+2Y$ 的分布函数为

$$F_Z(z)=\begin{cases}1-e^{-z}-ze^{-z}, & z\geqslant 0,\\ 0, & z<0.\end{cases}$$

概率密度为

$$f_Z(z)=F_Z'(z)=\begin{cases}ze^{-z}, & z\geqslant 0,\\ 0, & z<0.\end{cases}$$

下面介绍几个常用函数的分布.

的分布

设(X,Y)的概率密度为$f(x,y)$,则$Z=X+Y$的分布函数为

$$F_Z(z)=P(Z\leqslant z)=\iint\limits_{x+y\leqslant z} f(x,y)\mathrm{d}x\mathrm{d}y.$$

这里积分区域$D:x+y\leqslant z$是直线$x+y=z$左下方的半平面(如图3-7所示),化成累次积分,得

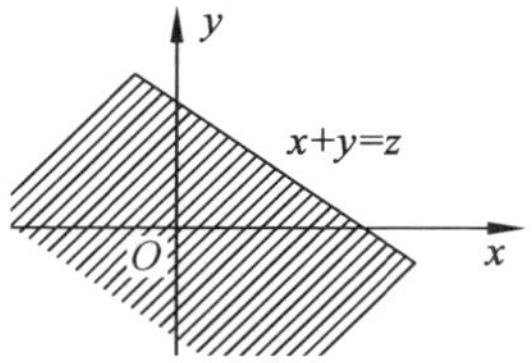

图 3-7

$$F_Z(z)=\int_{-\infty}^{+\infty}\left[\int_{-\infty}^{z-y} f(x,y)\mathrm{d}x\right]\mathrm{d}y.$$

固定z和y对积分$\int_{-\infty}^{z-y} f(x,y)\mathrm{d}x$作变量代换,令$x=u-y$,得

$$\int_{-\infty}^{z-y} f(x,y)\mathrm{d}x=\int_{-\infty}^{z} f(u-y,y)\mathrm{d}u.$$

于是

$$F_Z(z)=\int_{-\infty}^{+\infty}\int_{-\infty}^{z} f(u-y,y)\mathrm{d}u\mathrm{d}y=\int_{-\infty}^{z}\left[\int_{-\infty}^{+\infty} f(u-y,y)\mathrm{d}y\right]\mathrm{d}u.$$

故得Z的概率密度为

$$f_Z(z)=F_Z{}'(z)=\int_{-\infty}^{+\infty} f(z-y,y)\mathrm{d}y. \qquad (3\text{-}22)$$

由X,Y的对称性,$f_Z(z)$又可写成

$$f_Z(z)=\int_{-\infty}^{+\infty} f(x,z-x)\mathrm{d}x. \qquad (3\text{-}23)$$

式(3-22)和式(3-23)是两个随机变量和的概率密度的一般公式. 特别地,当X和Y相互独立时,对所有的x,y有

$$f(x,y)=f_X(x)\cdot f_Y(y),$$

则式(3-22)和式(3-23)分别化为

$$f_Z(z)=\int_{-\infty}^{+\infty} f_X(z-y)f_Y(y)\mathrm{d}y, \qquad (3\text{-}24)$$

$$f_Z(z)=\int_{-\infty}^{+\infty} f_X(x)f_Y(z-x)\mathrm{d}x. \qquad (3\text{-}25)$$

式(3-24)和式(3-25)称为卷积公式,记为$f_X * f_Y$,即

$$f_X * f_Y=\int_{-\infty}^{+\infty} f_X(z-y)f_Y(y)\mathrm{d}y=\int_{-\infty}^{+\infty} f_X(x)f_Y(z-x)\mathrm{d}x.$$

例 3.18 设X和Y是两个服从标准正态分布且相互独立的随机变量,求$Z=X+Y$的概率密度.

解 由$X\sim N(0,1)$,$Y\sim N(0,1)$有

$$f_X(x)=\frac{1}{\sqrt{2\pi}}e^{-\frac{x^2}{2}},\quad -\infty<x<+\infty,$$

$$f_Y(y)=\frac{1}{\sqrt{2\pi}}e^{-\frac{y^2}{2}},\quad -\infty<y<+\infty.$$

由式(3-25)可得

$$\begin{aligned}f_Z(z)&=\int_{-\infty}^{+\infty}f_X(x)f_Y(z-x)\mathrm{d}x\\&=\frac{1}{2\pi}\int_{-\infty}^{+\infty}e^{-\frac{x^2}{2}}e^{-\frac{(z-x)^2}{2}}\mathrm{d}x\\&=\frac{1}{2\pi}e^{-\frac{z^2}{4}}\int_{-\infty}^{+\infty}e^{-\left(x-\frac{z}{2}\right)^2}\mathrm{d}x.\end{aligned}$$

令 $t=x-\frac{z}{2}$,得

$$f_Z(z)=\frac{1}{2\pi}e^{-\frac{z^2}{4}}\int_{-\infty}^{+\infty}e^{-t^2}\mathrm{d}t=\frac{1}{2\pi}e^{-\frac{z^2}{4}}\sqrt{\pi}=\frac{1}{2\sqrt{\pi}}e^{-\frac{z^2}{4}},$$

即 $Z\sim N(0,2)$.

一般地,设 X,Y 相互独立,且 $X\sim N(\mu_1,\sigma_1^2)$,$Y\sim N(\mu_2,\sigma_2^2)$,由式(3-25)经过计算知 $Z=X+Y$ 仍然服从正态分布,且有 $Z\sim N(\mu_1+\mu_2,\sigma_1^2+\sigma_2^2)$.这个结论还可推广到 n 个独立正态随机变量之和的情况,即若 $X_i\sim N(\mu_i,\sigma_i^2)(i=1,2,\cdots,n)$,且它们相互独立,则它们的和 $Z=X_1+X_2+\cdots+X_n$ 仍然服从正态分布,且有

$$Z\sim N(\mu_1+\mu_2+\cdots+\mu_n,\sigma_1^2+\sigma_2^2+\cdots+\sigma_n^2).$$

更一般地,可以证明有限个相互独立的正态随机变量的线性组合仍然服从正态分布.

例 3.19 设 X 和 Y 是两个相互独立的随机变量,其概率密度分别为

$$f_X(x)=\begin{cases}1, & 0\leqslant x\leqslant 1,\\0, & \text{其他},\end{cases}$$

$$f_Y(y)=\begin{cases}e^{-y}, & y>1,\\0, & \text{其他}.\end{cases}$$

求随机变量 $Z=X+Y$ 的概率密度.

解 由式(3-25)可得,Z 的概率密度为

$$f_Z(z)=\int_{-\infty}^{+\infty}f_X(x)\cdot f_Y(z-x)\mathrm{d}x.$$

易知仅当 $\begin{cases}0\leqslant x\leqslant 1\\z-x>0\end{cases}$ 即 $\begin{cases}0\leqslant x\leqslant 1\\x<z\end{cases}$ 时,上述积分的被积函数不等于零,参考图3-8即得

$$f_Z(z)=\begin{cases}\int_0^z 1\cdot e^{-(z-x)}\,dx, & 0\leqslant z<1,\\ \int_0^1 1\cdot e^{-(z-x)}\,dx, & z\geqslant 1,\\ 0, & \text{其他},\end{cases}$$

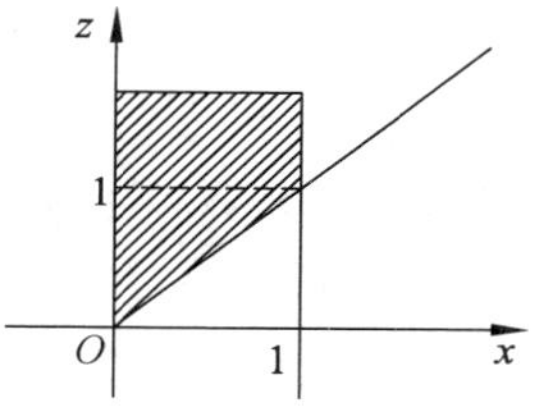

图 3-8

即

$$f_Z(z)=\begin{cases}1-e^{-z}, & 0\leqslant z<1,\\ e^{-z}(e-1), & z\geqslant 1,\\ 0, & \text{其他}.\end{cases}$$

$\sqrt{\qquad\quad}$的分布

对于此种情况，仅举一个具体的例子.

例 3.20　已知射击命中点的坐标(X,Y)是服从二维正态分布的随机变量，它的概率密度为

$$f(x,y)=\frac{1}{2\pi\sigma^2}e^{-\frac{x^2+y^2}{2\sigma^2}},-\infty<x<+\infty,-\infty<y<+\infty.$$

求命中点与靶心的距离 $Z=\sqrt{X^2+Y^2}$的概率密度.

解　设 Z 的分布函数为 $F_Z(z)=P(Z\leqslant z)$.

当 $z<0$ 时，$F_Z(z)=P(\sqrt{X^2+Y^2}\leqslant Z)=0$.

当 $z\geqslant 0$ 时，$F_Z(z)=P(\sqrt{X^2+Y^2}\leqslant Z)=\iint\limits_D f(x,y)\,d\sigma=\iint\limits_D \frac{1}{2\pi\sigma^2}e^{-\frac{x^2+y^2}{2\sigma^2}}\,d\sigma$,

其中，D 为 xOy 平面内由不等式 $\sqrt{x^2+y^2}\leqslant z$ 所定的区域(如图 3-9 所示). 利用极坐标，得

$$F_Z(z)=\int_0^{2\pi}d\theta\int_0^z \frac{1}{2\pi\sigma^2}e^{-\frac{r^2}{2\sigma^2}}\cdot r\,dr=\frac{1}{2\pi}\cdot 2\pi\left[-e^{-\frac{r^2}{2\sigma^2}}\right]_0^z=1-e^{-\frac{z^2}{2\sigma^2}},$$

即

$$F_Z(z)=\begin{cases}0, & z<0,\\ 1-e^{-\frac{z^2}{2\sigma^2}}, & z\geqslant 0.\end{cases}$$

从而 $Z=\sqrt{X^2+Y^2}$ 的概率密度为

$$f_Z(z)=\begin{cases}0, & z<0,\\ \frac{z}{\sigma^2}e^{-\frac{z^2}{2\sigma^2}}, & z\geqslant 0,\end{cases}$$

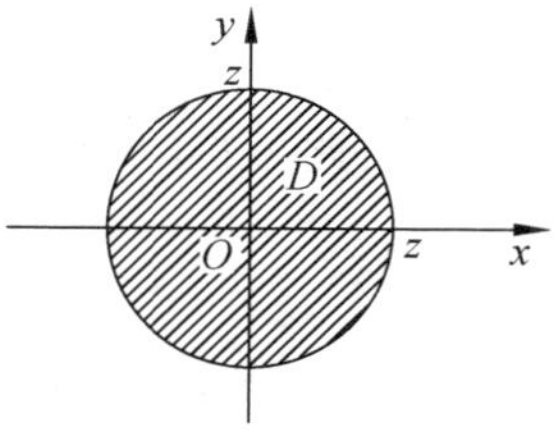

图 3-9

其中 $\sigma>0$ 是参数，它可根据实际情况用统计的方法来确定.

人们称 Z 为服从参数为$\sigma(\sigma>0)$ 的瑞利(Rayleigh)分布，它在噪声理论中很有用.

及 的分布

设随机变量 X, Y 相互独立,其分布函数分别为 $F_X(x)$, $F_Y(y)$,现在来求 $M=\max(X,Y)$ 及 $N=\min(X,Y)$ 的分布函数 $F_M(z)$ 及 $F_N(z)$.

$$F_M(z)=P(M\leqslant z)=P(X\leqslant z,Y\leqslant z)$$
$$=P(X\leqslant z)\cdot P(Y\leqslant z)=F_1(z)F_2(z).$$
$$F_N(z)=P(N\leqslant z)=1-P(N>z)$$
$$=1-P(N>z)$$
$$=1-P(X>z,Y>z)$$
$$=1-P(X>z)\cdot P(Y>z)$$
$$=1-(1-F_1(z))(1-F_2(z)).$$

一般情况下,设随机变量 $X_1,X_2,\cdots,X_n$ 相互独立,其分布函数分别为 $F_1(x)$, $F_2(x),\cdots,F_n(x)$,则 $M=\max(X_1,X_2,\cdots,X_n)$ 的分布函数为

$$F_M(z)=F_1(z)F_2(z)\cdots F_n(z).$$

$N=\min(X_1,X_2,\cdots,X_n)$ 的分布函数为

$$F_N(z)=1-(1-F_1(z))(1-F_2(z))\cdots(1-F_n(z)).$$

特别地,当 $X_1,X_2,\cdots,X_n$ 独立同分布时,设分布函数为 $F(x)$,则

$$F_M(z)=(F(z))^n,\quad F_N(z)=1-(1-F(z))^n.$$

例 3.21 已知系统 L 由子系统 $L_1,L_2,\cdots,L_n$ 连接而成,各个子系统的使用寿命 $X_k(k=1,2,\cdots,n)$ 都服从参数为 λ 的指数分布,且各子系统的工作相互独立.

(1) 设 L 由 $L_1,L_2,\cdots,L_n$ 并联而成,试求 L 的使用寿命 U 的概率密度;

(2) 设 L 由 $L_1,L_2,\cdots,L_n$ 串联而成,试求 L 的使用寿命 V 的概率密度.

解 由题设知,随机变量 $X_k(k=1,2,\cdots,n)$ 的概率密度均为

$$f(x)=\begin{cases}\lambda e^{-\lambda x}, & x>0,\\ 0, & x\leqslant 0.\end{cases}$$

由此可得,$X_k(k=1,2,\cdots,n)$ 的分布函数均为

$$F(x)=\int_{-\infty}^{x}f(t)\,dt=\begin{cases}1-e^{-\lambda x}, & x>0,\\ 0, & x\leqslant 0.\end{cases}$$

(1) 因为 L 由 $L_1,L_2,\cdots,L_n$ 并联而成,任一子系统在正常工作,系统就能正常工作,所以随机变量 $U=\max\{X_1,X_2,\cdots,X_n\}$. U 的分布函数为

$$F_U(u)=(F(u))^n=\begin{cases}(1-e^{-\lambda u})^n, & u>0,\\ 0, & u\leqslant 0.\end{cases}$$

因此 U 的概率密度为

$$f_U(u)=\frac{dF_U(u)}{du}=\begin{cases}n\lambda e^{-\lambda u}(1-e^{-\lambda u})^{n-1}, & u>0,\\ 0, & u\leqslant 0.\end{cases}$$

(2) 因为 L 由 $L_1,L_2,\cdots,L_n$ 串联而成，只有当所有的子系统都在正常工作时，系统才能正常工作，所以随机变量 $V=\min\{X_1,X_2,\cdots,X_n\}$. V 的分布函数为

$$F_V(v)=1-(1-F(v))^n=\begin{cases}1-\mathrm{e}^{-n\lambda u}, & v>0,\\ 0, & v\leqslant 0.\end{cases}$$

因此 V 的概率密度为

$$f_V(v)=\frac{\mathrm{d}F_V(v)}{\mathrm{d}v}=\begin{cases}n\lambda\mathrm{e}^{-n\lambda u}, & v>0,\\ 0, & v\leqslant 0.\end{cases}$$

习题 3

1. 设随机变量 X 在 1,2,3,4 中等可能地取值，另一个随机变量 Y 在 $1\sim X$ 中等可能地取一个整数值，试求 (X,Y) 的分布律.

2. 将一硬币抛掷 3 次，以 X 表示在 3 次中出现正面的次数，以 Y 表示 3 次中出现正面次数与出现反面次数之差的绝对值，试写出 X 和 Y 的联合分布律.

3. 一口袋中有 4 个球，它们依次标有 1,3,3,5，从这袋中任取 1 球后，不放回袋中，再从袋中任取 1 球. 设每次取球时，袋中各个球被取到的可能性相同. 以 X,Y 分别记第一次、第二次取得的球上标有的数字，求 (X,Y) 的分布律.

4. 将 2 封信随机地往编号为Ⅰ,Ⅱ,Ⅲ,Ⅳ的 4 个邮筒内投递，X_i 表示第 i 个邮筒内信的数目 $(i=1,2)$，试求 (X_1,X_2) 的分布律及 (X_1,X_2) 中关于 X_1 的边缘分布.

5. 设随机变量 (X,Y) 的分布密度为

$$f(x,y)=\begin{cases}k\mathrm{e}^{-(3x+4y)}, & x>0,y>0,\\ 0, & \text{其他}.\end{cases}$$

(1) 确定常数 k；

(2) 求 (X,Y) 的分布函数；

(3) 求 $P(0<X\leqslant 1,0<Y\leqslant 2)$.

6. 设随机变量 (X,Y) 的分布密度为

$$f(x,y)=\begin{cases}x^2+\dfrac{xy}{3}, & 0\leqslant x\leqslant 1,0\leqslant y\leqslant 2,\\ 0, & \text{其他},\end{cases}$$

求 $P(X+Y\geqslant 1)$.

7. 设随机变量 (X,Y) 服从二维正态分布，其分布密度为 $f(x,y)=\dfrac{1}{200\pi}\mathrm{e}^{-\frac{x^2+y^2}{200}}$.

(1) 求概率 $P(X<Y)$；

(2) 求 (X,Y) 落在圆环 $R_1^2\leqslant x^2+y^2\leqslant R_2^2$ 内的概率.

8. (1)求第 1 题中随机变量 (X,Y) 的边缘分布律；(2) 求第 2 题中 (X,Y) 的边缘分布律.

9. 设随机变量 (X,Y) 的分布密度为

$$f(x,y)=\begin{cases}cx^2y, & x^2\leqslant y\leqslant 1,\\ 0, & \text{其他}.\end{cases}$$

(1) 求常数 c;

(2) 求边缘分布密度.

10. 设两个二维随机变量 (X_1,Y_1) 和 (X_2,Y_2) 的概率密度分别为

$$f_1(x,y)=\begin{cases}x+y, & 0\leqslant x\leqslant 1,0\leqslant y\leqslant 1,\\ 0, & \text{其他}.\end{cases}$$

$$f_2(x,y)=\begin{cases}\left(x+\dfrac{1}{2}\right)\left(y+\dfrac{1}{2}\right), & 0\leqslant x\leqslant 1,0\leqslant y\leqslant 1,\\ 0, & \text{其他}.\end{cases}$$

试证明它们有相同的边缘概率密度.

11. 问第 1 题中随机变量 X 和 Y 是否相互独立,为什么?

12. 一电子管器件包含两个部分,分别以 X,Y 表示这两部分的寿命(单位:h),设 (X,Y) 的分布函数为

$$F(x,y)=\begin{cases}1-\mathrm{e}^{-0.01x}-\mathrm{e}^{-0.01y}+\mathrm{e}^{-0.01(x+y)}, & x\geqslant 0,y\geqslant 0,\\ 0, & \text{其他}.\end{cases}$$

(1) 问 X 和 Y 是否相互独立?

(2) 求 $P(X>120,Y>120)$.

13. 对于第 3 题中的二维随机变量 (X,Y) 的分布,试求:

(1) X 与 Y 是否相互独立?

(2) 当 $Y=3$ 时,X 的条件分布律.

14. 设 (X,Y) 的概率密度为

$$f(x,y)=\begin{cases}6(2-x-y), & 0\leqslant x\leqslant 1,0\leqslant y\leqslant 1,\\ 0, & \text{其他}.\end{cases}$$

(1) 问 X 和 Y 是否相互独立?

(2) 求条件概率密度 $f_{X|Y}(x|y)$, $f_{Y|X}(y|x)$.

15. 设 X,Y 是两个相互独立的随机变量,X 在 $(0,1)$ 上服从均匀分布,Y 的分布密度为

$$f_Y(y)=\begin{cases}\dfrac{1}{2}\mathrm{e}^{-\frac{y}{2}}, & y>0,\\ 0, & y\leqslant 0.\end{cases}$$

(1) 求 X,Y 的联合概率密度.

(2) 设含有 α 的二次方程为 $\alpha^2+2X\alpha+Y=0$,试求 α 有实根的概率.

16. 设 X,Y 是相互独立的随机变量,它们都服从参数为 n,p 的二项分布,证明:$\delta=X+Y$ 服从参数为 $2n,p$ 的二项分布.

17. 在某简单电路中,两电阻 R_1 和 R_2 串联连接,R_1 和 R_2 相互独立,它们的概率密度均为

$$f(x)=\begin{cases}\dfrac{10-x}{50}, & 0\leqslant x\leqslant 10,\\ 0, & \text{其他}.\end{cases}$$

试求总电阻 $R=R_1+R_2$ 的概率密度.

18. 某种商品一周的需求量是一个随机变量,其概率密度为

$$f(t)=\begin{cases}t\mathrm{e}^{-1}, & t>0,\\ 0, & t\leqslant 0.\end{cases}$$

设各周的需求量是相互独立的.试求:(1) 两周的需求量的概率密度;(2) 3 周的需求量的概率密度.

19. 设 X,Y,Z 有联合概率密度为

$$f(x,y,z)=\begin{cases}6(1+x+y+z)^{-4}, & x>0,y>0,z>0,\\ 0, & \text{其他}.\end{cases}$$

试求 $U=X+Y+Z$ 的概率密度.

4 随机变量的数字特征

概率论与数理统计是研究随机现象统计规律性的一个数学分支，随机变量的数字特征就是用数字来表示随机变量的分布特点，这些数字反映随机变量某方面的特征，部分地描述了分布的性态. 在前几章的讨论中，分布函数和概率密度函数（分布律）完整地描述了随机变量的统计规律，然而在具体问题中，要确定一个随机变量的分布函数或概率密度函数（分布律）却是非常困难的. 在一些实际问题中往往只需知道它的某些特征. 例如很多分布的概率密度函数都含有一个或多个参数，如泊松分布含有一个参数 λ；正态分布含有两个参数 μ 和 σ^2 等. 这些参数往往是由数字特征或与其相关的数值所决定的. 对某些常用的特殊分布，若找到这些数字特征，其分布函数也就确定了.

本章介绍随机变量的一些常用的数字特征：数学期望、方差、协方差、相关系数和矩. 这些数字特征在理论上和实践上都具有重要的意义，其中数学期望和方差是两个最重要的数字特征.

4.1 随机变量的数学期望

4.1.1 离散型随机变量的数学期望

在随机变量的数字特征中，首先想到的是平均值. 例如日光灯管的平均寿命、棉花纤维的平均长度、学习课程的平均成绩等.

例 4.1 有甲、乙两射手，在 100 次射击中命中环数与次数记录如下：

甲：

命中环数	7	8	9	10
次　数	10	20	20	50

乙：

命中环数	8	9	10
次　数	20	40	40

试问哪一个射手的射击技术更好？

对于离散型随机变量，分布律反映了随机变量的分布特点和全貌，但这个问题的答案却不是一眼就可以从表中看出来的. 这说明分布律虽然完整地描述了随机变量,但它不够"集中"地反映出问题的特征.

怎样才能衡量两个射手的射击技术呢?自然地想到平均值.当然,这里所说的不是击中环数的算术平均值,因为那样做是不公平、不科学的,不能真正体现随机变量取值的平均水平.一般地,随机变量的平均值是指随机变量可能取的各个值以及取这些值的概率的加权平均值.

在这个例子中,两个射手击中环数的加权平均值分别为

甲:$(7\times10+8\times20+9\times20+10\times50)\div100$

$=7\times0.1+8\times0.2+9\times0.2+10\times0.5=9.1$(环),

乙:$(8\times20+9\times40+10\times40)\div100$

$=8\times0.2+9\times0.4+10\times0.4=9.2$(环).

故从平均击中的环数来看,射手乙的射击技术优于射手甲.

更一般地,有以下定义:

定义 4.1 设离散型随机变量 X 的分布律为

X	x_1	x_2	$\cdots$	x_k	$\cdots$
p_k	p_1	p_2	$\cdots$	p_k	$\cdots$

即
$$P(X=x_k)=p_k,k=1,2,\cdots,$$
若级数
$$\sum_{k=1}^{+\infty}x_kp_k=x_1p_1+x_2p_2+\cdots+x_kp_k+\cdots$$
绝对收敛,则称其和为离散型随机变量 X 的数学期望,简称期望或均值,记为 $E(X)$,即
$$E(X)=\sum_{k=1}^{+\infty}x_kp_k. \tag{4-1}$$

显然,随机变量 X 的数学期望 $E(X)$ 是一个数值,是随机变量 X 的可能取值乘以取各值概率为权的加权平均值,实质上反映了随机变量 X 取值的真正的"平均".而且 $E(X)$ 完全由 X 的分布律所确定,当 X 的分布律已知时,$E(X)$ 完全可由式(4-1)算出.另外,$E(X)$ 不应受 X 的可能取值的排列次序的影响,因此要求级数 $\sum\limits_{k=1}^{+\infty}x_kp_k$ 绝对收敛.若级数 $\sum\limits_{k=1}^{+\infty}x_kp_k$ 不绝对收敛,则称随机变量 X 的数学期望不存在.

例 4.2 记 X 为某城市一户家庭拥有的自行车的辆数,由调查得知 X 的概率分布律如下表所示.求随机变量 X 的数学期望 $E(X)$.

X	0	1	2	3	4
p_k	0.08	0.15	0.45	0.27	0.05

解 由随机变量 X 的数学期望 $E(X)$ 的计算公式(4-1)得

$$E(X)=0\times0.08+1\times0.15+2\times0.45+3\times0.27+4\times0.05=2.06(\text{辆}).$$

这意味着考虑该城市的大量家庭时,则一户家庭平均拥有自行车 2.06 辆.

例 4.3 一批产品中有一、二、三等品,等外品,废品 5 种,各占该批产品的 70%,10%,10%,6%及 4%,若售价分别为 6 元、5 元、4 元、3 元及 0 元,求该批产品的平均售价.

解 设该产品的售价是一个随机变量 X,则 X 的概率分布律如下表所示:

X	6	5	4	3	0
p_k	0.7	0.1	0.1	0.06	0.04

由数学期望计算公式(4-1)得

$$E(X)=6\times0.7+5\times0.1+4\times0.1+3\times0.06+0\times0.04=5.28(\text{元}),$$

即该批产品的平均售价为 5.28 元.

例 4.4 一个袋中装有 m 个白球和 n 个红球,有放回地从袋中取球,直到出现白球为止,试求取出红球的数学期望.

解 设取出红球数为随机变量 X,则 X 的分布律为

$$P(X=k)=\left(\frac{n}{m+n}\right)^k\left(\frac{m}{m+n}\right),\quad k=0,1,2,\cdots.$$

令

$$p=\frac{n}{m+n},\quad q=\frac{m}{m+n},$$

则

$$P(X=k)=p^kq,\ k=0,1,2,\cdots,$$

故得

$$E(X)=\sum_{k=0}^{+\infty}kp^kq=pq\sum_{k=1}^{+\infty}kp^{k-1}=pq\left(\sum_{k=1}^{+\infty}x^k\right)'\Bigg|_{x=p}$$

$$=pq\left(\frac{x}{1-x}\right)'\Bigg|_{x=p}=\frac{pq}{(1-p)^2}=\frac{p}{q}=\frac{n}{m}.$$

4.1.2 连续型随机变量的数学期望

若 X 为连续型随机变量,其概率密度函数为 $f(x)$,则 X 落入 $(x_k,x_k+\mathrm{d}x)$ 内的概率可近似地表示为 $f(x_k)\mathrm{d}x$,它与离散型随机变量的 p_k 相似,故有下面的定义:

定义 4.2 设连续型随机变量 X 的概率密度函数为 $f(x)$,若积分

$$\int_{-\infty}^{+\infty} xf(x)\mathrm{d}x$$

绝对收敛,则称该积分的值为连续型随机变量 X 的数学期望,简称期望或均值,记为 $E(X)$,即

$$E(X)=\int_{-\infty}^{+\infty} xf(x)\mathrm{d}x. \tag{4-2}$$

若该积分不绝对收敛,则称随机变量 X 的数学期望不存在.

例 4.5 设随机变量 X 服从$[a,b]$上的均匀分布,$X\sim U(a,b)$,其概率密度函数为

$$f(x)=\begin{cases}\dfrac{1}{b-a}, & a\leqslant x\leqslant b,\\ 0, & \text{其他}.\end{cases}$$

求 X 的数学期望 $E(X)$.

解 由连续型随机变量 X 的计算公式(4-2)得

$$\begin{aligned}E(X)&=\int_{-\infty}^{+\infty} xf(x)\mathrm{d}x=\int_a^b x\,\frac{1}{b-a}\mathrm{d}x\\&=\frac{1}{b-a}\cdot\frac{x^2}{2}\bigg|_a^b=\frac{1}{2}\cdot\frac{b^2-a^2}{b-a}=\frac{1}{2}(a+b).\end{aligned}$$

由此可见,区间$[a,b]$上均匀分布随机变量的数学期望 $E(X)$恰是区间$[a,b]$的中点.

例 4.6 设随机变量 X 服从柯西(Cauchy)分布,其概率密度函数

$$f(x)=\frac{1}{\pi(1+x^2)},\quad -\infty<x<+\infty.$$

试证 X 的数学期望 $E(X)$不存在.

证 因为

$$\begin{aligned}\int_{-\infty}^{+\infty}|xf(x)|\mathrm{d}x&=\int_{-\infty}^{+\infty}\frac{|x|}{\pi(1+x^2)}\mathrm{d}x=2\int_0^{+\infty}\frac{x}{\pi(1+x^2)}\mathrm{d}x\\&=\frac{1}{\pi}\ln[1+x^2]\bigg|_0^{+\infty}=+\infty,\end{aligned}$$

即 $\int_{-\infty}^{+\infty} xf(x)\mathrm{d}x$ 不绝对收敛,所以 $E(X)$不存在.

例 4.7 已知随机变量 X 的概率密度函数为

$$f(x)=\begin{cases}1+x, & -1\leqslant x\leqslant 0,\\ 1-x, & 0<x\leqslant 1,\\ 0, & \text{其他}.\end{cases}$$

求 X 的数学期望 $E(X)$.

解
$$E(X)=\int_{-\infty}^{+\infty}xf(x)\mathrm{d}x$$
$$=\int_{-1}^{0}x(1+x)\mathrm{d}x+\int_{0}^{1}x(1-x)\mathrm{d}x$$
$$=\frac{-1}{6}+\frac{1}{6}=0.$$

4.1.3 常用分布的数学期望

在第 2 章已经介绍了几种常用的离散型分布和连续型分布，它们在实际工作中占有重要位置. 下面分别介绍它们的数学期望.

例 4.8(二项分布) 设随机变量 X 服从参数为 n,p 的二项分布，求数学期望 $E(X)$.

解 $X\sim B(n,p)$，其分布律为
$$P(X=k)=\mathrm{C}_n^k p^k q^{n-k},\ k=0,1,2,\cdots,n,$$
其中，$0<p<1$，$q=1-p$，则
$$E(X)=\sum_{k=0}^{n}kp_k=\sum_{k=0}^{n}k\mathrm{C}_n^k p^k q^{n-k}$$
$$=\sum_{k=0}^{n}k\frac{n!}{k!(n-k)!}p^k q^{n-k}$$
$$=\sum_{k=1}^{n}\frac{np(n-1)!}{(k-1)![(n-1)-(k-1)]!}p^{k-1}q^{(n-1)-(k-1)}$$
$$=np\sum_{k=1}^{n}\mathrm{C}_{n-1}^{k-1}p^{k-1}q^{(n-1)-(k-1)}$$
$$=np\sum_{k=0}^{n-1}\mathrm{C}_{n-1}^{k}p^k q^{n-1-k}=np(p+q)^{n-1}=np.$$

例 4.9(泊松分布) 设随机变量 X 服从参数为 $\lambda(\lambda>0)$ 的泊松分布，求数学期望 $E(X)$.

解 $X\sim P(\lambda)$，其分布律为
$$P(X=k)=\frac{\lambda^k}{k!}\mathrm{e}^{-\lambda},\ \lambda>0,\ k=0,1,2,\cdots,$$
则
$$E(X)=\sum_{k=0}^{n}kp_k=\sum_{k=0}^{n}k\frac{\lambda^k}{k!}\mathrm{e}^{-\lambda}$$
$$=\lambda\mathrm{e}^{-\lambda}\sum_{k=1}^{n}\frac{\lambda^{k-1}}{(k-1)!}$$
$$=\lambda\mathrm{e}^{-\lambda}\sum_{k=0}^{n}\frac{\lambda^k}{k!}=\lambda\mathrm{e}^{-\lambda}\mathrm{e}^{\lambda}=\lambda.$$

例 4.10(指数分布)　设随机变量 X 服从参数为 $\lambda(\lambda>0)$ 的指数分布，求数学期望 $E(X)$.

解　$X\sim E(\lambda)$，其概率密度函数为

$$f(x)=\begin{cases}\lambda e^{-\lambda x}, & x\geqslant 0,\\ 0, & x<0,\end{cases}$$

则

$$\begin{aligned}E(X)&=\int_{-\infty}^{+\infty}xf(x)\mathrm{d}x=\int_{0}^{+\infty}x\lambda e^{-\lambda x}\mathrm{d}x\\&=-\left[xe^{-\lambda x}\Big|_0^{+\infty}-\int_0^{+\infty}e^{-\lambda x}\mathrm{d}x\right]=-\frac{1}{\lambda}e^{-\lambda x}\Big|_0^{+\infty}=\frac{1}{\lambda}.\end{aligned}$$

例 4.11(正态分布)　设随机变量 X 服从参数为 μ,σ^2 的正态分布，求数学期望 $E(X)$.

解　$X\sim N(\mu,\sigma^2)$，其概率密度函数为

$$f(x)=\frac{1}{\sqrt{2\pi}\sigma}e^{-\frac{(x-\mu)^2}{2\sigma^2}},\quad -\infty<x<+\infty,$$

则

$$\begin{aligned}E(X)&=\int_{-\infty}^{+\infty}xf(x)\mathrm{d}x=\int_{-\infty}^{+\infty}x\frac{1}{\sqrt{2\pi}\sigma}e^{-\frac{(x-\mu)^2}{2\sigma^2}}\mathrm{d}x\\&=\frac{1}{\sqrt{2\pi}\sigma}\int_{-\infty}^{+\infty}(x-\mu)e^{-\frac{(x-\mu)^2}{2\sigma^2}}\mathrm{d}x+\frac{1}{\sqrt{2\pi}\sigma}\int_{-\infty}^{+\infty}\mu e^{-\frac{(x-\mu)^2}{2\sigma^2}}\mathrm{d}x\\&=\frac{1}{\sqrt{2\pi}\sigma}\int_{-\infty}^{+\infty}te^{-\frac{t^2}{2\sigma^2}}\mathrm{d}t+\mu\int_{-\infty}^{+\infty}\frac{1}{\sqrt{2\pi}\sigma}e^{-\frac{(x-\mu)^2}{2\sigma^2}}\mathrm{d}x\\&=\mu.\end{aligned}$$

几种重要分布的数学期望如表 4-1 所示.

表 4-1　常用分布的数学期望

分　布	分布律或概率密度	期望
0-1 分布	$P(X=k)=p^kq^{1-k},\ k=0,1,$ $0<p<1,p+q=1.$	p
二项分布 $B(n,p)$	$P(X=k)=C_n^kp^kq^{n-k},k=0,1,2,\cdots,n,$ $0<p<1,p+q=1.$	np
泊松分布 $P(\lambda)$	$P(X=k)=\frac{\lambda^k}{k!}e^{-\lambda},k=0,1,2,\cdots,$ $\lambda>0.$	λ
几何分布	$P(X=k)=pq^{k-1},\ k=0,1,2,\cdots,$ $0<p<1,\ p+q=1.$	$\frac{1}{p}$

续表

分　布	分布律或概率密度	期望
均匀分布 $U(a,b)$	$f(x)=\begin{cases}\dfrac{1}{b-a}, & a\leqslant x\leqslant b,\\ 0, & \text{其他}.\end{cases}$	$\dfrac{a+b}{2}$
指数分布 $E(\lambda)$	$f(x)=\begin{cases}\lambda e^{-\lambda x}, & x\geqslant 0,\ \lambda>0,\\ 0, & x<0.\end{cases}$	$\dfrac{1}{\lambda}$
正态分布 $N(\mu,\sigma^2)$	$f(x)=\dfrac{1}{\sqrt{2\pi}\sigma}e^{-\frac{(x-\mu)^2}{2\sigma^2}},\quad -\infty<\mu<+\infty,\quad \sigma>0.$	μ

4.1.4 随机变量函数的数学期望

在很多实际问题中，常常需要求随机变量的函数 $Y=g(X)$ 的数学期望 $E(Y)$. 例如，已知某物体的运动速度 X 是一个随机变量，而动能 $Y=\frac{1}{2}mX^2$ 是 X 的函数，Y 也是随机变量. 如何求随机变量 Y 的数学期望 $E(Y)$ 呢？现不加证明地给出下面的定理，它给出了求 $E(Y)$ 的简便方法，不需要求出 Y 的密度函数，而直接由 X 的密度函数就可以求出 $E(Y)$.

定理 4.1 设随机变量 $Y=g(X)$ 是随机变量 X 的函数，g 是连续函数，则

(1) 设 X 为离散型随机变量，其分布律为

$$P(X=x_k)=p_k,\quad k=1,2,\cdots.$$

若级数 $\sum\limits_{k=1}^{+\infty}g(x_k)p_k$ 绝对收敛，则有

$$E(Y)=E[g(X)]=\sum_{k=1}^{+\infty}g(x_k)p_k. \tag{4-3}$$

(2) 设 X 是连续型随机变量，其概率密度函数为 $f(x)$，若积分 $\int_{-\infty}^{+\infty}g(x)f(x)\mathrm{d}x$ 绝对收敛，则有

$$E(Y)=E[g(X)]=\int_{-\infty}^{+\infty}g(x)f(x)\mathrm{d}x. \tag{4-4}$$

该定理还可推广到多维随机变量的情形. 例如，对二维随机变量 X，Y 的函数 $Z=g(X,Y)$（g 为连续函数），则 Z 也是随机变量.

若 (X,Y) 为离散型随机变量，其联合分布律为

$$P(X=x_i,Y=y_j)=p_{ij},\quad i,j=1,2,\cdots,$$

则有

$$E(Z)=E[g(X,Y)]=\sum_{i=1}^{+\infty}\sum_{j=1}^{+\infty}g(x_i,y_j)p_{ij},\tag{4-5}$$

其中式(4-5)右端的级数绝对收敛.

若(X,Y)为连续型随机变量,其联合概率密度函数为$f(x,y)$,则有

$$E(Z)=E[g(X,Y)]=\int_{-\infty}^{+\infty}\int_{-\infty}^{+\infty}g(x,y)f(x,y)\mathrm{d}x\mathrm{d}y,\tag{4-6}$$

其中式(4-6)右端的积分绝对收敛.

例 4.12 设随机变量X的概率分布律如下所示:

X	1	2	3
p_k	0.4	0.1	0.5

求:(1) $E(2X-3)$;(2) $E(X^2)$;(3) $E(3X^2+1)$.

解 X为离散型随机变量,由式(4-3)得

(1) $E(2X-3)=(-1)\times0.4+1\times0.1+3\times0.5=1.2$;

(2) $E(X^2)=1\times0.4+4\times0.1+9\times0.5=5.3$;

(3) $E(3X^2+2)=5\times0.4+14\times0.1+29\times0.5=17.9$.

例 4.13 假设国际市场上每年对我国某种出口商品的需求量是随机变量X(单位:吨),它服从[2 000, 4 000]上的均匀分布.设每售出这种商品1吨,可得收益3万元.但如果销售不出去而屯积仓库,则每吨需付仓库保管费1万元.问应该组织多少货源,才可得到最大收益?

解 设每年出口该商品y吨($2\,000\leqslant y\leqslant4\,000$),则收益

$$Y=g(X)=\begin{cases}3y, & X\geqslant y,\\ 3X-(y-X), & X<y,\end{cases}$$
$$=\begin{cases}3y, & X\geqslant y,\\ 4X-y, & X<y.\end{cases}$$

于是由

$$g(x)=\begin{cases}3y, & x\geqslant y,\\ 4x-y, & x<y,\end{cases}\qquad f(x)=\begin{cases}\dfrac{1}{2\,000}, & 2\,000\leqslant x\leqslant4\,000,\\ 0, & \text{其他},\end{cases}$$

得
$$E(Y)=\int_{2\,000}^{4\,000}g(x)\frac{1}{2\,000}\mathrm{d}x$$
$$=\frac{1}{2\,000}\left[\int_{2\,000}^{y}(4x-y)\mathrm{d}x+\int_{y}^{4\,000}3y\mathrm{d}x\right]$$

$$=\frac{1}{1\,000}(-y^2+7\,000y-4\times10^6).$$

当 $y=3\,500$ 时,$E(Y)$达到最大值.因而组织 3 500 吨该商品出口,才可得到最大收益.

例 4.14 设二维随机变量(X,Y)的密度函数为

$$f(x,y)=\begin{cases}\frac{1}{4}x(1+3y^2), & 0<x<2,0<y<1,\\ 0, & \text{其他}.\end{cases}$$

求:(1) $E(X)$;(2) $E(Y)$;(3) $E(XY)$;(4) $E\left(\frac{Y}{X}\right)$.

解 (1) $E(X)=\int_0^1\int_0^2 x\cdot\frac{1}{4}x(1+3y^2)\mathrm{d}x\mathrm{d}y=\frac{1}{4}\int_0^2 x^2\mathrm{d}x\int_0^1(1+3y^2)\mathrm{d}y=\frac{4}{3}$;

(2) $E(Y)=\int_0^1\int_0^2 y\cdot\frac{1}{4}x(1+3y^2)\mathrm{d}x\mathrm{d}y=\frac{1}{4}\int_0^2 x\mathrm{d}x\int_0^1 y(1+3y^2)\mathrm{d}y=\frac{5}{8}$;

(3) $E(XY)=\int_0^1\int_0^2 xy\cdot\frac{1}{4}x(1+3y^2)\mathrm{d}x\mathrm{d}y=\frac{1}{4}\int_0^2 x^2\mathrm{d}x\int_0^1 y(1+3y^2)\mathrm{d}y=\frac{5}{6}$;

(4) $E\left(\frac{Y}{X}\right)=\int_0^1\int_0^2 \frac{y}{x}\cdot\frac{1}{4}x(1+3y^2)\mathrm{d}x\mathrm{d}y=\frac{1}{4}\int_0^2\mathrm{d}x\int_0^1 y(1+3y^2)\mathrm{d}y=\frac{5}{8}$.

4.1.5 数学期望的性质

利用数学期望的定义以及和式与积分的有关性质,不难证明数学期望的下列重要性质,这些性质有时对于简化数学期望的求解是非常重要的.

(1) 设 C 为常数,则 $E(C)=C$.

(2) 设 C 为常数,X 为随机变量,则

$$E(CX)=CE(X).$$

(3) 设 X, Y 是任意两个随机变量,则

$$E(X+Y)=E(X)+E(Y).$$

(4) 设 X,Y 是相互独立的随机变量,则

$$E(XY)=E(X)E(Y).$$

在以上性质中,假定随机变量的数学期望都存在.性质(3)和(4)可推广到有限个随机变量的情况.性质(1)和(2)的证明留给读者,这里只对连续型随机变量的情形证明性质(3)和(4).至于对离散型随机变量的证明,只需将积分换为类似的求和即可.

证 设二维随机变量(X,Y)的概率密度函数为$f(x,y)$，其边缘概率密度函数分别为$f_X(x)$，$f_Y(y)$，则

$$\begin{aligned}E(X+Y) &= \int_{-\infty}^{+\infty}\int_{-\infty}^{+\infty}(x+y)f(x,y)\mathrm{d}x\mathrm{d}y \\ &= \int_{-\infty}^{+\infty}\int_{-\infty}^{+\infty}xf(x,y)\mathrm{d}x\mathrm{d}y + \int_{-\infty}^{+\infty}\int_{-\infty}^{+\infty}yf(x,y)\mathrm{d}x\mathrm{d}y \\ &= \int_{-\infty}^{+\infty}xf_X(x)\mathrm{d}x + \int_{-\infty}^{+\infty}yf_Y(y)\mathrm{d}y \\ &= E(X)+E(Y).\end{aligned}$$

性质(3)得证.

当X,Y相互独立时，$f(x,y)=f_X(x)\cdot f_Y(y)$.

$$\begin{aligned}E(XY) &= \int_{-\infty}^{+\infty}\int_{-\infty}^{+\infty}xyf(x,y)\mathrm{d}x\mathrm{d}y \\ &= \int_{-\infty}^{+\infty}\int_{-\infty}^{+\infty}xyf_X(x)f_Y(y)\mathrm{d}x\mathrm{d}y \\ &= \left(\int_{-\infty}^{+\infty}xf_X(x)\mathrm{d}x\right)\left(\int_{-\infty}^{+\infty}yf_Y(y)\mathrm{d}y\right) \\ &= E(X)\cdot E(Y).\end{aligned}$$

性质(4)得证.

例 4.15 某民航机场的送客车载有 20 位旅客从机场开出，沿途旅客有 10 个车站可以下车，如到达一个车站没有旅客下车就不停车. 假设每位旅客在各个车站下车是等可能的，并设各旅客是否下车相互独立. 以X表示停车的次数，求$E(X)$.

解 引入随机变量

$$X_i=\begin{cases}1, & \text{第 } i \text{ 个车站有人下车},\\ 0, & \text{第 } i \text{ 个车站无人下车},\end{cases}\quad i=1,2,\cdots,10,$$

易见
$$X=X_1+X_2+\cdots+X_{10}.$$

根据题意，任一旅客不在第i个车站下车的概率为$\frac{9}{10}$，因此 20 位旅客都不在第i站下车的概率为$\left(\frac{9}{10}\right)^{20}$，按照逆事件概率公式，则在第$i$个车站有人下车的概率为$1-\left(\frac{9}{10}\right)^{20}$. 由此得$X_i$的概率分布如下所示：

X_i	0	1
p	$\left(\frac{9}{10}\right)^{20}$	$1-\left(\frac{9}{10}\right)^{20}$

因此，$E(X_i)=1-\left(\frac{9}{10}\right)^{20}, i=1,2,\cdots,10.$

再由数学期望的性质(3)推广得

$$\begin{aligned}E(X)&=E(X_1+X_2+\cdots+X_{10})=E(X_1)+E(X_2)+\cdots+E(X_{10})\\&=10\times\left[1-\left(\frac{9}{10}\right)^{20}\right]\approx 8.78(\text{次}).\end{aligned}$$

这表明班车平均停车约 9 次.

此例将 X 分解为 n 个简单随机变量 X_i 的和，然后再利用数学期望的性质(3)来求 X 的期望 $E(X)$. 它避开了直接利用数学期望的定义求 X 的期望时，须先求出 X 的分布律的麻烦，使复杂问题得到了简化，这种处理方法具有普遍意义.

例 4.16 设某电路中电流 I(A)和电阻 $R(\Omega)$是两个相互独立的随机变量，其概率密度函数分别为

$$g(i)=\begin{cases}2i, & 0\leqslant i\leqslant 1,\\0, & \text{其他},\end{cases}\qquad h(r)=\begin{cases}\dfrac{r^2}{9}, & 0\leqslant r\leqslant 3,\\0, & \text{其他}.\end{cases}$$

试求电压 $U=IR$ 的均值.

解 根据题意

$$\begin{aligned}E(U)&=E(IR)=E(I)E(R)\\&=\left[\int_{-\infty}^{+\infty}ig(i)\mathrm{d}i\right]\left[\int_{-\infty}^{+\infty}rh(r)\mathrm{d}r\right]\\&=\left[\int_0^1 2i^2\mathrm{d}i\right]\left[\int_0^3\frac{r^3}{9}\mathrm{d}r\right]\\&=\frac{3}{2}(\mathrm{V}).\end{aligned}$$

4.2 随机变量的方差

数学期望是随机变量的重要数字特征，它表示随机变量的平均值. 但在许多实际问题中，不仅要知道随机变量的平均值，而且还常常关心随机变量的取值偏离平均值的离散程度. 例如有甲、乙两个班某门课程的考试平均成绩都是 78 分，但两个班学生的考试成绩总的情况却不大一样. 甲班的成绩大都集中在 78 分附近，而乙班的成绩与 78 的偏离程度较大，成绩好和成绩差的悬殊很大. 那么，用怎样的量去度量这个离散程度呢？方差就是用来刻画随机变量 X 的取值与均值的离散程度的一个重要数字特征.

4.2.1 随机变量的方差的概念

定义4.3 设 X 是一个随机变量，若 $E\{[X-E(X)]^2\}$ 存在，则称它为随机变量 X 的方差，记为 $D(X)$，即

$$D(X)=E\{[X-E(X)]^2\}. \tag{4-7}$$

在实际应用中，还引入与随机变量 X 具有相同量纲的 $\sqrt{D(X)}$，即方差 $D(X)$ 的算术平方根，称为 X 的均方差或标准差，记为 $\sigma(X)$.

由定义可知，随机变量 X 的方差 $D(X)$ 反映了 X 的取值与其数学期望（均值）的偏离程度. 若 X 的取值集中在其均值 $E(X)$ 的附近，则方差 $D(X)$ 就较小；反之，若 X 的取值比较分散，则方差 $D(X)$ 就较大. 因此，方差 $D(X)$ 是刻画 X 的取值离散程度的一个重要度量.

方差实际上是随机变量 X 的函数 $g(X)=[X-E(X)]^2$ 的数学期望. 若 X 为离散型随机变量，其分布律为

$$P(X=x_k)=p_k,\ k=1,2,\cdots,$$

则有

$$D(X)=\sum_{k=1}^{+\infty}[x_k-E(X)]^2p_k.$$

若 X 为连续型随机变量，其概率密度函数为 $f(x)$，则有

$$D(X)=\int_{-\infty}^{+\infty}[x-E(X)]^2f(x)\mathrm{d}x.$$

在实际计算随机变量的方差 $D(X)$ 时，经常应用下面的重要公式：

$$D(X)=E(X^2)-[E(X)]^2. \tag{4-8}$$

事实上，由数学期望的性质(1)，(2)，(3)，可得

$$\begin{aligned}D(X)&=E\{[X-E(X)]^2\}\\&=E\{X^2-2XE(X)+[E(X)]^2\}\\&=E(X^2)-2E(X)E(X)+[E(X)]^2\\&=E(X^2)-[E(X)]^2.\end{aligned}$$

例 4.17 设随机变量 X 服从几何分布，其分布律为

$$P(X=k)=pq^{k-1},\quad k=1,2,\cdots,$$

其中 $0<p<1$，$q=1-p$ 为常数，求 $E(X)$ 和 $D(X)$.

解 $E(X)=\sum_{k=1}^{+\infty}kpq^{k-1}=\dfrac{p}{(1-q)^2}=\dfrac{1}{p}$,

$$E(X^2)=\sum_{k=1}^{+\infty}k^2pq^{k-1}=p\,\frac{1+q}{(1-q)^3}=\frac{2-p}{p^2},$$

于是 $$D(X)=E(X^2)-[E(X)]^2=\frac{q}{p^2}.$$

例 4.18 设 X 为连续型随机变量,其概率密度函数为

$$f(x)=\begin{cases}1+x, & -1\leqslant x\leqslant 0,\\ 1-x, & 0<x\leqslant 1,\\ 0, & \text{其他}.\end{cases}$$

求 $D(X)$.

解 由例 4.7 知 $E(X)=0$,又

$$\begin{aligned}E(X^2)&=\int_{-1}^{0}x^2(1+x)\mathrm{d}x+\int_{0}^{1}x^2(1-x)\mathrm{d}x\\&=\frac{1}{6},\end{aligned}$$

所以 $$D(X)=E(X^2)-[E(X)]^2=\frac{1}{6}.$$

4.2.2 方差的性质

由数学期望的性质,不难推证方差具有下列性质:

(1) 设 C 为常数,则 $D(C)=0$.

(2) 设 C 为常数,X 为随机变量,则

$$D(CX)=C^2D(X).$$

(3) 设 X,Y 是两个相互独立的随机变量,则

$$D(X\pm Y)=D(X)+D(Y).$$

(4) $D(X)=0$ 的充要条件是 X 以概率 1 取常数 C,即

$$P(X=C)=1.$$

显然这里 $C=E(X)$.

在以上性质中,假定所遇到的随机变量的方差都存在.这里只证性质(3),其余性质的证明留给读者.

证

$$\begin{aligned}D(X+Y)&=E\{[X+Y-E(X+Y)]^2\}\\&=E\{[X-E(X)+Y-E(Y)]^2\}\\&=E\{[X-E(X)]^2\}+E\{[Y-E(Y)]^2\}+2E\{[X-E(X)][Y-E(Y)]\}\\&=D(X)+D(Y)+2E\{[X-E(X)][Y-E(Y)]\}.\end{aligned}$$

由于 X,Y 相互独立,$E(XY)=E(X)E(Y)$,故

$$\begin{aligned}&E\{[X-E(X)][Y-E(Y)]\}\\&=E[XY+E(X)E(Y)-XE(Y)-YE(X)]\\&=E(XY)+E(X)E(Y)-E(X)E(Y)-E(Y)E(X)\end{aligned}$$

$=E(XY)-E(X)E(Y)$

$=0,$

所以有
$$D(X+Y)=D(X)+D(Y).$$

性质(3)可以推广到有限多个(n 个)相互独立的随机变量的情况，即若 X_1，X_2，…，X_n 相互独立，则

$$D(X_1+X_2+\cdots+X_n)=D(X_1)+D(X_2)+\cdots+D(X_n).$$

把性质(2)和性质(3)结合起来，便可得到下面的结论：若 X,Y 是相互独立的随机变量，C_1,C_2 为常数，则

$$D(C_1X+C_2Y)=C_1^2D(X)+C_2^2D(Y).$$

特别地，有 $D(X-Y)=D(X)+D(Y)$.

例 4.19 设 $X_1,X_2,\cdots,X_n$ 相互独立，且服从同一 0-1 分布，其分布律为

$$P(X_i=k)=p^kq^{1-k},\ k=0,1,$$

其中 $0<p<1,q=1-p,i=1,2,\cdots,n$. 证明 $X=X_1+X_2+\cdots+X_n$ 服从参数为 n,p 的二项分布 $B(n,p)$，并求 $E(X)$ 和 $D(X)$.

证 因为 $X_1,X_2,\cdots,X_n$ 相互独立，所以 X 的可能取值为 $0,1,2,\cdots,n$，X 取值 k 的两两互不相容的方式共有 C_n^k 种，X 以每种特定的方式取 k 的概率为 p^kq^{n-k}，故有

$$P(X=k)=\mathrm{C}_n^kp^kq^{n-k},\ k=0,1,2,\cdots,n,$$

即 X 服从参数为 n,p 的二项分布，$X\sim B(n,p)$，下面来求 $E(X)$ 和 $D(X)$.

因为
$$E(X_i)=p,D(X_i)=pq,\ i=1,2,\cdots,n,$$

故得

$$E(X)=E\Big(\sum_{i=1}^nX_i\Big)=\sum_{i=1}^nE(X_i)=np.$$

再由 $X_1,X_2,\cdots,X_n$ 相互独立得

$$D(X)=D\Big(\sum_{i=1}^nX_i\Big)=\sum_{i=1}^nD(X_i)=npq.$$

4.2.3 常用分布的方差

在 4.1 节中给出了几种常用分布的数学期望 $E(X)$，在例 4.17 和例 4.19 中给出了几何分布、0-1 分布和二项分布的方差 $D(X)$，下面讨论其他几种分布的方差 $D(X)$.

例 4.20(泊松分布) 设随机变量 X 服从参数为 $\lambda(\lambda>0)$ 的泊松分布，求方差.

解 $X\sim P(\lambda)$，其分布律为

$$P(X=k)=\frac{\lambda^k}{k!}\mathrm{e}^{-\lambda},\ k=0,1,2,\cdots.$$

由例 4.9 知 $E(X)=\lambda$,从而得

$$\begin{aligned}
D(X) &= E(X^2)-[E(X)]^2 \\
&= E[X(X-1)+X]-\lambda^2 \\
&= E[X(X-1)]+\lambda-\lambda^2 \\
&= \sum_{k=1}^{n} k(k-1)\frac{\lambda^k}{k!}e^{-\lambda}+\lambda-\lambda^2 \\
&= \lambda^2 e^{-\lambda}\sum_{k=2}^{n}\frac{\lambda^{k-2}}{(k-2)!}+\lambda-\lambda^2 \\
&= \lambda^2 e^{-\lambda}e^{\lambda}+\lambda-\lambda^2 \\
&= \lambda.
\end{aligned}$$

例 4.21(均匀分布) 设随机变量 X 服从$[a,b]$上的均匀分布,求方差.

解 $X\sim U(a,b)$,其概率密度函数

$$f(x)=\begin{cases}\dfrac{1}{b-a}, & a\leqslant x\leqslant b,\\ 0, & \text{其他}.\end{cases}$$

由例 4.5 知 $E(X)=\dfrac{a+b}{2}$,故得

$$\begin{aligned}
D(X)&=E(X^2)-[E(X)]^2\\
&=\int_a^b x^2\frac{1}{b-a}dx-\left(\frac{a+b}{2}\right)^2=\frac{(b-a)^2}{12}.
\end{aligned}$$

例 4.22(指数分布) 设随机变量 X 服从参数为 $\lambda(\lambda>0)$ 的指数分布,求方差.

解 $X\sim E(\lambda)$,其概率密度函数为

$$f(x)=\begin{cases}\lambda e^{-\lambda x}, & x\geqslant 0,\\ 0, & x<0.\end{cases}$$

由例 4.10 知 $E(X)=\dfrac{1}{\lambda}$,故得

$$\begin{aligned}
D(X)&=E(X^2)-[E(X)]^2\\
&=\int_0^{+\infty}x^2\cdot\lambda e^{-\lambda x}dx-\left(\frac{1}{\lambda}\right)^2\\
&=\frac{2}{\lambda^2}-\frac{1}{\lambda^2}=\frac{1}{\lambda^2}.
\end{aligned}$$

例 4.23(正态分布) 设随机变量 X 服从参数为 μ,σ^2 的正态分布,求方差.

解 $X\sim N(\mu,\sigma^2)$,其概率密度函数为

$$f(x)=\frac{1}{\sqrt{2\pi}\sigma}e^{-\frac{(x-\mu)^2}{2\sigma^2}},\ -\infty<x<+\infty,$$

由例 4.11 知 $E(X)=\mu$,则得

$$D(X)=E\{[X-E(X)]^2\}=\int_{-\infty}^{+\infty}(x-\mu)^2\frac{1}{\sqrt{2\pi}\sigma}e^{-\frac{(x-\mu)^2}{2\sigma^2}}dx.$$

令 $t=\frac{x-\mu}{\sigma}$，得

$$\begin{aligned}D(X)&=\frac{\sigma^2}{\sqrt{2\pi}}\int_{-\infty}^{+\infty}t^2e^{-\frac{t^2}{2}}dt\\&=\frac{\sigma^2}{\sqrt{2\pi}}\left[\left(-te^{-\frac{t^2}{2}}\right)\Big|_{-\infty}^{+\infty}+\int_{-\infty}^{+\infty}e^{-\frac{t^2}{2}}dt\right]\\&=\frac{\sigma^2}{\sqrt{2\pi}}\sqrt{2\pi}\\&=\sigma^2.\end{aligned}$$

显见，正态分布的两个参数 μ,σ^2 正是其数学期望和方差，因而正态分布完全可以由它的数学期望和方差所确定. 另外，从上面各例可以看出，一些常用分布中的参数也可以由其数学期望和方差来确定，由此可见随机变量数字特征的重要性. 几种重要分布的方差如表 4-2 所示.

表 4-2 常用分布的方差

分　布	分布律或概率密度	方差
0-1 分布	$P(X=k)p^kq^{1-k}$，$k=0,1$，$0<p<1$，$p+q=1$.	pq
二项分布 $B(n,p)$	$P(X=k)=C_n^kp^kq^{n-k}$，$k=0,1,\cdots,n$，$0<p<1$，$p+q=1$.	npq
泊松分布 $P(\lambda)$	$P(X=k)=\frac{\lambda^k}{k!}e^{-\lambda}$，$k=0,1,2,\cdots,\lambda>0$.	λ
几何分布	$P(X=k)=pq^{k-1}$，$k=0,1,2,\cdots$，$0<p<1$，$p+q=1$.	$\frac{q}{p^2}$
均匀分布 $U(a,b)$	$f(x)=\begin{cases}\frac{1}{b-a}, & a\leqslant x\leqslant b,\\0, & \text{其他}.\end{cases}$	$\frac{(b-a)^2}{12}$
指数分布 $E(\lambda)$	$f(x)=\begin{cases}\lambda e^{-\lambda x}, & x\geqslant 0,\lambda>0,\\0, & x<0.\end{cases}$	$\frac{1}{\lambda^2}$
正态分布 $N(\mu,\sigma^2)$	$f(x)=\frac{1}{\sqrt{2\pi}\sigma}e^{-\frac{(x-\mu)^2}{2\sigma^2}}$，$-\infty<\mu<+\infty$，$\sigma>0$.	σ^2

4.3 协方差、相关系数、矩

前面讨论了随机变量两个重要的数字特征——数学期望和方差. 对于二维随机变量(X,Y)，除了讨论 X,Y 的数学期望和方差之外，还需讨论描述 X,Y 之间相互关系的数字特征，这就是本节要讨论的协方差、相关系数和矩.

4.3.1 协方差和相关系数

在方差性质(3)的证明中,如果随机变量 X 与 Y 相互独立时,则有

$$E\{[X-E(X)][Y-E(Y)]\}=0.$$

这说明若 $E\{[X-E(X)][Y-E(Y)]\}\neq 0$,则 X 和 Y 不相互独立,它们之间存在着一定的关系.

定义 4.4 设(X,Y)是二维随机变量,若 $E\{[X-E(X)][Y-E(Y)]\}$存在,则称它为随机变量 X 和 Y 的协方差,记作 $\mathrm{Cov}(X,Y)$,即

$$\mathrm{Cov}(X,Y)=E\{[X-E(X)][Y-E(Y)]\}. \tag{4-9}$$

若随机变量 X 和 Y 的方差 $D(X)>0, D(Y)>0$,则

$$\rho_{XY}=\frac{\mathrm{Cov}(X,Y)}{\sqrt{D(X)}\sqrt{D(Y)}} \tag{4-10}$$

称为随机变量 X 与 Y 的相关系数.

随机变量 X 与 Y 的相关系数 ρ_{XY} 是一个无量纲的数. 当 $\rho_{XY}=0$ 时,称随机变量 X 与 Y 是无关的或不相关的.

对于任意两个随机变量 X,Y,根据定义 4.4 和方差性质(3)的证明,可得下列等式成立:

$$D(X\pm Y)=D(X)+D(Y)\pm\mathrm{Cov}(X,Y). \tag{4-11}$$

$$\mathrm{Cov}(X,Y)=E(XY)-E(X)E(Y). \tag{4-12}$$

例 4.24 设二维随机变量(X,Y)的联合分布律为

X \ Y	0	1
0	q	0
1	0	p

其中 $p+q=1$,求协方差 $\mathrm{Cov}(X,Y)$和相关系数 ρ_{XY}.

解 由上面的联合分布律,可得 X 和 Y 的边缘分布律为

X	0	1
p	q	p

Y	0	1
p	q	p

即 X 与 Y 均服从 0-1 分布,故

$$E(X)=p,\quad D(X)=pq,$$

$$E(Y)=p,\quad D(Y)=pq.$$

由式(4-12)和(4-10)得

$$\begin{aligned}\mathrm{Cov}(X,Y)&=E(XY)-E(X)E(Y)\\&=0\times0\times q+0\times1\times0+1\times0\times0+1\times1\times p-p\times p\\&=p-p^2\\&=pq.\end{aligned}$$

$$\begin{aligned}\rho_{XY}&=\frac{\mathrm{Cov}(X,Y)}{\sqrt{D(X)}\sqrt{D(Y)}}\\&=\frac{pq}{\sqrt{pq}\sqrt{\rho q}}\\&=1.\end{aligned}$$

例 4.25 设二维随机变量(X,Y)的联合概率密度函数为

$$f(x,y)=\begin{cases}x+y, & 0\leqslant x\leqslant1,\ 0\leqslant y\leqslant1,\\0, & 其他.\end{cases}$$

求:(1) 边缘密度函数 $f_X(x)$,$f_Y(y)$,并验证 X,Y 是否独立;

(2) 期望 $E(X)$,$E(Y)$和方差 $D(X)$,$D(Y)$;

(3) 协方差 $\mathrm{Cov}(X,Y)$和相关系数 ρ_{XY}.

解 (1) $f_X(x)=\int_{-\infty}^{+\infty}f(x,y)\mathrm{d}y$

$$=\begin{cases}x+\dfrac{1}{2}, & 0\leqslant x\leqslant1,\\0, & 其他;\end{cases}$$

$$f_Y(y)=\int_{-\infty}^{+\infty}f(x,y)\mathrm{d}x$$

$$=\begin{cases}y+\dfrac{1}{2}, & 0\leqslant y\leqslant1,\\0, & 其他.\end{cases}$$

由于 $f(x,y)\neq f_X(x)f_Y(y)$,故 X,Y 不相互独立.

(2) $E(X)=\int_{-\infty}^{+\infty}xf_X(x)\mathrm{d}x$

$$=\int_0^1x\left(x+\frac{1}{2}\right)\mathrm{d}x=\frac{7}{12},$$

$$E(X^2)=\int_{-\infty}^{+\infty}x^2f_X(x)\mathrm{d}x=\frac{5}{12},$$

故
$$D(X)=E(X^2)-[E(X)]^2=\frac{5}{12}-\left(\frac{7}{12}\right)^2=\frac{11}{144}.$$

同理得
$$E(Y)=\frac{7}{12},E(Y^2)=\frac{5}{12},D(Y)=\frac{11}{144}.$$

(3) $E(XY)=\int_{-\infty}^{+\infty}xyf(x,y)\mathrm{d}x\mathrm{d}y$

$=\int_0^1\int_0^1 xy(x+y)\mathrm{d}x\mathrm{d}y$

$=\frac{1}{3}$,

$\mathrm{Cov}(X,Y)=E(XY)-E(X)E(Y)$

$=\frac{1}{3}-\left(\frac{7}{12}\right)^2$

$=-\frac{1}{144}$,

$$\rho_{XY}=\frac{\mathrm{Cov}(X,Y)}{\sqrt{D(X)}\sqrt{D(Y)}}=\frac{-\frac{1}{144}}{\frac{11}{144}}=-\frac{1}{11}.$$

下面讨论协方差 $\mathrm{Cov}(X,Y)$ 和相关系数 ρ_{XY} 的性质. 由协方差的定义不难推得协方差具有下述性质(证明略):

(1) $\mathrm{Cov}(X,Y)=\mathrm{Cov}(Y,X)$;

(2) $\mathrm{Cov}(k_1X,k_2Y)=k_1k_2\mathrm{Cov}(X,Y)$, k_1,k_2 为常数;

(3) $\mathrm{Cov}(X_1+X_2,Y)=\mathrm{Cov}(X_1,Y)+\mathrm{Cov}(X_2,Y)$.

相关系数 ρ_{XY} 具有以下两个重要性质,它说明相关系数 ρ_{XY} 反映了随机变量 X,Y 之间的一种相互关系的本质.

(1) $|\rho_{XY}|\leqslant 1$;

(2) $|\rho_{XY}|=1$ 的充要条件是存在常数 $a,b,a\neq 0$,使 $P(Y=aX+b)=1$,即 X 与 Y 依概率 1 线性相关.

证 考虑 Y 与 $aX+b$ 的均方误差

$$e=E[(Y-(aX+b))^2]$$
$$=E(Y^2)+a^2E(X^2)-2aE(XY)+2abE(X)-2bE(Y)+b^2.$$

显见 e 越小,Y 与 $aX+b$ 近似程度越好. 取 a,b 的值使 e 达到最小,就得到 Y 的最佳近似式. 这是一个简单的求最小值问题,具体计算如下:

$$\begin{cases}\frac{\partial e}{\partial a}=2aE(X^2)-2E(XY)+2bE(X)=0,\\ \frac{\partial e}{\partial b}=2b+2aE(X)-2E(Y)=0.\end{cases}$$

解得
$$a_0=\frac{\mathrm{Cov}(X,Y)}{D(X)},$$

$$\begin{aligned} b_0 &= E(Y) - a_0 E(X) \\ &= E(Y) - E(X)\frac{\mathrm{Cov}(X,Y)}{D(X)}. \end{aligned}$$

因此
$$\begin{aligned} \min_{a,b} e &= \min_{a,b} E\{[Y-(aX+b)]^2\} \\ &= E\{[Y-(a_0X+b_0)]^2\} \\ &= (1-\rho_{XY}^2)D(Y). \end{aligned}$$

由 $E\{[Y-(aX+b)]^2\}$ 及 $D(Y)$ 的非负性知 $1-\rho_{XY}^2 \geqslant 0$，即 $|\rho_{XY}| \leqslant 1$，相关系数性质(1)得证.

若 $|\rho_{XY}|=1$，则由上面的证明过程可知

$$E\{[Y-(a_0X+b)]^2\}=0,$$

从而得 $E\{[Y-(a_0X+b)]^2\}=D[Y-(a_0X+b)]+E\{[Y-(a_0X+b)]\}^2=0$,

故有
$$D[Y-(a_0X+b)]=0,\ E[Y-(a_0X+b)]=0.$$

由相关系数的性质(1)知

$$P[Y-(a_0X+b)=0]=1,$$

即
$$P(Y=a_0X+b)=1.$$

反之，若存在常数 a^*，b^*，使 $P(Y=a^*X+b^*)=1$，则有

$$E\{[Y-(a^*X+b^*)]^2\}=0,$$

故有
$$\begin{aligned} 0 &= E\{[Y-(a^*X+b^*)]^2\} \geqslant \min_{a,b} E\{[Y-(aX+b)]^2\} \\ &= E\{[Y-(a_0X+b_0)]^2\}=(1-\rho_{XY}^2)D(Y), \end{aligned}$$

即
$$1-\rho_{XY}^2=0,$$

从而 $|\rho_{XY}|=1$，相关系数性质(2)得证.

由前面的证明可知，均方误差 e 是 $|\rho_{XY}|$ 的严格单调减函数，$|\rho_{XY}|$ 较大时，e 较小，表明 X,Y 之间的线性关系比较紧密；$|\rho_{XY}|$ 较小时，e 较大，说明 X,Y 之间的线性关系较差. 特别地，当 $|\rho_{XY}|=1$ 时，X,Y 之间依概率 1 存在线性关系；当 $\rho_{XY}=0$ 时，X,Y 无线性关系，称 X,Y 是不相关的. 所以，$|\rho_{XY}|$ 是用来表征 X,Y 之间线性关系的一种度量.

假设随机变量 X,Y 的相关系数 ρ_{XY} 存在，当 X，Y 相互独立时，$\mathrm{Cov}(X,Y)=0$，从而 $\rho_{XY}=0$，即 X,Y 不相关；反之，若 $\rho_{XY}=0$ 即 X,Y 不相关时，X,Y 却不一定是相互独立的. 这说明“不相关”和“相互独立”是两个不同的概念，其含义是不相同的. 不相关只是就线性关系来说的，而相互独立是就一般关系而言的.

例 4.26 设(X,Y)服从二维正态分布，$(X,Y)\sim N(\mu_1,\sigma_1^2;\mu_2,\sigma_2^2)$，它的概率密度函数为

$f(x,y)=$

$$\frac{1}{2\pi\sigma_1\sigma_2\sqrt{1-\rho^2}}\exp\left\{\frac{-1}{2(1-\rho^2)}\left[\frac{(x-\mu_1)^2}{\sigma_1^2}-2\rho\frac{(x-\mu_1)(y-\mu_2)}{\sigma_1\sigma_2}+\frac{(y-\mu_2)^2}{\sigma_2^2}\right]\right\},$$

求 X 和 Y 的相关系数 ρ_{XY}.

解 由 $X \sim N(\mu_1, \sigma_1^2)$, $Y \sim N(\mu_2, \sigma_2^2)$ 知

$$E(X)=\mu_1,\ D(X)=\sigma_1^2;\ E(Y)=\mu_2,\ D(Y)=\sigma_2^2.$$

由前面分析可知,(X,Y)的边缘概率密度为

$$f_X(x)=\frac{1}{\sqrt{2\pi}\sigma_1}\exp\left[-\frac{(x-\mu_1)^2}{2\sigma_1^2}\right],\ -\infty<x<+\infty,$$

$$f_Y(y)=\frac{1}{\sqrt{2\pi}\sigma_2}\exp\left[-\frac{(y-\mu_2)^2}{2\sigma_2^2}\right],\ -\infty<y<+\infty.$$

$$\begin{aligned}
\mathrm{Cov}(X,Y) &= \int_{-\infty}^{+\infty}\int_{-\infty}^{+\infty}(x-\mu_1)(y-\mu_2)f(x,y)\,\mathrm{d}x\mathrm{d}y \\
&= \frac{1}{2\pi\sigma_1\sigma_2\sqrt{1-\rho^2}}\int_{-\infty}^{+\infty}\int_{-\infty}^{+\infty}(x-\mu_1)(y-\mu_2)\times \\
&\quad \exp\left\{\frac{-1}{2(1-\rho)^2}\left[\frac{(x-\mu_1)^2}{\sigma_1^2}-2\rho\frac{(x-\mu_1)(y-\mu_2)}{\sigma_1\sigma_2}+\frac{(y-\mu_2)^2}{\sigma_2^2}\right]\right\}\mathrm{d}x\mathrm{d}y \\
&= \frac{1}{2\pi\sigma_1\sigma_2\sqrt{1-\rho^2}}\int_{-\infty}^{+\infty}(x-\mu_1)\exp\left[-\frac{(x-\mu_1)^2}{2\sigma_1^2}\right]\mathrm{d}x\times \\
&\quad \int_{-\infty}^{+\infty}(y-\mu_2)\exp\left[-\frac{1}{2(1-\rho^2)}\left(\frac{y-\mu_2}{\sigma_2}-\rho\frac{x-\mu_1}{\sigma_1}\right)^2\right]\mathrm{d}y.
\end{aligned}$$

令

$$t=\frac{1}{\sqrt{1-\rho^2}}\left(\frac{y-\mu_2}{\sigma_2}-\rho\frac{x-\mu_1}{\sigma_1}\right),\ \mu=\frac{x-\mu_1}{\sigma_1},$$

则有

$$\begin{aligned}
\mathrm{Cov}(X,Y) &= \frac{1}{2\pi}\int_{-\infty}^{+\infty}\int_{-\infty}^{+\infty}(\sigma_1\sigma_2\sqrt{1-\rho^2}\,t\mu+\rho\,\sigma_1\sigma_2\mu^2)\mathrm{e}^{\frac{-\mu^2}{2}-\frac{t^2}{2}}\mathrm{d}t\mathrm{d}\mu \\
&= \frac{\rho\,\sigma_1\sigma_2}{2\pi}\left(\int_{-\infty}^{+\infty}\mu^2\mathrm{e}^{-\frac{\mu^2}{2}}\mathrm{d}\mu\right)\left(\int_{-\infty}^{+\infty}\mathrm{e}^{-\frac{t^2}{2}}\mathrm{d}t\right)+ \\
&\quad \frac{\sigma_1\sigma_2\sqrt{1-\rho^2}}{2\pi}\left(\int_{-\infty}^{+\infty}\mu\mathrm{e}^{-\frac{\mu^2}{2}}\mathrm{d}\mu\right)\left(\int_{-\infty}^{+\infty}t\mathrm{e}^{-\frac{t^2}{2}}\mathrm{d}t\right) \\
&= \frac{\rho\,\sigma_1\sigma_2}{2\pi}\sqrt{2\pi}\sqrt{2\pi}=\rho\sigma_1\sigma_2,
\end{aligned}$$

于是

$$\rho_{XY}=\frac{\mathrm{Cov}(X,Y)}{\sqrt{D(X)}\sqrt{D(Y)}}=\rho.$$

此例说明,当(X,Y)服从二维正态分布时,(X,Y)的概率密度函数中的参数 ρ 就是 X 和 Y 的相关系数,因而二维正态随机变量的分布完全可以由 X,Y 各自的数学期望 μ_1,μ_2,方差 σ_1^2,σ_2^2 以及它们的相关系数 ρ 所确定.

由于二维正态随机变量(X,Y)中,X,Y 相互独立的条件是 $\rho=0$,X,Y 不相关的条件是 $\rho_{XY}=0$,但由此例可知 $\rho=\rho_{XY}$,故对于二维正态随机变量(X,Y)而言,X,Y 不相关与 X,Y 相互独立是等价的.

4.3.2　矩和协方差矩阵

数学期望、方差、协方差和相关系数都是随机变量的数字特征，它们分别刻画了随机变量的某些特征性质. 实质上，它们都是随机变量的某种矩. 下面给出矩的一般定义.

定义 4.5　设 X,Y 是随机变量，若 $E(X^k)(k=1,2,\cdots)$ 存在，则称它为 X 的 k 阶原点矩，简称为 k 阶矩.

若 $E\{[X-E(X)]^k\}$ $(k=1,2,\cdots)$ 存在，则称它为 X 的 k 阶中心矩.

若 $E(X^kY^l)(k,l=1,2,\cdots)$ 存在，则称它为 X 和 Y 的 $k+l$ 阶混合矩.

若 $E\{[X-E(X)]^k[Y-E(Y)]^l\}$ $(k,l=1,2,\cdots)$ 存在，则称它为 X 和 Y 的 $k+l$ 阶混合中心矩.

显然，随机变量 X 的数学期望 $E(X)$ 是 X 的一阶原点矩，方差 $D(X)$ 是 X 的二阶中心矩. 二维随机变量 (X,Y) 的协方差 $\mathrm{Cov}(X,Y)$ 是 X,Y 的二阶混合中心矩.

下面介绍 n 维随机变量的协方差矩阵的概念，利用它们可以用来表示正态随机变量的密度函数. 先讨论二维随机变量的情形.

设二维随机变量 (X_1,X_2) 的 4 个二阶中心矩都存在，分别记为

$$C_{11}=E\{[X_1-E(X_1)]^2\}=D(X_1),$$
$$C_{12}=E\{[X_1-E(X_1)][X_2-E(X_2)]\}=\mathrm{Cov}(X_1,X_2),$$
$$C_{21}=E\{[X_2-E(X_2)][X_1-E(X_1)]\}=\mathrm{Cov}(X_2,X_1),$$
$$C_{22}=E\{[X_2-E(X_2)]^2\}=D(X_2),$$

则由它们组成的二阶矩阵

$$\begin{bmatrix} C_{11} & C_{12} \\ C_{21} & C_{22} \end{bmatrix}$$

称为随机变量 (X_1,X_2) 的协方差矩阵.

更一般地，设 n 维随机变量 $(X_1,X_2,\cdots,X_n)$ 的 n^2 个二阶中心矩都存在，分别为

$$C_{ij}=\mathrm{Cov}(X_i,X_j)=E\{[X_i-E(X_i)][X_j-E(X_j)]\},$$
$$i,j=1,2,\cdots,n,$$

则由它们组成的 n 阶矩阵

$$\boldsymbol{C}=\begin{bmatrix} C_{11} & C_{12} & \cdots & C_{1n} \\ C_{21} & C_{22} & \cdots & C_{2n} \\ \vdots & \vdots & & \vdots \\ C_{n1} & C_{n2} & \cdots & C_{nn} \end{bmatrix}$$

称为 n 维随机变量 $(X_1,X_2,\cdots,X_n)$ 的协方差矩阵.

由于 $\boldsymbol{C}_{ij}=\boldsymbol{C}_{ji}(i\neq j;i,j=1,2,\cdots,n)$，所以协方差矩阵是一个对称矩阵.

一般情况下，如果 n 维随机变量的分布不知道或者太复杂，数学上就难以处理，此时利用协方差矩阵来处理便可以解决问题，这在实际应用中就显得重要了.特别对于 n 维正态随机变量来说，利用协方差矩阵可以方便地将 n 维正态随机变量的概率密度表示出来.先看二维正态随机变量 (X_1,X_2)，其概率密度为

$$f(x_1,x_2)=\frac{1}{2\pi\sigma_1\sigma_2\sqrt{1-\rho^2}}\exp\left\{-\frac{1}{2(1-\rho^2)}\left[\frac{(x_1-\mu_1)^2}{\sigma_1^2}-2\rho\frac{(x_1-\mu_1)(x_2-\mu_2)}{\sigma_1\sigma_2}+\frac{(x_2-\mu_2)^2}{\sigma_2^2}\right]\right\}$$

引入矩阵

$$\boldsymbol{X}=\begin{bmatrix}x_1\\x_2\end{bmatrix},\ \boldsymbol{\mu}=\begin{bmatrix}\mu_1\\\mu_2\end{bmatrix}.$$

(X_1,X_2) 的协方差矩阵为

$$\boldsymbol{C}=\begin{bmatrix}C_{11}&C_{12}\\C_{21}&C_{22}\end{bmatrix}=\begin{bmatrix}\sigma_1^2&\rho\sigma_1\sigma_2\\\rho\sigma_1\sigma_2&\sigma_2^2\end{bmatrix}.$$

它的行列式 $|\boldsymbol{C}|=\sigma_1^2\sigma_2^2(1-\rho^2)$，所以 $\boldsymbol{C}$ 的逆矩阵为

$$\boldsymbol{C}^{-1}=\frac{1}{|\boldsymbol{C}|}\begin{bmatrix}\sigma_2^2&-\rho\sigma_1\sigma_2\\-\rho\sigma_1\sigma_2&\sigma_1^2\end{bmatrix},$$

由此得

$$\begin{aligned}(\boldsymbol{X}-\boldsymbol{\mu})^{\mathrm{T}}\boldsymbol{C}^{-1}(\boldsymbol{X}-\boldsymbol{\mu})&=\frac{1}{|\boldsymbol{C}|}(x_1-\mu_1,x_2-\mu_2)\begin{bmatrix}\sigma_2^2&-\rho\sigma_1\sigma_2\\-\rho\sigma_1\sigma_2&\sigma_1^2\end{bmatrix}\begin{bmatrix}x_1-\mu_1\\x_2-\mu_2\end{bmatrix}\\&=\frac{1}{2(1-\rho^2)}\left[\frac{(x_1-\mu_1)^2}{\sigma_1^2}-2\rho\frac{(x_1-\mu_1)(x_2-\mu_2)}{\sigma_1\sigma_2}+\frac{(x_2-\mu_2)^2}{\sigma_2^2}\right].\end{aligned}$$

于是 (X_1,X_2) 的概率密度函数可以写成

$$f(x_1,x_2)=\frac{1}{2\pi|\boldsymbol{C}|^{\frac{1}{2}}}\exp\left[-\frac{1}{2}(\boldsymbol{X}-\boldsymbol{\mu})^{\mathrm{T}}\boldsymbol{C}^{-1}(\boldsymbol{X}-\boldsymbol{\mu})\right].$$

上面的结果很容易推广到 n 维正态随机变量 $(X_1,X_2,\cdots,X_n)$ 的情形.引入矩阵

$$\boldsymbol{X}=\begin{bmatrix}x_1\\x_2\\\vdots\\x_n\end{bmatrix},\ \boldsymbol{\mu}=\begin{bmatrix}\mu_1\\\mu_2\\\vdots\\\mu_n\end{bmatrix}=\begin{bmatrix}E(X_1)\\E(X_2)\\\vdots\\E(X_n)\end{bmatrix},$$

$(X_1,X_2,\cdots,X_n)$ 的协方差矩阵为 $\boldsymbol{C}$，则 n 维正态随机变量 $(X_1,X_2,\cdots,X_n)$ 的概率密度为

$$f(x_1,x_2,\cdots,x_n)=\frac{1}{(2\pi)^{\frac{n}{2}}|\boldsymbol{C}|^{\frac{1}{2}}}\exp\left[-\frac{1}{2}(\boldsymbol{X}-\boldsymbol{\mu})^{\mathrm{T}}\boldsymbol{C}^{-1}(\boldsymbol{X}-\boldsymbol{\mu})\right].$$

n 维正态随机变量在数理统计和随机过程中经常会用到.从上面的讨论可以看出,其概率密度用协方差矩阵表示形式简单、表达清晰,易于处理和讨论.

n 维正态随机变量除了上述的协方差矩阵表示外,还具有下面的 3 个重要性质.

(1) n 维随机变量$(X_1,X_2,\cdots,X_n)$服从 n 维正态分布的充要条件是 X_1,X_2,$\cdots$,X_n 的任意线性组合

$$k_1X_1+k_2X_2+\cdots+k_nX_n$$

服从一维正态分布.

(2) 设随机变量$(X_1,X_2,\cdots,X_n)$服从 n 维正态分布,若随机变量 $Y_1,Y_2,\cdots,Y_m$ 是 $X_i(i=1,2,\cdots,n)$的线性函数,则$(Y_1,Y_2,\cdots,Y_m)$也服从 m 维正态分布.

这一性质称为正态随机变量的线性变换不变性.

(3) 设随机变量$(X_1,X_2,\cdots,X_n)$服从 n 维正态分布,则"$X_1,X_2,\cdots,X_n$ 相互独立"与"$X_1,X_2,\cdots,X_n$ 两两不相关"是等价的.

习 题 4

1. 设随机变量 X 的分布律为

X	-1	0	$\frac{1}{2}$	1	2
p_k	$\frac{1}{3}$	$\frac{1}{6}$	$\frac{1}{6}$	$\frac{1}{12}$	$\frac{1}{4}$

求 $E(X)$,$E(1-X)$,$E(X^2)$.

2. 已知随机变量 X 的分布律为

X	-2	0	1
p_i	0.3	0.4	0.3

求 $E(4X^2+6)$.

3. 设 X 服从$[0,4]$区间上的均匀分布,求 X 的数学期望和方差.

4. 设随机变量 X 的密度函数为

$$f(x)=\begin{cases}2(1-x), & 0<x<1,\\ 0, & 其他,\end{cases}$$

求 $E(X)$.

5. 设随机变量 X 的密度函数为

$$f(x)=\begin{cases}\mathrm{e}^{-x}, & x\geqslant 0,\\ 0, & x<0,\end{cases}$$

求 $E(2X)$，$E(e^{-2X})$.

6. 设随机变量 X_1，X_2 的概率密度分别为

$$f_1(x)=\begin{cases}2e^{-2x}, & x>0,\\ 0, & x\geqslant 0;\end{cases} \qquad f_2(x)=\begin{cases}4e^{-4x}, & x>0,\\ 0, & x\leqslant 0.\end{cases}$$

(1) 求 $E(X_1+X_2)$，$E(2X_1-3X_2{}^2)$；

(2) 设 X_1，X_2 相互独立，求 $E(X_1, X_2)$.

7. 随机变量 X 服从指数分布，其概率密度为

$$f(x)=\begin{cases}\dfrac{1}{\theta}e^{-x/\theta}, & x>0,\\ 0, & x\leqslant 0,\end{cases}$$

其中，$\theta>0$ 是常数，求 $E(X)$，$D(X)$.

8. 一台设备由三大部件构成，在设备运转中各部件需要调整的概率相应为 0.1，0.2，0.3，假设各部件相互独立，以 X 表示同时需要调整的部件数，求 $E(X)$，$D(X)$.

9. 设随机变量 X 与 Y 相互独立且均服从正态分布 $N(0,\frac{1}{2})$，求$E(|X|)$和 $D(|X-Y|)$的值.

10. 填空：

(1) 已知 $D(X)=4$，$D(Y)=1$，$E(XY)=0.6$，则 $D(3X-2Y)=$__________.

(2) 设 X，Y 独立且同分布如下表所示，则 $E(X,Y)=$__________.

X	0	1
p	$\frac{1}{3}$	$\frac{2}{3}$

11. 设随机变量 X 服从 Γ 分布，其概率密度 $f(x)=\begin{cases}\dfrac{\beta^\alpha}{\Gamma(\alpha)}x^{\alpha-1}e^{-\beta x}, & x>0,\\ 0, & x\leqslant 0,\end{cases}$ 其中 $\alpha>0$，$\beta>0$ 是常数，求 $E(X)$，$D(X)$.

12. 设(X,Y)在区域 $D=\{(x,y)\mid x\geqslant 0, y\geqslant 0, x+y\leqslant 1\}$ 上服从均匀分布，求 $E(X)$，$E(3X-2Y)$，$E(XY)$.

13. 计算：

(1) 设 X 与 Y 相互独立，$E(X)=E(Y)=0$，$D(X)=D(Y)=1$，求 $E[(X+Y)^2]$.

(2) 设 X 与 Y 相互独立，其数学期望与方差均为已知值，求 $D(XY)$.

14. 设二维离散型随机变量(X,Y)有联合分布律为

X \ Y	1	2	3
1	$\frac{1}{4}$	$\frac{1}{8}$	$\frac{1}{8}$
2	$\frac{1}{12}$	$\frac{1}{12}$	$\frac{1}{6}$
3	$\frac{1}{18}$	$\frac{1}{18}$	$\frac{1}{18}$

求：(1) $E(X)$，$E(Y)$；

(2) $E(XY)$;

(3) $D(X)$, $D(Y)$.

15. 设随机变量 Y 服从参数为 1 的指数分布,概率密度为 $p(y)=\begin{cases} e^{-y}, & y>0, \\ 0, & y\leqslant 0. \end{cases}$

令
$$X_1=\begin{cases} 0, & Y\leqslant 1, \\ 1, & Y>1, \end{cases}\quad X_2=\begin{cases} 0, & Y\leqslant 2, \\ 1, & Y>2. \end{cases}$$

求:(1) 二维随机向量(X_1+X_2)的联合分布律;

(2) $E(X_1)$和 $E(X_1+E_2)$.

16. 设 X, Y 是两个相互独立且均服从同一分布的两个随机变量,已知 X 的分布律为 $P\{X=i\}=\dfrac{1}{3}$, $i=1,2,3$,又设 $\xi=\max(X,Y)$, $\eta=\min(X,Y)$.

(1) 写出二维随机变量(ξ,η)的联合分布律;

(2) 求 ξ 的数学期望.

17. 设二维随机变量(X,Y)的概率密度为
$$f(x,y)=\begin{cases} 1/\pi, & x^2+y^2\leqslant 1, \\ 0, & \text{其他}, \end{cases}$$

试问:(1) X 与 Y 是否相互独立? 为什么?

(2) X 与 Y 是否相关? 为什么?

18. 设随机变量 X 与 Y 有联合分布律为

X \ Y	-1	0	1
-1	α	$\frac{1}{8}$	$\frac{1}{4}$
1	$\frac{1}{8}$	$\frac{1}{8}$	β

(1) 求证 $E(XY)=0$;

(2) 当 α, β 取何值时,X 与 Y 不相关?

(3) 当 X 与 Y 不相关时,X 与 Y 独立吗?

19. 设二维随机变量(X,Y)的密度函数为
$$f(x,y)=\begin{cases} 2A(x+y), & 0\leqslant x\leqslant 1,\ 0\leqslant y\leqslant 1, \\ 0, & \text{其他}. \end{cases}$$

试求:(1) 常数 A;

(2) $E(X)$, $D(X)$;

(3) $\mathrm{Cov}(X,Y)$, ρ_{XY}.

20. 设随机变量(X, Y)服从正态分布,分别为 $N(1,3^2)$和 $N(0,4^2)$,X 与 Y 的相关系数为 $\rho_{XY}=-\dfrac{1}{2}$, $Z=\dfrac{X}{3}+\dfrac{Y}{2}$.

试求:(1) $E(Z)$, $D(Z)$;

(2) X 与 Z 的相关系数 ρ_{XZ}.

21. 设随机变量 X 的分布密度为

$$f(x)=\frac{1}{2}e^{-|x|},\quad -\infty<x<+\infty.$$

试求:(1) $E(|X|)$和 $D(|X|)$;

(2) X 与$|X|$的协方差,并问 X 与$|X|$是否相关.

22. 设随机变量 X 与 Y 相互独立,证明:$D(XY)=D(X)D(Y)+[E(X)]^2D(Y)+D(X)[E(Y)]^2$.

23. 把 10 个球掷进 4 个盒子,设每个球落在每个盒子里的可能性相等,求落在第一个盒子里的球数的数学期望与方差.

24. 设 X 与 Y 相互独立,有相同的分布律:

X	0	1
p	q	p

其中,$p>0$,$q>0$,$p+q=1$.

设

$$Z=\begin{cases}0, & 若\ X+Y\ 为奇数,\\ 1, & 若\ X+Y\ 为非奇数.\end{cases}$$

试求:(1) Z 的分布律;

(2) (X,Z)的联合分布律;

(3) $\mathrm{Cov}(X,Z)$;

(4) p 取何值时,X 与 Z 不相关? 此时 X 与 Z 是否相互独立?

25. 证明:若(X,Y)是二维随机变量,则

$$\mathrm{Cov}(X+Y,X-Y)=D(X)-D(Y).$$

26. 设 $X\sim N(m,s^2)$,$Y\sim N(m,s^2)$,且设 X,Y 相互独立,试求 $X_1=aX+bY$ 和 $X_2=aX-bY$ 的相关系数(其中 a,b 是不为零的常数).

27. 设二维随机变量(X,Y)的密度函数为

$$f(x,y)=\begin{cases}\frac{1}{8}(x+y), & 0\leqslant x<2,0\leqslant y<2,\\ 0, & 其他.\end{cases}$$

求 $E(X)$,$D(X)$,$D(Y)$,$\mathrm{Cov}(X,Y)$,ρ_{XY}与协方差矩阵.

5 大数定律和中心极限定理

概率论和数理统计是研究随机现象的统计规律性科学.随机现象的统计规律性只有在相同的条件下进行大量的重复实验或观察才能呈现出来.所谓一个事件发生的频率具有稳定性,是指当实验的次数无限增大时,事件发生的频率逐渐稳定于某个常数.在实践中,人们还认识到大量观测值的算术平均值也具有稳定性."大数定律"就是研究在什么条件下,大量随机变量的平均数 $\frac{1}{n}\sum_{k=1}^{n}X_k$ 的稳定性问题.

另外,客观实际中的许多随机变量是由大量的相互独立的随机因素的综合影响所形成的,而其中每一个别因素在总的影响中所起的作用都是微小的,这种随机变量往往近似地服从正态分布."中心极限定理"就是研究在什么条件下大量随机变量的平均值 $\frac{1}{n}\sum_{k=1}^{n}X_k$ 在 n 充分大时,近似服从正态分布的问题.

5.1 大数定律

大数定律是说明随机现象在大量观测中表现某种稳定性的一类极限定理,如频率的稳定性、算术平均数的稳定性等.实际上,大量测量值的算术平均值也具有稳定性,这正是大数定律的客观背景.

人们在长期的实践中发现,不仅随机事件的频率具有稳定性,而且大量随机现象的平均结果一般也具有这种稳定性.例如,称一重量为 a 的物品,以 $X_1,X_2,\cdots,X_n$ 分别表示 n 次重复称重的结果,当 n 充分大时,它们的算术平均值 $\overline{X}_n=\frac{1}{n}\sum_{i=1}^{n}X_i$ 对 a 的偏差会比较小,而且 n 越大,这种偏差越小,即 $\overline{X}_n=\frac{1}{n}\sum_{i=1}^{n}X_i$ 随着 n 的增加而逐渐稳定于 a.

这些稳定性现象从直观上可解释为在大量的随机现象中,个别随机现象所引起的偏差常常会相互抵消、相互补偿而被平均化,从而致使大量随机现象的共同作用的总的平均结果趋于稳定.大数定律在描述这类现象的过程中,是以研究某些概率接近于1(或0)的事件的规律的方式进行的.由此引出了各种概率意义下收敛性的概念.

定义 5.1 设 $X_1, X_2, \cdots$ 是一列随机变量,令 $\overline{X}_n = \frac{1}{n}\sum_{i=1}^{n} X_i, n=1,2,\cdots$. 若存在这样的常数列 $a_1, a_2, \cdots$,对于任意的 $\varepsilon>0$ 有

$$\lim_{n\to+\infty} P\{|\overline{X}_n - a_n| < \varepsilon\} = 1, \tag{5-1}$$

则称序列 $X_1, X_2, \cdots$ 服从大数定律.

其等价形式是对任意 $\varepsilon>0$,有

$$\lim_{n\to+\infty} P\{|\overline{X}_n - a_n| \geqslant \varepsilon\} = 0. \tag{5-2}$$

式(5-1)的直观意义是:当 $n\to+\infty$ 时,事件 $\{|\overline{X}_n - a_n| < \varepsilon\}$ 的概率趋近于1. 或者说,对于任意 $\varepsilon>0$,当 n 充分大时,不等式 $|\overline{X}_n - a_n| < \varepsilon$ 几乎总是成立的.

定义 5.2 在式(5-1)中,特别当 $a_1 = a_2 = \cdots = a$ 时,有

$$\lim_{n\to+\infty} P\{|\overline{X}_n - a| < \varepsilon\} = 1, \tag{5-3}$$

则称序列 $\overline{X}_1, \overline{X}_2, \cdots, \overline{X}_n, \cdots$ 依概率收敛于 a,简记为 $\overline{X}_n \xrightarrow{P} a$.

从直观上看,定义 5.1 中的常数列 $a_1, a_2, \cdots, a_n, \cdots$ 取为 $E(\overline{X}_1), E(\overline{X}_2), \cdots, E(\overline{X}_n), \cdots$ 是合适的.式(5-3)表明了大量随机现象的平均结果趋于稳定.一切关于大量随机现象的平均结果稳定性的定理统称为大数定律.本节主要根据概率意义讨论大数定律(称为弱大数定律),再讨论一个在几乎处处收敛意义下的大数定律(称为强大数定律)以及大数定律在信息编码中的应用.在给出大数定律之前,先给出一个重要的不等式,这个不等式将应用到下面大数定律的证明中.

定理 5.1(切比雪夫不等式) 对任意的随机变量 X,若 $E(X)=a$,又 $D(X)$ 存在,则对任意的正常数 ε,有

$$P(|X-a| \geqslant \varepsilon) \leqslant \frac{D(X)}{\varepsilon^2}.$$

证 不妨设 X 是一个连续型随机变量,概率密度函数 $f(x)$,则

$$P(|X-a| \geqslant \varepsilon) = \int\limits_{|x-a|\geqslant\varepsilon} f(x)\,\mathrm{d}x \leqslant \int\limits_{|x-a|\geqslant\varepsilon} \frac{(x-a)^2}{\varepsilon^2} f(x)\,\mathrm{d}x$$

$$\leqslant \frac{1}{\varepsilon^2}\int_{-\infty}^{+\infty}(x-a)^2 f(x)\mathrm{d}x = \frac{D(X)}{\varepsilon^2}.$$

在上述证明中，如果把密度函数换成分布律，把积分号换成求和号，即得到离散型情形的证明.

随机变量序列 $X_1, X_2, \cdots, X_n, \cdots$ 具有的性质不同，大数定律就有不同的形式. 下面介绍几种基本的大数定律.

定理 5.2（伯努利大数定律） 设 μ_n 是 n 次伯努利试验中事件 A 出现的次数，又 A 在每次试验中出现的概率为 $p(0<p<1)$，则对任意的 $\varepsilon>0$，有

$$\lim_{n\to+\infty} P\left(\left|\frac{\mu_n}{n}-p\right|<\varepsilon\right)=1. \tag{5-4}$$

证 令

$$X_i=\begin{cases}1, \text{在第 } i \text{ 次试验中 } A \text{ 出现}, \\ 0, \text{在第 } i \text{ 次试验中 } A \text{ 不出现}, \end{cases} 1\leqslant i\leqslant n,$$

则 $X_1, X_2, \cdots, X_n$ 是 n 个相互独立的均服从 0-1 分布的随机变量，故

$$E(X_i)=p, D(X_i)=p(1-p)=pq \quad (i=1,\cdots,n),$$

而

$$\mu_n=\sum_{i=1}^{n} X_i,$$

于是

$$\frac{\mu_n}{n}-p=\frac{\mu_n-np}{n}=\frac{\sum_{i=1}^{n}X_i-E\left(\sum_{i=1}^{n}X_i\right)}{n}.$$

由切比雪夫不等式有

$$P\left(\left|\frac{\mu_n}{n}-p\right|\geqslant\varepsilon\right)=P\left(\left|\sum_{i=1}^{n}X_i-E\left(\sum_{i=1}^{n}X_i\right)\right|\geqslant n\varepsilon\right)\leqslant\frac{D\left(\sum_{i=1}^{n}X_i\right)}{n^2\varepsilon^2}.$$

又由独立性有

$$D\left(\sum_{i=1}^{n}X_i\right)=\sum_{i=1}^{n}D(X_i)=npq.$$

从而有

$$P\left(\left|\frac{\mu_n}{n}-p\right|\geqslant\varepsilon\right)\leqslant\frac{npq}{n^2\varepsilon^2}=\frac{1}{n}\frac{pq}{\varepsilon^2}\to 0 \quad (n\to+\infty).$$

这就证明了式(5-4)，故定理 5.2 成立.

由伯努利大数定律的证明过程可以看到，实质上是讨论了形如

$$\frac{\sum_{i=1}^{n} X_i - E(\sum_{i=1}^{n} X_i)}{n}$$

的随机变量，当 $n \to +\infty$ 时的统计规律，其中 $\{X_i\}$ 是独立地服从同一个 0-1 分布的随机变量. 从定义 5.1 可以看出，伯努利大数定律只是上述一般大数定律的一个特例，下面再介绍一个比伯努利大数定律更广泛一些的切比雪夫大数定律.

定理 5.3(切比雪夫大数定律) 设 $X_1, X_2, \cdots, X_n, \cdots$ 是一列相互独立的随机变量，又设它们的方差有界，即存在常数 $C>0$，使

$$D(X_i) \leqslant C \quad (i=1,2,\cdots),$$

则对任意的 $\varepsilon>0$，有

$$\lim_{n\to+\infty} P\left(\left|\frac{1}{n}\sum_{i=1}^{n} X_i - \frac{1}{n}E(\sum_{i=1}^{n} X_i)\right| < \varepsilon\right) = 1. \tag{5-5}$$

证 仍利用切比雪夫不等式，有

$$P\left(\left|\frac{1}{n}\sum_{i=1}^{n} X_i - \frac{1}{n}E(\sum_{i=1}^{n} X_i)\right| \geqslant \varepsilon\right) \leqslant \frac{D(\frac{1}{n}\sum_{i=1}^{n} X_i)}{\varepsilon^2} = \frac{D(\sum_{i=1}^{n} X_i)}{n^2\varepsilon^2}.$$

因为 $\{X_i\}$ 相互独立，且由它们方差有界即可得到

$$D(\sum_{i=1}^{n} X_i) = \sum_{i=1}^{n} D(X_i) \leqslant nC.$$

故有

$$P\left(\left|\frac{1}{n}\sum_{i=1}^{n} X_i - \frac{1}{n}E(\sum_{i=1}^{n} X_i)\right| \geqslant \varepsilon\right) \leqslant \frac{C}{n\varepsilon^2} \to 0 \quad (n \to +\infty),$$

从而式(5-5)得证.

可以看出，伯努利大数定律是切比雪夫大数定律的特例，在它们的证明中都是以切比雪夫不等式为基础的，所以要求随机变量具有方差，但是进一步研究表明，方差存在这个条件并不是必要的. 下面介绍独立同分布的辛钦大数定律.

定理 5.4(辛钦大数定律) 设 $X_1, X_2, \cdots, X_n, \cdots$ 是一列独立同分布的随机变量，且数学期望

$$E(X_i) = a \quad (i=1,2,\cdots)$$

存在，则对任意的 $\varepsilon>0$，有

$$\lim_{n\to+\infty} P\left(\left|\frac{1}{n}\sum_{i=1}^{n} X_i - a\right| < \varepsilon\right) = 1 \tag{5-6}$$

成立.

证明略.

伯努利大数定律表明了当 n 很大时，事件发生的频率会“靠近”概率，而这里的辛钦大数定律表明：当 n 很大时，随机变量在 n 次观察中的算术平均值 $\frac{1}{n}\sum\limits_{i=1}^{n}X_i$ 会“靠近”它的期望值，这就为寻找随机变量的期望值提供了一条实际可行的途径. 例如要估计某地区小麦的平均亩产量，只要收割一部分有代表性的地块，计算它们的平均亩产量，这个平均亩产量就是 $\frac{1}{n}\sum\limits_{i=1}^{n}X_i$. 在 n 比较大的情形下它可以作为全地区平均亩产量，即亩产量的期望值 a 的近似.

前面的大数定律中的结论都是依概率收敛. 深入研究发现，在许多情况下，结论可以加强为以概率 1 收敛，这就是强大数定律. 下面介绍与辛钦大数定律相应的强大数定律.

定理 5.5（柯尔莫哥洛夫强大数定律） 设 $X_1, X_2, \cdots, X_n, \cdots$ 是一列独立同分布的随机变量，数学期望

$$E(X_i)=a \quad (i=1,2,\cdots)$$

存在，则对任意的 $\varepsilon>0$，有

$$P\left(\lim_{n\to+\infty}\frac{1}{n}\sum_{i=1}^{n}X_i=a\right)=1. \tag{5-7}$$

证明略.

柯尔莫哥洛夫强大数定律在同样的条件下把辛钦大数定律的结论加强为以概率 1 收敛. 由于以概率 1 收敛蕴含依概率收敛，所以辛钦大数定律是柯尔莫哥洛夫强大数定律的推论，将柯尔莫哥洛夫强大数定律应用于伯努利试验的情形，就可将伯努利大数定律中的结论也改为以概率 1 收敛. 由于有了强大数定律，前述的观察值的平均值作为数学期望的近似值，用频率作概率的近似值的理由就更充分了.

信息论亦称为通信的数学理论，是应用现代数理统计方法研究信息的传输、存储与处理的科学. 信息是信息论中最基本、最重要的概念，是一个既复杂又抽象的概念. 所谓“信源”，是指信息的来源，如信源输出的信息是以取值离散的符号信源出现. 若其不同符号数可以是有限个，或可列无限个，则称其为离散信源. 下面先介绍离散信源编码的流程（见图 5-1）.

图 5-1 信源编码示意图

图 5-1 中信源发出的 n 长消息列 x^n，经编码器编码后输出 k 长码字 u^k，信源译码器收到 u^k 后经译码输出复制消息 $\hat{x}^n$. 通常信源发出的消息是有冗余的，比如普通语言与文字是有高冗余度的. 为了有效地进行通信，往往对有冗余度的信息先进行无冗余或少冗余编码，或称压缩编码，这就是信源编码器的任务. 接收端的信源译码器对收到的压缩后的信息进行编码的逆运算（或称译码），将信源发送的原消息复现，此即译码器的任务. 根据消息的不同特征及信宿对复制消息的不同要求，复制时可以无失真，如对文本消息；也可以允许有一定的失真，如对语音、图像、影视信息. 由此发展起来了无失真信源编码和允许失真的率失真理论，以寻求信息压缩的最优理论极限. 信源编码的目的是要寻找好的编码方案，在使译码误差概率充分小的要求下使误码率尽可能小. 下面给出信源编码的严格表述.

设 χ 为一有限信源字母集，$U=\{0,1\}$ 为二进码字字母集，n,k 为正整数，映射 $f:\chi^n\to U^k$ 称为等长编码，映射 $\varphi:U^k\to\chi^n$ 称为相应的译码，对每个 $\hat{x}^n\in\chi^n$，$f(x^n)=u^k\in U^k$ 称为码字，码字的全体构成的集合称由 f 编出的码. $R=\dfrac{k}{n}$ 称为 f 的编码速率，简称码率. 令 $e(f,\varphi)=P(\varphi[f(X^n)]\neq X^n)$，则 $e(f,\varphi)$ 表示在信息传播过程中的误码率. 假定对于任意 n 长序列，在误码率 $e(f,\varphi)\leqslant\varepsilon$ 的情况下，经过编译函数 f 可得最短的 k 长码字 $k(n,\varepsilon)$. 下面给出在字母集 χ 上取值的独立同分布信源（也称离散无记忆信源）码率的极限性质.

定理 5.6 对于共同分布为 $P=\{P(x):x\in\chi\}$ 的离散无记忆信源，则

$$\lim_{n\to+\infty}\frac{k(n,\varepsilon)}{n}=H(P),\quad 0<\varepsilon<1,$$

其中 $H(P)=-\sum\limits_{x\in\chi}P(x)\log P(x)$.

这里的 $H(P)$ 为信息论中的熵，它是反映信源中每个信号的平均信息量. 这个定理的证明需要应用到大数定律，证明有相当大的难度，超出本书的范围，在此不作介绍.

5.2 中心极限定理

在 5.1 节大数定律中讨论了独立随机变量之和的一种渐近性质，即算术平均值的依概率收敛性. 换句话说，独立随机变量的和出现在算术平均值之中，从而与数学期望发生联系. 但实际中遇到独立随机变量的和的情况是大量的、多种多样的，需要讨论的数学问题也是多样的.

例如，某城市要设计一个供电车用的整流站. 城市供电网供应的是交流电，而

电车上用的却是直流电动机，因为直流电动机的调速性能优于交流电动机. 所以需要整流站把交流电整流后再供应电车. 如果电车有 n 辆，问整流站的容量要设计得多大？每一辆电车时停时开、时快时慢，乘客时多时少，从而每一辆电车的用电量是一个随机变量. 通常假设每辆电车的用电量是相互独立的，于是 n 辆电车的总供电量就是独立随机变量之和. 对于工程设计来说，必须把握住这个独立随机变量之和的分布的情况.

再如测量误差问题是人们在生产及生活中经常遇到的问题. 例如用同一杆秤去称同一件东西，每称一次都有细小的差异. 即使是实验室中高精度的天平秤也是如此. 往往是秤的精密度越高，这种差异反映得越敏感，如果外面马路上有卡车开过，甚至人的走动产生的振动都会引起测量误差. 可以说在没有突出的干扰因素的情况下，测量误差的产生是由大量微小的随机因素叠加而成的，这些随机因素一般可认为是相互独立的. 所以，测量误差也可表示为独立随机变量之和. 人们关心的自然是测量误差的分布.

上面的例子都提出了如何确定独立随机变量之和的分布在变量的项数很大时的渐近值的问题. 这就是本节所要阐述的问题，下面开始介绍独立同分布的随机变量情形.

定理 5.7 设 $X_1, X_2, \cdots, X_n, \cdots$ 是一列独立同分布的随机变量，且

$$E(X_n)=a, D(X_n)=\sigma^2>0, n=1,2,\cdots$$

存在，则对任意实数 x，有

$$\lim_{n\to+\infty} P\left(\frac{\sum_{k=1}^{n} X_k - na}{\sigma\sqrt{n}} \leqslant x\right) = \frac{1}{\sqrt{2\pi}}\int_{-\infty}^{x} \mathrm{e}^{-\frac{t^2}{2}}\,\mathrm{d}t. \tag{5-8}$$

定理 5.8 设在 n 重伯努利试验中，事件 A 在每次试验中出现的频率为 p，$0<p<1$，n_A 为 n 次试验中 A 出现的次数，则对任意实数 x，有

$$\lim_{n\to+\infty} P\left(\frac{n_A - np}{\sqrt{np(1-p)}} \leqslant x\right) = \frac{1}{\sqrt{2\pi}}\int_{-\infty}^{x} \mathrm{e}^{-\frac{t^2}{2}}\,\mathrm{d}t. \tag{5-9}$$

定理 5.7 表明，独立同分布随机变量之和的标准化变量的分布弱收敛于正态分布 $N(0,1)$. 通常称它为勒维(Levy)-林德贝格(Lindberg)定理. 这是一条强有力的定理，因为它只假设独立同分布及方差存在，不管原来的分布是什么样的，极限分布同样都是正态分布. 这一方面从理论上说明了正态分布的重要性，初步说明了为什么在实际应用中会经常遇到正态分布；另一方面，它也提供了计算独立同分布随机变量和的分布的近似方法，这在应用上十分有效. 只要和式中加项的

个数充分大，就可以不必关心每一个随机变量原来服从什么分布，都可以利用正态分布来逼近，因此，只要一份正态分布函数的数值表，就可以计算了.

将勒维-林德贝格定理应用到伯努利试验，就得到定理 5.8. 这个结果通常称为棣莫弗-拉普拉斯定理. 其中伯努利试验中成功的次数服从二项分布. 棣莫弗-拉普拉斯定理最初就是以正态分布逼近二项分布的形式为人们认识的，它是概率论中最早建立的重要成果之一. 在前文中曾经给出过用泊松分布逼近二项分布的定理. 一般说来，在 np 较小的情况下用泊松分布近似比较有效，np 较大时要用正态分布作近似. 下面将通过具体的计算实例说明如何应用中心极限定理.

例 5.1 有一个机械厂新建一个金工车间，装备同一型号的机床 100 台，该型号机床配用功率为 5 kW 的电动机，因此工厂向供电部门申请增加 500 kW 的电力供应. 由于电力供应紧张，供电局只批准增加 250 kW 的电力. 厂长为此感到忧心忡忡，担心电力供应不足会影响新车间的效益. 正在他感到为难之时，供电局一位工程师告诉厂长：放心开工投产吧，电力供应没问题. 这是怎么回事呢？原来机床生产时并非始终必须开动电机，经常要停下来更换加工体、调整刀具、测量加工精度等等. 这位工程师根据实测资料查明机床的实际开动时间为 40%，因此实际上 100 台机床同时都开动的可能性是很小，现在的供电可以保证 50 台机床同时开动工作. 所以要关心的是超过 50 台机床同时开动的概率，因为只有发生这种情况才真正影响车间的生产. 可设

$$X_k=\begin{cases}1, & \text{第 } k \text{ 台机床在工作},\\ 0, & \text{第 } k \text{ 台机床不在工作},\end{cases}\quad 1\leqslant k\leqslant 100,$$

则
$$Y=\sum_{k=1}^{100}X_k.$$

其中，Y 是在工作的机床台数. 在 $Y\leqslant 50$ 时，车间生产正常，而 $Y\geqslant 51$ 时就发生电力供应不足的不正常情况，试计算 $P(Y\geqslant 51)$ 有多大？

解 假定各台机床是否开动工作是相互独立的. 不难看出，这是一个 $n(n=100)$ 重伯努利试验. 可以用定理 5.8 作近似计算. 这时

$$E(X_k)=p=0.4,\ D(X_k)=p(1-p)=0.24,$$
$$np=40,\ \sqrt{np(1-p)}=\sqrt{24}.$$

因此由棣莫弗-拉普拉斯定理得

$$P(Y<51)=P\left(\frac{\sum_{k=1}^{100}X_k-np}{\sqrt{np(1-p)}}<\frac{51-np}{\sqrt{np(1-p)}}\right)$$
$$=P\left(\frac{\sum_{k=1}^{100}X_k-np}{\sqrt{np(1-p)}}<\frac{11}{\sqrt{24}}\right)$$

$$\approx \frac{1}{\sqrt{2\pi}}\int_{-\infty}^{\frac{11}{\sqrt{24}}} e^{-\frac{t^2}{2}}\,dt,$$

其中$\frac{11}{\sqrt{24}}\approx 2.245$. 查本书附录中的正态分布 $N(0,1)$的数值表得

$$\frac{1}{\sqrt{2\pi}}\int_{-\infty}^{\frac{11}{\sqrt{24}}} e^{-\frac{t^2}{2}}\,dt \approx 0.98745 > 0.987.$$

因此 $P(Y<51)>0.987$. 要求的概率 $P(Y\geqslant 51)<0.013$. 也就是车间投产后，电力供应不足的概率还不到 0.013. 更形象地说，如果以一个工作班 8 h 计算，那么电力不足的时间还不到 $8\times 60\times 0.013=6.24$ min. 这对于普通的金工车间算不了什么问题. 供电局的工程师正是基于这个计算才向厂长作出保证的.

例 5.2 某工厂装有 500 部电话分机，假定每个分机有 4%的时间要用外线通话，且各个分机用不用外线是相互独立的，那么需要配备多少条外线才能以 95%的把握保证各个分机要用外线时不必等候？

解 同时要用外线通话的分机数 Y 是个随机变量，令

$$X_k=\begin{cases}1, & \text{第 } k \text{ 个分机要用外线},\\ 0, & \text{第 } k \text{ 个分机不用外线},\end{cases}\quad 1\leqslant k\leqslant 500,$$

则

$$Y=\sum_{k=1}^{500} X_k\,,$$

这里同样是 n 重伯努利试验的情形，其中，$n=500$，$p=0.04$.

按照题意，要确定最小的整数 N，使得

$$P(Y>N)\leqslant 0.05.$$

利用正态分布逼近，得

$$P(Y\leqslant x)=P\left[\frac{\sum_{k=1}^{n}X_k-np}{\sqrt{np(1-p)}}\leqslant\frac{x-np}{\sqrt{np(1-p)}}\right]$$
$$\approx \frac{1}{\sqrt{2\pi}}\int_{-\infty}^{\frac{x-20}{\sqrt{19.2}}} e^{-\frac{t^2}{2}}\,dt.$$

查正态分布表可知，

$$\frac{x-20}{\sqrt{19.2}}>16.5,$$

即 $x>27.23$ 时，$P(Y>x)\leqslant 0.05$，因此需要配备 28 条外线.

为了绝对保证每个分机要用外线时不必等候，只有配备 500 条外线才行. 但这显然并无必要，因为 500 个分机同时要用外线的概率实在是太小了. 在计算中，外线条数 N 的选取是按要等候的概率不超过 0.05 的标准定的. 如果改变这个概率的大小，N 的数值也要相应地变化. 在概率论与数理统计中，常常选取 0.05 作

为“小概率”的标准.在本例中,这相当于 8 小时中有 24 分钟可能发生某个分机要用外线但需要等候的情况.当然也可以把“小概率”的标准定得更小些,这相当于更严格的要求,从而 N 的值也增加.在实际中,外线数的选定还要受到价格等各种因素的制约,但本例计算显然提供了有力的依据.

例 5.3 在一家保险公司里有 10 万人参加保险,每人每年付 120 元保险费.在一年内一人死亡的概率为 0.006,死亡时其家属可向保险公司领得 10 万元,问:

(1) 保险公司亏本的概率多大?

(2) 保险公司一年的利润不少于 400 万元的概率为多大?

解 保险公司一年的总收入为 1 200 万元,这时:

(1) 若一年中死亡人数大于 120,则保险公司亏本;

(2) 若一年中死亡人数小于等于 80,则利润大于等于 400 万元.

令

$$X_i=\begin{cases}1, & \text{第 } i \text{ 个人在一年内死亡,}\\ 0, & \text{第 } i \text{ 个人在一年内活着,}\end{cases}$$

则 $P(X_i=1)=0.006=p$.记 $Y_n=\sum\limits_{i=1}^{n}X_i$,$n=10$ 万已足够大,于是由棣莫弗-拉普拉斯中心极限定理可得欲求事件的概率.

$$(1)\ P(Y_n>120)=1-P\left(\frac{Y_n-np}{\sqrt{npq}}\leqslant\frac{120-np}{\sqrt{npq}}=b\right)$$

$$\approx 1-\frac{1}{\sqrt{2\pi}}\int_{-\infty}^{b}\mathrm{e}^{-\frac{x^2}{2}}\mathrm{d}x\approx 0,$$

其中 $b\approx\dfrac{60}{7.723}$.

(2) 同理可求得 $P(Y_n\leqslant 80)\approx 0.995$,此时 $b\approx 2.59$.

习 题 5

1. 设 $X_1,X_2,\cdots,X_n,\cdots$ 为一列独立同分布的随机变量,且其共同分布为[0,1]上的均匀分布.证明:

$$\left(\prod_{k=1}^{n}X_k\right)^{\frac{1}{n}}\xrightarrow{P}C,\quad n\to+\infty,\quad C\text{ 为常数},$$

并求 C 的值.(提示:利用辛钦大数定律)

2. 设 $X_1,X_2,\cdots,X_n,\cdots$ 为一列独立同分布的随机变量,且 $E(X_n)=a$,$D(X_n)=\sigma^2$ 存在.证明:

$$\frac{2}{n(n+2)}\sum_{k=1}^{n}kX_k\xrightarrow{P}a,\ n\to+\infty.$$

(提示:利用切比雪夫大数定律)

3. 在伯努利试验中，事件 A 出现的概率为 p，令

$$X_n=\begin{cases}1, & \text{若在第 } n \text{ 次及第 } n+1 \text{ 次试验中 } A \text{ 出现},\\ 0, & \text{其他}.\end{cases}$$

证明：$\{X_n\}$服从大数定律.

4. 一家有 800 间客房的大旅馆的每间客房装有两台 2 kW 的空调机. 若开房率为 70%，应供应多少 kW 的电力才能以 99%的概率保证有充足的电力开动空调机？

5. 一本书共有 100 万个印刷符号，排版时每个符号被排错的概率为 0.000 1，校对时每个排版错误被改正的概率为 0.9，求在校对后错误不多于 15 个的概率.

6. 某灯泡厂生产的灯泡平均寿命原为 2 000 h，标准差为 250 h，经过革新采用新工艺使平均寿命提高到 2 250 h，标准差不变. 为了确认这一改革成果，上级技术部门派人前来检查. 办法如下：任意挑选若干只灯泡，如果这些灯泡的平均寿命超过 2 200 h，就正式承认改革有效，批准采用新工艺. 若欲使检查能通过的概率超过 0.997，问至少应检查多少只灯泡？

7. 对敌人的防御地段进行 100 次炮轰，每次命中目标炮弹数的数学期望为 2，均方差为 1.5. 求在 100 次轰炸中有 180 到 220 颗炮弹命中目标的概率.

8. 从某工厂的产品中任取 200 件，检查结果发现其中有 6 件次品，能否相信该厂的次品率不大于 1%？

9. 质检部门抽样检查某种产品质量时，如果发现次品多于 10 个，则认为该批产品不合格. 设某种产品的次品率为 10%，问：至少应该抽取多少个产品检查才能使该批产品不合格的概率达 90%？

10. 设 $X_1,X_2,\cdots,X_n$ 是相互独立且同分布的随机变量序列，$E(X_k)=\mu$，$D(X_k)=\sigma^2\ (k=1,2,\cdots,n)$，令 $Y_n=\dfrac{2}{n(n+1)}\sum\limits_{k=1}^{n}kX_k$，证明：随机变量序列$\{Y_n\}$依概率收敛于 μ.

11. 设连续型随机变量 X 的概率分布密度函数为 $f(x)$，$-\infty<x<+\infty$，若 λ 是一个正的常数，$Y=e^{\lambda x}$. 证明：$P(X\geqslant a)\leqslant e^{-\lambda a}E(Y)$（其中 a 为任意实数）.

6 统计量及其分布

运用概率论的知识，研究如何从试验数据出发，对随机变量的分布或某些性质作出统计推断的学科称为数理统计学，而统计推断的基本工具为统计量. 本章先介绍数理统计学的一些基本概念：总体与样本以及样本数据的整理方法，然后讨论统计量，给出数理统计学中常用的三个分布：χ^2 分布、t 分布与 F 分布，并在此基础上介绍正态总体中一些常用统计量的分布.

6.1 总体与样本

6.1.1 数理统计学的任务

讨论概率论问题的一个基本特点是：假定所研究的随机变量的概率分布已知，然后在此基础上来讨论其种种性质. 然而在实际问题中，经常需要去确定一个随机变量的概率分布或它的某些数字特征.

例 6.1 确定某电子管厂年产电子管寿命 X 的分布.

如何确定灯泡寿命 X 的分布呢？一个天真而又自然的想法是：把每个电子管的寿命都测试出来，根据所测试的结果，就可以确定出 X 的分布. 然而这种做法并不可行，因为电子管的寿命试验具有破坏性，当获得所有电子管的寿命数据时，这批电子管也就全部报废了. 因此，在电子管的寿命试验中，只能从整批电子管中选取若干个来进行测试. 这就产生一个问题，如何从试验所得到的局部数据来推断整批灯泡寿命 X 的分布呢？

其实，导致只能测试局部数据的原因不仅仅是由于某些试验具有破坏性，更主要的则是有些试验需要耗费大量的人力、物力、财力和时间. 因此，从局部观察来推断整体是一个带有一般性的问题. 数理统计学就是解决这类问题的一门学科.

由于数理统计所研究的问题具有普遍的意义，因此它的适用面也就十分广泛，可以说，任何一门学科都渗透着其应用.

6.1.2 总体、个体与样本

在数理统计中，把所研究对象的全体称为总体，而总体中的每一个对象称为个体. 例如，在例 6.1 中，该厂年产电子管寿命的全体就是总体，而每个电子管的寿命即为个体. 注意，电子管的寿命一般是随个体变化而变化的，它是一个随机变量，其取值的全体即为该电子管厂年产电子管寿命这一总体. 由此看来，一个总体和一个随机变量相互对应，因此，可以把总体与随机变量等同起来，总体的分布就是指它所对应的随机变量的分布. 当总体对应于一个随机变量时，则称该总体是一维的，否则称为多维的. 本书重点讨论一维总体的情况，若无特殊说明，所述总体都是一维的.

为了对总体 X 的某些性质进行推断，必须从总体中随机抽取若干个个体来获取总体的部分信息. 假定从总体 X 中抽取了 n 个个体 $X_1, X_2, \cdots, X_n$，称 $(X_1, X_2, \cdots, X_n)$ 为取自总体 X 的一个样本，n 称为样本容量. 注意：样本具有双重性，在试验之前由于不知道 $(X_1, X_2, \cdots, X_n)$ 是什么，它的取值具有一定的随机性，因此 $(X_1, X_2, \cdots, X_n)$ 为随机变量；而在试验之后得到的是一个具体的数据 $(x_1, x_2, \cdots, x_n)$，它是 $(X_1, X_2, \cdots, X_n)$ 的一个具体的取值，故称其为样本观察值或样本值，样本值的全体称为样本空间.

为了能由样本对总体作出较可靠的推断，就希望样本能较好地代表总体. 为此，需要对抽样方法提出一些要求，最常用的要求是下面的两个：

(1) 代表性(随机性)：$X_1, X_2, \cdots, X_n$ 与总体 X 同分布；

(2) 简单性(独立性)：$X_1, X_2, \cdots, X_n$ 相互独立.

一般称满足上述两个要求的样本为简单随机样本. 通常，对总体 X 的 n 次独立重复观察，其结果是一个简单随机样本.

由于本书只对简单随机样本进行讨论，因此，若无特别说明，所述样本都是指简单随机样本.

对于简单随机样本，其样本的分布由总体的分布所确定. 例如，若总体 X 具有概率密度 $f(x)$，则样本 $(X_1, X_2, \cdots, X_n)$ 的概率密度为

$$f(x_1, x_2, \cdots, x_n) = \prod_{i=1}^{n} f(x_i).$$

6.2 样本数据的整理与显示

在实际问题中，直接呈现的是数据(即样本值)，必须对其进行整理，使得看似杂乱无章的数据能够呈现出一定的规律性，并期望从中看出总体 X 的分布形态.

6.2.1 经验分布函数

设$(x_1, x_2, \cdots, x_n)$是取自总体 X 的样本值，将 $x_1, x_2, \cdots, x_n$ 按从小到大排列为 $x_{(1)} \leqslant x_{(2)} \leqslant \cdots \leqslant x_{(n)}$，$(x_{(1)}, x_{(2)}, \cdots, x_{(n)})$称为次序样本，令

$$F_n(x)=\begin{cases} 0, & x<x_{(1)}, \\ 1/n, & x_{(1)} \leqslant x<x_{(2)}, \\ \vdots & \vdots \\ k/n, & x_{(k)} \leqslant x<x_{(k+1)}, \\ \vdots & \vdots \\ 1, & x \geqslant x_{(n)}. \end{cases} \tag{6-1}$$

显然，$F_n(x)$满足分布函数的性质，称 $F_n(x)$为经验分布函数. 根据辛钦大数定律不难知道，$F_n(x)$依概率收敛于总体的分布函数 $F(x)$. 实际上，格里文科证明了下面一个更强的结果：

定理 6.1(格里文科定理) 设 $F(x)$为总体 X 的分布函数，$F_n(x)$为 X 的经验分布函数，则

$$P(\lim_{n \to +\infty} \sup_{-\infty<x<+\infty} |F_n(x)-F(x)|=0)=1.$$

6.2.2 频数频率分布表、样本数据的图形显示

频数频率分布表

样本数据的整理是统计研究的基础，前面介绍的经验分布函数是数据的一种整理方法，但在样本容量比较大且总体为连续型时，数据整理的最常用的方法之一是给出其频数分布表或频率分布表，其方法如下：

设$(x_1, x_2, \cdots, x_n)$是取自总体 X 的样本值，取 a 适当小于 $\min\{x_1, x_2, \cdots, x_n\}$，$b$ 适当大于 $\max\{x_1, x_2, \cdots, x_n\}$，用分点 $a=a_0<a_1<\cdots<a_{m-1}<a_m=b$ 将区间$[a, b)$分成 m 个小区间，统计 $x_1, x_2, \cdots, x_n$ 中落入$[a_{i-1}, a_i)$中的个数 f_i，将所得数据填入表 6-1，即得频数频率分布表.

表 6-1 频数频率分布表

组序	分组区间	组中值	频数	频率	累计频率
1	$[a_0, a_1)$	$\tilde{x}_1=(a_0+a_1)/2$	f_1	f_1/n	f_1/n
2	$[a_1, a_2)$	$\tilde{x}_2=(a_1+a_2)/2$	f_2	f_2/n	$(f_1+f_2)/n$
⋮	⋮	⋮	⋮	⋮	⋮

续表

组序	分组区间	组中值	频数	频率	累计频率
i	$[a_{i-1}, a_i)$	$\tilde{x}_i=(a_{i-1}+a_i)/2$	f_i	f_i/n	$(f_1+f_2+\cdots+f_i)/n$
$\vdots$	$\vdots$	$\vdots$	$\vdots$	$\vdots$	$\vdots$
m	$[a_{m-1}, a_m)$	$\tilde{x}_m=(a_{m-1}+a_m)/2$	f_m	f_m/n	100%
合计			n	1	

直方图

频数频率分布表在许多场合通常以图形来表示.

令

$$h_n(x)=\begin{cases}0, & x<a,\\ f_i, & a_{i-1}\leqslant x<a_i, i=1,2,\cdots,m,\\ 0, & x\geqslant a_m.\end{cases}$$

$$f_n(x)=\begin{cases}0, & x<a,\\ \dfrac{f_i}{n\Delta a_i}, & a_{i-1}\leqslant x<a_i, i=1,2,\cdots,m,\\ 0, & x\geqslant a_m.\end{cases} \tag{6-2}$$

其中 $\Delta a_i=a_i-a_{i-1}$. $h_n(x)$, $f_n(x)$ 的图形呈直方形，分别称为频数直方图、频率直方图(见图 6-1). $f_n(x)$满足概率密度的要求，通常称它为频率密度. 频率密度函数是总体密度函数的一个近似. 事实上，若总体的密度为 $f(x)$，则由大数定律得

$$\frac{f_i}{n}\approx P(a_{i-1}<X\leqslant a_i)=\int_{a_{i-1}}^{a_i}f(x)\mathrm{d}x\approx f(\tilde{x}_i)\Delta a_i.$$

所以，当 $a_{i-1}\leqslant x<a_i$ 时，$f(x)\approx f(\tilde{x}_i)\approx\dfrac{f_i}{n\Delta a_i}=f_n(x)$.

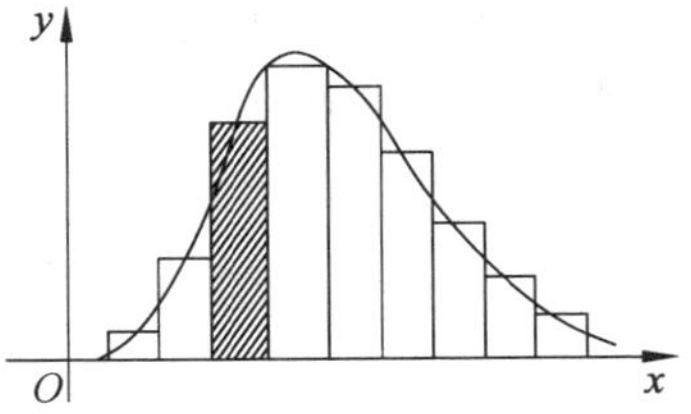

图 6-1 直方图

需要注意的是，在作频率直方图时，组数不宜太多，也不宜太少. 如果组数太多，每组所占的区间就很狭窄，它不仅造成了计算上的麻烦，而且也可能因随机因素的影响导致有的组内数据稀少甚至没有，从而人为地使直方图的某些部位产生陡峭，不能较好地反映数据所提供的信息；如果组数太少，则组内数据的变化情况就被掩盖，直方图也就失去其应用价值. 那么，在实际问题中究竟怎样来确定组数呢？原则上讲，组数的多少取决于数据的多少和被研究对象的性质. 一般而言，样本容量较小时分为5～6 组，样本容量在 100 左右时分为 7～10 组，样本容量在 200 左右时分为 9～13 组，样本容量在 300 左右时分为 12～20 组. 分组通常采用等分的方法.

茎叶图

除直方图外，另一种常用的方法是茎叶图，下面举例说明.

例 6.2 从某车间中抽取 40 名员工，他们日生产的产品数量如下：

56	66	67	67	68	68	72	72	74	75
75	75	75	76	76	76	76	78	78	79
80	81	81	83	83	83	84	84	84	86
86	87	87	88	92	92	93	95	98	107

试作出其茎叶图.

茎叶图是将一个数值分为两部分，前面一部分（10 位以上的数）称为茎，后面部分（个位）称为叶，如

数值	分开	茎	和	叶
63	6|3	6	和	3

然后画一根竖线，在竖线的左侧写上茎，右侧写上叶，茎相同的叶写在同一行或分两行（前一行写个位数在[0,5)中的数，下一行写个位数在[5,10)中的数），数值从小到大，这就形成茎叶图：

```
 5 | 6
 6 | 6  7  7  8  8
 7 | 2  2  4  5  5  5  5  6  6  6  6  8  8  9
 8 | 0  1  1  3  3  3  4  4  4  6  6  7  7  8
 9 | 2  2  3  5  8
10 | 7
```

茎叶图的外观很像横放的直方图，但茎叶图中的叶增加了具体的数值，使得数据的具体取值一目了然，从而保留了数据中的全部信息.

6.3 统 计 量

6.3.1 统计量的概念

采集样本的目的是为了获取信息，因此必须对样本进行提炼、加工，把所需要的信息集中起来. 6.2 节介绍的表和图形是一类整理加工的形式，它使人们从中获取了对总体的初步认识. 当人们需要从样本中获取对总体各种参数的认识时，最常用的方法是构造样本的函数，不同的函数反映总体不同的特征.

定义 6.1 如果样本$(X_1,X_2,\cdots,X_n)$的函数$g(X_1,X_2,\cdots,X_n)$是不含任何未知参数的随机变量，则称$g(X_1,X_2,\cdots,X_n)$为统计量，而$g(x_1,x_2,\cdots,x_n)$称为统计量$g(X_1,X_2,\cdots,X_n)$的观察值.

例如，$g(X_1,X_2,\cdots,X_n)=\frac{1}{n}\sum_{i=1}^{n}X_i$是一个统计量；若$X\sim N(\mu,\sigma^2)$，其中$\mu$已知，$\sigma^2$未知，则$\sum_{i=1}^{n}(X_i-\mu)^2$与$3X_1$是统计量，而$\sum_{i=1}^{n}\left(\frac{X_i}{\sigma}\right)^2$不是统计量.

现在介绍数理统计中一些常用的统计量.

6.3.2 样本矩

定义6.2 设$(X_1,X_2,\cdots,X_n)$为取自总体X的样本，称

$$\overline{X}=\frac{1}{n}\sum_{i=1}^{n}X_i \tag{6-3}$$

为样本均值；称

$$S^2=\frac{1}{n-1}\sum_{i=1}^{n}(X_i-\overline{X})^2 \tag{6-4}$$

为样本方差，$S=\sqrt{S^2}$为样本标准差.

一般地，称

$$\hat{M}_k=\frac{1}{n}\sum_{i=1}^{n}X_i^k \tag{6-5}$$

为样本k阶原点矩；称

$$\hat{C}_k=\frac{1}{n}\sum_{i=1}^{n}(X_i-\overline{X})^k \tag{6-6}$$

为样本k阶中心矩.

样本均值为一阶原点矩，样本方差为修正的二阶中心矩$\frac{n}{n-1}\hat{C}_2$.

样本均值的观察值记为$\bar{x}$，即$\bar{x}=\frac{1}{n}\sum_{i=1}^{n}x_i$，样本方差的观察值记为$s^2$，即

$$s^2=\frac{1}{n-1}\sum_{i=1}^{n}(x_i-\bar{x})^2. \tag{6-7}$$

设(X,Y)为二维总体，$((X_1,Y_1),(X_2,Y_2),\cdots,(X_n,Y_n))$是取自该总体的样本，称统计量$\frac{1}{n}\sum_{i=1}^{n}X_i^kY_i^l$为样本$k+l$阶原点混合矩，$\frac{1}{n}\sum_{i=1}^{n}(X_i-\overline{X})^k(Y_i-\overline{Y})^l$为样

本 $k+l$ 阶中心混合矩，特别称 $\frac{1}{n}\sum_{i=1}^{n}(X_i-\overline{X})(Y_i-\overline{Y})$ 为样本相关矩，记为 $\hat{\sigma}_{XY}$；称统计量 $r=\hat{\rho}_{XY}=\frac{\hat{\sigma}_{XY}}{\hat{\sigma}_X\hat{\sigma}_Y}$ 为样本相关系数，其中 $\hat{\sigma}_X=\sqrt{\hat{\sigma}_{XX}}$，$\hat{\sigma}_Y=\sqrt{\hat{\sigma}_{YY}}$.

关于样本均值、样本方差，很容易证明下面的性质：

设 $(x_1,x_2,\cdots,x_n)$ 为样本值，有

(1) $\sum_{i=1}^{n}(x_i-\overline{x})=0$; (6-8)

(2) $\sum_{i=1}^{n}(x_i-c)^2=\sum_{i=1}^{n}(x_i-\overline{x})^2+n(\overline{x}-c)^2$, (6-9)

$$\min_{c\in\mathbf{R}}\sum_{i=1}^{n}(x_i-c)^2=\sum_{i=1}^{n}(x_i-\overline{x})^2. \tag{6-10}$$

(3) 令 $y_i=d(x_i-c)$，则

$$\overline{y}=d(\overline{x}-c),\ \sum_{i=1}^{n}(y_i-\overline{y})^2=d^2\sum_{i=1}^{n}(x_i-\overline{x})^2.$$

特别地，当 $d=1$ 时，有

$$\sum_{i=1}^{n}(y_i-\overline{y})^2=\sum_{i=1}^{n}(x_i-\overline{x})^2. \tag{6-11}$$

式(6-8)说明，在 $\overline{x}$ 确定后，偏差平方和 $\sum_{i=1}^{n}(x_i-\overline{x})^2$ 中的 n 个偏差 $x_1-\overline{x}$，$x_2-\overline{x}$，$\cdots$，$x_n-\overline{x}$ 只有 $n-1$ 个数据可以自由变动，因此，在 $\hat{C}_2$ 和 S^2 中，人们更乐于用 S^2，并称 $n-1$ 为 $\sum_{i=1}^{n}(x_i-\overline{x})^2$ 的自由度.

在式(6-9)中令 $c=0$，得

$$\sum_{i=1}^{n}(x_i-\overline{x})^2=\sum_{i=1}^{n}x_i^2-n(\overline{x})^2=\sum_{i=1}^{n}x_i^2-\frac{\left(\sum_{i=1}^{n}x_i\right)^2}{n},$$

从而

$$s^2=\frac{1}{n-1}\left[\sum_{i=1}^{n}x_i^2-n(\overline{x})^2\right]. \tag{6-12}$$

这是样本方差常用的计算公式.

式(6-11)说明样本方差具有平移不变性.

在样本由频数分布表给出时，样本均值、样本方差的近似公式为

$$\overline{x}=\frac{\widetilde{x}_1f_1+\widetilde{x}_2f_2+\cdots+\widetilde{x}_mf_m}{n}, \tag{6-13}$$

$$s^2=\frac{1}{n-1}\sum_{i=1}^{m}f_i(\widetilde{x}_i-\overline{x})^2=\frac{1}{n-1}\left[\sum_{i=1}^{m}f_i\widetilde{x}_i^2-n(\overline{x})^2\right]. \tag{6-14}$$

其中，m 为组数，$\tilde{x}_i$ 为第 i 组的组中值，f_i 为第 i 组的频数，$\sum\limits_{i=1}^{m} f_i=n$.

6.3.3 次序统计量

除了样本矩外，另一类常见的统计量是次序统计量，它在实际和理论中都有较广泛的应用.这里主要介绍次序统计量的概念及其相关的一些统计量.

次序统计量

定义 6.3 设$(X_1,X_2,\cdots,X_n)$为取自总体 X 的样本，$(x_1,x_2,\cdots,x_n)$为样本值，将 $x_1,x_2,\cdots,x_n$ 按从小到大排列为 $x_{(1)}\leqslant x_{(2)}\leqslant\cdots\leqslant x_{(n)}$，定义 $X_{(i)}$ 如下：当$(X_1,X_2,\cdots,X_n)$取$(x_1,x_2,\cdots,x_n)$时，$X_{(i)}=x_{(i)}$，称 $X_{(i)}$ 为第 i 个次序统计量.其中 $X_{(1)}=\min\{X_1,X_2,\cdots,X_n\}$称为样本的最小次序统计量；$X_{(n)}=\max\{X_1,X_2,\cdots,X_n\}$称为最大次序统计量.

次序统计量的概念实际上在 6.2 节经验分布函数中已经使用.

样本中位数与样本分位数

样本中位数也是一个常见的统计量，它是次序统计量的函数，通常定义如下：设 $X_{(1)},X_{(2)},\cdots,X_{(n)}$ 是次序统计量，则样本中位数 $\hat{x}_{0.5}$ 定义为

$$\hat{x}_{0.5}=\begin{cases}X_{(\frac{n+1}{2})}, & n\text{ 为奇数},\\ \dfrac{1}{2}\left(X_{(\frac{n}{2})}+X_{(\frac{n}{2}+1)}\right), & n\text{ 为偶数}.\end{cases}\tag{6-15}$$

更一般地，样本 p 分位数 $\hat{x}_p$ 的定义为

$$\hat{x}_p=\begin{cases}X_{(np+1)}, & np\text{ 不是整数},\\ \dfrac{1}{2}\left(X_{(np)}+X_{(np+1)}\right), & np\text{ 为整数}.\end{cases}\tag{6-16}$$

通常，样本均值在概括数据方面具有一定的优越性.但样本均值也有不足之处，设有 5 个数据 3,5,9,10,13，则其样本均值为$(3+5+9+10+13)/5=8$.如果不小心将 13 错输入为 133(比如在计算机输入时将 3 连按两次)，则均值即变为$(3+5+9+10+133)/5=32$.这说明均值受极端数值影响较大，与之相比，中位数则不受极端数据的影响，这种性质称为稳健性.

样本偏度

当考虑分布是否对称时常需要用到偏度.设 $\hat{C}_2,\hat{C}_3$ 分别为样本二阶、三阶中心矩，称

$$\hat{P}=\frac{\hat{C}_3}{\hat{C}_2^{\frac{3}{2}}}\tag{6-17}$$

为样本偏度.

样本偏度 $\hat{P}$ 反映了总体分布密度曲线的对称性信息. 如果数据完全对称，则不难看出 $\hat{C}_3=0$；如果数据不对称，则一般 $\hat{C}_3\neq 0$. 这里用 $\hat{C}_3$ 除以 $\hat{C}_2^{\frac{3}{2}}$ 是为了消除量纲的影响，$\hat{P}$ 是个相对数，它很好地刻画了数据分布的偏斜方向和程度. 如果 $\hat{P}=0$，它表示样本对称，如果 $\hat{P}>0$，它表示样本的右尾长，即样本中有几个较大的数据，这反映总体分布是正偏的或右偏的；如果 $\hat{P}<0$，它表示样本的左尾长，即样本中有几个较小的数，这反映总体分布是负偏的或左偏的.

五数概括与箱线图

次序统计量还可以用来描述总体分布的形态——五数概括与箱线图，它不如用样本矩描述得精确，但往往比较直观和简单.

设 $X_{(1)},X_{(2)},\cdots,X_{(n)}$ 是次序统计量，容易计算得以下 5 个数：最小观测值 $X_{(1)}$，第一 4 分位数 $\hat{x}_{0.25}$，中位数(第二 4 分位数) $\hat{x}_{0.5}$，第三 4 分位数 $\hat{x}_{0.75}$，最大观测值 $X_{(n)}$. 所谓五数概括就是用这 5 个数来大致描述这一批数据的轮廓.

五数概括的图形称为箱线图. 箱线图由箱子和线段组成，见图 6-2，作法如下：① 画一个箱子，其两侧恰为第一 4 分位数和第三 4 分位数，在中位数位置上画一条竖线，它在箱子内，这个箱子包含了样本中 50% 的数据；② 在箱子左右两侧各引出一条水平线，分别至最小值和最大值为止，每条线段包含了样本中 25% 的数据.

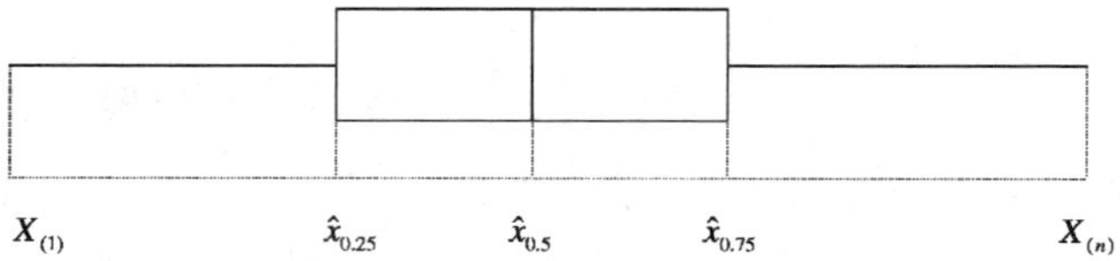

图 6-2　箱线图示意

箱线图可用来对样本数据分布的形状进行大致的判断. 例如，可根据中位数线位于箱内左侧、中间、右侧来识别分布的左偏、对称和右偏.

6.4　抽样分布

统计量的分布称为抽样分布. 计算统计量的分布是数理统计中经常遇到的一个重要问题.

6.4.1　三个重要的分布

在讨论抽样分布时，需要涉及三个重要的分布：χ^2 分布、t 分布和 F 分布. 现分别对这三个分布的形式和由来予以介绍.

分布

定义 6.4 如果随机变量 X 的概率密度为

$$f(x)=\begin{cases}\dfrac{1}{2^{\frac{n}{2}}\Gamma\left(\dfrac{n}{2}\right)}x^{\frac{n}{2}-1}\mathrm{e}^{-\frac{x}{2}}, & x>0,\\ 0, & x\leqslant 0.\end{cases} \tag{6-18}$$

其中 $\Gamma\left(\dfrac{n}{2}\right)$ 是 $\Gamma(x)=\int_0^{+\infty}t^{x-1}\mathrm{e}^{-t}\mathrm{d}t$ 在 $x=\dfrac{n}{2}$ 处的值,则称随机变量 X 服从自由度为 n 的 χ^2 分布,记作 $X\sim\chi^2(n)$.

$\chi^2(n)$ 分布为皮尔逊(Karl Pearson)在 1900 年发现的. 图 6-3 显示了 χ^2 分布的分布曲线.

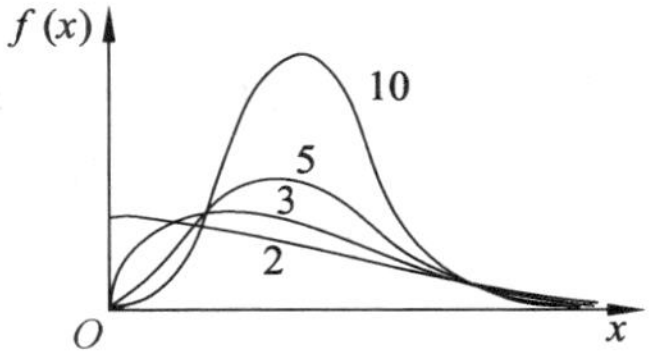

图 6-3 χ^2 分布曲线

χ^2 分布具有下列性质:

性质 1 设 X 与 Y 相互独立,且 $X\sim\chi^2(m)$,$Y\sim\chi^2(n)$,则 $X+Y\sim\chi^2(m+n)$.

该性质的证明需运用独立随机变量和的概率密度公式,推导有些繁琐,这里从略. 性质 1 表明 χ^2 分布具有可加性.

由例 2.15 知:若 $X\sim N(0,1)$,则 $X^2\sim\chi^2(1)$. 因此,运用归纳法及性质 1 不难推出下面的结论:

(1) 设 $X_1,X_2,\cdots,X_n$ 相互独立,且都服从 $\chi^2(1)$ 分布,则 $\sum\limits_{i=1}^n X_i\sim\chi^2(n)$.

(2) 设 $X_1,X_2,\cdots,X_n$ 相互独立,且都服从 $N(0,1)$ 分布,则 $\sum\limits_{i=1}^n X_i^2\sim\chi^2(n)$.

(3) 设 $X_1,X_2,\cdots,X_n$ 相互独立,$X_i\sim N(\mu_i,\sigma_i^2)$,$i=1,2,\cdots,n$,则

$$\sum_{i=1}^n\left(\frac{X_i-\mu_i}{\sigma_i}\right)^2\sim\chi^2(n).$$

从上面的结论(2)与(3)可以看出 χ^2 分布的由来. 由结论(2)及正态分布的数字特征还可以知道:若 $X\sim\chi^2(n)$,则 $E(X)=n$.

例 6.3 设$(X_1,X_2,\cdots,X_5)$为取自正态总体 $N(0,4)$ 的样本,记

$$Z=a(X_1-2X_2)^2+b(3X_3-4X_4)^2+cX_5^2,$$

试确定 a,b,c，使得 Z 服从 χ^2 分布.

解 由于 $X_1-2X_2\sim N(0,20)$，$3X_3-4X_4\sim N(0,100)$，$X_5\sim N(0,4)$ 且相互独立，因此由性质 1 派生的结论(3)，有

$$Z=\frac{(X_1-2X_2)^2}{20}+\frac{(3X_3-4X_4)^2}{100}+\frac{X_5^2}{4}\sim\chi^2(3),$$

所以 $a=1/20$，$b=1/100$，$c=1/4$.

分布

定义 6.5 如果随机变量 X 的概率密度为

$$f(x)=\frac{\Gamma\left(\frac{n+1}{2}\right)}{\sqrt{n\pi}\,\Gamma\left(\frac{n}{2}\right)}\left(1+\frac{x^2}{n}\right)^{-\frac{n+1}{2}}, \tag{6-19}$$

则称随机变量 X 服从自由度为 n 的 t 分布，记作 $X\sim t(n)$.

t 分布又称为学生氏分布，是英国统计学家哥塞特(Gosset)在 1908 年以笔名"Student"发表的研究成果. 图 6-4 显示了 t 分布的分布曲线.

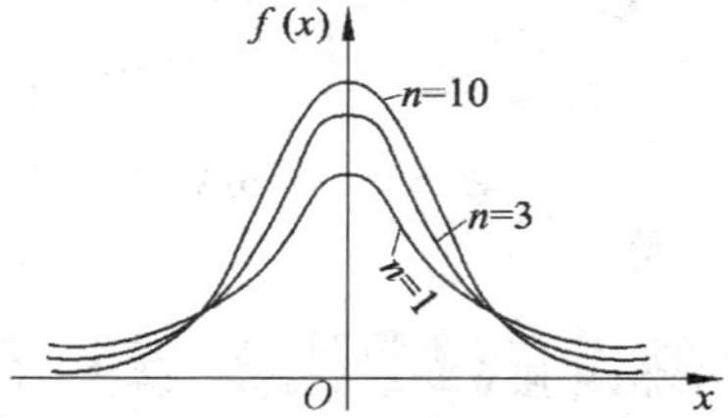

图 6-4 t 分布曲线

t 分布具有下列性质：

性质 2 设 X 与 Y 相互独立，且 $X\sim N(0,1)$，$Y\sim\chi^2(n)$，则

$$\frac{X}{\sqrt{Y/n}}\sim t(n).$$

该性质的证明需运用独立随机变量商的概率密度公式，推导有些繁琐，这里从略. 从性质 2 可以看出 t 分布的由来.

例 6.4 设(X_1,X_2,X_3)为取自正态总体 $N(0,1)$的样本，求

$$Z=\frac{\sqrt{2}X_1}{\sqrt{X_2^2+X_3^2}}$$

的分布.

解 由于 $X_1\sim N(0,1)$，$X_2^2+X_3^2\sim\chi^2(2)$且相互独立，因此根据性质 2，有

$$\frac{X_1}{\sqrt{(X_2^2+X_3^2)/2}}=\frac{\sqrt{2}X_1}{\sqrt{X_2^2+X_3^2}}=Z\sim t(2).$$

分布

定义 6.6 如果随机变量 X 的概率密度为

$$f(x)=\begin{cases}\dfrac{\Gamma\left(\dfrac{m+n}{2}\right)}{\Gamma\left(\dfrac{m}{2}\right)\Gamma\left(\dfrac{n}{2}\right)}m^{\frac{m}{2}}n^{\frac{n}{2}}x^{\frac{m}{2}-1}(mx+n)^{-\frac{m+n}{2}}, & x>0,\\ 0, & x\leqslant 0.\end{cases} \tag{6-20}$$

则称随机变量 X 服从第一自由度为 m、第二自由度为 n 的 F 分布，记作 $X\sim F(m,n)$.

F 分布是由费希尔(R. A. Fisher)于 1924 年建立的. 图 6-5 显示了 F 分布的分布曲线.

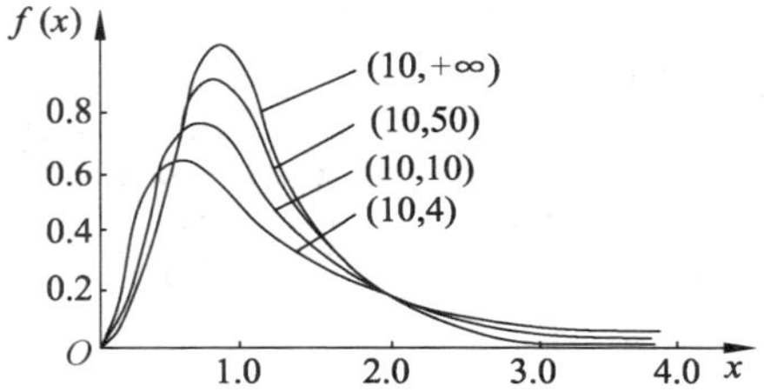

图 6-5 F 分布曲线

F 分布具有下列性质：

性质 3 设 X 与 Y 相互独立，且 $X\sim\chi^2(m)$，$Y\sim\chi^2(n)$，则

$$\frac{X/m}{Y/n}\sim F(m,n).$$

该性质的证明类似于性质 2，也仅需用到独立随机变量商的概率密度公式. 从性质 3 可以看出 F 分布的由来. 基于 F 分布的由来，人们通常把 F 分布的第一自由度称为分子自由度，第二自由度称为分母自由度. 由性质 3 易得：若 $F\sim F(m,n)$，则 $1/F\sim F(n,m)$.

6.4.2 抽样分布

由于统计量是随机变量(样本)的函数，因此寻求统计量的分布(即抽样分布)往往是十分困难的. 许多统计量只能求得它的极限分布，然而统计量的极限分布只适用于大样本问题(即在样本容量较大的情况下所讨论的统计问题). 在常见的小样本问题(即在样本容量较小的情况下讨论的统计问题)中，必须知道统计量的精确分布，这就遇到了一个复杂的问题. 然而，由于常见的总体大都服从或近似服从正态分布，对于正态总体的抽样分布人们已经作了比较充分的讨论，这主要归功于著名统计学家费希尔大约在1925年给出的下面的定理.

定理 6.2（费希尔定理） 设 $X_1, X_2, \cdots, X_n$ 为取自正态总体 $N(\mu, \sigma^2)$ 的样本,则

(1) $\overline{X} \sim N(\mu, \sigma^2/n)$;

(2) $(n-1)S^2/\sigma^2 \sim \chi^2(n-1)$;

(3) $\overline{X}$ 与 S^2 相互独立.

由正态分布的性质知结论(1)成立.结论(2)和(3)的证明需要用到线性代数中的正交变换,读者可以参见有关文献的证明.

根据费希尔定理,可以得到下面一些结论.

定理 6.3 设 $X_1, X_2, \cdots, X_n$ 为取自正态总体 $N(\mu, \sigma^2)$ 的一个样本,则

(1) $U = \sqrt{n}\dfrac{\overline{X}-\mu}{\sigma} \sim N(0,1)$; (6-21)

(2) $T = \sqrt{n}\dfrac{\overline{X}-\mu}{S} \sim t(n-1)$. (6-22)

证 (1) 可由定理 6.2 中(1)得到.

(2) 由(1)及定理 6.2 知 $\sqrt{n}\dfrac{\overline{X}-\mu}{\sigma} \sim N(0,1)$, $(n-1)S^2/\sigma^2 \sim \chi^2(n-1)$,且 $\sqrt{n}\dfrac{\overline{X}-\mu}{\sigma}$ 与 $(n-1)S^2/\sigma^2$ 独立,从而由性质 2 得

$$\frac{\sqrt{n}\dfrac{\overline{X}-\mu}{\sigma}}{\sqrt{\dfrac{(n-1)S^2}{(n-1)\sigma^2}}} = \sqrt{n}\frac{\overline{X}-\mu}{S} = T \sim t(n-1).$$

定理 6.4 设 $(X_1, X_2, \cdots, X_m)$ 和 $(Y_1, Y_2, \cdots, Y_n)$ 分别取自两个相互独立的正态总体 $N(\mu_1, \sigma_1^2)$ 及 $N(\mu_2, \sigma_2^2)$ 的样本,则

(1) $U = \dfrac{\overline{X}-\overline{Y}-(\mu_1-\mu_2)}{\sqrt{\dfrac{\sigma_1^2}{m}+\dfrac{\sigma_2^2}{n}}} \sim N(0,1)$. (6-23)

(2) $F = \dfrac{S_1^2}{S_2^2}\dfrac{\sigma_2^2}{\sigma_1^2} \sim F(m-1, n-1)$. (6-24)

特别地,当 $\sigma_1^2 = \sigma_2^2$ 时,

$$F = \frac{S_1^2}{S_2^2} \sim F(m-1, n-1). \tag{6-25}$$

(3) 若 $\sigma_1^2=\sigma_2^2$，有

$$T=\frac{\overline{X}-\overline{Y}-(\mu_1-\mu_2)}{\sqrt{\frac{(m-1)S_1^2+(n-1)S_2^2}{m+n-2}}\sqrt{\frac{1}{m}+\frac{1}{n}}}\sim t(m+n-2), \tag{6-26}$$

其中，S_1^2，S_2^2 分别为总体 $N(\mu_1,\sigma_1^2)$ 及 $N(\mu_2,\sigma_2^2)$ 的样本方差.

证 由定理 6.2 知 $\overline{X}\sim N(\mu_1,\sigma_1^2/m)$，$\overline{Y}\sim N(\mu_2,\sigma_2^2/n)$，$(m-1)S_1^2/\sigma_1^2\sim\chi^2(m-1)$，$(n-1)S_2^2/\sigma_2^2\sim\chi^2(n-1)$ 且由两总体的独立性知 $\overline{X},\overline{Y},S_1^2,S_2^2$ 也相互独立.

(1) 根据正态分布的性质知 $\overline{X}-\overline{Y}\sim N\left(\mu_1-\mu_2,\frac{\sigma_1^2}{m}+\frac{\sigma_2^2}{n}\right)$，从而

$$Z=\frac{\overline{X}-\overline{Y}-(\mu_1-\mu_2)}{\sqrt{\frac{\sigma_1^2}{m}+\frac{\sigma_2^2}{n}}}\sim N(0,1).$$

(2) 由性质 3 得

$$\frac{\frac{\frac{(m-1)S_1^2}{\sigma_1^2}}{(m-1)}}{\frac{\frac{(n-1)S_2^2}{\sigma_2^2}}{(n-1)}}=\frac{S_1^2}{S_2^2}\frac{\sigma_2^2}{\sigma_1^2}=F\sim F(m-1,n-1).$$

(3) 若 $\sigma_1^2=\sigma_2^2=\sigma^2$，则由性质 1 知

$$W=(m-1)S_1^2/\sigma^2+(n-1)S_2^2/\sigma^2=\frac{(m-1)S_1^2+(n-1)S_2^2}{\sigma^2}\sim\chi^2(m+n-2),$$

而由(1)知

$$Z=\frac{\overline{X}-\overline{Y}-(\mu_1-\mu_2)}{\sigma\sqrt{\frac{1}{m}+\frac{1}{n}}}\sim N(0,1).$$

易知 Z 与 W 独立，于是由性质 2 得

$$\frac{Z}{\sqrt{\frac{W}{m+n-2}}}=\frac{\overline{X}-\overline{Y}-(\mu_1-\mu_2)}{\sqrt{\frac{(m-1)S_1^2+(n-1)S_2^2}{m+n-2}}\sqrt{\frac{1}{m}+\frac{1}{n}}}=T\sim t(m+n-2).$$

习 题 6

1. 为了解机械电子工程专业本科毕业生的就业情况，调查了某地区 35 名 2008 年毕业的机械电子工程专业本科生实习期满后的月薪情况. 试问：

(1) 该研究的总体是什么?

(2) 该研究的样本是什么?

(3) 样本容量是多少?

2. 设总体 X 具有下列分布，$(X_1, X_2, \cdots, X_n)$ 为取自总体 X 的样本，试写出样本的概率分布或概率密度：

(1) X 服从二点分布 $B(1,p)$，即 $P(X=1)=p, P(X=0)=1-p$；

(2) X 服从参数为 λ 的指数分布.

3. 从总体 X 中抽取了一个容量为 5 的样本，样本值为 $(-2.1, 1.5, -1, 0, 2.3)$，试求 X 的经验分布函数.

4. 经验分布函数作为分布函数其类型是离散型的吗？如果是，试求出其对应的概率分布.

5. 样本 k 阶原点矩、k 阶中心矩的观察值与总体的经验分布函数的矩有什么关系？根据这种关系试说明样本均值、样本方差与总体均值、方差之间的联系.

6. 某公司对其 250 名职工上班所需时间进行调查，下面是其不完整的频率分布表：

所需时间(单位：min)	频率
0～10	0.10
10～20	0.24
20～30	
30～40	0.18
40～50	0.14

(1) 试将频率分布表补充完整；

(2) 该公司内上班所需时间在 30 min 以内有多少人?

7. 根据调查，某集团公司的中层管理人员的月薪数据如下(单位：元)：

5 200	7 100	6 300	4 100	3 800	4 300	3 800	3 900	7 200	6 400
5 500	5 200	6 600	6 700	5 800	5 600	4 500	5 600	4 700	6 900

试画出茎叶图.

8. 设总体 X 服从泊松分布 $P(\lambda)$，其中 λ 未知，$(X_1, X_2, \cdots, X_n)$ 为取自 X 的一个样本.

(1) 试指出 X_1+X_2，$\max(X_1, X_2, \cdots, X_n)$，$X_n+3\lambda$，$(X_n-X_1)^2$ 中哪些是统计量，哪些不是?

(2) 当样本容量 $n=5$，且 $(0,1,0,1,1)$ 为样本的一个样本值时，试计算样本均值和样本方差.

9. 设 $(x_1, x_2, \cdots, x_n)$ 为样本值，试证明：

(1) $\sum_{i=1}^{n}(x_i-\bar{x})=0$；

(2) $\sum_{i=1}^{n}(x_i-c)^2=\sum_{i=1}^{n}(x_i-\bar{x})^2+n(\bar{x}-c)^2$.

10. 设 $(x_1, y_1), (x_2, y_2), \cdots, (x_n, y_n)$ 为二维总体的样本值，证明：对于任意的常数 c, d，有

$$\sum_{i=1}^{n}(x_i-c)(y_i-d)=\sum_{i=1}^{n}(x_i-\bar{x})(y_i-\bar{y})+n(\bar{x}-c)(\bar{y}-d).$$

11. 证明：对于容量为2的样本值(x_1,x_2)，其样本方差为

$$S^2=\frac{1}{2}(x_1-x_2)^2.$$

12. 对下列数据构造箱线图：

472	425	447	377	341	369	412	419
400	382	366	425	399	398	423	384
418	392	372	418	374	385	439	428
429	428	430	413	405	381	403	479
381	443	441	433	419	379	386	387

13. 某大型罐头厂出口的鲜片蘑菇罐头的净重量服从正态分布$N(\mu,\sigma^2)$，其中$\mu=184$ g，$\sigma=2.5$ g，从中随机抽取25个罐头.

(1) 试求样本均值$\bar{X}$超过184.5 g的概率；

(2) 若要以0.971 3的概率保证$\bar{X}$不低于某一额定重量b，试求b的值.

14. 已知用卡尺测量某物体的长度，其结果服从均值为μ(mm)，标准差为2(mm)的正态分布，试问应重复测量多少次，才能保证：

(1) $|\bar{X}-\mu|<0.1$(mm)的概率不小于99.2%；

(2) $E(|\bar{X}-\mu|^2)\leqslant 0.1$.

15. 设$X_1,X_2,\cdots,X_m,Y_1,Y_2,\cdots,Y_n$相互独立，且都服从$N(0,1)$分布，试证明：

$$\frac{n(X_1^2+X_2^2+\cdots+X_m^2)}{m(Y_1^2+Y_2^2+\cdots+Y_n^2)}\sim F(m,n).$$

16. 设总体X服从正态分布$N(\mu,\sigma^2)$，从中抽取一个容量为25的样本$(X_1,X_2,\cdots,X_{25})$，试求$P\left(10.52\sigma^2<\sum_{i=1}^{25}(X_i-\mu)^2<18.94\sigma^2\right)$.

17. 设$(X_1,X_2,\cdots,X_{10})$为$N(0,0.3^2)$的一个样本，试确定常数c，使得cY服从χ^2分布，其中$Y=(X_1+X_2+\cdots+X_5)^2+(X_6+X_2+\cdots+X_{10})^2$.

18. 设$\bar{X}_n,S_n^2$分别为样本$(X_1,X_2,\cdots,X_n)$的样本均值和样本方差，由于需要又独立地获取另一个个体X_{n+1}，试证：

(1) $\bar{X}_{n+1}=\frac{n}{n+1}\bar{X}_n+\frac{1}{n+1}X_{n+1}=\bar{X}_n+\frac{1}{n+1}(X_{n+1}-\bar{X}_n)$；

(2) $S_{n+1}^2=\frac{n-1}{n}S_n^2+\frac{1}{n+1}(X_{n+1}+\bar{X}_n)^2$.

其中，$\bar{X}_{n+1},S_{n+1}^2$表示样本$(X_1,X_2,\cdots,X_n,X_{n+1})$的样本均值和样本方差.

19. 证明：若$X\sim t(n)$，则$X^2\sim F(1,n)$.

20. 设$(X_1,X_2,\cdots,X_9)$是来自正态总体X的样本，$Y_1=\frac{1}{6}\sum_{i=1}^{6}X_i$，$Y_2=\frac{1}{3}(X_7+X_8+X_9)$，$S^2=\frac{1}{2}\sum_{i=7}^{9}(X_i-Y_2)^2$，$Z=\frac{\sqrt{2}(Y_1-Y_2)}{S}$，证明：统计量$Z$服从$t(2)$分布.

7 参数估计

根据样本推断总体的分布或分布的数字特征称为统计推断. 在建立了统计模型之后, 数理统计的重要任务就是依据样本对未知总体进行统计推断. 统计推断的基本问题可以分为两大类: 一类是参数估计问题, 另一类是假设检验问题. 当总体的分布函数或概率密度已知, 但它的某些参数(包括总体的某些数字特征)却未知时, 如何利用样本值对未知参数或未知参数的函数进行估计, 这类问题称为参数估计问题. 参数估计分为点估计和区间估计两种, 参数估计是统计推断的重要内容之一. 本章主要介绍估计量优劣的评判标准, 以及求点估计和区间估计的方法.

7.1 估计量优劣的评判标准

参数估计, 就是从总体的样本出发构造一个统计量, 作为总体中某未知参数的一个估计量. 设总体 X 的分布函数的形式为已知, 但含有一个或多个未知参数, $X_1,X_2,\cdots,X_n$ 为总体 X 的一个样本, 由这个样本构造一个统计量 $\hat{\theta}(X_1,X_2,\cdots,X_n)$来估计 θ, 称 $\hat{\theta}$ 是 θ 的估计量. 对于样本的一组观察值 $x_1,x_2,\cdots,x_n$, 估计量 $\hat{\theta}$ 的值 $\hat{\theta}(x_1,x_2,\cdots,x_n)$叫做 θ 的估计值. 为方便起见, 有时将估计量与估计值不加区别, 统称估计.

因数学期望 $\mu=E(X)$代表随机变量 X 取值的"平均水平", 那么, 自然就需用样本的均值 $\overline{X}=\dfrac{1}{n}\sum\limits_{i=1}^{n}x_i$ 来作为总体均值 $\mu=E(X)$的估计量. 对同一个未知参数 μ, 可以用不同的方法, 得到不同的估计量. 究竟哪一种方法好? 这个问题不容易回答. 问题在于不知道总体的数学期望 $\mu=E(X)$本身等于多少, 而只知道样本值 $x_1,x_2,\cdots,x_n$. 但是样本值却是"随机"的, 这些数据是带有"偶然性质"的. 因此, 首先要建立评价估计量优劣的标准, 下面介绍最常用的三条评判标准.

7.1.1 无偏性

由于未知参数的估计量是一个随机变量, 对于不同的样本它有不同的估计量.这些估计量对于参数的真实取值,一般都会有偏差,要求不出现偏差几乎是不可能的.但是,总希望在多次试验中所得到的估计量的平均值与参数的真实值相吻合,这就是无偏性的本质含义.

定义 7.1 设 θ 是总体的未知参数,$X_1,X_2,\cdots,X_n$ 是总体的一个样本,$\hat{\theta}$ 是参数 θ 的一个估计量,若

$$E(\hat{\theta})=\theta, \tag{7-1}$$

则称 $\hat{\theta}$ 是 θ 的一个无偏估计量.若 $\hat{\theta}$ 不是 θ 的无偏估计量,则称

$$b(\hat{\theta})=E(\hat{\theta}-\theta)$$

为 $\hat{\theta}$ 的偏差.

显然,无偏性的直观意义是样本估计量的数值在参数的真值附近摆动,且无系统误差,即这些估计量的平均值等于未知参数的真值.

例 7.1 设总体的 k 阶矩 μ_k 存在,则样本的 k 阶矩 A_k 是总体 k 阶矩 μ_k 的无偏估计.

证 由前可知,

$$\mu_k=E(X^k),\ A_k=\frac{1}{n}\sum_{i=1}^{n}X_i^k,$$

因为 $E(A_k)=E\left(\frac{1}{n}\sum_{i=1}^{n}X_i^k\right)=\frac{1}{n}\sum_{i=1}^{n}E(X_i^k)=\frac{1}{n}\cdot n\cdot E(X^k)=E(X^k)=\mu_k$,

所以 A_k 是 μ_k 的无偏估计量.

特别地,总体期望 $\mu=E(X)$ 作为总体一阶矩,样本均值 $\overline{X}=\frac{1}{n}\sum_{i=1}^{n}X_i$ 作为样本一阶矩,可知样本均值 $\overline{X}$ 是总体均值 μ 的无偏估计量.

例 7.2 样本方差 $S^2=\frac{1}{n-1}\sum_{i=1}^{n}(X_i-\overline{X})^2$ 是总体方差 $D(X)=\sigma^2$ 的无偏估计量,而样本二阶中心矩 $\hat{C}_2=S_n^2$ 不是 σ^2 的无偏估计量.

证 由 6.3 节在定义样本方差时已证明

$$E(S^2)=D(X)=\sigma^2,$$

故样本方差 S^2 是总体方差 $D(X)=\sigma^2$ 的无偏估计量.

由于样本二阶中心矩

$$\hat{C}_2=\frac{1}{n}\sum_{i=1}^{n}(X_i-\overline{X})^2=\frac{n-1}{n}S^2,$$

由数学期望的性质可得

$$E(\hat{C}_2)=\frac{n-1}{n}E(S^2)=\frac{n-1}{n}D(X)\neq D(X),$$

所以样本二阶中心矩不是总体方差的无偏估计量.不过当 n 比较大时,它们之间在数值上差别不大.

7.1.2 有效性

无偏性是对估计量的一个重要的基本要求.但是,有时总体的某一参数的无偏估计量往往不止一个,仅用无偏性就不能确定这些估计量中的孰优孰劣.因为无偏性仅仅表明 $\hat{\theta}$ 所有可能的取值按概率平均等于 θ,但由于正负抵消,大小偏差可以有相同的期望值.因而无偏性不能反映估计量波动大小的程度.为了保证估计量 $\hat{\theta}$ 的取值集中于真值 θ 附近,自然要求估计量 $\hat{\theta}$ 的方差越小越好,这就是估计量评判的第二个标准:有效性.

定义 7.2 设 $\hat{\theta}_1$ 和 $\hat{\theta}_2$ 都是未知参数 θ 的无偏估计量,若

$$D(\hat{\theta}_1)<D(\hat{\theta}_2), \tag{7-2}$$

则称 $\hat{\theta}_1$ 比 $\hat{\theta}_2$ 有效.

在 θ 的一切无偏估计量中,若 $\hat{\theta}$ 的方差达到最小,则称 $\hat{\theta}$ 为 θ 的有效估计量,它在 θ 附近密集程度最高,也就是说用它作为 θ 的估计量的精度最高.一般来说,“最小方差无偏估计量”就是寻找的最优估计量,但它有时并不存在.

例 7.3 设随机变量 X 的数学期望 $E(X)=\mu$,方差 $D(X)=\sigma^2$,$X_1,X_2,\cdots,X_n$ 是总体 X 的一个样本,试证:

(1) $\hat{\mu}_1=\overline{X}=\frac{1}{n}\sum_{i=1}^{n}X_i$ 和 $\hat{\mu}_2=\sum_{i=1}^{n}c_iX_i$,其中 $\sum_{i=1}^{n}c_i=1$,且 $c_i\neq\frac{1}{n}$,都是总体均值 $\mu=E(x)$ 的无偏估计量.

(2) $\hat{\mu}_1$ 比 $\hat{\mu}_2$ 有效,即 $\hat{\mu}_1$ 是 μ 的有效估计量.

证 (1)由例 7.1 知 $E(\overline{X})=\mu$,故 μ_1 是 μ 的无偏估计量.

$$E(\hat{\mu}_2)=E\Big(\sum_{i=1}^{n}c_iX_i\Big)=\sum_{i=1}^{n}c_iE(X_i)=\sum_{i=1}^{n}c_iE(X)$$
$$=\mu\sum_{i=1}^{n}c_i=\mu,$$

即 $\hat{\mu}_2$ 也是 μ 的无偏估计量.

(2) 因为 $D(\hat{\mu}_1)=\frac{\sigma^2}{n}$,

而 $$D(\hat{\mu}_2)=D\Big(\sum_{i=1}^{n}c_iX_i\Big)=\sum_{i=1}^{n}c_i^2\,D(X_i)=\sigma^2\sum_{i=1}^{n}c_i^2,$$

由于
$$\frac{\left(\sum_{i=1}^{n} c_i\right)^2}{n} < \sum_{i=1}^{n} c_i^2,$$

故
$$D(\hat{\mu}_2) > \frac{\left(\sum_{i=1}^{n} c_i\right)^2}{n}\sigma^2 = \frac{\sigma^2}{n} = D(\hat{\mu}_1),$$

即 $\hat{\mu}_1$ 比 $\hat{\mu}_2$ 有效.

7.1.3 一致性

在样本容量 n 确定的情况下，无偏性和有效性都是衡量一个估计量优良性的重要准则，而在样本容量无限增大时，自然希望估计量的值应接近和稳定于被估计的参数真值，这就是对估计量进行评判的“一致性”准则.

定义 7.3 设 $\hat{\theta}$ 为未知参数 θ 的估计量，当样本容量 $n \to +\infty$ 时，若 $\hat{\theta}$ 依概率收敛于 θ，即对任意的 $\varepsilon < 0$，有

$$\lim_{n \to +\infty} P(|\hat{\theta} - \theta| < \varepsilon) = 1, \tag{7-3}$$

则称 $\hat{\theta}$ 为 θ 的一个一致估计量.

一致性是对于极限性态而言的，它只有在样本容量足够大时才起作用.

例 7.4 设随机变量总体 X 的数学期望 $\mu = E(X)$ 和方差 $\sigma^2 = D(X)$，X_1，X_2，…，X_n 是 X 的一个样本，则

(1) 样本均值 $\overline{X} = \frac{1}{n}\sum_{i=1}^{n} X_i$ 作为总体均值 $\mu = E(X)$ 的估计量，是一致估计；

(2) 样本方差 $S^2 = \frac{1}{n-1}\sum_{i=1}^{n}(X_i - \overline{X})^2$ 作为总体方差 $\sigma^2 = D(X)$ 的估计量，是一致估计.

证 由样本定义知 $X_1, X_2, \cdots, X_n$ 相互独立且与总体 X 同分布，根据大数定律可知，对任意的 $\varepsilon > 0$，有

$$\lim_{n \to +\infty} P\left(\left|\frac{1}{n}\sum_{i=1}^{n} X_i - E(X)\right| < \varepsilon\right) = 1,$$

故 $\overline{X}$ 是 μ 的一个一致估计量.

类似可证样本方差 S^2 也是总体方差 σ^2 的一个一致估计量.

更一般地，可以证明样本 k 阶矩是总体 k 阶矩的一致估计量.

从以上几个例子可以看出，样本均值 $\overline{X}$ 作为总体均值 μ 的估计量，样本方差 S^2 作为总体方差 σ^2 的估计量，具有无偏性、有效性和一致性.

无偏性、有效性和一致性是评价估计量的三条基本准则.

7.2 求点估计量的方法

设 $X_1, X_2, \cdots, X_n$ 是总体 X 的一个样本，θ 是总体 X 的未知参数，构造一个统计量 $\hat{\theta}(X_1, X_2, \cdots, X_n)$ 作为未知参数 θ 的估计量，来对未知参数进行定值估计，这称为参数的点估计.

例 7.5 已知一批元件的长度测量误差 X 服从正态分布 $N(\mu, \sigma^2)$，其中参数 μ, σ^2 未知，从总体 X 中抽取容量为 6 的样本值 x_i：

$$-1.20, -0.85, -0.30, 0.45, 0.82, 0.12$$

试估计未知参数 μ, σ^2 的值.

解 由前面的讨论可知，可以从样本出发构造两个样本统计量——样本均值 $\overline{X}$ 和样本方差 S^2 作为 μ, σ^2 的估计值.

$$\overline{x} = \frac{1}{n}\sum_{i=1}^{n} x_i = \frac{1}{6}(-1.20 - 0.85 - 0.30 + 0.45 + 0.82 + 0.12) = -0.16,$$

$$s^2 = \frac{1}{n-1}\sum_{i=1}^{n}(x_i - \overline{x})^2 = \frac{1}{5}(1.04^2 + 0.69^2 + 0.14^2 + 0.61^2 + 0.98^2 + 0.28^2)$$
$$= 0.598,$$

故得未知参数的点估计值分别为 $\hat{\mu} = -0.16, \hat{\sigma}^2 = 0.598$.

由此可见，参数 θ 的点估计就是用样本构造一个统计量 $\hat{\theta}$，对未知参数 θ 作定值估计. 由于估计量 $\hat{\theta}$ 是样本 $X_1, X_2, \cdots, X_n$ 的函数，因而对于不同的样本值，构造估计量的方法不同，对应的点估计量也不同. 下面介绍几种常见的求点估计量的方法.

7.2.1 频率替换法

假定在 n 次试验中，事件 A 发生了 k 次，称 $\frac{k}{n}$ 为事件 A 发生的频率. 设事件 A 发生的概率为 $P(A) = p(0 < p < 1)$，则由概率论的大数定律可知，事件 A 的频率 $\frac{k}{n}$ 依概率收敛于事件 A 发生的概率 p，即对任意的 $\varepsilon < 0$，有

$$\lim_{n \to +\infty} P\left(\left|\frac{k}{n} - p\right| < \varepsilon\right) = 1. \tag{7-4}$$

于是，当 n 较大时，$\frac{k}{n}$ 与 p 非常接近，自然取 $\frac{k}{n}$ 作为 p 的估计量，即 $\hat{p} = \frac{k}{n}$.

这种由频率估计相应概率而得到估计量的方法称为频率替换法.

例 7.6 估计一批产品的次品率 p. 设产品只区分正品与次品，分别以 X 取 0 和 1 表示产品为正品和次品，所以总体服从参数为 p 的 0-1 分布，即

$$P(X=x)=p^x(1-p)^{1-x},\ x=0,1.$$

其中 p 为未知参数. 令 A 表示“产品为次品”的事件，则 $p=P(A)=P(X=1)$，从该批产品中抽取 n 件进行检验，结果为 $X_1,X_2,\cdots,X_n$，则 A 发生的频率 $\frac{k}{n}=\frac{1}{n}\sum_{i=1}^{n}X_i$，故由频率替换法可得 p 的估计量为

$$\hat{p}=\frac{k}{n}=\frac{1}{n}\sum_{i=1}^{n}X_i=\overline{X}.$$

7.2.2 矩估计法

矩是描述随机变量 X 的最简单的数字特征. 数学期望 $\mu=E(X)$ 和方差 $\sigma^2=D(X)$ 就分别是 X 的一阶原点矩和二阶中心矩. 参数的矩估计法的基本思想是：以样本矩作为总体相应矩的估计量，或更一般地用样本矩的函数作为总体相应矩同一函数的估计量.

矩估计法是由英国数学家皮尔逊最早提出的一种参数点估计方法. 设 $X_1,X_2,\cdots,X_n$ 为总体 X 的一个样本，且总体的 k 阶原点矩 $E(X^k)$ 存在，用样本的 k 阶原点矩 $A_k=\frac{1}{n}\sum_{i=1}^{n}X_i^k$ 作为 $E(X^k)$ 的估计量，即

$$\hat{E}(X^k)=\frac{1}{n}\sum_{i=1}^{n}X_i^k, \tag{7-5}$$

而且由矩估计法可以验证：当总体 X 的 k 阶中心矩存在时，它的矩估计量是样本的 k 阶中心距，即

$$\hat{E}[X-E(X)^k]=\frac{1}{n}\sum_{i=1}^{n}(X_i-\overline{X})^k. \tag{7-6}$$

特别地，例 7.7 说明样本均值 $\overline{X}$（一阶原点矩）是总体均值 μ 的矩估计量，样本二阶中心距 $\hat{C}_2$ 是总体方差 σ^2 的矩估计量.

例 7.7 设 $X_1,X_2,\cdots,X_n$ 为总体 X 的一个样本，求总体均值 μ 和方差 σ^2 的矩估计量.

解 总体 X 的一阶原点矩为 $E(X)=\mu$，二阶原点矩为 $E(X^2)$.

由方差的计算公式

$$D(X)=E(X^2)-[E(X)]^2$$

可得

$$E(X^2)=[E(X)]^2+D(X)=\mu^2+\sigma^2.$$

由上述矩估计法(7-5)得到方程组

$$\begin{cases} E(X) = \mu = \dfrac{1}{n}\sum_{i=1}^{n} X_i = \overline{X}, \\ E(X^2) = \mu^2 + \sigma^2 = \dfrac{1}{n}\sum_{i=1}^{n} X_i^2. \end{cases}$$

解此方程组，得 μ 和 σ^2 的矩估计量为

$$\hat{\mu} = \overline{X}, \hat{\sigma}^2 = \frac{1}{n}\sum_{i=1}^{n} X_i^2 - \overline{X}^2 = \frac{1}{n}\sum_{i=1}^{n}(X_i - \overline{X})^2 = \hat{C}_2.$$

例 7.8 设 X 服从$[a,b]$上的均匀分布：

$$f(\overline{x}) = \begin{cases} \dfrac{1}{b-a}, & a \leqslant X \leqslant b, \\ 0, & \text{其他}. \end{cases}$$

参数 a,b 未知，$X_1, X_2, \cdots, X_n$ 为 X 的一个样本，求 a,b 的矩估计量.

解 由 $E(X) = \dfrac{a+b}{2}, D(X) = \dfrac{1}{12}(b-a)^2$，根据矩估计法(7-5)，得方程组

$$\begin{cases} E(X) = \dfrac{a+b}{2} = \overline{X}, \\ \dfrac{1}{12}(b-a)^2 = \hat{C}_2. \end{cases}$$

解此方程组，得 a,b 的矩估计量为

$$\hat{a} = \overline{X} - \sqrt{3\hat{C}_2},\ \hat{b} = \overline{X} + \sqrt{3\hat{C}_2}.$$

例 7.9 设 X 服从二项分布 $B(n,p)$，假定 n 已知，p 未知，$X_1, X_2, \cdots, X_n$ 为 X 的一个样本，求 p 的矩估计量.

解 由 $E(X) = np$，根据矩估计法得

$$np = \overline{X},$$

即 p 的矩估计量为 $\hat{p} = \dfrac{1}{n}\overline{X}$.

在此例中，假若 n 和 p 都是未知参数时，如何求 n,p 的矩估计量留给读者思考. 矩估计法是最古老的点估计方法，它直观又简便，特别是在对总体的数学期望及方差等数字特征作估计时，并不一定要知道总体的分布函数. 但是，矩估计法要求总体的原点矩存在，而有时总体的原点矩并不存在，这时就不能用矩估计法. 此外，样本矩的表达式同总体的分布函数 $F(x,\theta)$ 的表达式无关，这说明矩估计法有时没有充分利用 $F(x,\theta)$ 对参数 θ 所提供的信息. 特别在样本容量 n 较大时，用矩估计法得到的估计量的精度就不如极大似然估计法.

7.2.3 极大似然估计法

极大似然估计法是依据显而易见的道理——概率最大的事件最可能出

现——而设计的一种参数点估计方法，这一思想被称为极大似然原理.

数学上可以严格证明：一定条件下(这些条件在大多数实际问题中都可得到满足)，只要样本容量 n 足够大，极大似然估计值和未知参数的真值可以相差任意小.因此，在一定意义下没有比极大似然估计更好的估计.

为了说明“极大似然估计法”的基本思想，先举一个简单的例子.

例 7.10 设一个袋子中装有许多黑球和白球，且假定它们的数目之比是 3∶1，但不知黑球多还是白球多.现从袋子中有放回地抽取 3 个球，发现其中 1 个是黑球，试估计在一次抽取中取得黑球的概率 p.

解 由于袋中两种球的数目之比是 3∶1，因而在一次抽取中取得黑球的概率 p 只有两种可能 $p=\frac{1}{4}$ 或 $p=\frac{3}{4}$.

现有放回地从袋中抽取 3 个球，而其中有 1 个黑球的样本就实现了.很明显，黑球在袋中所占的比率，是使得其中有 1 个黑球样本出现的可能性为最大，这就是极大似然估计的基本思想.

由于是有放回地抽取，所以抽取到某个球是相互独立的，因此抽取样本的过程可看成是 n 次伯努利试验，即黑球数目 X 服从二项分布

$$P(X=x)=C_3^x\ p^x(1-p)^{3-x},\quad x=0,1,2,3,$$

其中，$p=\frac{1}{4}$ 或 $p=\frac{3}{4}$.

现在根据样本中的黑球数来估计未知参数 p，实际上只要在 $p=\frac{1}{4}$ 和 $p=\frac{3}{4}$ 之间作一选择.利用二项分布，列表如下：

X	0	1	2	3
$p=\frac{1}{4}$ 时，$P(X=x)$ 的值	$\frac{27}{64}$	$\frac{27}{64}$	$\frac{9}{64}$	$\frac{1}{64}$
$p=\frac{3}{4}$ 时，$P(X=x)$ 的值	$\frac{1}{64}$	$\frac{9}{64}$	$\frac{27}{64}$	$\frac{27}{64}$

从表中可以看出，当 $p=\frac{1}{4}$ 时，样本中有 1 个黑球的概率是 $\frac{27}{64}$；当 $p=\frac{3}{4}$ 时，样本中有 1 个黑球的概率为 $\frac{9}{64}$，因为 $\frac{27}{64}>\frac{9}{64}$，所以取 p 的估计值为 $\hat{p}=\frac{1}{4}$.

一般地，设总体 X 的概率密度(或分布律)为 $p(x,\theta)$，θ 为未知参数，则样本 $X_1,X_2,\cdots,X_n$ 的联合概率密度是未知参数 θ 的函数，称为样本的似然函数，记为

$$L(\theta)=L(x_1,x_2,\cdots,x_n,\theta)=\prod_{i=1}^{n}p(x_i,\theta).$$

若存在 θ 的一个估计量 $\hat{\theta}$，使似然函数 $L(\theta)$ 达到最大值，即

$$L(x_1,x_2,\cdots,x_n,\hat{\theta})=\max L(x_1,x_2,\cdots,x_n,\theta), \tag{7-7}$$

则称 $\hat{\theta}$ 是 θ 的极大似然估计量.这种求点估计量的方法称为极大似然估计法.

若似然函数 $L(\theta)$ 可微,通常可用求导数的方法解决.由于似然函数通常是一些函数的连乘积,为了简化求导数,将似然函数取对数,得 $\ln L(\theta)$,又由于 $\ln x$ 是 x 的单调增函数,因而 $\ln L(\theta)$ 与 $L(\theta)$ 有相同的最大值点,即 $\ln L(\theta)$ 与 $L(\theta)$ 在同一点处取得极值,故可用对 $\ln L(\theta)$ 求极大值的方法求参数 θ 的极大似然估计量,为此,令

$$\frac{\mathrm{d}\ln L(\theta)}{\mathrm{d}\theta}=0, \tag{7-8}$$

求得 θ 的极大似然估计量 $\hat{\theta}$.

上述思想可以推广到随机变量总体 X 的分布中含有多个未知参数 $\theta_1,\theta_2,\cdots,\theta_m$ 的情形,若似然函数

$$L(x_1,x_2,\cdots,x_n;\theta_1,\cdots,\theta_m)=\prod_{i=1}^{n}p(x_i,\theta_1,\theta_2,\cdots,\theta_m)$$

可微,则求解方程组

$$\frac{\partial\ln L}{\partial\theta_k}=\sum_{i=1}^{n}\frac{\partial}{\partial\theta_k}\ln p(x_i,\theta_1,\cdots,\theta_m)=0,\ k=1,2,\cdots,m, \tag{7-9}$$

可得 θ_k 的极大估计量 $\hat{\theta}_k$,$k=1,2,\cdots,m$.

例 7.11 设随机变量 X 服从 0-1 分布,即 $X\sim B(1,p)$,$X_1,X_2,\cdots,X_n$ 是总体 X 的一个样本,求参数 p 的极大似然估计量.

解 X 的分布律为

$$P(x,p)=P(X=x)=p^x(1-p)^{1-x},x=0,1,$$

故似然函数为

$$L(p)=\prod_{i=1}^{n}p^{x_i}(1-p)^{1-x_i}=p^{\sum\limits_{i=1}^{n}x_i}(1-p)^{n-\sum\limits_{i=1}^{n}x_i}.$$

取对数,得

$$\ln L(p)=\left(\sum_{i=1}^{n}x_i\right)\ln p+\left(n-\sum_{i=1}^{n}x_i\right)\ln(1-p).$$

令
$$\frac{\mathrm{d}\ln L(p)}{\mathrm{d}p}=\frac{1}{p}\sum_{i=1}^{n}x_i-\frac{1}{1-p}\left(n-\sum_{i=1}^{n}x_i\right)=0,$$

解之得 p 的极大似然估计量为

$$\hat{p}=\frac{1}{n}\sum_{i=1}^{n}x_i=\overline{X}.$$

不难验证,这一估计量与矩估计量是相同的.

例 7.12 设总体 X 服从正态分布 $X\sim N(\mu,\sigma^2)$,μ,σ^2 为未知参数,

$$p(x,\mu,\sigma^2)=\frac{1}{\sqrt{2\pi}\sigma}e^{-\frac{(x-\mu)^2}{2\sigma^2}},-\infty<x<+\infty,$$

$X_1,X_2,\cdots,X_n$ 是总体 X 的一个样本，求 μ 和 σ^2 的极大似然估计量.

解 似然函数为

$$L(\mu,\sigma^2)=\prod_{i=1}^{n}\frac{1}{\sqrt{2\pi}\sigma}e^{-\frac{(x_i-\mu)^2}{2\sigma^2}},$$

取对数，得

$$\ln L(\mu,\sigma^2)=-\frac{n}{2}\ln(2\pi)-\frac{n}{2}\ln\sigma^2-\frac{1}{2\sigma^2}\sum_{i=1}^{n}(x_i-\mu)^2.$$

解方程组

$$\begin{cases}\dfrac{\partial\ln L}{\partial\mu}=\dfrac{1}{\sigma^2}\displaystyle\sum_{i=1}^{n}(x_i-\mu)=0,\\ \dfrac{\partial\ln L}{\partial\sigma^2}=-\dfrac{n}{2\sigma^2}+\dfrac{1}{2(\sigma^2)^2}\displaystyle\sum_{i=1}^{n}(x_i-\mu)^2=0,\end{cases}$$

得 μ、σ^2 的极大似然估计量为

$$\begin{cases}\hat{\mu}=\dfrac{1}{n}\displaystyle\sum_{i=1}^{n}x_i=\overline{X},\\ \hat{\sigma}^2=\dfrac{1}{n}\displaystyle\sum_{i=1}^{n}(x_i-\mu)^2=\hat{C}_2.\end{cases}$$

这与 μ 和 σ^2 的矩估计量是相同的.

例 7.13 设总体 X 服从指数分布 $X\sim E(\lambda)$，λ 为未知参数，

$$p(x,\lambda)=\begin{cases}\lambda e^{-\lambda x}, & x\geqslant 0,\\ 0, & x<0,\end{cases}$$

$X_1,X_2,\cdots,X_n$ 为总体 X 的一个样本，求 λ 的极大似然估计量.

解 似然函数为

$$L(\lambda)=\lambda^n\prod_{i=1}^{n}e^{-\lambda x_i}=\lambda^n\cdot e^{-\lambda\sum_{i=1}^{n}x_i}.$$

令 $\overline{X}=\frac{1}{n}\sum_{i=1}^{n}x_i$，并对上式取对数，得

$$\ln L(\lambda)=n\cdot\ln\lambda-\lambda n\overline{X}.$$

解方程

$$\frac{\partial\ln L(\lambda)}{\partial\lambda}=\frac{n}{\lambda}-n\overline{X}=0,$$

得 λ 的极大似然估计量为 $\hat{\lambda}=\dfrac{1}{\overline{X}}$.

例 7.14 设总体 X 在区间 $[a,b]$ 上服从均匀分布 $X\sim U(a,b)$，a,b 为未知参数，

$$p(x,a,b)=\begin{cases}\dfrac{1}{b-a}, & a\leqslant x\leqslant b,\\ 0, & \text{其他},\end{cases}$$

$X_1,X_2,\cdots,X_n$ 为总体 X 的一个样本，求 a,b 的极大似然估计量.

解 似然函数为

$$L(a,b)=\prod_{i=1}^{n}p(x_i,a,b)=\begin{cases}\dfrac{1}{(b-a)^n}, & a\leqslant x_i\leqslant b,\\ 0, & \text{其他}.\end{cases}$$

显然，似然函数 $L(a,b)$ 在不为零处不存在驻点，因此，不能利用求导的方法求得极大似然估计量. 为此，用直接确定似然函数的最大值点的方法来求 a,b 的极大似然估计量.

由似然函数 $L(a,b)$ 的表达式可知，$L(a,b)$ 的最大值是在 $L(a,b)$ 不为零处取得的，要使 $L(a,b)$ 取最大值，应使 a 尽量大而 b 尽可能小.

但是，a,b 又必须满足条件

$$a\leqslant x_i\leqslant b,\ i=1,2,\cdots,n,$$

因此，只有当 $a=\min(X_1,X_2,\cdots,X_n)$，$b=\max(X_1,X_2,\cdots,X_n)$ 时，$L(a,b)$ 取得最大值，所以 a,b 的极大似然估计量为

$$\hat{a}=\min(X_1,X_2,\cdots,X_n),\ \hat{b}=\max(X_1,X_2,\cdots,X_n).$$

此例的极大似然估计量与矩估计量不相同，而且此例还给出不能利用求导的方法而直接利用极大似然原理来求极大似然估计量的一个范例. 它说明，当总体 X 的密度函数 $p(x,\theta)$ 为分段函数且参数 θ 出现在分界点上，则必须直接根据似然函数进行分析，求出其极大似然估计量.

下面是一个求待估函数的极大似然估计量的例子.

例 7.15 设计公共汽车的车厢高度 h 时，假定要求车厢碰头的概率小于 0.005，设人的身高 $X\sim N(\mu,\sigma^2)$，而 μ,σ^2 皆未知，试对车厢的高度 h 作出估计.

解 为了确定车厢的高度 h，从总体 X 抽取一个样本 $X_1,X_2,\cdots,X_n$，求得 $\overline{X}$ 和 $\hat{C}_2$.

根据设计要求，应有

$$P(X>h)<0.005,$$

即
$$P\left(\frac{X-\mu}{\sigma}>\frac{h-\mu}{\sigma}\right)<0.005\ \text{或}\ P\left(\frac{X-\mu}{\sigma}\leqslant\frac{h-\mu}{\sigma}\right)\geqslant 0.995.$$

因为 $\dfrac{X-\mu}{\sigma}\sim N(0,1)$，根据分位数定义，由上式可得

$$\frac{h-\mu}{\sigma}\geqslant u_{0.995}=2.58\ \text{即}\ h\geqslant 2.58\sigma+\mu.$$

由例 7.12 知 μ,σ^2 的极大似然估计量分别为 $\overline{X}$ 和 $\hat{C}_2$，再根据极大似然估计原

理，得到车厢高度 h 的极大似然估计量为

$$\hat{h} \geqslant 2.58\hat{C}_2^{\frac{1}{2}} + \overline{X}.$$

本例代表了数理统计解决实际问题的一种基本思想，它的一般步骤是：

（1）从现实世界中搜集所关心问题的某个数量指标 X 的一批数据，得样本值 $(x_1, x_2, \cdots, x_n)$；

（2）确定数量指标 X 所服从的分布，并估计其分布参数；

（3）根据所确定的分布及分布参数，作有关的概率计算；

（4）运用计算结果所提供的信息，为设计或决策提出意见和建议.

极大似然估计法最早是英国现代统计学家费希尔提出的，至今仍是参数点估计中最重要的方法之一. 极大似然估计法充分利用了总体的概率密度表达式所提供的信息，因而具有很多优良的性质. 当样本容量 n 较大时，它比矩估计法精度更高. 当然，有时似然方程不一定能求解，有时似然方程的解也不一定使似然函数取得最大值，有时极大似然估计量不一定唯一，有时也可能不存在，这些都增加了求极大似然估计量的困难. 但是，这种方法仍是最重要和最好的方法之一，是最常用的参数点估计方法.

7.3 区间估计

未知参数 θ 的点估计 $\hat{\theta}$ 只是 θ 的一个近似估计值，然而并不知道它靠近真值 θ 的可信程度，也就是说不知真值 θ 所在的范围. 因此对于未知参数 θ，除了求出它的点估计量 $\hat{\theta}$ 外，还希望估计出一个范围，并希望知道这个范围包含参数 θ 真值的可信度. 通常用区间来表示这个范围，因而把这种形式的估计称为区间估计，这样的区间称为置信区间.

定义 7.4 设 θ 是总体 X 的未知参数，若 $\theta_1(X_1, X_2, \cdots, X_n)$ 和 $\theta_2(X_1, X_2, \cdots, X_n)$ 是由样本 $X_1, X_2, \cdots, X_n$ 所确定的两个统计量，对于给定的常数 $\alpha(0<\alpha<1)$，有

$$P(\theta_1<\theta<\theta_2)=1-\alpha. \tag{7-10}$$

则称随机区间 (θ_1, θ_2) 为参数 θ 置信度（置信概率）为 $1-\alpha$ 的置信区间，θ_1 和 θ_2 分别称为置信下限和置信上限，置信度 $1-\alpha$ 也称为置信水平，α 称为显著性水平或误判风险.

置信区间是一个随机区间，置信区间的意义是它以概率 $1-\alpha$ 包含未知参数 θ 的真值，表达了区间估计的精确性；置信度 $1-\alpha$ 表达了区间估计的可靠性，它是

区间估计的可靠概率；而显著性水平 α 表达了区间估计的误差性. 例如若 $\alpha=0.01$，反复抽样 1 000 次，则得到的 1 000 个区间估计中不包含 θ 真值的约仅为 10 个. 总希望在给定的较大的置信度 $1-\alpha$（通常取 $\alpha=0.05$ 或 $\alpha=0.01$），得到长度最小的置信区间 (θ_1,θ_2).

由于有大量的总体 X 服从正态分布 $X\sim N(\mu,\sigma^2)$，因此，讨论正态总体的数学期望 $\mu=E(X)$ 和方差 $\sigma^2=D(X)$ 的区间估计就特别重要. 在以后的讨论中，总假定总体 X 服从正态分布 $X\sim N(\mu,\sigma^2)$.

7.3.1 单个正态总体数学期望 μ 的区间估计

方差　已知时　的区间估计

设 $X_1,X_2,\cdots,X_n$ 为来自正态总体 $X\sim N(\mu,\sigma^2)$ 的一个样本，其中 σ^2 已知，μ 未知，求 μ 的置信度为 $1-\alpha$ 的置信区间.

样本均值 $\overline{X}$ 是 μ 的极大似然估计量，也是一个无偏估计量，$\overline{X}\sim N\left(\mu,\dfrac{\sigma^2}{n}\right)$，将此正态分布标准化，构造统计量

$$U=\frac{\overline{X}-\mu}{\sigma/\sqrt{n}}\sim N(0,1).$$

对给定的 α，由标准正态分布的上 α 分位点的定义可知

$$P\left(\left|\frac{\overline{X}-\mu}{\sigma/\sqrt{n}}\right|<u_{\frac{\alpha}{2}}\right)=1-\alpha,$$

其中，$u_{\frac{\alpha}{2}}$ 是由置信度 $1-\alpha$ 在标准正态分布表中查得的上 $\dfrac{\alpha}{2}$ 分位数，上式等价于

$$P\left(\overline{X}-\frac{\sigma}{\sqrt{n}}u_{\frac{\alpha}{2}}<\mu<\overline{X}+\frac{\sigma}{\sqrt{n}}u_{\frac{\alpha}{2}}\right)=1-\alpha,$$

于是得 μ 置信度为 $1-\alpha$ 的置信区间为

$$\left(\overline{X}-\frac{\sigma}{\sqrt{n}}u_{\frac{\alpha}{2}},\overline{X}+\frac{\sigma}{\sqrt{n}}u_{\frac{\alpha}{2}}\right).\tag{7-11}$$

式(7-11)的实际意义是：随机做一次抽样，计算得样本均值 $\overline{X}$，可以认为 $E(X)=\mu$ 的真值位于该区间内的可能性（置信度）是 $1-\alpha$.

从上面的讨论可以看出，求未知参数 θ 的区间估计通常有如下的 3 个步骤：

(1) 根据待估参数，由样本 $X_1,X_2,\cdots,X_n$ 构造一个统计量 Q，Q 只含未知参数 θ 而不含其他未知参数，Q 的分布已知且不依赖于任何未知参数. 在一般情况下，统计量 Q 可以由未知参数的点估计量变换而得到.

(2) 对于给定的置信度 $1-\alpha$（或显著性水平 α），确定统计量 Q 的分布的上 α 分位点，由分位点确定常数 a,b，使

$$P(a<Q<b)=1-\alpha.$$

通常为方便起见，取 a，b 分别为 Q 的上 $1-\frac{\alpha}{2}$ 和上 $\frac{\alpha}{2}$ 分位点.

(3) 利用不等式的恒等变形，求得未知参数的置信区间.

在前面的讨论中，当 σ^2 已知时，由于所构造的统计量 $U=\frac{\overline{X}-\mu}{\sigma/\sqrt{n}}$ 是服从于标准正态分布的，故也称此估计为 U 估计法.

例 7.16 某炼铁厂的铁水含碳量 X(%)在正常情况下服从正态分布 $X\sim N(\mu,\sigma^2)$，其中 $\sigma^2=(0.108)^2$，已知测得 5 炉铁水的含碳量分别为

4.28，4.40，4.42，4.35，4.37.

求 μ 置信度为 95% 的置信区间.

解 根据题意已知 $\sigma=0.108$，$n=5$，利用 U 估计法，μ 的置信区间为 $\left(\overline{X}-\frac{\sigma}{\sqrt{n}}u_{\frac{\alpha}{2}},\overline{X}+\frac{\sigma}{\sqrt{n}}u_{\frac{\alpha}{2}}\right)$. 由所给样本计算得样本均值 $\overline{X}=4.364$，由置信度 $1-\alpha=0.95$，得 $\frac{\alpha}{2}=0.025$. 查标准正态分布表，得上 $\frac{\alpha}{2}$ 分位点 $u_{\frac{\alpha}{2}}=u_{0.025}=1.96$，故得 μ 的置信度为 95% 的置信区间为 $\left(4.364-\frac{0.108}{\sqrt{5}}\times 1.96,4.364+\frac{0.108}{\sqrt{5}}\times 1.96\right)$，即 $(4.296,4.459)$.

例 7.17 已知某种果树的产量 X 服从正态分布 $X\sim N(\mu,\sigma^2)$，正常年份产量 X 的方差 $\sigma^2=400$，现随机地抽取 9 株，其产量(单位:kg)分别为

112，131，95，105，115，121，99，116，125.

试以 99% 的可靠性估计这批果树每棵的平均产量.

解 根据题意已知 $\sigma=20$，$n=9$，利用 U 估计法，μ 的置信区间为 $\left(\overline{X}-\frac{\sigma}{\sqrt{n}}u_{\frac{\alpha}{2}},\overline{X}+\frac{\sigma}{\sqrt{n}}u_{\frac{\alpha}{2}}\right)$，计算得样本均值 $\overline{X}=113.6$，由置信度 $1-\alpha=0.99$，得 $\frac{\alpha}{2}=0.005$. 查标准正态分布表，得上 $\frac{\alpha}{2}$ 分位点 $u_{\frac{\alpha}{2}}=u_{0.005}=2.58$，故得 μ 的置信区间为 $\left(113.6-2.58\times\frac{20}{\sqrt{9}},113.6+2.58\times\frac{20}{\sqrt{9}}\right)$，即 $(96.4,130.8)$. 这批果树每棵的平均产量在 96.4 kg 到 130.8 kg 之间.

方差　未知时　的区间估计

在实际问题中，总是以 σ^2 未知的情形居多，在这种情况下，就不能用 $U=\frac{\overline{X}-\mu}{\sigma/\sqrt{n}}$ 来构造统计量了，因为 U 的表达方式中除含有未知参数 μ 外，还含有未知参数 σ^2. 考虑到样本方差 $S^2=\frac{1}{n-1}\sum_{n=1}^{n}(X_i-\overline{X})^2$ 是 σ^2 的无偏估计量，故用 S^2 来代

替 σ^2. 根据第 6 章构造统计量

$$T=\frac{\overline{X}-\mu}{S/\sqrt{n}}\sim t(n-1),$$

对于给定的 α，查 t 分布表，得 $t_{\frac{\alpha}{2}}(n-1)$，简记为 $t_{\frac{\alpha}{2}}$，由关系式

$$P\left(-t_{\frac{\alpha}{2}}<\frac{\overline{X}-\mu}{S/\sqrt{n}}<t_{\frac{\alpha}{2}}\right)=1-\alpha,$$

进行恒等变形，即得方差 σ^2 未知时，μ 的 $1-\alpha$ 的置信区间为

$$\left(\overline{X}-\frac{S}{\sqrt{n}}t_{\frac{\alpha}{2}},\overline{X}+\frac{S}{\sqrt{n}}t_{\frac{\alpha}{2}}\right). \tag{7-12}$$

在 σ^2 未知时，由于所构造的统计量 $T=\frac{\overline{X}-\mu}{S/\sqrt{n}}$是服从于 $t(n-1)$分布的，故也称此估计为 T 估计法.

例 7.18 有一大批糖果，每袋的重量 X 近似服从正态分布 $X\sim N(\mu,\sigma^2)$，现从中随机抽取 16 袋，称得重量(单位:g)如下：

506,508,499,503,504,510,497,512,

514,505,493,496,506,502,509,496.

试估计每袋糖果重量的均值 μ 的置信度为 0.95 的置信区间.

解 由于 σ^2 未知，用 T 估计法，μ 的置信区间为 $\left(\overline{X}-\frac{S}{\sqrt{n}}t_{\frac{\alpha}{2}},\overline{X}+\frac{S}{\sqrt{n}}t_{\frac{\alpha}{2}}\right)$. 由所给样本算得样本均值 $\overline{X}=503.75$，样本方差 $S^2=(6.2022)^2$.

由所给置信度 $1-\alpha=0.95$，得$\frac{\alpha}{2}=0.025$，$n-1=15$. 查 t 分布表，可得上$\frac{\alpha}{2}$分位点 $t_{0.025}(15)=2.1315$. 由 T 估计法可得均值 μ 的置信度为 0.95 的置信区间为 $\left(503.75-2.1315\times\frac{6.2022}{\sqrt{16}},503.75+2.1315\times\frac{6.2022}{\sqrt{16}}\right)$，即(500.4,507.1). 因此估计每袋糖果重量的均值 μ 在 500.4 g 至 507.1 g 之间.

例 7.19 对某型号飞机的飞行速度进行 15 次独立试验，测得飞机的最大飞行速度(单位:m/s)如下：

422.2,418.7,425.6,420.3,425.8,423.1,431.5,428.2,

438.3,434.0,412.3,417.2,413.5,401.3,423.7.

飞机的最大飞行速度可认为服从正态分布 $X\sim N(\mu,\sigma^2)$，求最大飞行速度的数学期望 μ 的置信概率为 99%的置信区间.

解 因为 σ^2 未知，用 T 估计法，μ 置信区间为 $\left(\overline{X}-\frac{S}{\sqrt{n}}t_{\frac{\alpha}{2}},\overline{X}+\frac{S}{\sqrt{n}}t_{\frac{\alpha}{2}}\right)$. 由所给样本计算得样本均值 $\overline{X}=425.047$，样本方差 $S^2=71.8814$. 由所给置信度

$1-\alpha=0.99$，得$\frac{\alpha}{2}=0.005$，$n-1=14$. 查 t 分布表，得上$\frac{\alpha}{2}$分位点 $t_{0.005}(14)=2.9768$，将上述数值代入，得均值 μ 的置信区间为$\left(425.047-2.9768\times\sqrt{\frac{71.8814}{15}},\right.$ $\left.425.047+2.9768\times\sqrt{\frac{71.8814}{15}}\right)$，即(418.302，431.792)，飞机的最大飞行速度的均值以 99%的概率在 418.302 m/s 到431.792 m/s之间.

7.3.2　单个正态总体方差 σ^2 的区间估计

已知可以用样本方差 $S^2=\frac{1}{n-1}\sum\limits_{i=1}^{n}(X_i-\overline{X})^2$ 来估计总体方差，而且 S^2 是 σ^2 的无偏估计，但 S^2 毕竟不是 σ^2，那么 S^2 和 σ^2 相差多少？σ^2 所在的范围是什么？这就提出了方差 σ^2 的区间估计问题. 在实际工作中，如测量元件的精度、研究生产的稳定性等，都会遇到这样的问题.

在求数学期望 μ 的区间估计时，对 σ^2 已知和 σ^2 未知两种情况分别进行了讨论. 类似地，在求方差 σ^2 的区间估计时，也分 μ 已知和 μ 未知两种情况分别进行讨论.

数学期望　已知时　方差　　的区间估计

由于统计量

$$\Gamma=\frac{\sum\limits_{i=1}^{n}(X_i-\mu)^2}{\sigma^2}\sim\chi^2(n),$$

故选取 Γ 作为 σ^2 区间估计的统计量. 对于给定的置信度 $1-\alpha$，由于 $\chi^2(n)$分布不具有对称性，因此查 $\chi^2(n)$分布表时，需查两个上$\frac{\alpha}{2}$分位点 $\chi^2_{\frac{\alpha}{2}}(n)$和 $\chi^2_{1-\frac{\alpha}{2}}(n)$. 由上$\frac{\alpha}{2}$分位点的定义，得

$$P\left\{\chi^2_{1-\frac{\alpha}{2}}(n)<\frac{\sum\limits_{i=1}^{n}(X_i-\mu)^2}{\sigma^2}<\chi^2_{\frac{\alpha}{2}}(n)\right\}=1-\alpha,$$

由此可得方差 σ^2 的置信度为 $1-\alpha$ 的置信区间为

$$\left(\frac{\sum\limits_{i=1}^{n}(X_i-\mu)^2}{\chi^2_{\frac{\alpha}{2}}(n)},\frac{\sum\limits_{i=1}^{n}(X_i-\mu)^2}{\chi^2_{1-\frac{\alpha}{2}}(n)}\right).\tag{7-13}$$

这种估计称为 μ 已知时 σ^2 的 $\chi^2(n)$估计法.

例 7.20　已知某种灯泡的寿命 X(单位：h)服从正态分布 $X\sim N(\mu,\sigma^2)$，其中

$\mu=1\,147$已知，σ^2 未知.现从这种灯泡中随机抽取 10 个，测得其寿命分别为

1 050，1 100，1 080，1 120，1 200，1 250，1 040，1 130，1 300，1 200，

给定 $\alpha=0.05$，试求 σ^2 的置信区间.

解 由于 $\mu=1\,147$ 已知，用 $\chi^2(n)$估计法，σ^2 的置信区间为

$$\left(\frac{\sum_{i=1}^{n}(X_i-\mu)^2}{\chi^2_{\frac{\alpha}{2}}(n)},\frac{\sum_{i=1}^{n}(X_i-\mu)^2}{\chi^2_{1-\frac{\alpha}{2}}(n)}\right).$$

由样本计算得 $\sum_{i=1}^{n}(X_i-\mu)^2=68\,210$，由给定的 $\alpha=0.05$，查 $\chi^2(n)$分布表，得上$\frac{\alpha}{2}$分位点 $\chi^2_{0.025}(10)=20.483$，$\chi^2_{0.975}(10)=3.247$，将上述数值代入，得 σ^2 的置信度为 0.95 的置信区间为(3 330，21 007).

数学期望 未知时 方差 的区间估计

在实际问题中，总体均值 μ 未知的情形(即 μ,σ^2 都未知)居多，因而它比 μ 已知的情形更具有实用价值.

由于 μ 未知，故不能选取 $\Gamma=\frac{\sum_{i=1}^{n}(X_i-\mu)^2}{\sigma^2}$ 作为统计量，因为其表达式中除含待估计未知参数 σ^2 外，还含有未知参数 μ.已知 σ^2 的无偏估计量为 S^2，由于统计量

$$Q=\frac{\sum_{i=1}^{n}(X_i-\overline{X})^2}{\sigma^2}=\frac{(n-1)S^2}{\sigma^2}\sim\chi^2(n-1),$$

故选取 Q 作为 σ^2 区间估计的统计量，对于给定的置信度 $1-\alpha$，查 $\chi^2(n-1)$分布表，得上$\frac{\alpha}{2}$分位点 $\chi^2_{\frac{\alpha}{2}}(n-1)$和 $\chi^2_{1-\frac{\alpha}{2}}(n-1)$，由上$\frac{\alpha}{2}$分位点的定义，得

$$P\left(\chi^2_{1-\frac{\alpha}{2}}(n-1)<\frac{(n-1)S^2}{\sigma^2}<\chi^2_{\frac{\alpha}{2}}(n-1)\right)=1-\alpha.$$

由此可得方差 σ^2 的置信度为 $1-\alpha$ 的置信区间为

$$\left(\frac{(n-1)S^2}{\chi^2_{\frac{\alpha}{2}}(n-1)},\frac{(n-1)S^2}{\chi^2_{1-\frac{\alpha}{2}}(n-1)}\right).\tag{7-14}$$

这种估计称为 μ 未知时 σ^2 的 $\chi^2(n-1)$估计法.

例 7.21 某厂生产一种塑料口杯，其重量 X 服从正态分布 $X\sim N(\mu,\sigma^2)$，现随机抽取 9 个，测得其重量(单位：g)：

21.1，21.3，21.4，21.5，21.3，21.7，21.4，21.3，21.6.

试用 95%的置信度估计口杯平均重量 μ 和方差 σ^2 的置信区间.

解 依题意 $X\sim N(\mu,\sigma^2)$，但 μ,σ^2 未知，由所给样本计算得样本均值 $\overline{X}=$

21.4，样本方差 $S^2=(0.17)^2$.

先求 μ 的置信区间，由于 σ^2 未知，用 T 估计法，μ 的置信区间为 $\left(\overline{X}-\frac{S}{\sqrt{n}}t_{\frac{\alpha}{2}}(n-1),\overline{X}+\frac{S}{\sqrt{n}}t_{\frac{\alpha}{2}}(n-1)\right)$. 给定的置信度 $1-\alpha=0.95$，得 $\frac{\alpha}{2}=0.025$，$n-1=8$，查 t 分布表得 $t_{0.025}(8)=2.31$，将上述数值代入，得 μ 的置信区间为(21.261，21.539).

再求 σ^2 的置信区间，由于 μ 未知，用 $\chi^2(n-1)$ 估计法，σ^2 的置信区间为

$$\left(\frac{(n-1)S^2}{\chi^2_{\frac{\alpha}{2}}(n-1)},\frac{(n-1)S^2}{\chi^2_{1-\frac{\alpha}{2}}(n-1)}\right).$$

由 $1-\alpha=0.95$，$n-1=8$ 查 $\chi^2(n-1)$ 分布表得 $\chi^2_{0.025}(8)=17.535$，$\chi^2_{0.975}(8)=2.18$，将上述数值代入，得 σ^2 的置信区间为(0.014 8，0.119 2).

7.3.3　两个正态总体均值差 $\mu_1-\mu_2$ 的区间估计

在实际问题中经常遇到这样的问题：已知产品的质量指标服从正态分布，但由于原料、设备条件、操作人员不同或工艺过程的改变等因素，引起总体均值、总体方差有所改变. 这些改变究竟有多大？这就需要考察两个正态总体的均值差和方差比的区间估计问题.

设总体 $X\sim N(\mu_1,\sigma_1^2)$，$X_1,X_2,\cdots,X_n$ 为 X 的样本；$Y\sim N(\mu_2,\sigma_2^2)$，$Y_1,Y_2,\cdots,Y_n$ 为 Y 的样本，而且这两个样本相互独立，$\overline{X}$，S_1^2，$\overline{Y}$，S_2^2 分别表示两个样本的样本均值和样本方差.

已知时　　　的区间估计

因为 $\overline{X}$，$\overline{Y}$ 分别为 μ_1，μ_2 的无偏估计，故 $\overline{X}-\overline{Y}$ 是 $\mu_1-\mu_2$ 的无偏估计. 由于 $\overline{X}\sim N\left(\mu_1,\frac{\sigma_1^2}{n_1}\right)$，$\overline{Y}\sim N\left(\mu_2,\frac{\sigma_2^2}{n_2}\right)$，且 $\overline{X}$，$\overline{Y}$ 相互独立，故

$$(\overline{X}-\overline{Y})\sim N\left(\mu_1-\mu_2,\frac{\sigma_1^2}{n_1}+\frac{\sigma_2^2}{n_2}\right).$$

因此取统计量(即将此正态分布标准化)

$$U=\frac{(\overline{X}-\overline{Y})-(\mu_1-\mu_2)}{\sqrt{\frac{\sigma_1^2}{n_1}+\frac{\sigma_2^2}{n_2}}}\sim N(0,1),$$

可得 $\mu_1-\mu_2$ 的置信度为 $1-\alpha$ 的置信区间为

$$\left(\overline{X}-\overline{Y}-u_{\frac{\alpha}{2}}\sqrt{\frac{\sigma_1^2}{n_1}+\frac{\sigma_2^2}{n_2}},\overline{X}-\overline{Y}+u_{\frac{\alpha}{2}}\sqrt{\frac{\sigma_1^2}{n_1}+\frac{\sigma_2^2}{n_2}}\right).\tag{7-15}$$

例 7.22　甲、乙两台机床加工同种零件，分别从甲、乙机床处取 9 个和 7 个零件测量其长度，得样本均值分别为 $\overline{X}=19.8$ mm，$\overline{Y}=23.5$ mm. 又知甲机床加工的零件长度 $X\sim N(\mu_1,0.34)$，乙机床加工的零件长度 $Y\sim N(\mu_2,0.36)$，求 $\mu_1-\mu_2$ 的

99%的置信区间.

解 由题中条件知 $n_1=9, n_2=7, \overline{X}=19.8, \overline{Y}=23.5$，由 $1-\alpha=0.99$，得 $\alpha/2=0.005$，查标准正态分布表得上 $\frac{\alpha}{2}$ 分位点 $u_{\frac{\alpha}{2}}=u_{0.005}=2.58$，将上述数值代入式(7-15)，得

$$\overline{X}-\overline{Y}\pm u_{\frac{\alpha}{2}}\sqrt{\frac{\sigma_1^2}{n_1}+\frac{\sigma_2^2}{n_2}}=(19.8-23.5)\pm 2.58\sqrt{\frac{0.34}{9}+\frac{0.36}{7}}$$
$$=-3.7\pm 2.58\times 0.298.$$

故得 $\mu_1-\mu_2$ 的 99%的置信区间为$(-4.47,-2.93)$.

未知　　　的区间估计

由于总体方差 σ_1^2, σ_2^2 未知，但 $\sigma_1^2=\sigma_2^2$，根据第 6 章，选取统计量

$$T=\frac{\overline{X}-\overline{Y}-(\mu_1-\mu_2)}{S_w\sqrt{\frac{1}{n_1}+\frac{1}{n_2}}}\sim t(n_1+n_2-2),$$

其中

$$S_w^2=\frac{\sum_{i=1}^{n}(X_i-\overline{X})^2+\sum_{i=1}^{n}(Y_i-\overline{Y})^2}{n_1+n_2-2}=\frac{(n_1-1)S_1^2+(n_2-1)S_2^2}{n_1+n_2-2}, S_w=\sqrt{S_w^2}.$$

由此可得 $\mu_1-\mu_2$ 的置信区间为

$$\left(\overline{X}-\overline{Y}-t_{\frac{\alpha}{2}}(n_1+n_2-2)S_w\sqrt{\frac{1}{n_1}+\frac{1}{n_2}}, \overline{X}-\overline{Y}+t_{\frac{\alpha}{2}}(n_1+n_2-2)S_w\sqrt{\frac{1}{n_1}+\frac{1}{n_2}}\right). \quad (7\text{-}16)$$

且都未知　　　的区间估计

这里分两种情形来讨论：

(1) 若 n_1, n_2 都很大(实用上要求 n_1, n_2 大于 50 即可)，这就是所谓的大样本情形，利用中心极限定理可以证明(证明略)：

$$\frac{(\overline{X}-\overline{Y})-(\mu_1-\mu_2)}{\sqrt{\frac{S_1^2}{n_1}+\frac{S_2^2}{n_2}}}\sim N(0,1).$$

这就类似于 σ_1^2, σ_2^2 都为已知情形，可以用

$$\left(\overline{X}-\overline{Y}-u_{\frac{\alpha}{2}}\sqrt{\frac{S_1^2}{n_1}+\frac{S_2^2}{n_2}}, \overline{X}-\overline{Y}+u_{\frac{\alpha}{2}}\sqrt{\frac{S_1^2}{n_1}+\frac{S_2^2}{n_2}}\right) \quad (7\text{-}17)$$

作为 $\mu_1-\mu_2$ 的置信度为 $1-\alpha$ 近似置信区间.

(2) 若 n_1, n_2 并不大，Welch 在 1938 年提出了一个 $\mu_1-\mu_2$ 的置信度为 $1-\alpha$ 的近似置信区间估计

$$\left(\overline{X}-\overline{Y}-t_{\frac{\alpha}{2}}(n')\sqrt{\frac{S_1^2}{n_1}+\frac{S_2^2}{n_2}}, \overline{X}-\overline{Y}+t_{\frac{\alpha}{2}}(n')\sqrt{\frac{S_1^2}{n_1}+\frac{S_2^2}{n_2}}\right). \quad (7\text{-}18)$$

其中 t 分布的自由度 n' 为

$$n'=\frac{\left(\frac{S_1^2}{n_1}+\frac{S_2^2}{n_2}\right)^2}{\frac{(S_1^2/n_1)^2}{n_1-1}+\frac{(S_2^2/n_2)^2}{n_2-1}},$$

当 n' 不是整数时，可用四舍五入取整数后作为 n'.

1960 年，Banerji 提出了另一个 $\mu_1-\mu_2$ 的置信度为 $1-\alpha$ 的近似置信区间估计

$$\left((\overline{X}-\overline{Y})-\sqrt{t_{\frac{\alpha}{2}}(n_1-1)\frac{S_1^2}{n_1}+t_{\frac{\alpha}{2}}(n_2-1)\frac{S_2^2}{n_2}},(\overline{X}-\overline{Y})+\sqrt{t_{\frac{\alpha}{2}}(n_1-1)\frac{S_1^2}{n_1}+t_{\frac{\alpha}{2}}(n_2-1)\frac{S_2^2}{n_2}}\right)$$

这个方法的特点是：对于有限的 n_1 和 n_2，置信区间包含未知均值差 $\mu_1-\mu_2$ 的概率，总不小于指定的 $1-\alpha$.

例 7.23 甲、乙两种型号灯泡的寿命都服从正态分布，且方差相等，现随机抽取甲种型号的灯泡 5 只，测得平均寿命 $\overline{X}=1\,000$ h，标准差 $S_1=28$ h. 随机抽取乙种型号的灯光 7 只，测得平均寿命 $\overline{Y}=980$ h，标准差 $S_2=32$ h，试求两总体的均值差 $\mu_1-\mu_2$ 的 99%的置信区间.

解 依题意 $X\sim N(\mu_1,\sigma_1^2)$，$Y\sim N(\mu_2,\sigma_2^2)$，且 $\sigma_1^2=\sigma_2^2=\sigma^2$ 未知，$n_1=5$，$\overline{X}=1\,000$，$S_1=28$；$n_2=7$，$\overline{Y}=980$，$S_2=32$. 由 $1-\alpha=0.99$，得 $\frac{\alpha}{2}=0.005$，$n_1+n_2-2=10$，查 t 分布表，得 $t_{0.005}(10)=3.169\,3$.

$$S_w=\sqrt{\frac{(n_1-1)S_1^2+(n_2-1)S_2^2}{n_1+n_2-2}}=\sqrt{\frac{4\times28^2+6\times32^2}{10}}=\sqrt{928}=30.46.$$

故由式(7-16)得 $\mu_1-\mu_2$ 的 99%的置信区间为

$$\left((1\,000-980)-3.169\,3\times30.46\sqrt{\frac{1}{5}+\frac{1}{7}},(1\,000-980)+3.169\,3\times30.46\sqrt{\frac{1}{5}+\frac{1}{7}}\right),$$

即$(-36.5,76.5)$.

两总体均值差的置信区间的含义是：若 $\mu_1-\mu_2$ 的置信下限大于 0，则可认为 $\mu_1-\mu_2>0$，即 $\mu_1>\mu_2$；若 $\mu_1-\mu_2$ 的置信上限小于 0，则可认为 $\mu_1-\mu_2<0$，即 $\mu_1<\mu_2$. 例 7.22 的结果表示 $\mu_1<\mu_2$，即甲机床加工的零件平均长度小于乙机床加工的零件平均长度；例 7.23 的结果则不能断定哪个总体均值大，即不能肯定哪种灯泡平均寿命长，可以认为相等.

7.3.4 两个正态总体方差比 σ_1^2/σ_2^2 的区间估计

设总体 $X\sim N(\mu_1,\sigma_1^2)$，$X_1,X_2,\cdots,X_{n_1}$ 为 X 的样本；$Y\sim N(\mu_2,\sigma_2^2)$，$Y_1,Y_2,\cdots,Y_{n_2}$ 为 Y 的样本，而且这两个样本相互独立. $\overline{X}$，S_1^2，$\overline{Y}$，S_2^2 分别表示两个样本的样本均值和样本方差. 这里仅讨论在总体均值 μ_1，μ_2 为未知的情况下，方差比 σ_1^2/σ_2^2 的区间估计.

由于 $(n_1-1)S_1^2/\sigma_1^2\sim\chi^2(n_1-1)$，$(n_2-1)S_2^2/\sigma_2^2\sim\chi^2(n_2-1)$，

且由假设知 $(n_1-1)S_1^2/\sigma_1^2$ 与 $(n_2-1)S_2^2/\sigma_2^2$ 相互独立，则由第 6 章关于 F 分布的定义及性质知统计量

$$F=\frac{S_1^2/\sigma_1^2}{S_2^2/\sigma_2^2}\sim F(n_1-1,n_2-1).$$

对于给定的 $1-\alpha$，查 F 分布表得上 $\frac{\alpha}{2}$ 分位点 $F_{\frac{\alpha}{2}}(n_1-1,n_2-1)$，利用 F 分布上 $\frac{\alpha}{2}$ 分位点的性质得

$$F_{1-\frac{\alpha}{2}}(n_1-1,n_2-1)=1/F_{\frac{\alpha}{2}}(n_2-1,n_1-1).$$

由分位点的定义得

$$P\left(F_{1-\frac{\alpha}{2}}(n_1-1,n_2-1)<\frac{S_1^2/\sigma_1^2}{S_2^2/\sigma_2^2}<F_{\frac{\alpha}{2}}(n_1-1,n_2-1)\right)=1-\alpha.$$

由此得 σ_1^2/σ_2^2 的置信度为 $1-\alpha$ 的置信区间为

$$\left(\frac{S_1^2/S_2^2}{F_{\frac{\alpha}{2}}(n_1-1,n_2-1)},\frac{S_1^2/S_2^2}{F_{1-\frac{\alpha}{2}}(n_1-1,n_2-1)}\right).$$

根据 F 分布分位数的特征，这个置信区间可改写为下面的简单形式

$$\left(\frac{S_1^2}{S_2^2}F_{1-\frac{\alpha}{2}}(n_2-1,n_1-1),\frac{S_1^2}{S_2^2}F_{\frac{\alpha}{2}}(n_2-1,n_1-1)\right).\tag{7-19}$$

这种估计称为两正态总体方差比 σ_1^2/σ_2^2 的 F 估计法.

例 7.24 研究由机器甲和机器乙生产的钢管的内径，设两台机器生产的钢管内径分别服从正态分布 $X\sim N(\mu_1,\sigma_1^2)$，$Y\sim N(\mu_2,\sigma_2^2)$. 随机抽取机器甲生产钢管 18 只，测得样本均值 $\overline{X}=91.73$ mm，样本方差 $S_1^2=0.34\ \text{mm}^2$；抽取机器乙生产的钢管 13 只，测得样本均值 $\overline{Y}=93.75$ mm，样本方差 $S_2^2=0.29\ \text{mm}^2$. 设两样本相互独立，取 $\alpha=0.1$. 求：(1) σ_1^2/σ_2^2 的置信区间；(2) 若 $\sigma_1^2=\sigma_2^2$，求 $\mu_1-\mu_2$ 的置信区间.

解 依题意，$X\sim N(\mu_1,\sigma_1^2)$，$Y\sim N(\mu_2,\sigma_2^2)$，$n_1=18$，$\overline{X}=91.73$，$S_1^2=0.34$，$n_2=13$，$\overline{Y}=93.75$，$S_2^2=0.29$.

(1) 求 σ_1^2/σ_2^2 的置信区间.

由于 μ_1,μ_2 未知，用 F 估计法，查 F 分布表得

$$F_{\frac{\alpha}{2}}(n_2-1,n_1-1)=F_{0.05}(12,17)=2.38,$$

$$F_{1-\frac{\alpha}{2}}(n_2-1,n_1-1)=\frac{1}{F_{0.05}(17,12)}=\frac{1}{2.59},$$

于是根据式(7-19)得 $\frac{\sigma_1^2}{\sigma_2^2}$ 的置信度为 0.90 的置信区间为

$$\left(\frac{0.34}{0.29}\times\frac{1}{2.59},\frac{0.34}{0.29}\times 2.38\right)=(0.45,2.79).$$

由于$\dfrac{\sigma_1^2}{\sigma_2^2}$的置信区间中包含 1，在实际中可以认为 $\sigma_1^2=\sigma_2^2$，即 σ_1^2 与 σ_2^2 没有显著差异.

(2) 在 $\sigma_1^2=\sigma_2^2$ 时，求 $\mu_1-\mu_2$ 的置信区间.

由 σ_1^2,σ_2^2 未知且相等可得，

$$S_w^2=\frac{(n_1-1)S_1^2+(n_2-1)S_2^2}{n_1+n_2-2}=\frac{17\times 0.34+12\times 0.29}{29}=0.32.$$

对 $\alpha=0.1$，查 t 分布表得 $t_{\frac{\alpha}{2}}(n_1+n_2-2)=t_{0.05}(29)=1.699\ 1$. 于是由式(7-16)得 $\mu_1-\mu_2$ 的置信度为 0.9 的置信区间为

$$\left(91.73-93.75-1.699\ 1\times\sqrt{0.32}\sqrt{\frac{1}{18}+\frac{1}{13}},91.73-93.75+1.699\ 1\times\sqrt{0.32}\sqrt{\frac{1}{18}+\frac{1}{13}}\right),$$

即$(-2.37,-1.67)$.

由于该置信区间中没有包含 0，在实际问题中可以认为 μ_1 与 μ_2 有显著差异. 而且置信区间的上限小于 0，故可以认为 $\mu_1<\mu_2$.

7.3.5 0-1 分布的参数 p 的区间估计

前面讨论的区间估计都是在总体服从正态分布的情况下得到的，对于非正态分布，常用大样本作近似估计. 这里主要介绍在应用上很重要的 0-1 分布的参数 p 的区间估计.

设有一容量 $n>50$ 的大样本 $X_1,X_2,\cdots,X_n$，它来自 0-1 分布的总体 X，$X\sim B(1,p)$，X 的分布律为

$$f(x,p)=p^x(1-p)^{1-x},x=0,1,$$

其中，p 为未知参数，求 p 的置信度为 $1-\alpha$ 的置信区间.

已知 0-1 分布的均值和方差为

$$\mu=p,\sigma^2=p(1-p).$$

因样本容量 n 较大，由第 5 章中心极限定理知

$$\frac{\overline{X}-E(X)}{\sqrt{D(X)/n}}=\frac{\overline{X}-p}{\sqrt{p(1-p)/n}}\sim N(0,1),n\to+\infty,$$

即近似服从标准正态分布 $N(0,1)$，于是有

$$P\left(-u_{\frac{\alpha}{2}}<\frac{\overline{X}-p}{\sqrt{p(1-p)/n}}<u_{\frac{\alpha}{2}}\right)\approx 1-\alpha.$$

而不等式

$$-u_{\frac{\alpha}{2}}<\frac{\overline{X}-p}{\sqrt{p(1-p)/n}}<u_{\frac{\alpha}{2}}$$

等价于

$$(n+u_{\frac{\alpha}{2}}^2)p^2-(2n\overline{X}+u_{\frac{\alpha}{2}}^2)p+n\overline{X}^2<0.$$

记

$$a=n+u_{\frac{\alpha}{2}}^2,b=-(2n\overline{X}+u_{\frac{\alpha}{2}}^2),c=n\overline{X}^2,$$

则上式变为

$$ap^2+bp+c<0.$$

注意到 $a>0$，解上面的不等式，得到 0-1 分布的参数 p 的置信度 $1-\alpha$ 的近

似置信区间为

$$\left(\frac{1}{2a}(-b-\sqrt{b^2-4ac}\ ),\frac{1}{2a}(-b+\sqrt{b^2-4ac}\ )\right). \tag{7-20}$$

对于 0-1 分布参数 p 有一种便于计算的近似区间估计. 可以证明,当 n 很大时,有

$$\frac{\overline{X}-E(X)}{S/\sqrt{n}}\sim N(0,1),$$

而对于 0-1 分布,有

$$E(X)=p,\ S^2=\overline{X}(1-\overline{X}),$$

于是由

$$\left(\left|\frac{\overline{X}-p}{\sqrt{\overline{X}(1-\overline{X})/n}}\right|<u_{\frac{\alpha}{2}}\right)=1-\alpha$$

可得 p 的近似区间估计为

$$\left(\overline{X}-u_{\frac{\alpha}{2}}\sqrt{\overline{X}(1-\overline{X})/n},\overline{X}+u_{\frac{\alpha}{2}}\sqrt{\overline{X}(1-\overline{X})/n}\right). \tag{7-21}$$

例 7.25 设某厂生产的一大批产品中抽查了 100 件产品,得一级品 60 件,求这批产品的一级品率 p 的置信度为 0.95 的置信区间.

解 令 $X_i=\begin{cases}1, & \text{抽查的第 } i \text{ 件产品为一级品},\\ 0, & \text{抽查的第 } i \text{ 件产品为非一级品},\end{cases}$

则 $X_1,X_2,\cdots,X_{100}$ 是取自 0-1 分布的总体 $B(1,p)$ 的一个容量为 100 的样本,其中 p 是这批产品的一级品率,这里 $n=100,\overline{X}=60/100=0.6$. 对于给定的置信度 $1-\alpha=0.95$,得 $\frac{\alpha}{2}=0.025$. 查正态分布表,得 $u_{\frac{\alpha}{2}}=u_{0.025}=1.96$,从而得

$$a=n+u_{\frac{\alpha}{2}}^2=103.84,\ b=-(2n\overline{X}+u_{\frac{\alpha}{2}}^2)=-123.84,\ c=n\overline{X}^2=36,$$

$$\frac{1}{2a}(-b-\sqrt{b^2-4ac})=0.50,\ \frac{1}{2a}(-b+\sqrt{b^2-4ac})=0.69,$$

故由(7-20)得 p 的置信度为 0.95 的近似置信区间为(0.50,0.69). 也就是说,在这批产品中估计其一级品率在 50% 到 69% 之间,而且这种估计的可靠程度是 95%.

利用 0-1 分布近似区间估计公式(7-21),可求得参数 p 的近似置信区间为(0.51,0.70). 可见这两种方法计算结果差别不大,而后者计算简单,但一般要求样本容量 n 较大.

7.3.6 单侧区间估计

在前面的讨论中,置信限都是双侧的,对于未知参数 θ,给出两个统计量 (θ_1,θ_2),得到参数 θ 的双侧置信区间 (θ_1,θ_2). 但是在很多实际问题中,需要求单侧置信限. 例如考察设备、元件的使用寿命,平均寿命长是我们所希望的,寿命很长,

说明质量好，而如果平均寿命很短，那就有问题了. 在这种情况下，自然着眼于置信下限，而将置信上限取为$+\infty$；与之相反，在考虑产品的次品率 p 时，常常关心的是参数 p 的上限，而将置信下限取为 0，这就是单侧区间估计问题.

设 θ 是总体 X 的分布的未知参数，$X_1,X_2,\cdots,X_n$ 是 X 的一个样本，对于给定的置信度 $1-\alpha$，若由样本确定的统计量 $\theta_1=\theta_1(X_1,X_2,\cdots,X_n)$ 满足

$$P(\theta>\theta_1)=1-\alpha,$$

则称随机区间 $(\theta_1,+\infty)$ 为参数 θ 的置信度为 $1-\alpha$ 的单侧置信区间，θ_1 称为 θ 的置信度为 $1-\alpha$ 的单侧置信下限，简称为单侧置信下限.

例如，对于正态总体 $X\sim N(\mu,\sigma^2)$，$X_1,X_2,\cdots,X_n$ 为总体 X 的一个样本，若方差 σ^2 已知，求 μ 单侧置信下限和单侧置信上限.

由 $\dfrac{\overline{X}-\mu}{\sigma/\sqrt{n}}\sim N(0,1)$，有

$$P\left(\frac{\overline{X}-\mu}{\sigma/\sqrt{n}}<u_\alpha\right)=1-\alpha,$$

即

$$P\left(\mu>\overline{X}-\frac{\sigma}{\sqrt{n}}u_\alpha\right)=1-\alpha.$$

于是得到 μ 的置信度为 $1-\alpha$ 的一个单侧置信区间为

$$\left(\overline{X}-\frac{\sigma}{\sqrt{n}}u_\alpha,+\infty\right).$$

μ 的置信度为 $1-\alpha$ 的单侧置信下限为 $\overline{X}-\dfrac{\sigma}{\sqrt{n}}u_\alpha$.

同理，可得 μ 的置信度为 $1-\alpha$ 的另一个单侧置信区间为

$$\left(-\infty,\overline{X}+\frac{\sigma}{\sqrt{n}}u_\alpha\right).$$

类似地，可得

(1) 若 σ^2 未知，则 μ 的置信度为 $1-\alpha$ 的两个单侧置信区间为

$$\left(\overline{X}-\frac{S}{\sqrt{n}}t_\alpha(n-1),+\infty\right)\text{及}\left(-\infty,\overline{X}+\frac{S}{\sqrt{n}}t_\alpha(n-1)\right).$$

(2) 若 μ 未知，则 σ^2 的置信度为 $1-\alpha$ 两个单侧置信区间为

$$\left(0,\frac{(n-1)S^2}{\chi^2_{1-\alpha}(n-1)}\right)\text{及}\left(\frac{(n-1)S^2}{\chi^2_\alpha(n-1)},+\infty\right).$$

由上可知，单侧置信区间的估计与双侧情形完全类似，只需要注意用单侧分位点即可.

例 7.26 从一批灯泡中随机地抽取 5 只进行寿命试验，测得寿命（单位：h）为

$$1\,090,1\,102,1\,120,1\,223,1\,230.$$

设灯泡寿命 X 服从正态分布 $X\sim N(\mu,\sigma^2)$，其中 σ^2 未知，求 μ 的置信度为 0.95 的

单侧置信下限和单侧置信区间.

解 依题意，$X\sim N(\mu,\sigma^2)$，σ^2 未知，且为小样本，故利用 T 估计法，选用统计量

$$T=\frac{\overline{X}-\mu}{S/\sqrt{n}}\sim t(n-1).$$

由样本计算得样本均值 $\overline{X}=1\ 153$，样本方差 $S^2=4\ 022$. 对给定的置信度 $1-\alpha=0.95$，得 $\alpha=0.05$. 自由度 $n-1=4$，查 t 分布表，得上 α 分位点 $t_\alpha(n-1)=t_{0.05}(4)=2.131\ 8$，于是得

$$\overline{X}-\frac{S}{\sqrt{n}}t_\alpha(n-1)=1\ 153-\sqrt{\frac{4\ 022}{5}}\times 2.131\ 8\approx 1\ 088.18$$

为 μ 的置信度为 0.95 的单侧置信下限，μ 的单侧置信区间为

$$(1\ 088.18,+\infty).$$

μ 单侧置信下限为 1 088.18 的实际意义是：有 95% 的灯泡，其寿命不低于1 088.18 h.

如果需要的话，也可以用求单侧置信下限的方法求单侧置信上限.

*7.4 贝叶斯估计

在进行参数估计时，有时也运用决策论的方法，称为决策统计法，它是统计推断方法的一种推广.

7.4.1 统计决策论的基本概念

本节首先介绍统计决策论的一些概念，并对统计推断问题作出相应的决策论解释，从而为介绍贝叶斯(Bayes)估计提供基础知识.

决策空间

设总体 X 的分布函数为 $F(x,\theta)$，参数 θ 未知，由总体 X 的一个样本 $X_1,X_2,\cdots,X_n$(或样本空间中的一个样本点)对未知参数 θ 作的一次推断，在统计决策论中称为一次决策，称可能采取的全部决策所组成的集合为决策空间，记为 D.

例 7.27 设总体 X 服从 0-1 分布，

$$P(X=x)=p^x(1-p)^{1-x},x=0,1,0<p<1,$$

p 为未知参数，参数空间 $D=[0,1]$.

设 $X_1,X_2,\cdots,X_n$ 为总体 X 的样本，则样本空间由 2^n 个元素组成

$$\{(x_1,x_2,\cdots,x_n)\mid x_i=0,1,i=1,2,\cdots,n\}.$$

在未知参数 p 的点估计问题中，若用样本均值 $\overline{X}$ 作为 p 估计量，$\overline{X}=$

$\frac{1}{n}\sum_{i=1}^{n} X_i$，则 $\overline{X}$ 为对 p 的一个决策，决策空间 $D=[0,1]$.

在未知参数 p 的区间估计问题中，若用置信区间作为 p 的估计

$$\left(\overline{X}-u_{\frac{\alpha}{2}}\sqrt{\overline{X}(1-\overline{X})/n}\ ,\ \overline{X}+u_{\frac{\alpha}{2}}\sqrt{\overline{X}(1-\overline{X})/n}\right),$$

则此区间便是对 p 的一个决策，决策空间 $D=\{[a,b]\mid 0\leqslant a<b\leqslant 1\}$.

决策函数

统计决策问题实质上是对样本空间的每一个样本点 $(x_1,x_2,\cdots,x_n)$，在决策空间 D 上确定一个点与它对应. 这样一个对应规则可看做是定义在样本空间上而取值于决策空间的一个函数，称这个函数为统计决策函数（简称为决策函数），记为 $d(x_1,x_2,\cdots,x_n)$.

在不致引起混淆的情形下，也称 $d(X_1,X_2,\cdots,X_n)$ 为决策函数，这时它表示在得到样本观察值 $(x_1,x_2,\cdots,x_n)$ 时，采取决策 $d(x_1,x_2,\cdots,x_n)$. 因此，$d(X_1,X_2,\cdots,X_n)$ 本质上是一个统计量.

在例 7.27 中，若采用 $\overline{X}$ 作为 p 的点估计，则决策函数

$$d(x_1,x_2,\cdots,x_n)=\overline{x}=\frac{1}{n}\sum_{i=1}^{n}x_i.$$

若采用置信区间作为 p 的区间估计，则决策函数为

$$d(x_1,x_2,\cdots,x_n)=\left(\overline{x}-u_{\frac{\alpha}{2}}\sqrt{\overline{x}(1-\overline{x})/n}\ ,\ \overline{x}+u_{\frac{\alpha}{2}}\sqrt{\overline{x}(1-\overline{x})/n}\right).$$

损失函数

对于统计决策问题，由于总存在各种不同的决策函数可以利用，因此有必要引入某种理论和方法来评价决策函数的优劣，以便选取好的决策函数. 为此，引入损失函数的概念.

一般地，取二元非负函数

$$L(\theta,a),\ \theta\in p,a\in D$$

作为损失函数，来表示对参数 θ 采取决策 a 带来的损失. 因为在统计问题中，利用样本对总体进行统计推断，误差是难免的，即总会带来损失，这也是损失函数选为非负函数的原因，对于不同的实际问题可以建立不同的损失函数.

例 7.28 在参数的点估计问题中，损失函数可以选为

第一种，$L(\theta,a)=|\theta-a|,\theta\in p,a\in D$；

第二种，$L(\theta,a)=|\theta-a|^2,\theta\in p,a\in D$；

第三种，$L(\theta,a)=|\theta-a|+cn,\theta\in p,a\in D,c$ 为非负常数，n 为样本容量.

第一种损失函数称为绝对值损失函数，第二种损失函数称为平方损失函数. 它们的意义是：当决策 a 恰为未知参数 θ 时，则没有带来损失，当决策 a 与未知函数偏差越大，则带来的损失越大. 对于第三种损失函数，若 a 表示获得一个数据所

花的费用,则其意义是很明显的. 有时对实际问题,采用这个损失函数会比较合理.

在参数的区间估计问题中,当决策空间为 $D=\{[a_1,a_2] \mid -\infty<a_1<a_2<+\infty\}$时,损失函数可以选为

$$L(\theta,a)=(a_2-a_1),\theta\in p,a=(a_2-a_1)\in D;$$

或
$$L(\theta,a)=1-I_{[a_1,a_2]}(\theta),\theta\in p,[a_1,a_2]\in D,$$

其中,
$$I_{[a_1,a_2]}(\theta)=\begin{cases}1, & \theta\in[a_1,a_2],\\ 0, & \theta\notin[a_1,a_2].\end{cases}$$

第一种损失函数表示区间越长,带来的损失越大;第二种损失函数表示$[a_1,a_2]$包含 θ 的真值时无损失,否则损失为 1.

风险函数

由于利用样本建立决策函数 $d(x_1,x_2,\cdots,x_n)$,对应的损失函数为 $L[\theta,d(x_1,x_2,\cdots,x_n)]$,即损失直接依赖于样本. 损失函数是一个统计量,带有随机性,因此不能采用依赖样本的一次观察值$(x_1,x_2,\cdots,x_n)$所采取的某个决策带来的损失 $L[\theta,d(x_1,x_2,\cdots,x_n)]$来衡量总体的损失大小,而应从总体意义上来评价. 因此,采取平均损失(即损失函数关于 θ 的期望值)来作评价,称

$$R(\theta,d)=E_\theta[L(\theta,d(X_1,X_2,\cdots,X_n))]$$

为风险函数. 它是损失函数在总体 X 的分布取参数 θ 时的数学期望,表示参数为 θ 时,采取决策 $d(x_1,x_2,\cdots,x_n)$所带来的损失. 显而易见,风险函数不仅依赖于决策函数 $d(x_1,x_2,\cdots,x_n)$,而且依赖于总体参数 θ.

例 7.29 设总体 X 服从泊松分布 $X\sim P(\lambda),\lambda\in p=(0,+\infty)$为未知参数.

若用样本均值 $\overline{X}=\frac{1}{n}\sum_{i=1}^{n}X_i$ 作为决策函数 $d(X_1,X_2,\cdots,X_n)=\overline{X}$,用平方损失函数作为损失函数

$$L(\lambda,d)=(\lambda-d(X_1,X_2,\cdots,X_n))^2=(\lambda-\overline{X})^2,$$

则风险函数为

$$R(\lambda,d)=E_\lambda(\overline{X}-\lambda)^2=E_\lambda[\overline{X}-E(X)]^2=D(\overline{X})=\frac{1}{n}\lambda.$$

若用决策函数 $d(X_1,X_2,\cdots,X_n)=X_1$,用平方损失函数作为损失函数,则风险函数为

$$R(\lambda,d)=E_\lambda(X_1-\lambda)^2=E_\lambda[X_1-E(X_1)]^2=D(X_1)=\lambda.$$

当 $n>1$ 时,显然后者的风险比前者大.

一般地,在参数的点估计问题中,设待估量为 $g(\theta)$,估计量为 $\hat{g}(X_1,X_2,\cdots,X_n)$,用平方损失函数来衡量损失时,决策函数 $d(x_1,x_2,\cdots,x_n)=\hat{g}(x_1,x_2,\cdots,x_n)$的风险函数为

$$R(\theta,d)=E_\theta[\hat{g}(X_1,X_2,\cdots,X_n)-g(\theta)]^2.$$

如果估计量 $\hat{g}(X_1,X_2,\cdots,X_n)$恰为 $g(\theta)$的无偏估计,则风险函数恰为估计量的方差,即

$$R(\theta,d)=E_\theta\{[\hat{g}-g(\theta)]^2\}=E_\theta\{[\hat{g}-E(\hat{g})]^2\}=D[\hat{g}(X_1,X_2,\cdots,X_n)].$$

在参数的区间估计问题中,若用置信区间作为决策函数,则

$$d(x_1,x_2,\cdots,x_n)=[T_1(x_1,x_2,\cdots,x_n),T_2(x_1,x_2,\cdots,x_n)].$$

在损失函数 $L(\theta,a)=T_2-T_1$ 的情形下,决策函数的风险函数为

$$R(\theta,d)=E_\theta[T_2-T_1],$$

即为置信区间长度的均值.

若取损失函数为 $L(\theta,a)=1-I_{[T_1,T_2]}(\theta)$,则决策函数的风险函数

$$R(\theta,d)=E_\theta[1-I_{[T_1,T_2]}(\theta)]=1-P_\theta(T_1<\theta<T_2)$$

即为置信区间$[T_1,T_2]$不包含参数 θ 的概率.

例 7.30 设总体 $X\sim N(\mu,\sigma^2)$,$\mu\in(-\infty,+\infty)$,$\sigma^2>0$.

(1) 若 σ^2 已知,μ 的区间估计决策函数为

$$d(X_1,X_2,\cdots,X_n)=\left[\overline{X}-u_{\frac{\alpha}{2}}\frac{\sigma}{\sqrt{n}},\overline{X}+u_{\frac{\alpha}{2}}\frac{\sigma}{\sqrt{n}}\right],$$

在损失函数 $L(\mu,d)=T_2-T_1$ 时,风险函数

$$R(\mu,d)=E_\mu\left(2u_{\frac{\alpha}{2}}\frac{\sigma}{\sqrt{n}}\right)=2u_{\frac{\alpha}{2}}\frac{\sigma}{\sqrt{n}}.$$

(2) 若 σ^2 未知,μ 的区间估计决策函数为

$$d(x_1,x_2,\cdots,x_n)=\left[\overline{X}-t_{\frac{\alpha}{2}}\frac{S}{\sqrt{n}},\overline{X}+t_{\frac{\alpha}{2}}\frac{S}{\sqrt{n}}\right],$$

在损失函数 $L(\mu,\sigma^2,d)=T_2-T_1$ 时,风险函数为

$$R(\mu,\sigma^2,d)=E_\mu\left(2t_{\frac{\alpha}{2}}(n-1)\frac{S}{\sqrt{n}}\right).$$

因$\dfrac{(n-1)S^2}{\sigma^2}\sim\chi^2(n-1)$,利用 $\chi^2(n-1)$分布的密度和期望公式可求得

$$E_\mu(S)=\sqrt{\frac{2}{n-1}}\frac{\Gamma\left(\frac{n}{2}\right)}{\Gamma\left(\frac{n-1}{2}\right)}\sigma,$$

即
$$R(\mu,\sigma^2,d)=2t_{\frac{\alpha}{2}}(n-1)\sqrt{\frac{2}{n(n-1)}}\frac{\Gamma\left(\frac{n}{2}\right)}{\Gamma\left(\frac{n-1}{2}\right)}\sigma.$$

7.4.2 贝叶斯估计

从前面的讨论可以看出,风险函数给出了一个判断决策函数优劣的标准. 显

然，总希望得到风险最小的决策函数，这种意义下的最优决策函数往往是不存在的．这主要是因为风险函数 $R(\theta,d)$ 既与决策函数 d 有关，又与参数 θ 有关．它是一个二元函数，往往使得某些 θ 处决策函数 d_1 风险函数值最小，而另一些 θ 处决策函数 d_2 的风险函数值最小．要解决这个困难，可通过设计一种方法，使两个风险函数的点点之间的值比较转化为用一个整体指标来比较确定优劣，Bayes 估计便是利用对未知函数的先验信息来达到上述目的．

先验分布和后验分布

在前面讨论参数估计问题时，都是把未知参数 θ 作为非随机变量处理的，同时在估计时仅用到样本所提供的关于总体的信息而没有用到其他附加信息．但是，在许多实际问题中，人们往往在抽样前便对参数 θ 有所了解．这种在抽样前对未知参数所了解的信息称为先验信息．

例如，要估计某产品次品率 p，通常用样本均值的观察值 $\bar{x}$ 作估计值，但是若该产品的次品率一贯很低，而抽样所得的 $\bar{x}$ 较大，其原因是什么呢？一般倾向认为这次样本次品率较高，可能是由于抽样随机性引起的，应将 $\bar{x}$ 调低后作为 p 的估计值才合理．相反，若这次抽样所得 $\bar{x}$ 较小，与历史情况相等，便可结合历史情况考虑对此产品给予“免检”结论．由此可见，充分利用先验信息对作出更准确的统计推断是有实际意义的．

Bayes 方法是把参数 θ 看成是一个具有已知分布 $\pi(\theta)$ 的随机变量，从而将先验信息取数学形式的方法，通常称 $\pi(\theta)$ 为先验分布．

设总体 X 的概率密度为 $f(x,\theta)$，θ 的先验分布为 $\pi(\theta)$．由于 θ 为随机变量，所以 $f(x,\theta)$ 应看做是 θ 给定时 X 的条件密度．因此，(X,θ) 的联合概率密度为 $\pi(\theta)f(x,\theta)$，$(X_1,X_2,\cdots,X_n,\theta)$ 的联合概率密度为 $\prod\limits_{i=1}^{n}f(x_i,\theta)\pi(\theta)$，样本 X_1，X_2，$\cdots$，X_n 的边缘概率密度 $g(x_1,x_2,\cdots,x_n)=\int_p\prod\limits_{i=1}^{n}f(x_i,\theta)\pi(\theta)\mathrm{d}\theta$，由此得出在给定样本值 $(x_1,x_2,\cdots,x_n)$ 时，θ 的条件概率密度为

$$h(\theta|x_1,x_2,\cdots,x_n)=\frac{\prod\limits_{i=1}^{n}f(x_i,\theta)\pi(\theta)}{g(x_1,x_2,\cdots,x_n)},\ \theta\in p,$$

$h(\theta|x_1,x_2,\cdots,x_n)$ 称为给定 $(x_1,x_2,\cdots,x_n)$ 时 θ 的后验分布．

Bayes 方法认为后验分布集中体现了样本及先验分布二者所提供的关于总体 X 信息的总和，因而估计应建立在后验分布的基础上．

例 7.31 设 X 服从 0-1 分布，即有 $X\sim B(1,p)$，

$$P(X\approx x)=p^x(1-p)^{1-x},x=0,1,\ 0<p<1,$$

$X_1,X_2,\cdots,X_n$ 为 X 的一个样本，未知参数 p 的先验分布为均匀分布，即

$$\pi(p)=1,\ 0<p<1,$$

则参数 p 的后验分布为

$$\begin{aligned} h(p \mid x_1,x_2,\cdots,x_n) &= \frac{\prod_{i=1}^{n} p^{x_i}(1-p)^{1-x_i}\cdot 1}{\int_0^1 \prod_{i=1}^{n} p^{x_i}(1-p)^{1-x_i}\cdot 1\mathrm{d}p} \\ &= \frac{p^{n\bar{x}}(1-p)^{n-n\bar{x}}}{\int_0^1 p^{n\bar{x}}(1-p)^{n-n\bar{x}}\mathrm{d}p} \\ &= p^{n\bar{x}}(1-p)^{n-n\bar{x}}\cdot\frac{\Gamma(n+2)}{\Gamma(n\bar{x}+1)\Gamma(n-n\bar{x}+1)}. \end{aligned}$$

贝叶斯风险

将参数 θ 理解为具有先验分布 $\pi(\theta)$ 的随机变量后，那么风险函数 $R(\theta,d)$ 便是随机变量，它的期望值

$$B(d)=E[R(\theta,d)]=\int_{p} R(\theta,d)\pi(\theta)\mathrm{d}\theta$$

称为决策函数 d 在给定先验分布下的 Bayes 风险，简称 Bayes 风险.

从 Bayes 风险 $B(d)$ 的定义可知，可以把 Bayes 风险看做是随机损失函数 $L(\theta,d(X_1,X_2,\cdots,X_n))$ 求两次期望而得到的，第一次先对 θ 的后验分布求期望，第二次对 $(X_1,X_2,\cdots,X_n)$ 的边缘分布求期望，即

$$B(d)=\underbrace{\int\cdots\int}_{n\text{重}} g(x_1,x_2,\cdots,x_n)\left(\int_{p} L(\theta,d)h(\theta \mid x_1,x_2,\cdots,x_n)\mathrm{d}\theta\right)\mathrm{d}x_1\mathrm{d}x_2\cdots\mathrm{d}x_n.$$

由于 $B(d)$ 不依赖于参数 θ 而仅与决策函数 d 有关，因此 Bayes 风险的大小作为判断决策函数的优劣标准是合理的.

贝叶斯估计

定义 7.5 设总体 X 的密度为 $f(x,\theta)$，若存在一个决策函数 $d^*(x_1,x_2,\cdots,x_n)$，使得对于任意一个决策函数 $d(x_1,x_2,\cdots,x_n)$，均有

$$B(d^*)\leqslant B(d), \tag{7-22}$$

则称 $d^*(x_1,x_2,\cdots,x_n)$ 为给定的先验分布下，参数 θ 的 Bayes 估计量.

对于参数 θ 的 Bayes 估计量，有以下的一个重要结果.

定理 7.1 在平方损失函数

$$L(\theta,d)=[\theta-d(x_1,x_2,\cdots,x_n)]^2$$

下，参数 θ 的 Bayes 估计量为后验分布的数学期望，即

$$d(X_1,X_2,\cdots,X_n)=\int_p \theta\cdot h(\theta\mid X_1,X_2,\cdots,X_n)\mathrm{d}\theta. \tag{7-23}$$

证 因为 Bayes 风险在平方损失函数下取最小值，等价于

$$\int_p [\theta-d(x_1,x_2,\cdots,x_n)]^2 h(\theta\mid x_1,x_2,\cdots,x_n)\mathrm{d}\theta. \tag{7-24}$$

对于 $d\in D$ 中取最小值，用 X 表示 $(x_1,x_2,\cdots,x_n)$，由于

$$\begin{aligned}\int_p [\theta-d(X)]^2 h(\theta\mid X)\mathrm{d}\theta &= \int_p [\theta^2+d^2(X)-2\theta d(X)]\cdot h(\theta\mid X)\mathrm{d}\theta\\ &= d^2(X)-2d(X)\int_p \theta h(\theta\mid X)\mathrm{d}\theta+\int_p \theta^2 h(\theta\mid X)\mathrm{d}\theta.\end{aligned}$$

上式是关于 $d(X)$ 的二次三项式，因此当

$$d(X)=\int_p \theta h(\theta\mid X)\mathrm{d}\theta \tag{7-25}$$

时，式(7-24)取最小值，即式(7-25)为 θ 的 Bayes 估计量. 证毕.

例 7.32 总体 X 服从 0-1 分布，即 $X\sim B(1,p)$，未知参数 p 服从 $[0,1]$ 上的均匀分布 $\pi(p)=1,0<p<1$，则由例 7.31 可知 p 的后验分布

$$h(p\mid x_1,x_2,\cdots,x_n)=p^{n\bar{x}}(1-p)^{n-n\bar{x}}\frac{\Gamma(n+2)}{\Gamma(n\bar{x}+1)\cdot\Gamma(n-n\bar{x}+1)}.$$

因此 p 的后验分布的数学期望

$$\begin{aligned}\hat{p}(x_1,x_2,\cdots,x_n) &= \int_0^1 p\cdot h(p\mid x_1,x_2,\cdots,x_n)\mathrm{d}p\\ &= \frac{(n+1)!}{[(n\bar{x})!][(n-n\bar{x})!]}\int_0^1 p^{n\bar{x}+1}(1-p)^{n-n\bar{x}}\mathrm{d}p\\ &= \frac{n\bar{x}+1}{n+2},\end{aligned}$$

即参数 p 的 Bayes 估计量

$$d^*(X_1,X_2,\cdots,X_n)=\hat{p}(X_1,X_2,\cdots,X_n)=\frac{n\overline{X}+1}{n+2}.$$

用 $B(d)=\dfrac{n\overline{X}+1}{n+2}$ 作参数 p 的估计量，比用 $\overline{X}$ 作 p 的估计量有一个优点，就是当样本值全是 0 或全是 1 时，p 的相应估计量为 $\dfrac{1}{n+2}$ 及 $\dfrac{n+1}{n+2}$. 与 $\overline{X}$ 相比，它的结论无偏激性，易于为人们所接受；另一方面，不难求得

$$B(d^*)=\int_0^1 R(p,d^*)\cdot 1\mathrm{d}p=\frac{1}{6(n+2)},$$

$$B(d)=\int_0^1 R(p,\overline{X})\cdot 1\mathrm{d}p=\frac{1}{6n},$$

显然有 $B(d^*)<B(d)$.

习题 7

1. 设 $f(x)=\begin{cases}\theta e^{-\theta x}, & x>0,\\ 0, & x\leqslant 0,\end{cases}$ 求 θ 的矩估计.

2. 设总体 X 在 $[a,b]$ 上服从均匀分布，求 a 和 b 的矩估计.

3. 设 $X_1,\cdots,X_n$ 是从正态总体 $N(\mu,\sigma^2)$ 中抽出的样本，试求估计 μ 和 σ^2.

4. 设总体 $X\sim N(\mu,\sigma^2)$，样本值 $X_1,\cdots,X_n$，求 μ,σ^2 的极大似然估计值.

5. 设总体 $X\sim U(0,\theta)$，来自总体 X 的样本 $X_1,\cdots,X_n$，求 θ 的极大似然估计.

6. 设总体 X 的密度函数为 $f(x,\theta)=\dfrac{\theta^x e^{-\theta}}{x!}$，求 θ 的极大似然估计.

7. 设总体 X 的密度函数 $f(x,\theta)=(\theta a)x^{a-1}e^{-\theta x^a}$（$a$ 已知），求参数 θ 的最大似然估计.

8. 设 $X_1,\cdots,X_n$ 是从某总体中抽出的样本，证明：样本均值 $\overline{X}=\dfrac{1}{n}\sum\limits_{i=1}^{n}X_i$ 是总体分布均值 θ 的无偏估计.

9. 证明：样本方差 $S^2=\dfrac{1}{n-1}\sum\limits_{i=1}^{n}(X_i-\overline{X})^2$ 是总体分布方差 σ^2 的无偏估计.

10. 设总体 X 的样本 $X_1,\cdots,X_n$，则证明：当 $D(X)\neq 0$ 时，$\overline{X_k}$ 比 $\overline{X}_{k-1}$ 有效.

11. 设 $\hat{\theta}_1$ 和 $\hat{\theta}_2$ 为参数 θ 的两个独立的无偏估计量，且假定 $D(\hat{\theta}_1)=2D(\hat{\theta}_2)$，求常数 c 和 d，使 $\hat{\theta}=c\hat{\theta}_1+d\hat{\theta}_2$ 为 θ 的无偏估计，并使方差 $D(\hat{\theta})$ 最小.

12. 用某仪器间接测量温度，重复测量 5 次，得 1 250 ℃，1 265 ℃，1 245 ℃，1 260 ℃，1 275 ℃. 试问，温度的真值在什么范围内？

13. 对方差 σ^2 为已知的正态总体来说，问需取容量 n 为多大的样本，才能使总体均值 μ 的置信水平为 $1-\alpha$ 的置信区间的长度不大于 L？

14. 设某电子元件的寿命服从正态分布 $N(\mu,\sigma^2)$，抽样检查 10 个元件，得样本均值 $\overline{X}=$ 1 200 h，样本标准差 $S=14$ h. 求：

(1) 总体均值 μ 置信水平为 99% 的置信区间；

(2) 用 $\overline{X}$ 作为 μ 的估计值，求绝对误差值不大于 10 h 的概率.

15. 设 $X_1,X_2,\cdots,X_n$ 为正态总体 $N(\mu,\sigma^2)$ 的一个样本，确定常数 c 的值，使

$$Q=c\sum_{i=1}^{n-1}(x_{i+1}-x_i)^2$$

为 σ^2 的无偏估计.

16. 为了解灯泡使用时数均值 μ 及标准差 σ，测量了 10 个灯泡，得 $\overline{X}=1\,650$ h，$S=20$ h. 如果已知灯泡使用时间服从正态分布，求 μ 和 σ 的 95% 的置信区间.

17. 岩石密度的测量误差服从正态分布，随机抽测 12 个样品，得 $S=0.2$，求 σ^2 的置信区间（$\alpha=0.1$）.

18. 设两位化验员 A,B 分别独立地对某种化合物各作 10 次测定，测定值的样本方差分别为

$S_A^2=0.5419$，$S_B^2=0.6065$. 设两个总体均为正态分布，求方差比$\frac{\sigma_A^2}{\sigma_B^2}$的置信度为95%的置信区间.

19. 某厂分别从两条流水生产线上抽取样本：$X_1,X_2,\cdots,X_{12}$及$Y_1,Y_2,\cdots,Y_{17}$，测得$\overline{X}=10.6$，$\overline{Y}=9.5$，$S_1^2=2.4$，$S_2^2=4.7$. 设两个正态总体的均值分别为μ_1和μ_2，且有相同方差，试求$\mu_1-\mu_2$的置信度95%的置信区间.

20. 根据100户居民抽样统计调查，居民用于食品费用占总收入的比例平均为45%，比例的标准差为20%. 求食品费用占居民总收入比例的区间估计(置信度为95%).

21. 根据某大学100名学生的抽样调查，每月平均用于购买书籍的费用为4.5元，标准差为5元，求大学生每月用于购买书籍费用的区间估计(置信度为95%).

22. 某工厂根据200名青年职工的抽样调查，其中60%参加各种形式的业余学习. 求青年职工参加业余学习比例的区间估计(置信度为95%).

23. 现从一批零件中随机抽取16只，测得其长度(单位：cm)如下：

15.1，14.5，14.8，14.6，15.2，14.8，14.9，14.6，
14.8，15.1，15.3，14.7，15.0，15.2，15.1，14.7.

(1) 如果要使用t分布构建零件平均长度的置信区间，基本的假定条件是什么？

(2) 构建该批零件平均长度的95%的置信区间.

(3) 能否确定该批零件的实际平均长度就在你所构建的区间内？为什么？

24. 为了解某银行营业厅办理某业务的办事效率，调查人员观察了该银行营业厅办理该业务的柜台办理每笔业务的时间，随机记录了25名客户办理业务的时间，测得平均办理时间为$\overline{X}=24$ min，样本标准差为$S=4$ min.

(1) 根据95%的置信水平，求该银行为客户办理业务所需平均时间的置信区间.

(2) 若随机观测的是40名客户，而观测的平均数标准差不变，则95%的置信区间是多少？

(3) 上述(1)估计中，有什么假定？

25. 从一批零件中随机抽取36个，测得其平均长度为150 cm，标准差为2.4 cm.

(1) 若置信水平为95%，确定该种零件平均长度的置信区间.

(2) 在上面的估计中，使用了统计中的哪一个重要定理？请简要解释这一定理.

(3) 若其他条件不变，要求估计误差$e=0.5$，应抽取多少个零件进行检查？

26. 某企业生产的袋装食品采用自动打包机包装，每袋标准重量为100 g. 现从某天生产的一批产品中按重复抽样随机抽取50包进行检查，测得每包重量经分组后如下：

每包重量/g	包数
96～98	2
98～100	3
100～102	34
102～104	7
104～106	4
合　计	50

已知食品包重量服从正态分布，要求：

(1) 确定该种食品平均重量的95%的置信区间.

(2) 如果规定食品重量低于100 g属于不合格，确定该批食品合格率的95%的置信区间.

27. 一家调查公司进行一项调查，其目的是为了了解某市电信营业厅大客户对该电信的服务的满意情况.调查人员随机访问了100名去该电信营业厅办理业务的大客户，发现受访的大客户中有35名认为营业厅现在的服务质量比以前好.

(1) 在95%的置信水平下，对大客户中认为营业厅现在的服务质量比以前好的比例进行区间估计.

(2) 如果要求估计误差不超过5%，在相同条件下，应抽取多少大客户进行调查？

28. 某公司为研究职工上班从家里到单位的时间，抽取了由16个人组成的一个随机样本，他们自驾车上班到单位的时间(单位：min)如下：

15，22，12，19，33，52，27，40，

48，35，75，28，47，61，33，13.

假定该公司职工自驾车上班的时间服从正态分布，在99%的置信水平下，估计：

(1) 该公司职工自驾车上班平均时间的置信区间.

(2) 如果已知总体标准差为20 min，估计该公司职工自驾车上班平均时间的置信区间.

(3) 如果已知总体标准差为20 min，若要求估计误差不超过10 min，应抽取多少职工进行调查？

29. 某居民小区随机抽取16户家庭，调查显示，在2008年北京第29届奥运会期间，每个家庭每天观看电视的平均时间为7.5 h，样本标准差为2 h.

(1) 在90%的置信水平下，对家庭每天平均看电视时间进行区间估计.

(2) 若抽取100个家庭，得到每天看电视时间超过10 h的家庭为5%，在90%的置信水平下，求每天看电视时间超过10 h的家庭比例的置信区间.

(3) 若要求估计误差不超过3%，估计每天看电视时间超过10 h的家庭比例90%的置信区间时，需调查多少户才能满足要求？

8 假设检验

统计推断的另一类重要问题是假设检验. 在总体 X 的分布函数完全未知或者只知其形式, 但不知其参数的情况下, 为了推断总体的某些性质, 就需要对所研究的总体作某种假设. 例如, 对正态总体提出数学期望 $\mu=\mu_0$ 或者方差 $\sigma^2=\sigma_0^2$ 的假设, 又如对总体分布提出总体服从泊松分布或正态分布的假设等, 然后利用样本所提供的信息建立检验统计量, 对所提出的假设作出接受还是拒绝的判断. 因此, 假设检验就是应用统计分析的方法来判断对总体作出的假设是否正确的过程.

假设检验一般有两类: 一类是对总体中的某些参数或某个数字特征提出假设的检验, 称为参数的假设检验; 另一类是对总体分布提出假设的检验, 称为分布的假设检验或非参数假设检验.

8.1 假设检验的基本概念

8.1.1 假设检验问题

参数估计和假设检验的基本任务是相同的, 但两者对问题的提法与解决问题的途径不同。为了说明假设检验的基本思想, 先看一些实例.

例 8.1 某厂有一批产品, 共 200 件, 须经检验合格才能出厂, 按照有关标准规定, 此类产品的次品率不得超过 1%. 现从这批产品中任意抽取 5 件, 发现这 5 件中含有次品, 问这批产品能否出厂?

设这批产品的次品率为 p, 则问题转化为根据抽样的结果来判断假设

$$H_0: p\leqslant 0.01$$

是否成立.

例 8.2 某车间用一台包装机包装糖果, 包袋糖果的重量 X 是一个随机变量, 它服从正态分布 $X\sim N(\mu,\sigma^2)$, 当机器工作正常时, 其均值 $\mu=0.5$ kg, 标准差 $\sigma=0.015$ kg. 某日开工后为检验包装机是否正常, 随机抽取它所包装的糖果 9 袋, 称得重量(单位: kg)分别为

0.497　0.506　0.518　0.524　0.498　0.511　0.520　0.515　0.512

问机器工作是否正常？

长期实践表明标准差 σ 比较稳定，不妨设 $\sigma=0.015$ 已知，则问题就转化为根据样本来判断假设

$$H_0:\mu=\mu_0=0.5$$

是否成立.

例 8.3　某厂生产某些型号的铜丝，铜丝的主要质量指标是折断力大小. 已知该型号铜丝的折断力 X 服从正态分布 $X\sim N(\mu,\sigma^2)$，在正常情况下，折断力的均值为 570 N，抽查了 10 个样本，测得其折断力(单位：N)分别为

578　572　570　568　572　570　570　572　596　584

问工厂生产是否正常？

在本例中，关心的问题是在 $X\sim N(\mu,\sigma^2)$ 且 σ^2 未知的情况下，如何根据抽样的结果来判断假设

$$H_0:\mu=\mu_0=570$$

是否成立.

这些例子所代表的问题称为假设检验问题，它们有两个共同的特点：

(1) 根据实际问题的要求提出关于随机变量的一个论断，称为统计假设，记为 H_0. 在上面的 3 个例子中，所提出的统计假设分别为

$$H_0:p\leqslant 0.01;$$

$$H_0:\mu=\mu_0=0.5;$$

$$H_0:\mu=\mu_0=570.$$

(2) 抽取样本和利用样本的有关信息建立检验统计量，要求对假设 H_0 的真伪进行判断(称为检验假设)，并对假设 H_0 作出拒绝(即认为 H_0 不正确)或接受(即认为 H_0 正确)的决策.

一般地，用 H_0 表示原假设或零假设，而把所考察的问题的反面称为备择假设或对立假设，记为 H_1. 例如，在例 8.1 中原假设 $H_0:p\leqslant 0.01$，备择假设 $H_1:p>0.01$；在例 8.2 和例 8.3 中，原假设 $H_0:\mu=\mu_0$，备择假设 $H_1:\mu\neq\mu_0$. 根据给出的一个合理的法则，利用已知样本作出决断：是接受假设 H_0(即拒绝假设 H_1)，还是拒绝假设 H_0(即接受假设 H_1).

8.1.2　假设检验的基本原理

在确定了待检假设之后，必须在原假设 H_0 和备择假设 H_1 之间作出选择. 无论假设是怎样的，假设的类型多么复杂，对假设进行检验的基本思想却很简单，那就是间接地运用概率论中的“小概率的实际不可能性”原理，即小概率事件在一次试验中几乎是不可能发生的，利用概率性质的反证法来检验.

利用概率性质的反证法进行假设检验的一般做法是：设某个假设 H_0 需要检验，先假定 H_0 是正确的，在此“假定”之下构造一个事件 A，而且 A 是一个小概率事件，例如 $P(A|H_0$ 为真$)=0.05$. 现在进行一次试验（即抽取一个容量为 n 的样本 $X_1, X_2, \cdots, X_n$），如果事件 A 发生了，那便是出现了一个小概率事件. 但是，小概率事件在一次试验中几乎是不可能发生的，现在居然发生了，这与小概率事件原理相矛盾. 这表明“假定 H_0 为正确的”是错误的，因而拒绝 H_0. 如果小概率事件没有出现，就没有理由拒绝 H_0，通常就接受 H_0.

在例 8.1 中，检验假设

$$H_0: p \leqslant 0.01,\ H_1: p > 0.01.$$

如果假设 H_0 正确，则 200 件产品中最多有 2 件是次品. 现任取 5 件求其中“无次品”的概率. 设事件 $A=$“从 200 件中任取 5 件无次品”，则有

$$P(A)=\begin{cases}\dfrac{C_{198}^5}{C_{200}^5}, & \text{当 200 件中有 2 件次品时；}\\[2ex] \dfrac{C_{199}^5}{C_{200}^5}, & \text{当 200 件中有 1 件次品时；}\\[2ex] \dfrac{C_{200}^5}{C_{200}^5}, & \text{当 200 件中没有次品时.}\end{cases}$$

显然，无论出现 3 种情况的哪一种，都有

$$P(A) \geqslant \frac{C_{198}^5}{C_{200}^5}=\frac{198\times197\times196\times195\times194}{200\times199\times198\times197\times196} \geqslant 0.95,$$

于是任取 5 件中出现次品的概率 $p \leqslant 1-0.95=0.05$，是一个小概率事件.

以上结果表明，如果假设 $H_0: p \leqslant 0.01$ 正确，那么抽取 5 件样品出现次品的机会是很少的，是一个小概率事件. 然而，现在的事实是在这一次具体的抽样试验中，小概率事件竟然发生了，这与小概率事件原理矛盾. 产生这种矛盾的根源在于原假设 $H_0: p \leqslant 0.01$. 因此，拒绝 H_0，即按照国家标准这批产品不能出厂.

概率性质的反证法与纯数学中的反证法在推理过程上是类似的，但它们毕竟是不相同的. 小概率事件在一次试验中发生与小概率事件原理相“矛盾”，这种“矛盾”并不是形式逻辑中的绝对矛盾. 因为“小概率事件在一次试验中几乎是不可能发生的”，并不是“小概率事件在一次试验中绝对不会发生”. 因此，如果假设 H_0 的确是正确的，但碰巧小概率事件在一次试验中发生了，那么根据概率性质的反证法就应该作出拒绝假设 H_0 的决断，而这一决断却可能是错误的. 换句话说，在假设检验中作出接受 H_0 或拒绝 H_0 的决断，并不等于证明了原假设 H_0 正确或错误，而只是根据样本所提供的信息以一定的可靠程度$(1-\alpha)$认为假设 H_0 是正确或错误的. 例如到医院进行 X 光透视，医生的原假设 H_0 是“肺部有病变”，透视后常见医生盖上“未见异常”4 个大字，否定 H_0，但这并不等于肺部就一定没有异常.

初学者自然会提出这样的问题：概率要小到什么程度才算是“小概率事件”

呢？这没有一个绝对的标准，要根据所讨论的具体问题来确定. 通常把概率不超过 $\alpha=0.05$ 的事件当做“小概率事件”，有时也把不超过 $\alpha=0.01$ 的事件当做“小概率事件”. 总之，应根据具体问题具体分析，采用约定俗成的指标. 例如对于给病人服用的药品的毒性试验，万分之一的事件也不能当成“小概率事件”.

对原假设 H_0 作出接受或拒绝的判断，通常称为对假设 H_0 作显著性检验，称 α 为显著性水平，$1-\alpha$ 为置信水平. 以后常用“在显著性水平 α 下对假设 H_0 作显著性检验”这类术语.

在假设检验中对假设 H_0 进行检验，就是要找到一个用做检验的统计量 $T=T(X_1, X_2, \cdots, X_n)$，并以此统计量构成一个检验法则. 在此检验法则中引起拒绝 H_0 的所有样本观察值的集合称为此检验法的拒绝域，而它的余集称为接受域，拒绝域的边界点称为临界点. 显然，检验法与拒绝域是一一对应的.

8.1.3 两类错误

由于人们作出判断的依据仅仅是一个样本，并由部分推断总体，而抽样带有随机性，因此假设检验不可能绝对准确，也不可避免地会出现误判而犯错误. 在假设检验中，可能犯的错误有两类。

第一类错误：弃真. 这是指原假设 H_0 本来是正确的，而检验结果却拒绝了 H_0，这就导致错误的发生. 这类错误称为“弃真”或“拒真”，也称第一类错误. 犯第一类错误的概率也称弃真概率，通常记作 α. 当置信水平为 $1-\alpha$ 时，弃真概率为

$$P(\text{拒绝 } H_0 \mid H_0 \text{ 为真})=\alpha.$$

第二类错误：取伪. 这是指原假设 H_0 本来是不正确的，而检验结果却接受了 H_0，这类错误称为第二类错误，也称为“取伪”或“纳伪”. 犯第二类错误的概率也称取伪概率，通常记作 β，即

$$P(\text{接受 } H_0 \mid H_0 \text{ 为假})=\beta.$$

自然，人们总希望犯这两类错误的概率 α 和 β 越小越好，但进一步的研究表明，当样本容量 n 固定时，不可能同时使犯两类错误的概率 α，β 都变得很小，当减小其中一个时，另一个就会增大. 要使 α，β 都很小，只有通过无限增大样本容量 n 才能实现，但实际上这是做不到的. 由于在实际中无法排除犯第一类错误的可能性，因此，解决这一问题的基本思想是将犯第一类错误的概率 α 控制在一定的限度之内，即给出一个较小的正数 $\alpha(0<\alpha<1)$，并使犯第一类错误的概率不超过 α，而不考虑犯第二类错误的概率 β. 这种统计假设检验称为显著性检验，并将犯第一类错误的最大概率 α 称为假设检验的显著性水平.

8.1.4 假设检验的基本步骤

从上面的讨论可以看出，对于通常的假设检验问题，首先要明确总体的分布

函数 $F(x, \theta)$ 或概率密度函数 $f(x, \theta)$ 是否为已知. 当总体的分布已知时，还应明确哪些参数是已知的，哪些参数是未知的等. 这些都是研究问题的前提，是解决问题的出发点，必须先予以明确.

在明确上述参数后，就可以针对实际问题对某未知参数 θ 进行假设检验. 假设检验的一般步骤是：

(1) 根据实际问题的要求提出原假设 H_0 和备择假设 H_1.

此时原假设 H_0 可以用参数 θ 的 $=$、$\geqslant$、$\leqslant$ 来表示，而相应的备择假设 H_1 中分别用参数 θ 的 $\neq$、$<$、$>$ 来表示，等号通常只出现在 H_0 中.

例如，若原假设为 $H_0: \mu=\mu_0$，则备择假设 H_1 根据实际情况有以下 3 种：

H_1：① $\mu \neq \mu_0$；② $\mu<\mu_0$；③ $\mu>\mu_0$.

在一般情况下，H_1 通常选择①，这时称为双侧检验；若选择②或③，则称为单侧检验. 如果根据实际问题，所考虑的参数值 μ 应越大越好，则 H_1 可选择③.

(2) 构造相应的检验统计量 T.

在原假设 H_0 成立的条件下，当总体 X 的概率分布密度 $f(x,\theta)$ 已知时，通常以未知参数 θ 的极大似然估计量 $\hat{\theta}$ 为基础，利用样本构造一个不含其他未知参数的检验统计量 $T=T(X_1,X_2,\cdots,X_n)$，并确定该统计量的分布. 在总体 X 服从正态分布 $X \sim N(\mu,\sigma^2)$ 的情况下，常用的检验统计量 T 的分布有正态分布、T 分布、χ^2 分布和 F 分布等.

(3) 对于给定的显著性水平 α，确定 H_0 的拒绝域.

对于给定的显著性水平 α，可通过相应的分布表查出检验统计量 T 所服从分布的临界值即上 α 分位数，并由 H_0，H_1 和临界值确定一个合理的拒绝域.

(4) 根据样本值计算统计量 T 的值.

由所给的样本值$(X_1, X_2, \cdots, X_n)$，计算出相应的样本均值 $\overline{X}$，样本方差 S^2 等，并把上述数值和假设 H_0 代入检验统计量 T 的表达式中，计算出检验统计量 T 的值 T_0.

(5) 作出判断，接受还是拒绝假设 H_0.

将求出的检验统计量的值 T_0 与临界值、拒绝域进行比较，若 T_0 落在拒绝域内，则拒绝假设 H_0，否则接受 H_0.

8.2 单个正态总体参数的假设检验

8.2.1 单个正态总体的均值 μ 的假设检验

设总体 X 服从正态分布 $X \sim N(\mu,\sigma^2)$，$X_1,X_2,\cdots,X_n$ 是总体 X 的一个样本.

方差　已知时 均值　的假设检验　　　检验法

当方差 σ^2 为已知时，在给定的显著性水平 α 下，检验假设

$$H_0:\mu=\mu_0.$$

这时的备择假设 H_1 可根据具体问题进行选择：① $\mu\neq\mu_0$；② $\mu<\mu_0$；③ $\mu>\mu_0$. 这里仅就双侧检验进行讨论.

已知样本均值 $\overline{X}$ 是总体均值 μ 的无偏估计，而且统计量

$$U=\frac{\overline{X}-\mu_0}{\sigma/\sqrt{n}}\sim N(0,1),$$

于是在假设 H_0 成立，且 σ^2 已知的条件下，可选择统计量 U 作为检验统计量，U 服从标准正态分布 $N(0,1)$.

对于给定的显著性水平 α，查正态分布表得临界值即上 $\frac{\alpha}{2}$ 分位数 $u_{\frac{\alpha}{2}}$，于是由

$$P\left(\left|\frac{\overline{X}-\mu_0}{\sigma/\sqrt{n}}\right|\geqslant u_{\frac{\alpha}{2}}\right)=\alpha,$$

可确定 H_0 的拒绝域为

$$|U|=\left|\frac{\overline{X}-\mu_0}{\sigma/\sqrt{n}}\geqslant u_{\frac{\alpha}{2}}\right|.$$

由所给样本可求得样本均值 $\overline{X}$，将 $\overline{X},\mu_0,\sigma,n$ 代入检验统计量 U 的表达式 $U=\frac{\overline{X}-\mu_0}{\sigma/\sqrt{n}}$ 中，将计算的统计量 U 值与 $u_{\frac{\alpha}{2}}$ 进行比较并作出判断：若 $|U|\geqslant u_{\frac{\alpha}{2}}$，则拒绝假设 H_0；若 $|U|<u_{\frac{\alpha}{2}}$，则接受假设 H_0.

在以上检验中选取的检验统计量 $U\sim N(0,1)$，故称为 U 检验法.

类似可得，若备择假设 $H_1:\mu<\mu_0$，即选择单侧(左侧)检验，则其拒绝域为

$$\frac{\overline{X}-\mu_0}{\sigma/\sqrt{n}}\leqslant -u_\alpha.$$

若备择假设 $H_1:\mu>\mu_0$，即选择右侧检验，则其拒绝域为

$$\frac{\overline{X}-\mu_0}{\sigma/\sqrt{n}}\geqslant u_\alpha.$$

U 检验法中假设检验的接受域(或拒绝域)，与参数估计中的 U 估计参数的置信区间存在着某种关系. 事实上，U 估计中参数 μ 的置信区间即为参数 μ 的 U 检验中的接受域，换句话说，它们之间存在着对应关系. 不仅如此，在将要介绍的几种检验法中，它们的接受域(或拒绝域)也都与参数估计中相应估计法的置信区间存在着对应关系. 因此，由参数的置信区间可以导出相应参数假设检验的拒绝域，从显著性水平为 α 的假设检验的接受域出发也可以导出参数的置信度(置信水平)为 $1-\alpha$ 的置信区间. 在本章的学习中，要认真体会、掌握参数估计和假设检验

的这种对应关系.

例 8.4 有一批枪弹的初速度 $v\sim N(\mu,\sigma^2)$，其中 $\mu=950$ m/s，$\sigma=10$ m/s，经过较长时间储存后，取出 9 发枪弹试射以测其初速度，得样本值(单位：m/s)如下：

914 920 910 934 953 945 912 924 940

假定 σ 没有发生变化，则在显著性水平 $\alpha=0.05$ 下，这批枪弹的初速度是否发生了变化？

解 由于假定 σ 没有发生变化，则 $\sigma=10$ 为已知. 又因为枪弹在长期储存后初速度不可能增加，所以这是一个单侧(左侧)检验问题. 故根据题意，问题可归结为在显著性水平 $\alpha=0.05$ 下，检验假设

$$H_0:\mu=950,\ H_1:\mu<950.$$

由于 $\sigma^2=10^2$ 已知，故用 U 检验法.

由 $\alpha=0.05$，查标准正态分布表得临界值(即上 α 分位点)：$u_{0.05}=1.645$. 由所给的样本，计算样本均值得 $\overline{X}=928$，将 $\mu=950$，$\sigma=10$，$n=9$ 代入 U 检验统计量表达式中，得 U 统计量的值

$$U=\frac{\overline{X}-\mu}{\sigma/\sqrt{n}}=\frac{928-950}{10/\sqrt{9}}=-6.6.$$

由于 $U=-6.6<-u_\alpha=-1.645$，故拒绝假设 H_0，即接受 H_1. 也就是说，这批枪弹经过较长时间储存后，初速度已经发生了变化，初速度变小了.

方差 未知时 均值 的假设检验 检验法

方差 σ^2 未知时，在给定的显著性水平 α 下，检验假设

$$H_0:\mu=\mu_0,\ H_1:\mu\neq\mu_0,$$

即只讨论双侧检验. 对于单侧检验，可利用与 U 检验法相类似的方法进行相应的讨论.

由于 σ^2 未知，$\dfrac{\overline{X}-\mu_0}{\sigma/\sqrt{n}}$ 已不能作为检验统计量，而由 T 估计法可知，样本方差 S^2 是总体方差的无偏估计量，而且统计量

$$T=\frac{\overline{X}-\mu_0}{S/\sqrt{n}}\sim t(n-1).$$

于是在假设 H_0 成立，且 σ^2 未知的条件下，可选择统计量 T 作为检验统计量，T 服从 $t(n-1)$ 分布，这种方法也称为 T 检验法.

对于给定的显著性水平 α，查 t 分布表得临界值即上 $\dfrac{\alpha}{2}$ 分位数 $t_{\frac{\alpha}{2}}(n-1)$，于是由

$$P\left(\left|\frac{\overline{X}-\mu_0}{S/\sqrt{n}}\right|\geqslant t_{\frac{\alpha}{2}}(n-1)\right)=\alpha,$$

可确定假设 H_0 的拒绝域为

$$|T|=\left|\frac{\overline{X}-\mu_0}{S/\sqrt{n}}\right|\geqslant t_{\frac{\alpha}{2}}(n-1).$$

例 8.5 某种电子元件的寿命 X(单位:h)服从正态分布 $X\sim N(\mu,\sigma^2)$,μ,σ^2 均未知,现测得 16 只元件的寿命如下:

159	280	101	212	224	379	179	264
222	362	168	250	149	260	485	170

问在显著性水平 $\alpha=0.05$ 下,是否有理由认为元件的平均寿命大于 225 h?

解 依题意,问题归结为在显著性水平 $\alpha=0.05$ 下,检验假设

$$H_0:\mu\leqslant\mu_0=225,\ H_1:\mu>225.$$

由于 σ^2 未知,故用 T 检验法. 这是一个单侧检验问题,由 $\alpha=0.05$,查 t 分布表得临界值(上 α 分位点):

$$t_\alpha(n-1)=t_{0.05}(15)=1.753\,1.$$

由所给样本求得样本均值 $\overline{X}=241.5$,样本均方差 $S=98.725\,6$,将上述数值及 $\mu_0=225$,$n=16$ 代入 T 统计量表达式,计算 T 统计量的值为

$$T=\frac{\overline{X}-\mu_0}{S/\sqrt{n}}=\frac{241.5-225}{98.725\,6/\sqrt{16}}=0.668\,5<t_\alpha(n-1)=1.753\,1.$$

由于 T 不落在拒绝域,即落在接受域中,故接受假设 H_0,即认为元件的平均寿命不大于 225 h.

8.2.2 单个正态总体的方差 σ^2 的假设检验——χ^2 检验法

设总体 $X\sim N(\mu,\sigma^2)$,$X_1,X_2,\cdots,X_n$ 为总体 X 的一个样本,这里只讨论 μ 未知时,σ^2 的假设检验. 因为在实际问题中,常遇到 μ,σ^2 都未知的情况,故 μ 未知比 μ 已知的情形更有实用价值. 当 μ 为已知时,方差 σ^2 的假设检验问题由读者自己完成.

在显著性水平 α 下,检验假设

$$H_0:\sigma^2=\sigma_0^2,H_1:\sigma^2\neq\sigma_0^2,$$

其中 σ_0^2 为已知常数.

由于样本方差 $S^2=\dfrac{1}{n-1}\sum\limits_{i=1}^{n}(X_i-\overline{X})^2$ 是总体方差的无偏估计量,根据 χ^2 分布和 χ^2 参数估计的有关知识,当假设 H_0 为真时,取检验统计量

$$\chi^2=\frac{(n-1)S^2}{\sigma_0^2}\sim\chi^2(n-1).$$

其拒绝域为

$$\frac{(n-1)S^2}{\sigma_0^2}\leqslant\chi^2_{1-\frac{\alpha}{2}}(n-1)\quad 或\quad \frac{(n-1)S^2}{\sigma_0^2}\geqslant\chi^2_{\frac{\alpha}{2}}(n-1),$$

此检验法称为 χ^2 检验法.

对于单侧假设检验,不难得到当左侧检验即备择假设为 $H_1:\sigma^2<\sigma_0^2$ 时,其拒绝域为

$$\frac{(n-1)S^2}{\sigma_0^2}\leqslant\chi_{1-\alpha}^2(n-1).$$

当右侧检验即备择假设为 $H_1:\sigma^2>\sigma_0^2$ 时,其拒绝域为

$$\frac{(n-1)S^2}{\sigma_0^2}\geqslant\chi_{\alpha}^2(n-1).$$

例 8.6 某厂生产某种型号的电池,其寿命服从 $\sigma^2=5\ 000(\mathrm{h}^2)$ 的正态分布.现有一批这种电池,从其生产情况来看,寿命的波动性有所改变,随机抽取 26 块电池,测出其寿命的样本方差 $S^2=9\ 200(\mathrm{h}^2)$.问根据这一数据能否推断这批电池的寿命波动性较以往有显著的变化(取 $\alpha=0.05$)?

解 依题意,假设

$$H_0:\sigma^2=5\ 000,\ H_1:\sigma^2\neq5\ 000.$$

由于 μ 未知,故用 χ^2 检验法.由 $\alpha=0.05$,$n-1=25$,查 χ^2 分布表得临界值为

$$\chi_{\frac{\alpha}{2}}^2(n-1)=\chi_{0.025}^2(25)=40.646,\chi_{1-\frac{\alpha}{2}}^2(25)=13.120.$$

而假设的拒绝域为 $\frac{(n-1)S^2}{\sigma_0^2}\geqslant40.646$ 或 $\frac{(n-1)S^2}{\sigma_0^2}\leqslant13.120$,将 $n-1=25$,$\sigma_0^2=5\ 000$,$S^2=9\ 200$ 代入得

$$\frac{(n-1)S^2}{\sigma_0^2}\geqslant\frac{25\times9\ 200}{5\ 000}=46>40.646,$$

所以拒绝假设 H_0,即认为这批电池寿命的波动性较以往有显著的变化.

例 8.7 机器包装食盐,假定每袋盐的净重 $X\sim N(\mu,\sigma^2)$,规定每袋盐的标准重量为 500 g,标准差不能超过 10 g.某天开工后,为检查机器工作是否正常,从包装好的食盐中随机抽取 9 袋,测得其净重(单位:g)为

479　507　510　475　484　488　524　491　515

问这天包装机工作是否正常(给定 $\alpha=0.05$)?

解 本题需要检验两方面:一是包装机工作时,$\mu=500$ g 是否成立;二是 $\sigma^2\leqslant10^2$ 是否成立.只有这两个检验都通过了,机器工作才算正常.

先检验 $\mu=500$ g 是否成立,即检验假设

$$H_0:\mu=500,\ H_1:\mu\neq500.$$

由于方差 σ^2 未知,故用 T 检验法.由所给样本计算得样本均值 $\overline{X}=499$,样本方差 $S^2=16.03^2$,$n=9$,$\mu_0=500$,得 T 检验统计量的值为

$$|T|=\left|\frac{\overline{X}-\mu_0}{S/\sqrt{n}}\right|=\left|\frac{499-500}{16.03/\sqrt{9}}\right|=0.187.$$

由 $\alpha=0.05,n-1=8$,查 t 分布表得临界值 $t_{\frac{\alpha}{2}}(n-1)=t_{0.025}(8)=2.306$.

因为 $|T|=0.187<2.306=t_{\frac{\alpha}{2}}(n-1)$,所以接受假设 H_0,即认为每袋食盐的平均净重为 500 g,机器包装没有产生系统误差.

再检验 $\sigma^2\leqslant 10^2$ 是否成立,即检验假设

$$H_0:\sigma^2\leqslant\sigma_0^2=10^2,\ H_1:\sigma^2>\sigma_0^2.$$

由于 μ 未知,故用 χ^2 检验法.将 $n-1=8,S^2=16.03^2,\sigma_0^2=10^2$ 代入,得 χ^2 检验统计量为

$$\chi^2=\frac{(n-1)S^2}{\sigma_0^2}=\frac{8\times 16.03^2}{10^2}=20.56.$$

由显著性水平 $\alpha=0.05,n-1=8$,查 χ^2 分布表得临界值 $\chi_\alpha^2(n-1)=\chi_{0.05}^2(8)=15.5$.

因为 $\chi^2=20.56>15.5=\chi_\alpha^2(n-1)$,所以拒绝 H_0 而接受 H_1,可以认为其方差超过 10^2,即包装机工作虽然没有产生系统误差,但是不够稳定,波动性较大,因此认为该天包装机工作不正常.

8.3 两个正态总体参数的假设检验

前面讨论了单个正态总体参数的假设检验问题,但在实际工作中还常常遇到两个总体的比较问题,这就需要讨论两个正态总体参数的假设检验.

8.3.1 两个正态总体均值差 $\mu_1-\mu_2$ 的假设检验

设总体 $X\sim N(\mu_1,\sigma_1^2)$,$X_1,X_2,\cdots,X_{n_1}$ 为总体 X 的样本;总体 $Y\sim N(\mu_2,\sigma_2^2)$,$Y_1,Y_2,\cdots,Y_{n_2}$ 为总体 Y 的样本,而且两个样本相互独立.

对于两个正态总体的均值差 $\mu_1-\mu_2$,这里只讨论双侧假设检验 $H_0:\mu_1-\mu_2=\delta,H_1:\mu_1-\mu_2\neq\delta$,其中 δ 为已知常数.对于单侧假设检验,可类似进行讨论.

方差　　为已知时 均值差　　的假设检验

方差 σ_1^2,σ_2^2 为已知时,在给定的显著性水平 α 下,检验假设

$$H_0:\mu_1-\mu_2=\delta,\ H_1:\mu_1-\mu_2\neq\delta.$$

根据两个正态总体均值差 $\mu_1-\mu_2$ 的区间估计可知,$\mu_1-\mu_2$ 的无偏估计量 $\overline{X}-\overline{Y}$在假设 H_0 为真时,有

$$\overline{X}-\overline{Y}\sim N\left(\delta,\frac{\sigma_1^2}{n_1}+\frac{\sigma_2^2}{n_2}\right).$$

选取检验统计量

$$U=\frac{\overline{X}-\overline{Y}-\delta}{\sqrt{\dfrac{\sigma_1^2}{n_1}+\dfrac{\sigma_2^2}{n_2}}}\sim N(0,1).$$

由此可得显著性水平为 α 的拒绝域为

$$|U| \geqslant u_{\frac{\alpha}{2}}.$$

此检验法称为两个正态总体均值差 $\mu_1-\mu_2$ 的 U 检验法.

方差 与 未知但 时 均值差 的假设检验

方差 σ_1^2 与 σ_2^2 未知，但已知 $\sigma_1^2=\sigma_2^2$，在给定的显著性水平 α 下，检验假设

$$H_0: \mu_1-\mu_2=\delta,\ H_1: \mu_1-\mu_2 \neq \delta.$$

这是应用十分广泛的一类假设检验. 根据两个正态总体均值差 $\mu_1-\mu_2$ 的区间估计，在假设 H_0 为真时，可选取统计量

$$T=\frac{\overline{X}-\overline{Y}-\delta}{S_{\omega}\sqrt{\frac{1}{n_1}+\frac{1}{n_2}}} \sim t(n_1+n_2-2),$$

其中

$$S_{\omega}^2=\frac{(n_1-1)S_1^2+(n_2-1)S_2^2}{n_1+n_2-2}.$$

由此可得显著性水平为 α 的拒绝域为

$$|T| \geqslant t_{\frac{\alpha}{2}}(n_1+n_2-2).$$

此检验法称为两个正态总体均值差 $\mu_1-\mu_2$ 的 T 检验法.

例 8.8 在平炉上进行一次试验，以确定改变操作方法的建议是否会增加钢的得率. 试验是在同一只平炉上进行的，每炼一炉钢时，除操作方法外，其他条件都尽可能相同. 先用标准方法炼一炉，然后用建议的新方法炼一炉，以后交替进行，各炼了 10 炉，其得率(%)分别为

标准方法	78.1	72.4	76.2	74.3	77.4	78.4	76.0	75.5	76.7	77.3
新方法	79.1	81.0	77.3	79.1	80.0	79.1	79.1	77.3	80.2	82.1

设这两种样本独立，并且分别来自正态总体 $N(\mu_1,\sigma^2)$，$N(\mu_2,\sigma^2)$，μ_1，μ_2，σ^2 均未知. 问在显著性水平 $\alpha=0.05$ 下，建议的新操作方法能否提高钢的得率？

解 若建议的新操作方法能提高钢的得率，则有 $\mu_1<\mu_2$，即 $\mu_1-\mu_2<0$，依题意，需检验假设

$$H_0: \mu_1-\mu_2=0,\ H_1: \mu_1-\mu_2<0.$$

由于 σ_1^2，σ_2^2 未知，但 $\sigma_1^2=\sigma_2^2=\sigma^2$，故采用 T 检验法. 由所给样本分别计算出标准方法和新方法下的样本值和样本方差：

$n_1=10$	$\overline{X}=76.23$	$S_1^2=3.325$
$n_2=10$	$\overline{Y}=79.43$	$S_2^2=2.225$

由此得

$$S_{\omega}^2=\frac{(n_1-1)S_1^2+(n_2-1)S_2^2}{n_1+n_2-2}=\frac{(10-1)\times 3.325+(10-1)\times 2.225}{18}=2.775.$$

检验统计量 T 为

$$T=\frac{\overline{X}-\overline{Y}-\delta}{S_{\omega}\sqrt{\frac{1}{n_1}+\frac{1}{n_2}}}=\frac{(76.23-79.43)-0}{\sqrt{2.775}\sqrt{\frac{1}{10}+\frac{1}{10}}}=-4.295.$$

对于给定的显著性水平 $\alpha=0.05$，查 t 分布表得临界值：$-t_{\alpha}(n_1+n_2-2)=-t_{0.05}(18)=-1.7341$.

由于 $T=-4.295<-1.7341$，所以拒绝 H_0（即接受 H_1），即认为新方法能提高钢的得率.

8.3.2 两个正态总体方差比 σ_1^2/σ_2^2 的假设检验

在实际问题中，常常需要考察两个正态总体的方差是否相等. 设总体 $X\sim N(\mu_1,\sigma_1^2)$，$X_1,X_2,\cdots,X_{n_1}$ 为总体 X 的样本，总体 $Y\sim N(\mu_2,\sigma_2^2)$，$Y_1,Y_2,\cdots,Y_{n_2}$ 为总体 Y 的样本，而且两个样本相互独立. 这里只讨论在实际问题中有着广泛应用的一类假设检验，即设 $\mu_1,\mu_2,\sigma_1^2,\sigma_2^2$ 均未知，检验假设

$$H_0:\sigma_1^2=\sigma_2^2,\ H_1:\sigma_1^2\neq\sigma_2^2.$$

由于样本方差 S_1^2,S_2^2 分别是总体方差 σ_1^2,σ_2^2 的无偏估计量，由 S_1^2,S_2^2 的独立性及 $\frac{(n_1-1)S_1^2}{\sigma_1^2}\sim\chi^2(n_1-1)$，$\frac{(n_2-1)S_2^2}{\sigma_2^2}\sim\chi^2(n_2-1)$，根据 F 分布的有关知识可知

$$\frac{S_1^2/\sigma_1^2}{S_2^2/\sigma_2^2}\sim F(n_1-1,n_2-1).$$

因此，当假设 H_0 为真（即 $\sigma_1^2=\sigma_2^2$）时，便有

$$F=\frac{S_1^2}{S_2^2}\sim F(n_1-1,n_2-1).$$

选取 $F=S_1^2/S_2^2$ 为检验统计量，可得显著性水平为 α 的拒绝域为

$$F=\frac{S_1^2}{S_2^2}\geqslant F_{\frac{\alpha}{2}}(n_1-1,n_2-1)\quad 或\quad F=\frac{S_1^2}{S_2^2}\leqslant F_{1-\frac{\alpha}{2}}(n_1-1,n_2-1).$$

此检验方法称为两个正态总体方差比 σ_1^2/σ_2^2 的 F 检验法.

对于两个正态总体方差比 σ_1^2/σ_2^2 的单侧假设检验的讨论，由读者自己完成.

例 8.9 现有甲、乙两台车床生产同一型号的滚珠，根据经验两台车床生产的滚珠直径都服从正态分布. 现从这两台车床生产的产品中分别抽出 8 个和 9 个，测得滚珠直径（单位：mm）分别为

甲	15.0	14.5	15.2	15.5	14.8	15.1	15.2	14.8	
乙	15.2	15.0	14.8	15.2	15.0	15.0	14.8	15.1	14.8

问：在显著性水平 $\alpha=0.05$ 下，乙车床生产的滚珠直径的方差是否比甲车床生产的小？

解 设 X,Y 分别表示甲、乙两台车床生产的滚珠直径，即 $X\sim N(\mu_1,\sigma_1^2)$，$Y\sim N(\mu_2,\sigma_2^2)$，$\mu_1,\mu_2,\sigma_1^2,\sigma_2^2$ 均未知，根据题意需检验假设

$$H_0:\sigma_1^2\leqslant\sigma_2^2,\ H_1:\sigma_1^2>\sigma_2^2.$$

这是一个单侧检验问题，由于 μ_1,μ_2 未知，可采用 F 检验法，显著性水平为 α 的拒绝域为

$$F=\frac{S_1^2}{S_2^2}\geqslant F_\alpha(n_1-1,n_2-1).$$

由所给样本计算得样本方差

$$S_1^2=\frac{1}{7}\times 0.67,\ S_2^2=\frac{1}{8}\times 0.21,$$

于是

$$F=\frac{S_1^2}{S_2^2}=\frac{0.67}{0.21}\times\frac{8}{7}=3.65.$$

再由显著性水平 $\alpha=0.05$，$n_1=8$，$n_2=9$，查 F 分布表得临界值为

$$F_\alpha(n_1-1,n_2-1)=F_{0.05}(7,8)=3.50.$$

由于 $F=3.65>3.50=F_\alpha(n_1-1,n_2-1)$，故拒绝假设 H_0（即接受 H_1），即认为乙车床生产的滚珠直径的方差比甲车床生产的小.

例 8.10 从甲、乙两处煤矿各抽样 5 次和 4 次，测得其含灰率（%）为

甲矿	24.3	20.8	23.7	21.3	17.4
乙矿	18.2	16.9	20.2	16.7	

假定两个煤矿的含灰率都服从正态分布，问甲、乙两煤矿的含灰率有无显著差异（显著性水平 $\alpha=0.05$）？

解 两个正态总体 $X\sim N(\mu_1,\sigma_1^2)$，$Y\sim N(\mu_2,\sigma_2^2)$，样本容量不相等（即 $n_1\neq n_2$），需检验两个期望值是否相等（即 $\mu_1=\mu_2$）. 对于这类问题，必须分两步进行，即先进行方差的检验，然后进行"σ_1^2,σ_2^2 未知但 $\sigma_1^2=\sigma_2^2$ 时，均值是否相等"的检验.

(1) 先检验假设

$$H_0:\sigma_1^2=\sigma_2^2,\ H_1:\sigma_1^2\neq\sigma_2^2.$$

由于 μ_1,μ_2 未知，故应用 F 检验法. 由所给样本计算得样本方差分别为 $S_1^2=7.505$，$S_2^2=2.593$，所以检验统计量的值为

$$F=\frac{S_1^2}{S_2^2}=\frac{7.505}{2.593}=2.894.$$

由显著性水平 $\alpha=0.05$，$n_1-1=4$，$n_2-1=3$，查 F 分布表得

$$F_{\frac{\alpha}{2}}(n_1-1,n_2-1)=F_{0.025}(4,3)=15.10,$$

$$F_{1-\frac{\alpha}{2}}(n_1-1,n_2-1)=\frac{1}{F_{\frac{\alpha}{2}}(n_2-1,n_1-1)}=\frac{1}{F_{0.025}(3,4)}=\frac{1}{9.98}=0.10.$$

因为 $0.10<2.894<15.10$，故统计量 F 的值位于接受域内，故接受假设 H_0，即认为两煤矿的含灰率的方差没有显著性差异($\sigma_1^2=\sigma_2^2$).

(2) 再检验假设

$$H_0:\mu_1-\mu_2=0,\ H_1:\mu_1-\mu_2\neq 0.$$

由于 σ_1^2,σ_2^2 未知，但 $\sigma_1^2=\sigma_2^2$，故应用 T 检验法进行检验. 由所给样本得样本均值 $\overline{X}=21.5$，$\overline{Y}=18$，所检验统计量的值为

$$T=\frac{\overline{X}-\overline{Y}-0}{S_\omega\sqrt{\frac{1}{n_1}+\frac{1}{n_2}}}=2.245.$$

由显著性水平 $\alpha=0.05$，$n_1=5$，$n_2=4$，查 t 分布表得临界值为

$$t_{\frac{\alpha}{2}}(n_1+n_2-2)=t_{0.025}(7)=2.3646.$$

因为 $|T|=2.245<2.3646$，故接受假设 H_0，即认为两煤矿的含灰率无显著差异；但考虑到 2.245 与临界值 2.364 6 比较接近，为稳妥起见，最好再抽样一次以进行计算和假设检验.

前面讨论了单个正态总体和两个正态总体的参数的假设检验，为便于记忆，可概括检验问题与所用检验方法的关系：

(1) 总体均值检验 $\begin{cases} U \text{ 检验法(方差为已知)}, \\ T \text{ 检验法(方差为未知)}; \end{cases}$

(2) 总体方差检验 $\begin{cases} \chi^2 \text{ 检验法(单个正态总体)}, \\ F \text{ 检验法(两个正态总体)}. \end{cases}$

*8.4 非参数假设检验

前面主要讨论参数假设检验问题，一般是在总体 X 服从正态分布的前提下，对其数学期望 μ 或方差 σ^2 进行假设检验，但在很多实际问题中往往事先并不知道总体的分布类型，这时需要根据样本 $X_1,X_2,\cdots,X_n$ 对总体的分布或分布类型提出假设并进行检验，这种检验一般称为分布拟合检验，它是非参数检验中较为重要的一种.

8.4.1 非参数 χ^2 拟合检验法

非参数 χ^2 拟合检验是在总体 X 的分布为未知时，根据样本 $X_1,X_2,\cdots,X_n$ 来检验关于总体分布的假设

$$H_0: F(x)=F_0(x),\ H_1: F(x)\neq F_0(x),$$

其中 $F_0(x)$ 为已知的具有明确表达式的分布函数.

若总体 X 为离散型,则上述假设相当于

$$H_0: P(X=X_i)=p_i,\ H_1: P(X=X_i)\neq p_i,\ i=1,2,\cdots,n,$$

其中 p_i 已知,且 $\sum\limits_{i=1}^{n} p_i = 1$.

若总体 X 为连续型,则上述假设相当于

$$H_0: f(x)=f_0(x),\ H_1: f(x)\neq f_0(x).$$

对于一个具体的实际问题,如何给出一个已知的分布函数 $F_0(x)$ 呢? 这往往与专业知识和实践经验有关,在数学上,一般由样本 $X_1,X_2,\cdots,X_n$ 绘制经验分布函数 $F_n(x)$ 的图形或经验分布密度 $p_n(x)$ 的图形(直方图),以从中得出总体 X 可能服从的分布,也可以从已学过的几种常用概率分布的物理模型中得到启发.

根据样本所确定的经验分布函数 $F_n(x)$,是一个不多于 n 个间断点的分布函数. 由于样本的随机性,$F_n(x)$ 不可能与总体 X 的分布函数完全吻合,但当样本容量 n 越大时,吻合的程度就越好. 因此,在大样本的情况下,可用 $F_n(x)$ 代替 $F(x)$ 来检验总体分布是否为已知分布 $F_0(x)$. 这就必须找一个统计量,使它能够反映 $F_n(x)$ 与 $F_0(x)$ 偏离程度,通过该统计量的大小可以判断 $F_n(x)$ 与 $F_0(x)$ 之间的差异是由样本的随机性引起的,还是由 $F(x)\neq F_0(x)$ 引起的.

χ^2 拟合检验法的基本思想是:将作为总体的随机变量 X 的值域 Ω(即随机试验的所有可能结果)划分为互不相交的 k 个小区间: $A_1=[a_0,a_1)$,$A_2=[a_1,a_2)$,$\cdots$,$A_k=[a_{k-1},a_k)$,这些区间的长度可以相等也可以不相等,但 $\sum\limits_{i=1}^{k} A_i = \Omega$,且 $A_iA_j=\varnothing$,$i\neq j$,$i,j=1,2,\cdots,k$,于是样本值全部落入这 k 个小区间中.

设$(x_1,x_2,\cdots,x_n)$是 X 的容量为 n 的样本值,n_i 为样本值落入区间 A_i 的频数,则 $\sum\limits_{i=1}^{k} n_i = n$. 随机变量 X 落入区间 A_i 这一事件仍然用 A_i 表示,把$(x_1,x_2,\cdots,x_n)$看成一次 n 重独立试验的结果,那么事件 A_i 发生的频率为$\dfrac{n_i}{n}$. 当假设 H_0 为真时,用 p_i 表示 X 的取值落在区间 A_i 的概率(理论概率),则有

$$p_i=P(a_{i-1}\leqslant X<a_i)=F_0(a_i)-F_0(a_{i-1}),\ i=1,2,\cdots,k.$$

在 n 次试验中,事件 A_i 出现的频率$\dfrac{n_i}{n}$与事件 A_i 的概率 p_i 往往有差异,但根据大数定律,当假设 H_0 为真且 n 充分大时,这种差异应该非常小. 由此可知,$\dfrac{n_i}{n}$与 p_i 的差异大小就可以反映出假设 H_0 的真伪.

根据这一思想，皮尔逊(Pearson)利用加权平方和构造了一个统计检验量：

$$\chi^2 = \sum_{i=1}^{k} \frac{n}{p_i}\left(\frac{n_i}{n} - p_i\right)^2 = \sum_{i=1}^{k} \frac{(n_i - np_i)^2}{np_i}.$$

这个检验统计量称为皮尔逊统计量，它能较好地反映频率与概率之间的差异.在给定的样本值下，若检验统计量 χ^2 的值过大，就拒绝假设 H_0.

定理 8.1(皮尔逊定理) 设 $F_0(x,\theta_1,\cdots,\theta_r)$为总体 X 的真实分布，其中 $\theta_1,\cdots,\theta_r$为 r 个未知参数，则当 n 充分大且假设 H_0 为真时，检验统计量 χ^2 近似服从自由度为 $k-r-1$ 的 χ^2 分布，即

$$\chi^2 = \sum_{i=1}^{k} \frac{(n_i - np_i)^2}{np_i} \sim \chi^2(k-r-1).$$

如果 $F_0(x)$不含未知参数(即 $r=0$)，则检验统计量 χ^2 近似服从 $\chi^2(k-1)$分布.

χ^2 拟合检验法就是基于皮尔逊定理得到的，所以在应用中要注意：样本容量 n 必须充分大，一般要求 $n\geqslant 50$；组数 k 有限，一般应有 $5\leqslant k\leqslant 16$；对于每个组，np_i 不能小于 5，否则应适当地合并 A_i，以满足估计值的这一要求. 若 $F_0(x)$中含有 r 个未知参数，则首先求出该未知参数的极大似然估计值并代入 $F_0(x)$中，然后计算出 np_i，在显著性水平 α 下的拒绝域为

$$\chi^2 \geqslant \chi^2_\alpha(k-r-1).$$

通过上述讨论，可知在显著性水平 α 下，利用 χ^2 拟合检验法检验假设

$$H_0: F(x)=F_0(x),\ H_1: F(x)\neq F_0(x)$$

的基本步骤如下：

(1) 若 $F_0(x)$中含有未知参数，则用极大似然估计法求出所有未知参数的估计值，并代入 $F_0(x)$.

(2) 把总体 X 的值域 Ω 划分为 k 个互不相交的区间 $A_i=[a_{i-1},a_i)$，$i=1,2,\cdots,k$.

(3) 在假设 H_0 成立的条件下，计算各区间上的理论概率 p_i 和理论频数 np_i，其中

$$p_i = F_0(a_i) - F_0(a_{i-1}).$$

(4) 根据样本值$(x_1,x_2,\cdots,x_n)$，计算出落在区间 $A_i=[a_{i-1},a_i)$中的实际频数 n_i，并由此计算检验统计量 χ^2 的值为

$$\chi^2 = \sum_{i=1}^{k} \frac{(n_i - np_i)^2}{np_i}.$$

(5) 对给定的显著性水平 α，查 χ^2 分布表得临界值(上 α 分位数)：$\chi^2_\alpha(k-r-1)$，其中 k 是分组数，r 是 $F_0(x)$中未知参数的个数.

(6) 进行检验判断：若 $\chi^2 \geqslant \chi_\alpha^2(k-r-1)$，则拒绝假设 H_0；若 $\chi^2 < \chi_\alpha^2(k-r-1)$，则接受假设 H_0.

χ^2 拟合检验法的应用很广泛，不论事先给定的 $F_0(x)$ 是连续型还是离散型的分布，也不论 $F_0(x)$ 是否含有未知参数，都可以用这种方法检验.

例 8.11 已知某袋中放有白球和黑球，现进行有放回地抽球，直到抽到白球为止. 记录下抽取的次数，重复进行试验 100 次，结果如下：

抽取次数	1	2	3	4	≥5
频数	43	31	15	16	5

问该袋内黑球、白球的个数是否相等($\alpha=0.05$)?

解 这是一个离散分布的问题. 记 X 为“首次出现白球所需的抽取次数”，则其分布律为

$$P(X=k)=(1-p)^{k-1}p,\ k=1,2,\cdots,$$

其中，p 表示从袋内任取一球为白球的概率.

记 A_i 为事件 $X=i(i=1,2,3,4)$，A_5 为事件 $X\geqslant 5$，若袋内黑球与白球的个数相等，则 $p=\frac{1}{2}$，从而应满足下面的分布律：

$$P(A_i)=\left(1-\frac{1}{2}\right)^{i-1}\times\frac{1}{2}=\left(\frac{1}{2}\right)^i,\ i=1,2,3,4,$$

$$P(A_5)=1-\sum_{i=1}^{4}P(A_i)=\frac{1}{16}.$$

于是，依题意需检验假设

$$H_0: P(A_i)=\left(\frac{1}{2}\right)^i,\ i=1,2,3,4,\ P(A_5)=\frac{1}{16}.$$

对给定的显著性水平 $\alpha=0.05$，$k=5$，查 χ^2 分布表得临界值为

$$\chi_\alpha^2(k-1)=\chi_{0.05}^2(4)=9.488.$$

再将试验结果和 $p_i=P(A_i)$ 代入，得 χ^2 检验统计量的值为

$$\begin{aligned}\chi^2 &= \sum_{i=1}^{5}\frac{(n_i-np_i)^2}{np_i}\\ &=\frac{(43-50)^2}{50}+\frac{(31-25)^2}{25}+\frac{(15-12.5)^2}{12.5}+\frac{(16-6.25)^2}{6.25}+\frac{(5-6.25)^2}{6.25}\\ &=3.2.\end{aligned}$$

由于 $\chi^2=3.2<9.488=\chi_\alpha^2(k-1)$，所以接受 H_0，即认为袋内白球和黑球的个数相等.

例 8.12 在上海 1875—1955 年的 81 年间，其中 63 年观察到的一年中 5—9

月下暴雨次数的资料如下：

暴雨次数(i)	0	1	2	3	4	5	6	7	8	9
实际年数(n_i)	4	8	14	19	10	4	2	1	1	0

试检验一年中5—9月下暴雨的次数X是否服从泊松分布$P(\lambda)(\alpha=0.05)$？

解 依题意，在显著性水平$\alpha=0.05$下，检验假设

$$H_0: X\text{服从泊松分布}P(\lambda),\ \lambda>0.$$

由于泊松分布$P(\lambda)$中的参数λ未知，则应先求λ的极大似然估计量$\hat{\lambda}$：

$$\hat{\lambda}=\overline{X}=\frac{1}{n}\sum_{i=1}^{n}X_i=2.857\,1.$$

其中，$n=63$.从资料中可以看出，暴雨次数$i\geqslant6$次的年份总和为4，故把$i\geqslant6$合并为一组.因X服从泊松分布$P(\lambda)$，则由公式

$$p_i=P(X=i)=\frac{(2.857\,1)^i}{i!}\mathrm{e}^{-2.857\,1},\ i=1,2,\cdots,6,$$

得$p_0=0.057\,4$，$p_1=0.164\,4$，$p_2=0.234\,4$，$p_3=0.223\,3$，$p_4=0.159\,5$，$p_5=0.091\,1$，

$$p_6=1-\sum_{i=0}^{5}p_i=0.070\,2.$$

将样本的观测值及上述数值代入，得χ^2检验统计量的值为

$$\chi^2=\sum_{i=0}^{6}\frac{(n_i-63p_i)^2}{63p_i}=2.906\,4.$$

对给定的显著性水平$\alpha=0.05$，$k=7$，$r=1$，查χ^2分布表得

$$\chi_{\alpha}^2(k-r-1)=\chi_{0.05}^2(5)=11.07.$$

由于$\chi^2=2.906\,4<11.07=\chi_{\alpha}^2(k-r-1)$，根据$\chi^2$拟合检验法接受原假设$H_0$，即认为暴雨次数$X$服从泊松分布$P(\lambda)$，其中$\lambda=2.857\,1$.

例8.13 某地120名12岁男孩身高的资料(单位:cm)如下所示.给定显著性水平$\alpha=0.05$，问能否认为该地区12岁男孩的身高服从正态分布？

128.1	144.4	150.3	146.2	140.6	139.7	134.1	124.3	147.9	143.0
143.1	142.7	126.0	125.6	127.7	154.4	142.7	141.2	133.4	131.0
125.4	130.3	146.3	146.8	142.7	137.6	136.9	122.7	131.8	147.7
135.8	134.8	139.1	139.0	132.3	134.7	138.4	136.6	136.2	141.6
141.0	138.4	145.1	141.4	139.9	140.6	140.2	131.0	150.4	142.7
144.3	136.4	134.5	132.3	152.7	148.1	139.6	138.9	136.1	135.9
140.3	137.3	134.6	145.2	128.2	135.9	140.2	136.6	139.3	135.7

139.8	129.1	141.4	139.7	136.2	138.4	138.1	132.9	142.9	144.7
118.8	138.3	135.3	140.6	142.2	151.1	142.4	142.7	136.2	135.0
154.3	147.9	141.3	143.8	138.1	139.7	127.4	146.0	155.8	141.2
146.4	139.4	140.8	127.7	150.7	100.3	148.5	147.5	138.9	123.1
126.0	150.0	143.7	156.9	133.1	142.8	136.8	133.1	144.5	142.4

解 为粗略了解这些数据的分布是否符合正态分布，可先根据所给数据画出直方图. 现介绍直方图的画法.

上述数据的最小值和最大值分别为 100.3 和 156.9，即所有的数据落在 [100.3,156.9] 内. 现取能覆盖区间 [100.3,156.9] 的区间 [100,160]，将区间 [100,160] 等分为 12 个小区间，小区间的长度 $\Delta=5$ 称为组距，计算出落在每个小区间内的数据的频数 n_i 和频率 n_i/n($n=120,i=1,2,\cdots,12$)，如表 8-1 所示.

表 8-1 各区间的频数与频率

组限	频数 n_i	频率 n_i/n	累计频率
[100,105)	1	0.008 3	0.008 3
[105,110)	0	0	0.008 3
[110,115)	0	0	0.008 3
[115,120)	1	0.008 4	0.016 7
[120,125)	3	0.025 0	0.041 7
[125,130)	10	0.083 3	0.125
[130,135)	15	0.125 0	0.250
[135,140)	36	0.300 0	0.550
[140,145)	32	0.266 7	0.816 7
[145,150)	13	0.103 8	0.925
[150,155)	7	0.058 3	0.983 3
[155,160)	2	0.016 7	1

现自左至右依次在各个小区间上绘制以频率 n_i/n 为高的小矩形，这样的图形称为直方图，也称为频率直方图(见图 8-1).

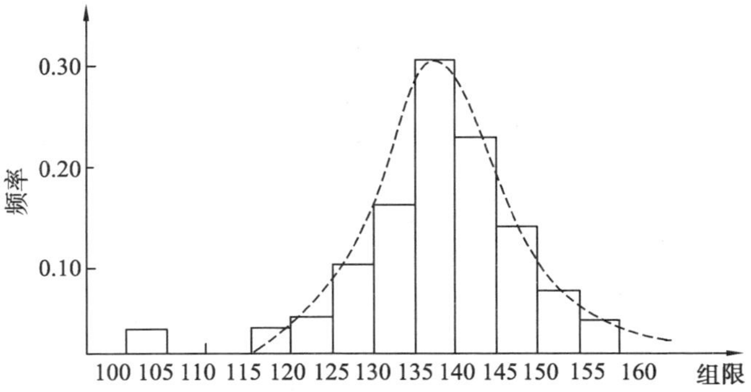

图 8-1 频率直方图

当 n 很大时，频率接近于概率，一般来说，频率直方图的外廓曲线接近于总体 X 的概率密度曲线. 从本例的频率直方图来看，它具有一个峰值，中间高，两边低，与正态分布很相似.

设该地区 12 岁男孩的身高为 X，则依题意需检验假设

$$H_0: X \sim N(\mu, \sigma^2).$$

由于假设 H_0 中含有未知参数 μ 和 σ^2，故需先进行参数估计，可求得参数 μ 和 σ^2 的极大似然估计为

$$\hat{\mu} = \overline{X} = 139.5, \ \hat{\sigma}^2 = \hat{C}_2 = 55.$$

由于 X 是连续型随机变量，为利用非参数 χ^2 分布拟合检验，首先将 X 的取值离散化. 从前面讨论的分组来看，前 5 个组合计只有 5 个频数，故合并为一个组，最后一组只有 2 个频数，可将其合并到前一组中，这样 X 的取值分成 7 个组，如表 8-2所示.

表 8-2 身高的取值分组

组限	[100,125)	[125,130)	[130,135)	[135,140)	[140,145)	[145,150)	[150,160)
频数 n_i	5	10	15	36	32	13	9

利用正态分布，计算其理论概率 p_i：

$$p_1 = P(X < 125) = \Phi \frac{(125 - 139.5)}{\sqrt{55}} = 0.025,$$

$$p_i = P(x_{i-1} \leqslant X \leqslant x_i) = \Phi\left(\frac{x_i - 139.5}{\sqrt{55}}\right) - \Phi\left(\frac{x_{i-1} - 139.5}{\sqrt{55}}\right), \ i = 2, 3, \cdots, 6,$$

$$p_7 = P(X \geqslant 150) = 1 - P(X < 150) = 1 - \Phi\left(\frac{150 - 139.5}{\sqrt{55}}\right) = 0.077\ 8.$$

将 n_i 和 p_i 代入，计算检验统计量 χ^2 为

$$\chi^2 = \sum_{i=1}^{7} \frac{(n_i - np_i)^2}{np_i} = 8.2487.$$

对于给定的显著性水平 $\alpha=0.05$ 和 $k=7,r=2$，查 χ^2 分布表得临界值

$$\chi^2_\alpha(k-r-1)=\chi^2_{0.05}(7-2-1)=\chi^2_{0.05}(4)=9.488.$$

因为 $\chi^2=8.2487<9.488=\chi^2_\alpha(k-r-1)$，所以接受假设 H_0，即认为该地区12岁男孩的身高服从正态分布.

8.4.2 正态性检验的偏度、峰度检验法

根据中心极限定理可知，正态分布随机变量广泛存在于客观世界，很多分布的极限分布就是正态分布，因此，当研究一个连续总体时，人们往往考察它是否服从正态分布.对于一批数据(样本值)是否来自正态总体的判断，称为正态性检验.

χ^2 拟合检验法虽然是检验总体分布的一般方法，但用它进行总体的正态性检验时，犯第二类错误的概率往往较大.这里介绍在正态性检验中较为有效的偏度、峰度检验法.

偏度、峰度检验法的主要理论依据为正态密度曲线是对称的，且陡缓适中，因此，被检验的数据若来自正态总体，则其经验分布密度 $p_n(x)$ 的频率直方图就不会有太多偏斜，也不能过分陡缓，因此提出两个数字特征：一个是描述分布密度曲线的偏斜程度的偏度 v_1；一个是描述分布密度曲线的陡缓程度的峰度 v_2.它们分别是 X 的标准化变量 $[X-E(X)]/\sqrt{D(X)}$ 的三阶中心距和四阶中心距，即

$$v_1=E\left[\left(\frac{X-E(X)}{\sqrt{D(X)}}\right)^3\right]=\frac{E[X-E(X)]^3}{[D(X)]^{\frac{3}{2}}},$$

$$v_2=E\left[\left(\frac{X-E(X)}{\sqrt{D(X)}}\right)^4\right]=\frac{E[X-E(X)]^4}{[D(X)]^2}.$$

当随机变量 X 服从正态分布时，即 $X\sim N(\mu,\sigma^2)$，不难直接计算得

$$v_1=0,\ v_2=3.$$

设 $X_1,X_2,\cdots,X_n$ 为来自总体 X 的一个样本，根据矩估计法(由于总体分布未知，不能用极大似然估计法)，可得样本偏度和峰度的矩估计值分别为

$$\hat{v}_1=\frac{\hat{C}_3}{\hat{C}_2^{3/2}},\ \hat{v}_2=\frac{\hat{C}_4}{\hat{C}_2^2}.$$

其中 $\hat{C}_k(k=2,3,4)$ 是样本的 k 阶中心距.

若总体 X 为正态总体，则可证当 n 充分大时(一般 $n\geqslant 50$)，近似地有

$$\hat{v}_1\sim N\left(0,\frac{6(n-2)}{(n+1)(n+3)}\right),$$

$$\hat{v}_2\sim N\left(3-\frac{6}{n+1},\frac{24n(n-2)(n-3)}{(n+1)^2(n+3)(n+5)}\right).$$

设 $X_1, X_2, \cdots, X_n$ 为来自总体 X 的一个样本，现检验正态性假设

$$H_0: X \sim N(\mu, \sigma^2), \quad -\infty < \mu < +\infty, \sigma^2 > 0.$$

记 $\mu_1 = 0, \sigma_1^2 = \frac{6(n-2)}{(n+1)(n+3)}; \mu_2 = 3 - \frac{6}{n+1}, \sigma_2^2 = \frac{24n(n-2)(n-3)}{(n+1)^2(n+3)(n+5)}$. 将其标准化，令 $U_1 = \frac{\hat{v}_1 - 0}{\sigma_1}, U_2 = \frac{\hat{v}_2 - \mu_2}{\sigma_2}$，则当假设 H_0 为真，且 n 充分大时，近似地有

$$U_1 \sim N(0,1), \quad U_2 \sim N(0,1).$$

样本偏度 $\hat{v}_1$、样本峰度 $\hat{v}_2$ 应分别依概率收敛于总体偏度 v_1 和总体峰度 v_2，因此，当假设 H_0 为真且 n 充分大时，$\hat{v}_1$ 与 $v_1 = 0$ 的偏差不应太大，$\hat{v}_2$ 与 $v_2 = 3$ 的偏差也不应太大. 从直观来看，当 $|U_1|$ 或 $|U_2|$ 较大时就拒绝 H_0，取显著性水平为 α，则由

$$\begin{aligned} P(\text{拒绝 } H_0 \mid H_0 \text{ 为真}) &= P_{H_0}\left[(|U_1| \geqslant u_{\frac{\alpha}{4}}) \cup (|U_2| \geqslant u_{\frac{\alpha}{4}})\right] \\ &\leqslant P_{H_0}(|U_1| \geqslant u_{\frac{\alpha}{4}}) + P_{H_0}(|U_2| \geqslant u_{\frac{\alpha}{4}}) \\ &= \frac{\alpha}{4} + \frac{\alpha}{2} = \alpha, \end{aligned}$$

可得假设 H_0 的拒绝域为 $|U_1| \geqslant u_{\frac{\alpha}{4}}$ 或 $|U_2| \geqslant u_{\frac{\alpha}{4}}$.

例 8.14 下面列出了 84 个伊特拉斯坎(Etruscan)男子的头颅的最大宽度(单位:mm)，试在显著性水平 $\alpha = 0.1$ 下，检验这些数据是否来自正态总体.

141	148	132	138	154	142	150	146	155	158
150	140	147	148	144	150	149	145	149	158
143	141	144	144	126	140	144	142	141	140
145	135	147	146	141	136	140	146	142	137
148	154	137	139	143	140	131	143	141	149
148	135	148	152	143	144	141	143	147	146
150	132	142	142	143	153	149	146	149	138
142	149	142	137	134	144	146	147	140	142
140	137	152	145						

解 依题意，需检验正态性假设

$$H_0: \text{数据 } X_i \text{ 来自正态总体 } X \sim N(\mu, \sigma^2).$$

由所给样本计算得 $\overline{X} = 143.8, \hat{C}_2 = 35.2246, \hat{C}_3 = -28.5, \hat{C}_4 = 3840$，由此得样本偏度和样本峰度为

$$\hat{v}_1 = \frac{\hat{C}_3}{\hat{C}_2^{3/2}} = -0.1363, \quad \hat{v}_2 = \frac{\hat{C}_4}{\hat{C}_2^2} = 3.0948.$$

由样本容量 $n = 84$，得 $\mu_1 = 0, \mu_2 = 3 - \frac{6}{n+1} = 2.9294, \sigma_1 = \sqrt{\frac{6(n-2)}{(n+1)(n+3)}} =$

0.2579，$\sigma_2=\sqrt{\dfrac{24n(n-2)(n-3)}{(n+1)^2(n+3)(n+5)}}=0.4892$，则有

$$|U_1|=\left|\frac{\hat{v}_1-\mu_1}{\sigma_1}\right|=0.5285,\ |U_2|=\left|\frac{\hat{v}_2-\mu_2}{\sigma_2}\right|=0.3381.$$

对给定的显著性水平 $\alpha=0.1$，得 $\frac{\alpha}{4}=0.025$，查正态分布表得临界值为

$$u_{\frac{\alpha}{4}}=u_{0.025}=1.96.$$

因为 $|U_1|=0.5285<1.96$，$|U_2|=0.3381<1.96$，故接受假设 H_0，即认为这些数据来自正态分布的总体.

8.4.3 两个总体相等性检验的秩和检验法

前面讨论了一个总体分布函数 $F(x)$ 的拟合检验，但在许多实际问题中常常还会遇到要求比较两个总体的分布函数是否相等的问题. 设 $F_1(x)$ 和 $F_2(x)$ 分别为总体 X 和 Y 的分布函数，检验假设

$$H_0:F_1(x)=F_2(x),$$

称为两个总体的相等性检验. 如果 $F_1(x)$ 与 $F_2(x)$ 是同一种分布函数（例如同是 0-1 分布、指数分布、正态分布等），此时问题可以归结为两总体参数（如数字特征等）是否相等的参数假设检验问题. 但如果对 $F_1(x)$ 与 $F_2(x)$ 完全未知，就只能用非参数方法进行检验. 这里介绍一种有效且使用方便的检验方法——秩和检验法.

设 X 和 Y 为两个连续型总体，其分布函数分别为 $F_1(x)$ 与 $F_2(x)$，现从中分别抽取两个相互独立的样本 $X_1,X_2,\cdots,X_{n_1}$ 和 $Y_1,Y_2,\cdots,Y_{n_2}$，在显著性水平 α 下，检验假设

$$H_0:F_1(x)=F_2(x),\ -\infty<x<+\infty.$$

下面用秩和为统计量进行检验，为此先引入秩的概念.

设 $X_1,X_2,\cdots,X_{n_1}$ 是来自连续型总体 X 的一个样本，将样本值由小到大进行排序，得

$$x(1)<x(2)<\cdots<x(n).$$

如果 $x_i=x(k)$，则称 x_i 的秩为 k，$i=1,2,\cdots,n$. 换句话说，X_i 的秩就是按样本值由小到大排序后 x_i 所占位置的序号数.

现在将从两总体抽取的 n_1+n_2 个样本值进行混合，再按照从小到大排序，以求出每一个样本值的秩. 将属于第一个总体的样本值的秩相加，记其和为 R_1，称为第一个样本的秩和；将其余样本值（即第二个总体的样本值）的秩和记为 R_2，称为第二个样本的秩和. 显然 R_1,R_2 是离散型随机变量，且有

$$R_1+R_2=\frac{1}{2}(n_1+n_2)(n_1+n_2+1).$$

比较两个样本容量 n_1,n_2，选出其中较小的：如果 $n_1\leqslant n_2$，则选定 n_1；如果 $n_1=$

n_2，则任选一个.不失一般性，这里总假定 $n_1 \leqslant n_2$，因此只要考虑统计量 R_1 即可，并记为 $T=R_1$.

当假设 H_0 为真时，这两个独立样本实际上来自同一个总体，因此第一个样本中诸元素的秩应该随机地、分散地在自然数 $1\sim(n_1+n_2)$ 中取值，一般不应过分集中取较小的值或较大的值，考虑到

$$\frac{1}{2}n_1(n_1+1) \leqslant T \leqslant \frac{1}{2}n_1(n_1+2n_2+1),$$

即当 H_0 为真时，秩和 T 一般不应取太靠近上述不等式两端的值，因此秩和 T 的值过分大或过分小时，就拒绝 H_0.根据以下方法确定临界值 T_1, T_2：若 $T \leqslant T_1$ 或 $T \geqslant T_2$，则拒绝 H_0；若 $T_1 < T < T_2$，则接受 H_0.这种检验法称为秩和检验法.

本书附有秩和检验表，在给定 α 时，由 n_1, n_2 可查表得 T_1, T_2.

例 8.15 为检验某种血清是否具有抑制白血病的作用，选取患白血病已到晚期的 9 只老鼠进行试验，其中有 5 只接受这种治疗，另 4 只则不作这种治疗.设两样本相互独立，从试验开始时计算其存活时间(单位：月)如下：

不作治疗	1.9	0.5	0.9	2.1	
接受治疗	3.1	5.3	1.4	4.6	2.8

若治疗与否的存活时间的概率密度至多只差一个平移，问这种血清对白血病是否有抑制作用(取 $\alpha=0.05$)？

解 设两组老鼠的存活时间的总体分别为 X 和 Y，其分布函数分别为 $F_1(x)$ 和 $F_2(x)$.根据题意，在显著性水平 $\alpha=0.05$ 下，需检验假设

$$H_0: F_1(x)=F_2(x), \quad H_1: F_1(x)\neq F_2(x).$$

将两组试验数据混合，再按照从小到大的次序排列如下：

秩	1	2	3	4	5	6	7	8	9
不作治疗	0.5	0.9		1.9	2.1				
接受治疗			1.4			2.8	3.1	4.6	5.3

T 是样本容量较小的那组数据的秩和.由于 $n_1=4<n_2=5$，可得秩和

$$T=1+2+4+5=12.$$

对给定的显著性水平 $\alpha=0.05, n_1=4, n_2=5$，查秩和检验表，得临界值 $T_1=13, T_2=27$.

因为 $T=12<13=T_1$，所以拒绝假设 H_0，即认为这种血清对白血病有抑制作用.

一般地，秩和检验表只列到 $n_1 \leqslant 10, n_2 \leqslant 10$ 的情形，当 $n_1>10$ 或 $n_2>10$ 时，可利用统计量 T 的渐近分布计算其临界值.可以证明，当 n_1, n_2 充分大，且假设

H_0 为真(即 $F_1(x)=F_2(x)$)时,近似有

$$T\sim N\left(\frac{n_1(n_1+n_2+1)}{2},\frac{n_1n_2(n_1+n_2+1)}{12}\right).$$

将其标准正态化,有

$$T^*=\frac{T-\frac{n_1(n_1+n_2+1)}{2}}{\sqrt{\frac{n_1n_2(n_1+n_2+1)}{12}}}\sim N(0,1).$$

在 n_1,n_2 均大于 7 时,T^* 的分布采用标准正态分布已十分精确.因此,在 n_1,n_2 较大时,取 T^* 为检验统计量,此时假设 H_0 的拒绝域为

$$|T^*|>u_{\frac{\alpha}{2}}.$$

例 8.16 有甲、乙两台机床加工同样的产品,从这两台机床加工的产品中随机地抽取若干产品,测得产品的直径(单位:mm)如下:

甲	18.1	17.7	17.2	19.1	17.0	17.5	17.8	18.7	
乙	18.3	19.0	18.9	17.3	16.9	18.4	17.6	18.6	18.0

问甲、乙两台机床加工产品直径的分布有无显著差异(取 $\alpha=0.1$)?

解 设甲、乙两台机床加工产品的直径的总体分别为 X 和 Y,其分布函数分别为 $F_1(x)$和 $F_2(x)$.本例要求在显著性水平 $\alpha=0.1$ 下,检验假设

$$H_0:F_1(x)=F_2(x),\ H_1:F_1(x)\neq F_2(x).$$

由于 $n_1=8,n_2=9$ 都比较大,故采用 T 的近似正态分布进行检验.

由于 $$\mu=\frac{n_1(n_1+n_2+1)}{2}=72,\ \sigma^2=\frac{n_1n_2(n_1+n_2+1)}{12}=108,$$

故当假设 H_0 为真时,近似地有

$$T\sim N(72,108).$$

将两组观测值混合在一起,按照由小到大排序如下:

秩	1	2	3	4	5	6	7	8	9	10	11	12	13	14	15	16	17
甲		17.0	17.2		17.5		17.7	17.8		18.1				18.7			19.1
乙	16.9			17.3		17.6			18.0		18.3	18.4	18.6		18.9	19.0	

由于 $n_1=8<n_2=9$,故应求对应甲机床的秩和,其值为

$$T=2+3+5+7+8+10+14+17=66,$$

于是得

$$T^*=\frac{T-72}{\sqrt{108}}=\frac{66-72}{\sqrt{108}}=-0.58.$$

对于给定的显著性水平 $\alpha=0.1$，查标准正态分布表，得临界值 $u_{\frac{\alpha}{2}}=u_{0.05}=1.645$.

因为 $|T^*|=0.58<1.645=u_{\frac{\alpha}{2}}$，根据大样本的秩和检验法，接受假设 H_0，即认为这两台机床加工的产品直径的分布相同，从而直径的均值和方差也相同.

本例中 n_1,n_2 均小于 10，故也可以用小样本秩和检验法进行检验，其检验结论与大样本秩和检验法相同，即接受假设 H_0.

习题 8

1. 设总体 $X\sim N(\mu, 0.09)$，μ 未知. 从总体中得到容量为 9 的样本值为：4.20，5.20，5.40，5.50，5.55，5.56，5.70，5.75，6.50，给定显著性水平 $\alpha=0.05$，试检验假设 $H:\mu=5.60$.

2. 设某产品的指标服从正态分布，其均方差 $\sigma=150$，抽取一个容量为 26 的样本，计算样本均值为 1 637，试问在 $\alpha=0.05$ 的显著性水平下，能否认为产品指标的期望值 $\mu=1\,600$？

3. 设总体分布为 $N(\mu, \sigma^2)$，μ，σ^2 未知. 从总体中抽取容量为 10 的样本分别为：3.80，4.10，4.20，4.35，4.40，4.50，4.65，4.71，4.80，5.10. 试在显著性水平 $\alpha=0.1$ 下，检验假设 $H:\sigma^2=0.25$.

4. 下表列出了某工厂随机选取的 20 只部件的装配时间(单位：min)：

9.8	10.4	9.2	9.6	9.7	10.1	10.2	9.4	9.9	9.6
10.3	9.3	9.9	10.6	9.7	10.5	9.8	10.1	9.6	10.2

设装配时间服从正态分布，其方差 $\sigma_0^2=0.39^2$，取显著性水平 $\alpha=0.05$，是否可以认为装配时间均值显著地小于 10？

5. 已知某种零件的尺寸服从正态分布 $N(23.02, 1.5^2)$，现从一批零件中随机抽取 7 件进行测量，测得尺寸(单位：mm)为 21.63，21.00，22.04，22.32，24.01，24.68，25.02，试问能否认为这批零件的平均尺寸仍为 23.02 mm($\alpha=0.05$)？

6. 某香烟厂生产甲、乙两种香烟，独立地随机抽取容量大小相同的烟叶标本，测其尼古丁含量(单位：mg)数据如下：

甲	24	25	23	30	28
乙	24	30	27	31	27

设这两种香烟的尼古丁含量都服从正态分布，并具有公共方差. 试问这两种香烟的尼古丁含量有无显著差异($\alpha=0.05$)？

7. 某种电子元件的寿命(单位：h)服从正态分布 $N(\mu, \sigma^2)$，μ，σ^2 均未知. 现测得 16 只元件的寿命如下：

379	280	159	179	264	101	224	212
362	222	168	260	485	149	170	250

问是否有理由认为元件的平均寿命大于 255 h？

8. 要求某种导线电阻的均方差不得超过 0.005(单位：Ω)，现从一批导线中取 9 根样品，测

得 $S=0.007\ \Omega$.设总体为正态分布,问在 $\alpha=0.05$ 下能否认为这批导线的标准差显著偏大?

9. 从方差相同(但未知)的两个正态总体中相互独立地抽取样本,得数据如下:

Ⅰ	2.10	2.35	2.39	2.41	2.44	2.56
Ⅱ	2.02	2.28	2.58	2.71		

在显著性水平 $\alpha=0.05$ 下,试检验两个正态总体的均值是否相等?

10. 测定某种溶液中的水分,其 10 个测定值的样本均值为 0.452%,样本均方差 $S=0.037\%$,设测定值总体服从于正态分布,μ 为总体均值,σ 为总体均方差,试在 $\alpha=0.05$ 的显著性水平下,分别检验假设:

(1) $H_0:\mu=0.5\%$;

(2) $H_0:\sigma=0.04\%$.

11. 经测定某批矿砂的 5 个样品中的镍的质量分数分别为 3.25%,3.27%,3.24%,3.26%,3.24%,设总体服从于正态分布,试检验假设 $H_0:\mu=3.25\%(\alpha=0.01)$.

12. 随机从一台车床加工的轴料中抽取 15 件,以测量其椭圆度.设椭圆度服从正态分布,计算样本方差 $S^2=0.023$,试问:该批轴料的椭圆度的总体方差与规定方差 $\sigma^2=0.000\ 4$ 有无显著差异($\alpha=0.05$)?

13. 将一颗骰子掷 60 次,出现 1～6 点的次数依次为 13,19,11,8,5,4,在显著性水平 $\alpha=0.05$下,试检验骰子是否为均匀的?

14. 无线电厂生产某型号的高频管,其中一项指标服从正态分布 $N(\mu,\sigma^2)$.现从该厂生产的一批高频管中任意抽取 9 个,测得该项指标的数据为:68,58,72,70,65,55,46,56,64.

(1) 若已知 $\mu=60$,检验假设 $H_0:\sigma^2=40,H_1:\sigma^2>48(\alpha=0.05)$.

(2) 若 μ 未知,检验假设 $H_0:\sigma^2=48,H_1:\sigma^2>48(\alpha=0.05)$.

15. 对某化工原料在处理前后进行取样分析,测得其含脂率(单位:%)如下:

处理前	19	18	21	30	66	42	8	12	30	27
处理后	19	24	4	8	20	12	31	29	13	7

假设处理前后的含脂率都服从正态分布,且其方差 σ^2 不变,问处理前后含脂率的均值有无显著变化($\alpha=0.05$)?

16. 一项调查结果认为某市老年人口的比例为 15.2%,该市老龄人口研究会为了检验该项调查结果是否可靠,随机抽选了 400 名居民,发现其中有 62 位老年人,调查结果是否支持该市老年人口比例为 15.2%的看法 ($\alpha=0.05$)?

17. 在 A,B 两台机床上加工零件,各测得 8 个样品的外径(单位:mm)如下:

A 机床	10.28	10.34	10.45	10.47	10.30	10.25	10.27	10.29
B 机床	10.30	10.34	10.36	10.29	10.38	10.46	10.29	10.27

试问 B 机床加工的零件外径的方差是否小于(或等于)A 机床加工的零件外径的方差($\alpha=0.05$)?

9　方差分析和正交试验设计初步

在工农业生产和科学试验中经常遇到这样的问题：工业产品的质量会受到原料、机器、操作人员的技术水平等因素的影响；农作物的产量会受到种子、肥料、土壤、水分等因素的影响.为了发展生产，提高产品的质量与数量，有必要确定哪些因素对产品的影响是显著的，各因素采用什么水平进行搭配对产品才是最佳的.方差分析和正交试验设计就是解决这类问题的有效统计方法.

9.1　单因素方差分析

前面介绍了比较两个总体均值的方法——U 检验和 T 检验，但当比较的均值个数大于 2 时，U 检验和 T 检验就失去效力.数理统计中用来比较多个总体均值的方法很多，但都是借助于方差分析来实现的.方差分析的基本思想就是通过一个数学模型将因变量的总偏差分解成几部分，每一部分均由不同的因素引起.并且，在此基础上构造统计量，从数值上估计每一部分对总偏差所作的贡献.因为描述偏差的统计量采用的是方差，所以将这种分解偏差的统计方法称为方差分析.这里只介绍单因素和双因素的方差分析，2 个以上因素的方差分析的思想方法与此类似，本章不作介绍.

9.1.1　单因素试验

例 9.1　某工厂用 A，B，C 3 种机器生产同一产品，现观察每种机器 5 天的日产量，其数据列于表 9-1.问 3 种机器之间在日产量上是否存在着显著差异？

表 9-1　A，B，C 5 天的日产量

机器种类	观察日次					平均数
	1	2	3	4	5	
A	41	48	41	49	57	47.2
B	65	57	54	72	64	62.4
C	45	51	56	48	48	49.6
总平均						53.07

在试验中，将所要考察的指标称为试验指标，影响试验指标的条件称为因素(或因子)，用大写字母 A,B,C 表示. 因素可分为两类：一类是人们可以控制的(可控因素)，一类是人们不能控制的(不可控因素). 例如，反应温度、原料剂量、溶液浓度等是可以控制的，而测量误差、气象条件等一般是难以控制的. 这里所说的因素都是指可控因素. 因素所处的状态称为该因素的水平. 如果在一次试验中只有一个因素在改变，则称为单因素试验；如果多于一个因素在改变，则称为多因素试验.

显然，例 9.1 中因素为机器种类，记为 A，有 3 个水平 A_1,A_2,A_3，故例 9.1 是一个单因素三水平的试验. 从例 9.1 可以看出：

(1) 在生产条件不变的情况下，即使是同一机器，每天的产量也不完全相同，也就是说产量是一个随机变量.

(2) 从表 9-1 中最后一列平均数可知，不同机器产量的平均数是有差异的，这说明机器种类对产量是有影响的，因此，不能把不同的机器所生产的产量看成从同一总体中抽取出来的样本，而应视为从 3 个总体 X_1,X_2,X_3 中抽取出来的容量为 5 的样本.

(3) 同一机器日产量不尽相同，这是由于除了机器种类因素外，还有其他许多因素是无法控制的. 这种随机因素所造成的差异，称为试验误差. 在生产中试验误差是难免的，不过一般较小.

在例 9.1 中，要求判断 3 种机器之间在产量上是否存在显著性差异，也就是要鉴别产量之间的差异主要是由试验误差造成的，还是由机器的影响造成的，此问题可以归结为要求判断 3 个总体是否同分布. 在实际中经常遇到的随机变量(如例 9.1 中的产量)都来自正态总体，并在对所关心的因素(如例 9.1 中的机器)进行试验时，尽量使其他条件保持不变，此时就可以认为总体的方差是相同的. 因此，判断 3 个总体是否同分布的问题，就转化为检验 3 个正态总体的数学期望是否相等的问题.

于是，可将例 9.1 中的问题写成如下形式：

(1) 设 X_1,X_2,X_3 是相互独立的正态总体，分别服从正态分布 $N(\mu_i,\sigma^2)$，$i=1,2,3$，其中方差 σ^2 是未知参数，各总体方差相等.

(2) 随机变量 $X_{ij}(j=1,2,3,4,5)$ 是分别从总体 $X_i(i=1,2,3)$ 中抽取的简单随机样本，要求检验假设：

$$H_0: \mu_1=\mu_2=\mu_3,$$

$$H_1: \mu_1,\mu_2,\mu_3 \text{ 不全相等}.$$

将上述问题推及一般，即可得方差分析的基本思想.

9.1.2 单因素方差分析的数学模型

设因素 A 有 r 个水平 $A_1,A_2,\cdots,A_r$，在水平 A_i 下进行 $n_i(n_i\geqslant 2)$ 次$(1\leqslant i\leqslant r)$独立试验，结果如表 9-2 所示.

表 9-2 试验结果

水平	试验次数				样本均值	总体均值
	1	2	…	n_i		
A_1	X_{11}	X_{12}	…	X_{1n_1}	$\overline{X}_1$	μ_1
A_2	X_{21}	X_{22}	…	X_{2n_2}	$\overline{X}_2$	μ_2
⋮	⋮	⋮		⋮	⋮	⋮
A_r	X_{r1}	X_{r2}	…	X_{rn_r}	$\overline{X}_r$	μ_r

假定各个水平 $A_i(i=1,2,\cdots,r)$下的样本 $X_{i1}, X_{i2},\cdots,X_{in_i}$ 来自具有相同方差 σ^2、均值分别为 $\mu_i(i=1,2,\cdots,r)$的正态总体 $N(\mu_i,\sigma^2)$，μ_i 与 σ^2 未知，且假设不同水平 A_i 下的样本之间相互独立.

由于 $X_{ij}\sim N(\mu_i,\sigma^2)$，即有 $X_{ij}-\mu_i\sim N(0,\sigma^2)$，故 $X_{ij}-\mu_i$ 可看成随机误差. 记 $\varepsilon_{ij}=X_{ij}-\mu_i$，则 X_{ij} 可写成

$$\begin{aligned}&X_{ij}=\mu_i+\varepsilon_{ij},\\&\varepsilon_{ij}\sim N(0,\sigma^2),\ \varepsilon_{ij}\text{各自独立},\\&i=1,2,\cdots,r,\\&j=1,2,\cdots,n_i,\end{aligned}\tag{9-1}$$

其中 μ_i 与 σ^2 均为未知参数. 式(9-1)称为单因素试验方差分析的数学模型.

方差分析的任务是对于模型(9-1)，检验 r 个总体 $N(\mu_1,\sigma^2),\cdots,N(\mu_r,\sigma^2)$的均值是否相等，即检验假设

$$H_0: \mu_1=\mu_2=\cdots=\mu_r,\ H_1: \mu_1,\mu_2,\cdots,\mu_r\text{ 不全相等.}\tag{9-2}$$

这一类问题也可以利用假设检验中的 T 检验法来检验 $\mu_1,\mu_2,\cdots,\mu_r$ 中任意两个相等，但当 r 很大时，就比较繁琐了.

9.1.3 偏差平方和的分解

现考虑随机变量 X_{ij} 与总平均数 $\overline{X}$ 的偏差的平方和 $S_{总}=\sum\limits_{i=1}^{r}\sum\limits_{j=1}^{n_i}(X_{ij}-\overline{X})^2$. 它是刻画试验所得全部数据的离散程度的一个指标，因此，各个总体 $X_i(i=1,2,\cdots,r)$是否同分布，可以从 $S_{总}$ 中获得信息，而 $S_{总}$ 中包含各总体之间所抽取数据的差异和随机因素造成的试验误差两部分信息. 如果能把 $S_{总}$ 中的这两部分信息分解出来并对其进行比较，就可以达到检验假设的目的.

为叙述方便，这里把每个总体 X_i 的样本 $X_{i1},X_{i2},\cdots, X_{in_i}$ 作为一组，其平均数(称为组内平均数)为

$$\overline{X}_i=\frac{1}{n_i}\sum_{j=1}^{n_i}X_{ij},\ i=1,2,\cdots,r.\tag{9-3}$$

总平均数(总样本均值)为

$$\overline{X}=\frac{1}{n}\sum_{i=1}^{r}\sum_{j=1}^{n_i}X_{ij}=\frac{1}{n}\sum_{i=1}^{r}n_i\overline{X}_i,\tag{9-4}$$

其中 $n=\sum_{i=1}^{r}n_i$.

在总偏差平方和中引入组内平均数,可将总偏差平方和分解成两部分,即有

$$\begin{aligned}S_{总}&=\sum_{i=1}^{r}\sum_{j=1}^{n_i}(X_{ij}-\overline{X})^2=\sum_{i=1}^{r}\sum_{j=1}^{n_i}[(X_{ij}-\overline{X}_i)+(\overline{X}_i-\overline{X})]^2\\&=\sum_{i=1}^{r}\sum_{j=1}^{n_i}[(X_{ij}-\overline{X}_i)^2+2(X_{ij}-\overline{X}_i)(\overline{X}_i-\overline{X})+(\overline{X}_i-\overline{X})^2]\\&=\sum_{i=1}^{r}\sum_{j=1}^{n_i}[(X_{ij}-\overline{X}_i)^2]+2\sum_{i=1}^{r}\sum_{j=1}^{n_i}[(X_{ij}-\overline{X}_i)(\overline{X}_i-\overline{X})]+\sum_{i=1}^{r}\sum_{j=1}^{n_i}[(\overline{X}_i-\overline{X})^2].\end{aligned}$$

由于

$$\begin{aligned}&\sum_{i=1}^{r}\sum_{j=1}^{n_i}[(X_{ij}-\overline{X}_i)(\overline{X}_i-\overline{X})]\\&\quad=\sum_{i=1}^{r}(\overline{X}_i-\overline{X})\sum_{j=1}^{n_i}(X_{ij}-\overline{X}_i)\\&\quad=\sum_{i=1}^{r}(\overline{X}_i-\overline{X})\Big(\sum_{j=1}^{n_i}X_{ij}-n_i\overline{X}_i\Big)=0,\end{aligned}$$

故有

$$S_{总}=\sum_{i=1}^{r}\sum_{j=1}^{n_i}(X_{ij}-\overline{X}_i)^2+\sum_{i=1}^{r}n_i(\overline{X}_i-\overline{X})^2=S_E+S_A,$$

其中,$S_E=\sum_{i=1}^{r}\sum_{j=1}^{n_i}(X_{ij}-\overline{X}_i)^2$,$S_A=\sum_{i=1}^{r}n_i(\overline{X}_i-\overline{X})^2$. (9-5)

S_E 和 S_A 分别称为组内偏差平方和、组间偏差平方和. S_E 刻画了试验误差的大小,S_A 刻画了组间各总体平均数不同而引起的误差,即因素 A 的水平引起的系统差异. 当 A 的水平不同引起的系统差异显著时,S_A 就比较大;反之,当 A 的水平不同引起的系统差异不显著时,S_A 就比较小. 因此,它在一定程度上反映了各总体数学期望 μ_i 之间的差异程度. 现分别计算 S_E 和 S_A 的数学期望,以更清楚地说明这一事实.

$$\begin{aligned}E(S_E)&=E\Big[\sum_{i=1}^{r}\sum_{j=1}^{n_i}(X_{ij}-\overline{X}_i)^2\Big]\\&=\sum_{i=1}^{r}E\Big[\sum_{j=1}^{n_i}(X_{ij}-\overline{X}_i)^2\Big]\\&=\sum_{i=1}^{r}E\Big\{\sum_{j=1}^{n_i}[(X_{ij}-\mu_i)-(\overline{X}_i-\mu_i)]^2\Big\}\end{aligned}$$

$$= \sum_{i=1}^{r} E\left\{ \sum_{j=1}^{n_i} (X_{ij} - \mu_i)^2 - 2\sum_{j=1}^{n_i} [(X_{ij} - \mu_i)(\overline{X}_i - \mu_i)] + \sum_{j=1}^{n_i} (\overline{X}_i - \mu_i)^2 \right\}$$

$$= \sum_{i=1}^{r} E\left[\sum_{j=1}^{n_i} (X_{ij} - \mu_i)^2 - 2n_i(\overline{X}_i - \mu_i)^2 + n_i(\overline{X}_i - \mu_i)^2 \right]$$

$$= \sum_{i=1}^{r} E\left[\sum_{j=1}^{n_i} (X_{ij} - \mu_i)^2 - n_i(\overline{X}_i - \mu_i)^2 \right]$$

$$= \sum_{i=1}^{r} \{ n_i\sigma^2 - n_i E[(\overline{X}_i - \mu_i)^2] \}$$

$$= \sum_{i=1}^{r} \left(n_i\sigma^2 - n_i \cdot \frac{1}{n_i}\sigma^2 \right)$$

$$= \sum_{i=1}^{r} (n_i - 1)\sigma^2$$

$$= (n - r)\sigma^2.$$

类似地,可得

$$E(S_A) = \sum_{i=1}^{r} n_i E[(\overline{X}_i - \overline{X})^2]$$

$$= \sum_{i=1}^{r} n_i E[(\overline{X}_i - \mu_i) - (\overline{X} - \mu) + (\mu_i - \mu)]^2$$

$$= (r - 1)\sigma^2 + \sum_{i=1}^{r} n_i(\mu_i - \mu)^2,$$

其中,$\mu = \frac{1}{n}\sum_{i=1}^{r} n_i\mu_i$.

记

$$\overline{S}_E = \frac{S_E}{n-r},\ \overline{S}_A = \frac{S_A}{r-1}, \tag{9-6}$$

称 $\overline{S}_E$ 为组内均方偏差(也称均方误差),$\overline{S}_A$ 为组间均方偏差,且

$$E(\overline{S}_E) = \sigma^2, \tag{9-7}$$

$$E(\overline{S}_A) = \sigma^2 + \frac{1}{r-1}\sum_{i=1}^{r} n_i(\mu_i - \mu)^2. \tag{9-8}$$

可见,不论 μ_i 的假设怎样,$\overline{S}_E$ 是 σ^2 的一个无偏估计;但 $\overline{S}_A$ 只有当 H_0 成立时,才是 σ^2 的无偏估计,否则 $\overline{S}_A$ 的数学期望大于 σ^2. 因此,比值

$$F = \frac{\overline{S}_A}{\overline{S}_E} = \frac{(n-r)S_A}{(r-1)S_E} \tag{9-9}$$

在 H_0 不成立时,有偏大的趋势. 那么当统计量 F 大到什么程度时,就可以拒绝 H_0? 这就需要研究 F 服从什么分布.

9.1.4 显著性检验

定理 9.1 对于模型(9-1),当 $H_0: \mu_1=\mu_2=\cdots=\mu_r$ 为真时,

$$F=\frac{\frac{S_A}{r-1}}{\frac{S_E}{n-r}}=\frac{\overline{S}_A}{\overline{S}_E}\sim F(r-1,n-r),$$

其中 $r-1,n-r$ 分别是 S_A, S_E 的自由度.若 $F>F_\alpha$,则拒绝 H_0;若 $F<F_\alpha$,则接受 H_0(α 为显著性水平).

为方便计算 F 值,常使用表 9-3 所示的方差分析表.

表 9-3 单因素方差分析表

方差来源	偏差平方和	自由度	均方偏差	F 值
组 间	$S_A=\sum_{i=1}^{r}n_i(\overline{X}_i-\overline{X})^2$	$r-1$	$\overline{S}_A=\frac{S_A}{r-1}$	$\overline{S}_A/\overline{S}_E$
组 内	$S_E=\sum_{i=1}^{r}\sum_{j=1}^{n_i}(X_{ij}-\overline{X}_i)^2$	$n-r$	$\overline{S}_E=\frac{S_E}{n-r}$	
总 和	$S_总=\sum_{i=1}^{r}\sum_{j=1}^{n_i}(X_{ij}-\overline{X})^2$	$n-1$	$\overline{S}_总=\frac{S_总}{n-1}$	

方差分析实质上是假设检验,它按照相应的数学模型对随机变量的总偏差平方和及自由度进行适当的分解,以构造 F 统计量,对同方差的多个正态总体的均值是否相等进行假设检验.单因素试验中两个水平的均值检验可用 T 检验法.

9.1.5 单因素方差分析实例

例 9.2 在例 9.1 中,给定 $\alpha=0.01$,问 3 种机器在日产量上是否存在显著差异:

解 据题意知,$r=3$, $n=15$,由表 9-3 可得以下数据.

(1) 计算组内偏差平方和 S_E.

A 组:$(41-47.2)^2+(48-47.2)^2+(41-47.2)^2+(49-47.5)^2+(57-47.2)^2=176.8$.

B 组:$(65-62.4)^2+(57-62.4)^2+(54-62.4)^2+(72-62.4)^2+(64-62.4)^2=201.2$.

C 组:$(45-49.6)^2+(51-49.6)^2+(56-49.6)^2+(48-49.6)^2+(48-49.6)^2=69.2$.

$S_E=176.8+201.2+69.2=447.2$.

(2) 计算组间偏差平方和 S_A.

$$S_A=5[(47.2-53.07)^2+(62.4-53.07)^2+(49.6-53.07)^2]=667.73.$$

(3) 列出方差分析表(见表 9-4).

表 9-4 方差分析表

方差来源	偏差平方和	自由度	均方偏差	F 值
组 间	$S_A=667.73$	$r-1=3-1=2$	333.87	333.87/37.27=8.96
组 内	$S_E=447.2$	$n-r=15-3=12$	37.27	
总 和	$S=1\ 114.93$	$n-1=15-1=14$		

由给定 $\alpha=0.01$,查 F 分布表得临界值 $F_{0.01}(2,12)=6.93$,因 $F=8.96>6.93$,故拒绝假设 H_0,即认为机器种类对日产量的影响高度显著.

例 9.3 某品种稻子采用 5 种不同肥料进行试验,以比较不同的肥料对稻子亩产量的影响.取一片土质、灌溉等条件相同的土地,分成 20 等块,每种肥料施在 4 块土地上,得每块产量(单位: kg)如表 9-5 所示.

表 9-5 5 种肥料亩产量表

配料方案	试验次数				平均数
	1	2	3	4	
A_1	67	67	55	42	57.75
A_2	98	96	91	66	87.75
A_3	60	69	50	35	53.5
A_4	79	64	81	70	73.5
A_5	90	70	79	88	81.75

试问:所施肥料种类不同对稻子亩产量有无显著影响($\alpha=0.05$)?

解 据表 9-5,得如表 9-6 所示的方差分析计算表.

表 9-6 方差分析计算表

方差来源	偏差平方和	自由度	均方偏差	F 值
组 间	$S_A=3\ 536.30$	4	884.075	884.075/144.15 ≈6.13
组 内	$S_E=2\ 162.25$	15	144.15	
总 和	$S_{总}=5\ 698.55$	19		

由给定 $\alpha=0.05$,查 F 分布表得临界值为 $F_{0.05}(4,15)=3.06$,因 $F\approx6.13>$

$F_{0.05}(4,15)=3.06$，故拒绝 H_0，即认为施的肥料种类不同对稻子亩产量有显著影响.

例 9.4 某灯泡厂生产 4 种灯泡，它们的灯丝是由 4 种不同配料方案分别做成的，现从每种灯泡中抽取若干个以测寿命(单位：h)，其数据如表 9-7 所示.

表 9-7 灯泡寿命

配料方案	抽取次数								平均
	1	2	3	4	5	6	7	8	
A_1	1 600	1 610	1 650	1 680	1 700	1 720	1 800		1 680
A_2	1 580	1 640	1 640	1 700	1 750				1 662
A_3	1 460	1 550	1 600	1 620	1 640	1 660	1 740	1 820	1 636.26
A_4	1 510	1 520	1 530	1 570	1 600	1 680			1 568.33

问：灯丝的不同配料方案对灯泡寿命有无显著影响($\alpha=0.05$)？

解 据题意知，$r=4$，$n=26$，由表 9-7 中数据，经计算得如表 9-8 所示的方差分析表.

表 9-8 方差分析表

方差来源	偏差平方和	自由度	均方偏差	F 值
组 间	44 360.8	3	14 786.9	2.15
组 内	151 350.8	22	6 879.6	
总 和	195 711.6	25		

给定 $\alpha=0.05$，查 F 分布表得临界值 $F_{0.05}(3,22)=3.05$，因为 $F=2.15<F_{0.05}(3,22)=3.05$，所以接受 H_0，即认为灯丝的不同配料方案对灯泡寿命无显著影响.

实际应用中对于给定不同的显著性水平 α，问题的结论将有所不同. 在方差分析中，一般作如下规定：

① 若 $F>F_{0.01}$，则称因素 A 的差异极显著(极有统计意义)，或称因素 A 的影响高度显著；

② 若 $F_{0.05}<F<F_{0.01}$，则称因素 A 的差异显著(差异有统计意义)，或称因素 A 的影响显著；

③ 若 $F<F_{0.05}$，则称因素 A 无显著影响(差异无统计意义).

9.2　双因素方差分析

在实际问题的研究中，有时需要考虑2个及2个以上因素对试验结果的影响.例如，在工业生产中有时需要研究几种不同的机器和不同技术水平的工人对产品产量的影响，此时机器和工人2个因素同时影响产品的产量.与单因素情况类似，双因素方差分析研究的目的总是希望通过试验来选取使产品产量达到最高的那些机器和工人.由于存在2个因素的影响，于是就产生了一个问题，即将各自生产产量最高的机器和工人组合在一起是否使产量增加得更高？事实上，情形时常并非如此.例如，某个工人使用操作熟练的机器可以使生产的产品达到最高，如果把他调到另一种机器上操作，即使这种机器的生产产量最高，但由于他对这种机器操作不习惯或对它的性能不熟悉，有时不仅不能增产反而可能使产量下降.农业试验中也不乏类似的例子，例如使产量达到最高的种子和使产量达到最高的肥料搭配在一起，有时反而使产量下降.

因此，对双因素的问题不仅要研究它们各自对产量是否有显著影响，而且还要研究2个因素不同水平的组合是否会产生新的影响.对于多个因素不同水平的组合所产生的新的影响，称为交互作用，它在单因素方差分析中是不存在的.这是多因素方差分析与单因素方差分析的本质区别.

在双因素方差分析中，只有在重复试验的情况下，才能分析出是否存在交互作用，因此本节先介绍无重复试验的情况，再介绍等重复试验的情况.

9.2.1　无重复试验双因素方差分析

例9.5　利用火箭作射程试验，此火箭使用了4种燃料，3种推进器，现对每种燃料和每种推进器的组合作一次试验，得到火箭射程(单位：mile)如表9-9所示.问燃料之间、推进器之间各对火箭射程有无显著影响？

表9-9　火箭射程

燃料	推进器			平均数 $\overline{X}_{i\cdot}$
	B_1	B_2	B_3	
A_1	58.2	56.2	65.3	59.9
A_2	49.1	54.1	51.6	51.6
A_3	60.1	70.9	39.2	56.7
A_4	75.8	58.2	48.7	60.9
平均数 $\overline{X}_{\cdot j}$	60.8	59.85	51.2	687.4/12=57.28

在例 9.5 中有 2 个因素即 A 和 B,而 A 有 4 个水平,B 有 3 个水平. 表 9-9 中的数值是对 $A_i \times B_j (i=1,2,3,4, j=1,2,3)$ 进行一次独立试验所得到的观察值,由此可得出一般模型及统计分析方法.

设因素 A 有 r 个不同的水平:$A_1, A_2, \cdots, A_r$,因素 B 有 s 个不同的水平:$B_1, B_2, \cdots, B_s$,对因素 A, B 每种组合水平 $A_i \times B_j (i=1,2,\cdots,r, j=1,2,\cdots,s)$ 进行一次独立试验,共得 $r\times s$ 个试验结果 X_{ij},如表 9-10 所示.

表 9-10　独立试验的结果

因素 B / 因素 A	B_1	B_2	$\cdots$	B_s	平均数 $\overline{X}_{i\cdot}$
A_1	X_{11}	X_{12}	$\cdots$	X_{1s}	$\overline{X}_{1\cdot}$
A_2	X_{21}	X_{22}	$\cdots$	X_{2s}	$\overline{X}_{2\cdot}$
$\vdots$	$\vdots$	$\vdots$		$\vdots$	$\vdots$
A_r	X_{r1}	X_{r2}	$\cdots$	X_{rs}	$\overline{X}_{r\cdot}$
平均数 $\overline{X}_{\cdot j}$	$\overline{X}_{\cdot 1}$	$\overline{X}_{\cdot 2}$	$\cdots$	$\overline{X}_{\cdot s}$	$\overline{X}$

其中

$$\overline{X}_{i\cdot} = \frac{1}{s} \sum_{j=1}^{s} X_{ij}, \ i = 1,2,\cdots,r, \tag{9-10}$$

$$\overline{X}_{\cdot j} = \frac{1}{r} \sum_{i=1}^{r} X_{ij}, \ j = 1,2,\cdots,s, \tag{9-11}$$

$$\overline{X} = \frac{1}{rs} \sum_{i=1}^{r} \sum_{j=1}^{s} X_{ij}, \tag{9-12}$$

并假定 X_{ij} 是相互独立的正态随机变量,且 $X_{ij} \sim N(\mu_{ij}, \sigma^2)$.

由于认为在一次试验中 A, B 无交互作用,故其均值可以写为

$$\mu_{ij} = \mu + \alpha_i + \beta_j, \ i=1,2,\cdots,r, \ j=1,2,\cdots,s, \tag{9-13}$$

其中 α_i, β_j 满足

$$\sum_{i=1}^{r} \alpha_i = 0, \ \sum_{j=1}^{s} \beta_j = 0, \tag{9-14}$$

而 μ 是 $r\times s$ 个总体均值(数学期望)的平均,即

$$\mu = \frac{1}{rs} \sum_{i=1}^{r} \sum_{j=1}^{s} \mu_{ij}. \tag{9-15}$$

参数 $\alpha_i = \frac{1}{s} \sum_{j=1}^{s} (\mu_{ij} - \mu)$ 称为因素 A 在水平 A_i 的效应或影响,参数 $\beta_j = \frac{1}{r} \sum_{i=1}^{r} (\mu_{ij} - \mu)$ 称为因素 B 在水平 B_j 的效应或影响. 因此,判断 A 的影响是否显

著就等价于检验假设

$$H_{01}: \alpha_1=\alpha_2=\cdots=\alpha_r=0. \tag{9-16}$$

同样地，判断 B 的影响是否显著就等价于检验假设

$$H_{02}: \beta_1=\beta_2=\cdots=\beta_s=0. \tag{9-17}$$

为检验上述假设，可以用类似单因素方差分析法将偏差的总平方和 $S_{总}$ 进行分解，即

$$\begin{aligned} S_{总} &= \sum_{i=1}^{r}\sum_{j=1}^{s}(X_{ij}-\overline{X})^2 \\ &= S_A+S_B+S_E \end{aligned} \tag{9-18}$$

其中，

$$S_A = s\sum_{i=1}^{r}(\overline{X}_{i\cdot}-\overline{X})^2,$$

$$S_B = r\sum_{j=1}^{s}(\overline{X}_{\cdot j}-\overline{X})^2,$$

$$S_E = \sum_{i=1}^{r}\sum_{j=1}^{s}(X_{ij}-\overline{X}_{i\cdot}-\overline{X}_{\cdot j}+\overline{X})^2.$$

令

$$\overline{S}_A=\frac{S_A}{r-1},$$

$$\overline{S}_B=\frac{S_B}{s-1},$$

$$\overline{S}_E=\frac{S_E}{(r-1)(s-1)}, \tag{9-19}$$

则称 $\overline{S}_A$ 为因素 A 引起的均方偏差，$\overline{S}_B$ 为因素 B 引起的均方偏差，$\overline{S}_E$ 为均方误差. 与单因素方差分析法类似，可取以下统计量：

$$F_A=\overline{S}_A/\overline{S}_E=\frac{S_A}{S_E}(s-1), \tag{9-20}$$

$$F_B=\overline{S}_B/\overline{S}_E=\frac{S_B}{S_E}(r-1). \tag{9-21}$$

当 H_{01} 不成立时，F_A 有偏大的趋势，而当 H_{02} 不成立时，F_B 有偏大的趋势. 在 H_{01} 和 H_{02} 同时成立时，可以证明：

$$\frac{S_A}{\sigma^2}\sim\chi^2(r-1),\ \frac{S_B}{\sigma^2}\sim\chi^2(s-1),\ \frac{S_E}{\sigma^2}\sim\chi^2(r-1)(s-1), \tag{9-22}$$

并且 S_A/σ^2，S_B/σ^2，S_E/σ^2 相互独立.

当 H_{01} 成立时，统计量

$$F_A\sim F(r-1,\ (r-1)(s-1)); \tag{9-23}$$

当 H_{02} 成立时，统计量

$$F_B\sim F(s-1,\ (r-1)(s-1)). \tag{9-24}$$

因此可用 F_A 检验假设 H_{01}. 对于给定的显著性水平 α 查 F 分布表，可得临界值

$F_{\alpha}(r-1,(r-1)(s-1))$使

$$P\{F_A \geqslant F_{\alpha}(r-1,(r-1)(s-1))\}=\alpha.$$

对一次抽样所得观察值 F_A,若 $F_A \geqslant F_{\alpha}(r-1,(r-1)(s-1))$,则拒绝 H_{01},即认为因素 A 对试验结果有显著影响.

若 $F_A < F_{\alpha}(r-1,(r-1)(s-1))$,则接受 H_{01},即认为因素 A 对试验结果无显著影响.

同理,用 F_B 检验假设 H_{02} 的情形与上述分析过程相似.

为方便计算 F_A 与 F_B 值,常用表 9-11 所示的方差分析表.

表 9-11　双因素方差分析表

方差来源	偏差平方和	自由度	均方偏差	F 值
A	$S_A = s\sum_{i=1}^{r}(\overline{X}_{i\cdot}-\overline{X})^2$	$r-1$	$\overline{S}_A$	$F_A=\overline{S}_A/\overline{S}_E$
B	$S_B = r\sum_{j=1}^{s}(\overline{X}_{\cdot j}-\overline{X})^2$	$s-1$	$\overline{S}_B$	$F_B=\overline{S}_B/\overline{S}_E$
误差	$S_E = \sum_{i=1}^{r}\sum_{j=1}^{s}(X_{ij}-\overline{X}_{i\cdot}-\overline{X}_{\cdot j}+\overline{X})^2$	$(r-1)(s-1)$	$\overline{S}_E$	
总和	$S_{总} = \sum_{i=1}^{r}\sum_{j=1}^{s}(X_{ij}-\overline{X})^2$	$rs-1$		

例 9.6　在例 9.5 中,给定显著性水平 $\alpha=0.05$,试问检验燃料之间、推进器之间是否有显著差异?

解　根据题意,需检验假设 $H_{01}: \alpha_1=\alpha_2=\alpha_3=\alpha_4$, $H_{02}: \beta_1=\beta_2=\beta_3$.

由表 9-9 中数据,得表 9-12 所示的方差分析计算表.

表 9-12　方差分析计算表

方差来源	偏差平方和	自由度	均方偏差	F 值
A	157.59	3	52.53	$F_A=0.43$
B	223.85	2	111.93	$F_B=0.92$
误差	731.98	6	121.99	
总和	113.42	11		

对于给定的 $\alpha=0.05$ 及自由度,查 F 分布表得 $F_{0.05}(3,6)=4.76$, $F_{0.05}(2,6)=5.14$. 由于 $F_A=0.43<F_{0.05}(3,6)=4.76$,故接受 H_{01},即认为燃料之间无显著差异;又因 $F_B=0.92<F_{0.05}(2,6)=5.14$,故接受 H_{02},即认为推进器之间无显著差异.

从表 9-12 中可以看出,S_E 的值比 S_A 和 S_B 的值都大. S_E 用于反映试验误差,

其值一般都比较小，而出现这一情况可能是因为未将交互作用考虑在内．从表9-9中数据还可看出，A_4 与 B_1 的组合或 A_3 与 B_2 的组合效果有可能为最佳，而 A_3 与 B_3 的组合其效果有可能最差，但在一次试验中无法鉴别交互作用，实际中对于这样的问题往往需要进行重复试验．

例 9.7 为研究酵解作用对血糖浓度的影响，现从8名健康人中抽出血液并制成血滤液，把每个受试者的血滤液再分成4份，然后随机地把4份血滤液分别放置0，45，90，135 min，测定其中血糖浓度如表9-13所示．

表 9-13 各时间条件下的血糖浓度

受试者号码	时间/min				平均数
	0	45	90	135	
1	95	95	89	83	90.5
2	95	94	88	84	90.25
3	106	105	97	90	99.5
4	98	97	95	90	95
5	102	98	97	88	96.25
6	112	112	101	94	104.75
7	105	103	97	88	98.25
8	95	92	90	80	89.25
$\overline{X}_{\cdot j}$	101	99.5	94.2	87.1	95.45

若给定显著性水平 $\alpha=0.01$，则置于不同时间的血糖浓度是否有显著差异？不同受试者的血糖浓度是否有显著差异？

解 根据题意，需检验假设

$$H_{01}:\alpha_1=\alpha_2=\cdots=\alpha_8,H_{02}:\beta_1=\beta_2=\cdots=\beta_4.$$

由表9-13数据，可得如表9-14所示的方差分析计算表．

表 9-14 方差分析计算表

方差来源	偏差平方和	自由度	均方偏差	F 值
A	806.3	7	115.2	$F_A=28.8$
B	943.6	3	314.5	$F_B=78.6$
误 差	84.1	21	4.0	
总 和	1 834.0	31		

对于给定的 $\alpha=0.01$ 及自由度，查 F 分布表得 $F_{0.01}(7,21)=5.67$，由于 $F_A=$

$28.8>F_{0.01}(7,21)$，故拒绝 H_{01}，即认为不同受试者的血糖浓度有显著差异. 对于给定的 $\alpha=0.01$ 及自由度，查 F 分布表得 $F_{0.01}(3,21)=4.90$，由于 $F_B=78.6>F_{0.01}(3,21)$，故拒绝 H_{02}，即认为不同放置时间的血糖浓度有显著差异.

9.2.2 等重复试验的双因素方差分析

为了考察交互作用的影响，对 A，B 两个因素的每一种组合水平 $A_i\times B_j(i=1,2,\cdots,r,j=1,2,\cdots,s)$ 重复进行 $c(c>1)$ 次试验，其试验结果记为 $X_{ijk}(i=1,2,\cdots,r;j=1,2,\cdots,s,k=1,2,\cdots,c)$.

一般可将其列成如表 9-15 所示的情形.

表 9-15　各组合水平的试验结果

因素 B / 因素 A	B_1	B_2	$\cdots$	B_s
A_1	$X_{111},X_{112},\cdots,X_{11c}$	$X_{121},X_{122},\cdots,X_{12c}$	$\cdots$	$X_{1s1},X_{1s2},\cdots,X_{1sc}$
A_2	$X_{211},X_{212},\cdots,X_{21c}$	$X_{221},X_{222},\cdots,X_{22c}$	$\cdots$	$X_{2s1},X_{2s2},\cdots,X_{2sc}$
$\vdots$	$\vdots$	$\vdots$		$\vdots$
A_r	$X_{r11},X_{r12},\cdots,X_{r1c}$	$X_{r21},X_{r22},\cdots,X_{r2c}$	$\cdots$	$X_{rs1},X_{rs2},\cdots,X_{rsc}$

假设：① $X_{ijk}(i=1,2,\cdots,r,j=1,2,\cdots,s,k=1,2,\cdots,c)$ 相互独立且分别服从正态分布 $N(\mu_{ij},\sigma^2)$；

② $\mu_{ij}=\mu+\alpha_i+\beta_j+\delta_{ij}$，　　(9-25)

其中 α_i，β_j，δ_{ij} 满足以下关系：

$$\sum_{i=1}^{r}\alpha_i=0,$$

$$\sum_{j=1}^{s}\beta_j=0,$$

$$\sum_{j=1}^{s}\delta_{ij}=\sum_{i=1}^{r}\delta_{ij}=0\quad i=1,2,\cdots,r,j=1,2,\cdots,s. \tag{9-26}$$

事实上，令

$$\mu=\frac{1}{rs}\sum_{i=1}^{r}\sum_{j=1}^{s}\mu_{ij},$$

$$\alpha_i=\frac{1}{s}\sum_{j=1}^{s}(\mu_{ij}-\mu),$$

$$\beta_j=\frac{1}{r}\sum_{i=1}^{r}(\mu_{ij}-\mu),$$

$$\delta_{ij}=(\mu_{ij}-\mu)-\alpha_i-\beta_j, \tag{9-27}$$

将其等号两边各项分别相加，即可得式(9-25).式(9-27)中参数 $\alpha_i(i=1,2,\cdots,r)$ 称为因素 A 在水平 $A_i(i=1,2,\cdots,r)$ 的效应或影响，$\beta_j(j=1,2,\cdots,s)$ 称为因素 B 在水平 $B_j(j=1,2,\cdots,s)$ 的效应或影响，δ_{ij} 称为因素 A，B 在组合水平 $A_i\times B_j$ 的交互作用或影响.因此，判断因素 A，B 的影响及其交互作用的影响是否显著，分别等价于检验假设

$$H_{01}:\alpha_1=\alpha_2=\cdots=\alpha_r=0,$$
$$H_{02}:\beta_1=\beta_2=\cdots=\beta_s=0,$$
$$H_{03}:\delta_{ij}=0,\ i=1,2,\cdots,r,j=1,2,\cdots,s.$$

为了检验上述假设，可以使用类似单因素方差分析的方法来分解偏差的总平方和 $S_{总}$，即

$$\begin{aligned} S_{总} &= \sum_{i=1}^{r}\sum_{j=1}^{s}\sum_{k=1}^{c}(X_{ijk}-\overline{X})^2 \\ &= S_A+S_B+S_{A\times B}+S_E. \end{aligned} \tag{9-28}$$

其中

$$\begin{aligned} S_A &= sc\sum_{i=1}^{r}(X_{i\cdot\cdot}-\overline{X})^2, \\ S_B &= rc\sum_{j=1}^{s}(\overline{X}_{\cdot j\cdot}-\overline{X})^2, \\ S_{A\times B} &= c\sum_{i=1}^{r}\sum_{j=1}^{s}(\overline{X}_{ij\cdot}-\overline{X}_{i\cdot\cdot}-\overline{X}_{\cdot j\cdot}+\overline{X})^2, \\ S_E &= \sum_{i=1}^{r}\sum_{j=1}^{s}\sum_{k=1}^{c}(X_{ijk}-\overline{X}_{ij\cdot})^2. \end{aligned} \tag{9-29}$$

而

$$\begin{aligned} \overline{X}_{ij\cdot} &= \frac{1}{c}\sum_{k=1}^{c}X_{ijk},\ i=1,2,\cdots,r,j=1,2,\cdots,s, \\ \overline{X}_{i\cdot\cdot} &= \frac{1}{s}\sum_{j=1}^{s}\overline{X}_{ij\cdot},\ i=1,2,\cdots,r, \\ \overline{X}_{\cdot j\cdot} &= \frac{1}{r}\sum_{i=1}^{r}\overline{X}_{ij\cdot},\ j=1,2,\cdots,s, \\ \overline{X} &= \frac{1}{rsc}\sum_{i=1}^{r}\sum_{j=1}^{s}\sum_{k=1}^{c}X_{ijk}. \end{aligned} \tag{9-30}$$

令

$$\overline{S}_A=\frac{S_A}{r-1},$$

$$\overline{S}_B=\frac{S_B}{s-1},$$

$$\overline{S}_{A\times B}=\frac{S_{A\times B}}{(r-1)(s-1)},$$

$$\overline{S}_E=\frac{S_E}{rs(c-1)}. \tag{9-31}$$

因此可选取以下统计量：

$$\begin{aligned} F_A&=\overline{S}_A/\overline{S}_E,\\ F_B&=\overline{S}_B/\overline{S}_E,\\ F_{A\times B}&=\overline{S}_{A\times B}/\overline{S}_E. \end{aligned} \tag{9-32}$$

当 H_{01} 不成立时，F_A 有偏大的趋势，故可用 F_A 检验假设 H_{01}；当 H_{02} 不成立时，F_B 有偏大的趋势，故可用 F_B 检验假设 H_{02}；当 H_{03} 不成立时，$F_{A\times B}$ 也有偏大的趋势，故可用 $F_{A\times B}$ 检验假设 H_{03}.

类似地可以证明：

(1) $S_E/\sigma^2\sim\chi^2(rs(c-1))$；

(2) 当 H_{01} 成立时，$S_A/\sigma^2\sim\chi^2(r-1)$，且与 S_E 独立，故 $F_A\sim F(r-1,\ rs(c-1))$；

(3) 当 H_{02} 成立时，$S_B/\sigma^2\sim\chi^2(s-1)$，且与 S_E 独立，故 $F_B\sim F(s-1,\ rs(c-1))$；

(4) 当 H_{03} 成立时，$S_{A\times B}/\sigma^2\sim\chi^2((r-1)(s-1))$，且与 S_E 独立，故 $F_{A\times B}\sim F((r-1)(s-1),\ rs(c-1))$.

为方便计算 F_A，F_B，$F_{A\times B}$，常用表 9-16 所示的方差分析表.

表 9-16 方差分析表

方差来源	偏差平方和	自由度	均方偏差	F 值
A	$S_A=sc\sum_{i=1}^{r}(\overline{X}_{i\cdot\cdot}-\overline{X})^2$	$r-1$	$\overline{S}_A=\frac{S_A}{r-1}$	$F_A=\overline{S}_A/\overline{S}_E$
B	$S_B=rc\sum_{j=1}^{s}(\overline{X}_{\cdot j\cdot}-\overline{X})^2$	$s-1$	$\overline{S}_B=\frac{S_B}{s-1}$	$F_B=\overline{S}_B/\overline{S}_E$
$A\times B$	$S_{A\times B}=c\sum_{i=1}^{r}\sum_{j=1}^{s}(\overline{X}_{ij\cdot}-\overline{X}_{i\cdot\cdot}-\overline{X}_{\cdot j\cdot}+\overline{X})^2$	$(r-1)(s-1)$	$\overline{S}_{A\times B}=\frac{S_{A\times B}}{(r-1)(s-1)}$	$F_{A\times B}=\overline{S}_{A\times B}/\overline{S}_E$
误差	$S_E=\sum_{i=1}^{r}\sum_{j=1}^{s}\sum_{k=1}^{c}(X_{ijk}-\overline{X}_{ij\cdot})^2$	$rs(c-1)$	$\overline{S}_E=\frac{S_E}{rs(c-1)}$	
总和	$S_{总}=\sum_{i=1}^{r}\sum_{j=1}^{s}\sum_{k=1}^{c}(X_{ijk}-\overline{X})^2$	$rsc-1$		

例 9.8 某工厂为提高日产量，对 4 名工人和 3 台机器的每一组合各试验 2

次，测得日产量如表 9-17 所示．试问不同机器之间、不同工人之间、工人与机器之间的组合是否有显著差异($\alpha=0.01$)？

表 9-17　各组合状态下的日产量

机器	工人			
	B_1	B_2	B_3	B_4
A_1	50;52	47;45	47;48	53;51
A_2	63;58	54;59	57;60	58;49
A_3	52;57	42;45	41;45	48;45

解　根据题意，需检验假设

$$H_{01}:\alpha_1=\alpha_2=\alpha_3=0,$$
$$H_{02}:\beta_1=\beta_2=\beta_3=\beta_4=0,$$
$$H_{03}:\delta_{ij}=0,\ i=1,2,3,\ j=1,2,3,4.$$

其中 α_i 与 β_j 分别表示因素 A 与 B 在水平 $A_i(i=1,2,3)$ 与 $B_j(j=1,2,3,4)$ 的效应或影响，δ_{ij} 表示因素 A，B 在组合水平 $A_i\times B_j$ 的交互作用或影响．

由表 9-17，经计算可得如表 9-18 所示的方差分析计算表．

表 9-18　方差分析计算表

方差来源	偏差平方和	自由度	均方偏差	F 值
A	$S_A=480.6$	2	240.3	$F_A=26.4$
B	$S_B=157.3$	3	52.4	$F_B=5.76$
$A\times B$	$S_{A\times B}=107.4$	6	17.9	$F_{A\times B}=1.97$
误差	$S_E=109.5$	12	9.1	
总和	$S_总=854.8$	23		

对于给定的 $\alpha=0.01$ 及自由度，查 F 分布表得 $F_{0.01}(2,12)=6.93$，$F_{0.01}(3,12)=5.95$，$F_{0.01}(6,12)=4.82$．因 $F_A=26.4>F_{0.01}(2,12)=6.93$，故拒绝 H_{01}，即认为不同机器之间有显著影响；因 $F_B=5.76<F_{0.01}(3,12)=5.95$，故接受 H_{02}，即认为不同工人之间无显著影响；因 $F_{A\times B}=1.97<F_{0.01}(6,12)=4.82$，故接受 H_{03}，即认为工人与机器的组合无显著影响．

例 9.9　在例 9.5 中，设对于每一种燃料与推进器搭配各发射火箭 2 次，得结果如表 9-19 所示．给定显著性水平 $\alpha=0.05$，试问燃料之间、推进器之间以及燃料与推进器之间的搭配有无显著影响？

表 9-19 各搭配条件下的试验结果

燃料	推进器		
	B_1	B_2	B_3
A_1	58.2;52.6	56.2;41.2	65.3;60.8
A_2	49.1;43.8	54.1;50.5	51.6; 48.4
A_3	60.1;58.3	70.9;73.2	39.2;40.7
A_4	75.8;71.5	58.2;51.0	48.7;41.4

解 根据题意,需检验假设

$$H_{01}: \alpha_1=\alpha_2=\alpha_3=\alpha_4=0,$$

$$H_{02}: \beta_1=\beta_2=\beta_3=0,$$

$$H_{03}: \delta_{ij}=0,\ i=1,2,3,4, j=1,2,3.$$

根据表 9-19,经计算可得如表 9-20 所示的方差分析计算表.

表 9-20 方差分析计算表

方差来源	偏差平方和	自由度	均方偏差	F 值
A	$S_A=261.6750$	3	87.2250	$F_A=4.42$
B	$S_B=370.9808$	2	185.4904	$F_B=9.39$
$A\times B$	$S_{A\times B}=1\,768.6925$	6	294.7821	$F_{A\times B}=14.9$
误差	$S_E=236.9500$	12	19.7458	
总和	$S_{总}=2\,636.2983$	23		

由于 $F_{0.05}(3,12)=3.49$, $F_{0.05}(2,12)=3.89$, $F_{0.05}(6,12)=3.00$,故在水平 $\alpha=0.05$ 下,$F_A=4.42>F_{0.05}(3,12)=3.49$,拒绝 H_{01},即认为燃料之间有显著影响;又因 $F_B=9.39>F_{0.05}(2,12)=3.89$, $F_{A\times B}=14.9>F_{0.05}(6,12)=3.00$,故拒绝 H_{02} 和 H_{03},即认为推进器之间以及燃料与推进器之间搭配都有显著影响. 即使取 $\alpha=0.01$,可计算得 $F_{0.01}(6,12)=8.38$,这个数仍小于 $F_{A\times B}=14.9$,这说明交互作用是非常显著的. 从表 9-19 中不难看出,A_3 与 B_2 或 A_4 与 B_1 的搭配比其他水平搭配能使火箭射程远得多.

9.3 正交试验设计

试验设计是数理统计中的一个较大分支,其内容十分丰富. 本节将简要介绍正交试验设计.

正交试验设计是利用"正交表"进行科学安排与分析多因素试验的方法,其主要优点是能在很多试验方案中挑选出代表性强的少数几个试验方案，并且通过分析少数试验方案的结果推断出最优方案，同时还可以作进一步的分析以得到比试验结果本身更多的有关各因素的信息.

9.3.1　正交表

现考虑进行一个三因素、每个因素有 3 个水平的试验. 如果对其进行全面试验，则共需 $3^3=27$ 次试验. 如果进行正交试验设计，利用正交表安排试验，则需要作 9 次试验，如图 9-1 中用"▲"表示的情形.

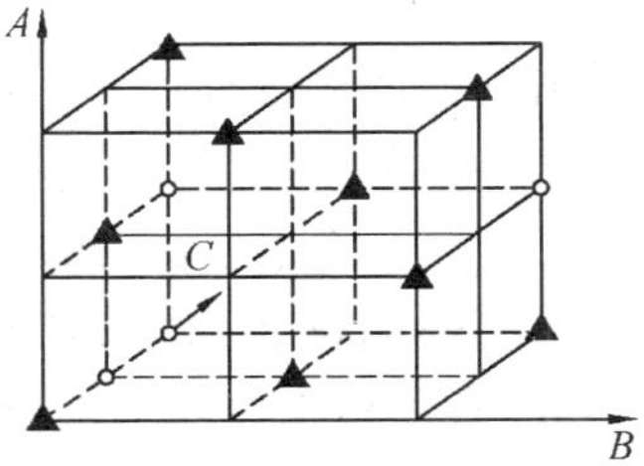

图 9-1　正交试验设计示意

如果每个平面都表示 1 个水平，共有 9 个平面，则可以看到每个平面上都有 3 个"▲"，立方体的每条直线上都有 1 个"▲"，并且这些"▲"是均衡分布的.

正交表是一种特别的表格，是正交设计的基本工具. 一般用 $L_N(q^s)$ 表示正交表，其中 L 是正交表的代号，N 是正交表的行数(即需要进行试验的次数)，q 是各因素的水平数(各因素的水平数均相等)，s 是正交表的列数(最多能安排的因素个数，包括交互作用、误差等). 表 9-21 为 $L_8(2^7)$ 正交表，表示各因素的水平数为 2，需作 8 次试验，最多考虑 7 个因素(含交互作用).

表 9-21　$L_8(2^7)$ 正交表

试验号	列号						
	1	2	3	4	5	6	7
1	1	1	1	1	1	1	1
2	1	1	1	2	2	2	2
3	1	2	2	1	1	2	2
4	1	2	2	2	2	1	1
5	2	1	2	1	2	1	2
6	2	1	2	2	1	2	1
7	2	2	1	1	2	2	1
8	2	2	1	2	1	1	2

常用的二水平正交表有 $L_4(2^3)$，$L_8(2^7)$，$L_{16}(2^{15})$，$L_{32}(2^{31})$.

常用的三水平正交表有 $L_9(3^4)$，$L_{27}(3^{13})$.

常用的四水平正交表有 $L_{16}(4^5)$.

常用的五水平正交表有 $L_{25}(5^6)$等.

此外，一批混合水平的正交表在实际中也十分有用，如 $L_8(4^1\times2^4)$，$L_{12}(2^3\times3^1)$，$L_{16}(4^4\times2^3)$，$L_{16}(4^3\times2^6)$，$L_{16}(4^1\times2^{12})$，$L_{16}(8^1\times2^8)$，$L_{18}(2^1\times3^7)$.

正交表具有以下两个正交性性质.

① 均衡分散性：正交表中任意一列中不同数字出现的次数相等，这表示在试验安排中所挑选出来的水平组合是均匀分布的，即每个因素的各水平出现的次数相同.

② 整齐可比性：对于正交表中任意两列，若将同行的两个数字看成有序数对，则所有可能的数对出现的次数相同，这表示任意两因素的各种水平的搭配在所选试验中出现的次数相等.

一般地，进行正交试验设计的基本步骤如下：

(1) 确定目标、选定因素(包括交互作用)、确定水平.

影响试验结果的因素很多，不可能把所有影响因素通过一次试验都予以研究，只能根据以往的经验，挑选和确定若干对试验指标影响较大、有较大经济意义而又了解不够清楚的因素进行研究. 此外，还应根据实际经验和专业知识确定各因素适宜的水平。一般地，二水平可用于因素筛选，也可用于试验次数较少、分批进行的研究. 三水平可观察变化趋势，以选择最佳搭配. 多水平能以一次满足试验要求列出因素水平表.

(2) 选用合适的正交表.

在确定了因素及其水平后，根据因素、水平及需要考察的交互作用的多少选择合适的正交表. 选用正交表的原则是既要能安排下试验的全部因素，又要使部分水平组合数(处理数)尽可能地少. 一般情况下，试验因素的水平数应恰好等于正交表记号中括号内的底数，当有些因素水平数不相同时，则可选用混合水平正交表. 因素的个数(包括交互作用)应不大于正交表记号中括号内的指数，最好留出一些空列，即各因素及交互作用的自由度之和要小于所选正交表的总自由度，以便估计试验误差. 若各因素及交互作用的自由度之和等于所选正交表总自由度，则可采用有重复正交试验估计试验误差.

(3) 按选定的正交表设计表头，确定试验方案.

正交表选好后，就可以进行表头设计. 所谓表头设计，就是把挑选出的因素和要考察的交互作用分别排入正交表的表头适当的列中.

(4) 组织实施试验.

根据选定正交表中各因素所占列的水平数列构造试验方案表，按试验号依次进行，共做 n 次试验，每次试验按表中横行的各水平组合进行，试验结果数据记录在该行的末尾. 因此整个设计过程可归纳为："因素顺序上列，水平对号入座，试验横着实施."

(5) 试验结果分析.

试验结果分析分为直观分析和方差分析，具体内容将在下面介绍.

9.3.2 正交表的表头设计

表头设计是正交设计的关键.在不考虑交互作用时,各因素可随机安排在各列上;若考察交互作用,就应按该正交表的交互作用列表安排各因素及交互作用.每张正交表总附有一张两列间交互作用的表,它用来说明需考虑的某二因素间交互作用应放在哪个列号上.下面以 $L_8(2^7)$ 为例进行说明.

$L_8(2^7)$ 对应的两列间交互作用表如表 9-22 所示.如果要用 $L_8(2^7)$ 安排有交互作用的二水平两因素 A,B 的试验,其方法如下:设 A,B 二因素分别放在第 2 列和第 4 列上,表 9-22 中给出了带括号和不带括号的两种列号,首先找到带括号的列号为 2 的行(如表中用→表示的行),再由这行向右找不带括号的列号 4(在表中用↓表示),从这一列由上往下且位于交叉处的数字 6 就是 A 和 B 交互作用 $A\times B$ 应放的列号,于是该试验的表头设计如表 9-23 所示.

表 9-22 $L_8(2^7)$ 的二列间交互作用表

列号 / (列号)	1	2	3	4↓	5	6	7
	(1)	3	2	5	4	7	6
		(2)→	1	6	7	4	5
			(3)	7	6	5	4
				(4)	1	2	3
					(5)	3	2
						(6)	1
							(7)

表 9-23 有交互作用的二因素的表头设计

表头设计		A		B		$A\times B$	
列号 / 试验号	1	2	3	4	5	6	7
1							
2							
⋮							

如果用 $L_8(2^7)$ 安排有交互作用的二水平三因素 A,B,C 的试验,则表头设计的步骤应为:先将因素 A,B 放在第 1 列和第 2 列上,由表 9-22 知 $A\times B$ 应放在第 3 列上,然后在某一列剩下的列号中(一般为最小者)放 C,如 C 放在第 4 列上,则由表 9-22 知,$A\times C$,$B\times C$ 应分别放在第 5 列和第 6 列上,其情形如表 9-24 中因

素数为 3 的那一行所示.

表 9-24　三因素和四因素的表头设计

列号 因素	1	2	3	4	5	6	7
3	A	B	$A\times B$	C	$A\times C$	$B\times C$	
4	A	B	$A\times B$ $C\times D$	C	$A\times C$ $B\times D$	$B\times C$ $A\times D$	D

用 $L_8(2^7)$ 安排有交互作用的二水平四因素 A,B,C,D 的试验时，假如 A,B,C 及它们的交互作用已按上面方法安放妥当，则 D 只能放在第 7 列上，由表 9-22 知交互作用 $A\times D,B\times D,C\times D$ 应分别放在第 6,5,3 列上，其情形如表 9-24 中因素数为 4 的那一行所示.

在二水平四因素的表头设计中，在第 3,5,6 列上出现了混杂现象(即同一列中出现 2 个以上的交互作用). $L_8(2^7)$ 的表中只有 7 个列号，所以最多只能安排 7 个因素，需考察的交互作用也应作为因素看待. 由于因素 A,B,C,D 都必须进行考察，所以用 $L_8(2^7)$ 安排试验时，在 6 个交互作用中最多只能考察 3 个，即只能取第 3,5,6 列的 2 个交互作用中一个. 如果根据生产经验和专业知识判断，因素 B 和其他 3 个因素的交互作用甚微可不考虑，于是第 3,5,6 列上应分别安放 $C\times D,A\times C,A\times D$，可按此表头设计的 $L_8(2^7)$ 安排试验. 如果因素 A 和 B,D 的交互作用很小，但 $A\times C$ 不可忽略，则第 3,6 列可放 $C\times D,B\times C$，第 5 列必须放 $A\times C$，这时仅当 B 与 D 的交互作用很小可不考虑时，才能用 $L_8(2^7)$ 安排试验. 如果 B 和 D 交互作用不可忽略或 A,B,C,D 间 6 个相互作用都要考虑，则表 $L_8(2^7)$ 就不再有效了，这时可改用 $L_{16}(2^{15})$ 重新进行表头设计，如表 9-25 所示.

表 9-25　具有交互作用的四因素的表头设计

列号	1	2	3	4	5	6	7	8	9	10	11	12	13	14	15
表头设计	A	B	$A\times B$	C	$A\times C$	$B\times C$		D	$A\times D$	$B\times D$		$C\times D$			

9.3.3　正交表的直观分析

这里通过 2 个实例分别介绍没有交互作用和有交互作用情况下的正交表的直观分析方法.

例 9.10　烟灰砖折断力试验.

试验目的：寻找用烟灰制造砖的最佳工艺条件，观察的指标是折断力，要求越大越好.

因素和水平数：根据生产经验，可选如表 9-26 所示的三因素三水平，且各因素间没有交互作用.

表 9-26 烟灰砖折断力试验的三因素三水平

水平 \ 因素	A 成型水分/%	B 碾压时间/min	C 一次碾压料重/kg
1	8	7	340
2	10	10	370
3	12	13	400

为了避免系统误差,因素的各水平中哪个定为1水平、2水平、3水平,应按"随机化"的方法确定.例如,用抽签方法将8%,10%,12%分别定为 A_i($i=1,2,3$),但本例没有采用这种方法处理.

试验安排:由于本例无交互作用,选用 $L_9(3^4)$ 可使试验次数最少.表头设计是在第1,2,3列上分别安放因素 A,B,C.

试验结果与计算:试验结果及计算见表 9-27.

表 9-27 正交表的直观分析计算表

试验号 \ 列号 \ 因素	A	B	C		试验结果(x_i)
	1	2	3	4	
1	1	1	1	1	16.8
2	1	2	2	2	18.9
3	1	3	3	3	16.5
4	2	1	2	3	18.8
5	2	2	3	1	23.4
6	2	3	1	2	20.2
7	3	1	3	2	26.2
8	3	2	1	3	21.9
9	3	3	2	1	24.1
K_1	$K_1^A=52.2$	$K_1^B=61.8$	$K_1^C=58.9$		
K_2	$K_2^A=62.4$	$K_2^B=64.2$	$K_2^C=61.8$		
K_3	$K_3^A=72.2$	$K_3^B=60.8$	$K_3^C=66.1$		
$\overline{K}_1$	$\overline{K}_1^A=17.4$	$\overline{K}_1^B=20.6$	$\overline{K}_1^C=19.6$		
$\overline{K}_2$	$\overline{K}_2^A=20.8$	$\overline{K}_2^B=21.4$	$\overline{K}_2^C=20.6$		
$\overline{K}_3$	$\overline{K}_3^A=24.0$	$\overline{K}_3^B=20.3$	$\overline{K}_3^C=22.0$		
R	$R^A=6.6$ $R^B=1.1$ $R^C=2.4$				

现介绍有关的计算公式.

均值：令 $K_i^{因素}$ 为与该因素第 i 个水平有关的试验结果之和，则该因素第 i 个水平的均值为

$$\overline{K_i}^{因素}=K_i^{因素}/水平\ i\ 的试验次数.$$

例如，

$K_2^B=x_2+x_5+x_8=18.9+23.4+21.9=64.2$,

故 $$\overline{K}_2^B=K_2^B/3=21.4.$$

极差：$R^{因素}=\max\limits_{i\neq j}\{|\overline{K_i}^{因素}-\overline{K_j}^{因素}|\}$.

直观分析结论：

(1) 由于极差反映了各因素对指标的影响，所以由 $R^B<R^C<R^A$ 知，对折断力影响因素从主到次的排序为 A,C,B.

(2) 由于均值 $\overline{K_i}^{因素}$ 反映了该因素水平 i 对指标的影响，又由于指标值越大越好，所以由 $\overline{K}_1^A<\overline{K}_2^A<\overline{K}_3^A$ 知，A 因素的水平 3 比其他 2 个水平好，或者说因素 A 在试验范围内的最佳点在 12(%). 同样由 $\overline{K}_3^B<\overline{K}_1^B<\overline{K}_2^B$，$\overline{K}_1^C<\overline{K}_2^C<\overline{K}_3^C$ 可知，最佳工艺条件为 $A_3B_2C_3$.

需要注意的是，该最优方案并不包括在正交表中已做过的 9 个试验方案内，这正体现了正交设计的优越性.

例 9.11 降低成纱棉结杂质试验.

试验目的：在保证合理配棉的前提下，通过合理配置工艺参数，尽可能地减少新增棉结、充分除杂，从而达到降低成纱棉结杂质、改善成纱条干均匀度的目的. 考察指标为结粒杂质实际粒数，要求越少越好.

因素和水平数：选取如表 9-28 所示四因素二水平试验，经分析还需要考察因素 C 和其他 3 个因素的交互作用.

表 9-28 纱棉结杂质试验的四因素二水平

水平 \ 因素	除尘刀高低 A /mm	除尘刀角度 B /(°)	刺辊速度 C /(r/min)	小漏底入口隔距 D /mm
1	−3	85	1 110	6
2	+3	95	1 030	9

试验安排：由于考虑 4 个因素 A,B,C,D 及其交互作用 $A\times C,B\times C,C\times D$，所以可选用 $L_8(2^7)$，且由 $L_8(2^7)$ 的交互作用表知，恰好不会出现混杂现象(即所考察的因素不会在一个列号中出现 2 个).

试验结果与计算见表 9-29.

表 9-29 纱棉棉结杂质试验的直观分析表

试验号＼因素	A	B	$C\times D$	C	$A\times C$	$B\times C$	D	试验结果(x_i) 实际粒数 x_i	简化(同减 81)
1	1	1	1	1	1	1	1	88	7
2	1	1	1	2	2	2	2	87	6
3	1	2	2	1	1	2	2	75	−6
4	1	2	2	2	2	1	1	68	−13
5	2	1	2	1	2	1	2	88	7
6	2	1	2	2	1	2	1	81	0
7	2	2	1	1	2	2	1	96	15
8	2	2	1	2	1	1	2	83	2
K_1	−8	18	28	23	3	3	9		
K_2	24	−2	−12	−7	13	13	7		
$\overline{K}_1$	−2	4.5	7	5.75	0.75	0.75	2.25		
$\overline{K}_2$	6	−0.5	−3	−1.75	3.25	3.25	1.75		
R	8	5	10	7.5	2.5	2.5	0.5		

直观分析(确定最优方案)：

(1) 各因素的影响由主到次的顺序为 $C\times D, A, C, B, A\times C, B\times C, D$.

(2) 如果不考虑交互作用，由于指标越少越好，很容易得出最优方案为 $A_1B_2C_2D_2$. 但由于 $C\times D$ 是影响试验结果的最重要因素，也是挑选水平的最主要依据，所以必须予以考虑. 但 $C\times D$ 没有实际水平，它取哪个水平是没有意义的，因而不能按 K_1, K_2 的值进行确定，应该按 C 和 D 的水平搭配的好坏来确定. 如何看出二水平搭配的好坏呢？通常把二因素各种水平搭配下对应的试验结果(数据)之和列成的表格称为搭配表(也称为二元表)，以对 $C\times D$ 进行二元分析. $C\times D$ 二元分析表见表 9-30.

表 9-30 $C\times D$ 二元分析表

D＼C	C_1	C_2
D_1	11	−6.5
D_2	0.5	4

对应于组合水平 C_1D_1 的值 11 是与 C_1D_1 有关的第 1,7 号试验的试验结果简化值的平均值，值 4 是与 C_2D_2 有关的第 2,8 号试验的试验结果简化值的平均值. 表 9-30 中最小值是 −6.5，所以 C, D 的最佳组合水平为 C_2D_1. 当交互作用 $C\times D$ 高度显著时的最佳组合水平应为 $A_1B_2C_2D_1$.

综上所述，不考虑交互作用与考虑交互作用得出的最佳方案是不同的．这种矛盾现象是经常发生的．此时 D 取哪个水平好呢？次要因素应该服从主要因素，本例交互作用 $C\times D$ 比 D 重要，因此应选择 C,D 的最优水平搭配所确定的水平 D_1．

实施效果：按新工艺参数生产的中号纱棉结杂质粒数有了明显降低，从表9-31的对比中可看出，新工艺使中号纱棉结杂质共减少 45 粒，其中棉结减少 28 粒，杂质减少 17 粒；细号纱棉结杂质共减少 33 粒，其中棉结减少 22 粒，杂质减少 11 粒．生产的中、细清纱的成纱棉杂质一直稳定在 120 粒/克以下（GB 398—78 规定一级纱棉结杂质粒数不超过 125 粒/克），使成纱品级保持在一级以上．

表 9-31　中号纱与细号纱特征对比

时间 \ 棉结/杂质总数 \ 品种	中号纱	细号纱
1 月中旬	86/143	91/137
1 月下旬	67/109	89/130
2 月	69/104	73/114
3 月	58/96	22/33
实施新工艺后减少粒数	28/45	22/33

9.3.4　正交表的方差分析

正交表的方差分析的基本思想与双因素方差分析的基本思想一致，它将总的偏差平方和分解成各因素及各交互作用的偏差平方和，构造 F 统计量，对各因素是否对试验指标具有显著影响进行 F 检验．

根据各号试验处理是单独观测值还是有重复观测值，正交试验可分为单独观测值正交试验和有重复观测值正交试验两种．若各号试验处理都只有一个观测值，则称之为单独观测值正交试验；若各号试验处理都有 2 个或 2 个以上观测值，则称之为有重复观测值正交试验．这里只介绍具有单独观测值的正交试验结果的方差分析．

例 9.12　在例 9.10 的烟灰砖折断力试验中，试用方差分析法检验各因素对折断力有无显著差异（$\alpha=0.05$）？

本例的试验目的、因素、水平数、试验安排及试验结果都与例 9.10 完全一样，仅计算过程有变化，见表 9-32 和表 9-33．

表 9-32 折断力试验的方差分析表(1)

试验号 \ 因素 / 列号	A 1	B 2	C 3	4	试验结果(x_i)	x_i 的平方
1	1	1	1	1	16.8	282.24
2	1	2	2	2	18.9	357.21
3	1	3	3	3	16.5	272.25
4	2	1	3	3	18.8	353.44
5	2	2	2	1	23.4	547.56
6	2	3	1	2	20.2	408.04
7	3	1	3	2	26.2	686.44
8	3	2	1	3	21.9	479.61
9	3	3	2	1	24.1	580.81
K_1	$K_1^A=52.2$	$K_1^B=61.8$	$K_1^C=58.9$		$K=186.8$	$W=3\,967.6$
K_2	$K_2^A=62.4$	$K_2^B=64.2$	$K_2^C=61.8$			
K_3	$K_3^A=72.2$	$K_3^B=60.8$	$K_3^C=66.1$			
U	$U_A=3\,943.8$	$U_B=3\,879.2$	$U_C=3\,885.9$		$P=3\,877.1$	
偏差平方和	$S_A=66.7$	$S_B=2.1$	$S_C=8.8$			

表 9-33 折断力试验的方差分析表(2)

来源	偏差平方和	自由度	平均偏差平方和	F 值
A	$S_A=66.7$	$f_A=2$	$\overline{S}_A=33.35$	$F_A=5.17$
B	$S_B=2.1$	$f_B=2$	$\overline{S}_B=1.05$	$F_B=0.16$
C	$S_C=8.8$	$f_C=2$	$\overline{S}_C=4.4$	$F_C=0.68$
e(误差)	$S_e=12.9$	$f_e=2$	$\overline{S}_e=6.45$	
总和	$S_总=90.5$	$f_总=8$		

(1) 偏差平方和：表 9-32 中的 $K_i^{因素}$ 与表 9-27 含义及计算相同，令

$$U_{因素}=\frac{\sum_i (K_i^{因素})^2}{a},$$

$$P=K^2/试验总次数\ n,$$

其中，a 为水平 i 的试验次数.

总偏差平方和的分解式 $S_总=S_A+S_B+S_C+S_e$ 中的各因素及误差的偏差平方和分别为

$$S_{总}=W-P,$$
$$S_A=U_A-P,$$
$$S_B=U_B-P,$$
$$S_C=U_C-P,$$
$$S_e=S_{总}-(S_A+S_B+S_C).$$

(2) 自由度：$f_{总}=n-1$，$f_{因素}=$因素的水平数-1，$f_e=f_{总}-(f_A+f_B+f_C)$.

(3) 因素的平均偏差平方和：$\overline{S}_{因素}=\dfrac{S_{因素}}{f_{因素}}$.

(4) F 值：$F_{因素}=\dfrac{\overline{S}_{因素}}{\overline{S}_e}$.

(5) 判别：如果 $F_{因素}>F_\alpha(f_{因素},f_e)$，则该因素影响显著，否则不显著.

进一步应用的几点说明：

(1) 有时为提高分析的精度，将与误差偏差平方和相差较小的因素偏差平方和的项，同误差偏差平方和合并为误差偏差平方和.

(2) 方差分析的观点认为，只需对显著的因素选择水平即可，不显著的因素原则上可在试验范围内任取一水平，或由其他指标确定.

(3) 方差分析可检验有关因素(交互作用也作为一个因素)对指标影响是否显著，这属于显著性假设检验问题，但直观分析只能排出因素对指标的影响的高低、主次.

(4) 在正交表的方差分析表中的 K_i 与直观分析中的完全一样，当各因素水平数相等时，$\max\limits_{i\neq j}\{|\overline{K}_i^{因素}-\overline{K}_j^{因素}|\}$的大小次序与 $R=\max\limits_{i\neq j}\{|\overline{K}_i^{因素}-\overline{K}_j^{因素}|\}$完全相同，所以直接由正交表分析中的 $K_i^{因素}$ 即可确定因素对指标影响的主次及最佳水平.

无重复正交试验结果的方差分析的误差是由"空列"来估计的，然而"空列"并不空，它实际上是被未考察的交互作用所占据. 这种误差既包含试验误差，也包含交互作用，称为模型误差. 若因素间交互作用不存在，用模型误差估计试验误差是可行的；若因素间存在交互作用，则模型误差会扩大试验误差，有可能掩盖考察因素的显著性. 此时，试验误差应通过重复试验值来估计. 所以，正交试验最好能有 2 次以上的重复试验. 正交试验的重复可采用完全随机或随机单位组进行设计.

习 题 9

1. 以 A，B，C 3 种饲料喂猪，一个月后每头猪所增体重(单位：500 g)如表 9-34 所示. 试对其作方差分析.

表 9-34 所用饲料与增重的试验结果

饲 料	增	重/500 g			
A	51	40	34.3	43	48
B	23	25	26		
C	23	28			

2. 经调查得健康男子各年龄组淋巴细胞转化率(%)如表 9-35 所示.

9-35 各年龄组的淋巴细胞转化率

年龄组	淋巴细胞转化率/%									
11—20 岁	58	61	61	62	63	68	70	70	74	78
21—60 岁	54	57	57	58	60	60	63	64	66	
61—75 岁	43	52	55	56	60					

试问各组淋巴细胞转化率的均数是否有显著性差异($\alpha=0.05$)?

3. 把大片条件相同的土地分成 20 个小区,播种 4 种不同品种的小麦以进行产量对比试验. 每一品种播种在 5 个小区地块上,得到 20 个小区产量(单位:亿吨)的独立观察值如表 9-36 所示. 试问不同品种小麦的小区产量有无显著差异($\alpha=0.05$)?

表 9-36 各产区小麦产量试验结果

品种因素	试验批号				
	1	2	3	4	5
A_1	32.3	34.0	34.3	35.0	36.5
A_2	33.3	33.0	36.3	36.9	34.5
A_3	30.3	34.3	35.3	32.3	35.8
A_4	29.3	26.0	29.8	28.0	28.8

4. 灯泡厂用 3 种不同材料的灯丝制成 3 批灯泡,从这 3 批灯泡中分别抽样测得灯泡的使用寿命(单位:h)如表 9-37 所示. 试检验这 3 种不同灯丝材料制成的灯泡的使用寿命是否有显著差异($\alpha=0.05$)?

表 9-37 灯泡使用寿命试验结果

批 号	使用寿命/h						
1	1 600	1 610	1 650	1 680	1 700	1 720	1 800
2	1 580	1 640	1 640	1 700	1 750		
3	1 540	1 550	1 570	1 600	1 660	1 680	

5. 抗生素注入人体后会产生抗生素与血浆蛋白质结合的现象,它能减少药效. 表 9-38 列出 5 种常用的抗生素注入牛的体内时,抗生素与血浆蛋白质结合的百分比. 试在水平 $\alpha=0.05$

下检验这些百分比的均值有无显著差异?

表 9-38　抗生素与血浆蛋白结合百分比

抗生素类型	与血浆蛋白结合百分比/%			
青霉素	29.0	24.3	28.5	32.0
四环素	27.3	32.6	30.8	34.8
链霉素	5.8	6.2	11.0	8.3
红霉素	21.6	17.4	18.3	19.0
氯霉素	29.2	32.8	25.0	24.2

6. 抽查某地区 3 所小学五年级男学生身高(单位:cm)所得数据如表 9-39 所示. 试问该地区 3 所小学五年级男学生的平均身高是否有显著差异($\alpha=0.05$)?

表 9-39　学生身高抽样结果

学校编号	身高/cm					
第一小学	128.1	134.1	133.1	138.9	140.8	127.4
第二小学	150.3	147.9	136.8	126.0	150.7	155.8
第三小学	140.6	143.1	144.5	143.7	148.5	146.4

7. 粮食加工厂用 4 种不同的方法贮藏粮食,贮藏一段时间后分别抽样化验,得到粮食含水率如表 9-40 所示. 试检验这 4 种不同的贮藏方法对粮食的含水率是否有显著影响($\alpha=0.05$)?

表 9-40　不同贮藏方法的粮食含水率

贮藏方法	含水率/%
1	7.3; 8.8; 7.6; 8.4; 8.3
2	5.8; 7.4; 7.1
3	8.1; 6.4; 7.0
4	7.9; 9.0

8. 表 9-41 为某种化工过程在 3 种浓度、4 种温度水平下的得率. 试在显著性水平 $\alpha=0.05$ 下检验:不同浓度下,得率有无显著差异? 在不同温度下,得率是否显著差异? 交互作用的效应是否显著?

表 9-41　化工过程的得率

浓度/% \ 温度/℃	10	24	38	52
2	14,10	14,11	13,9	10,12
4	9,7	10,8	7,11	6,10
6	5,11	13,14	12,13	14,10

9. 4 名工人分别在 3 台不同机器上操作 3 天的产量如表 9-42 所示. 试在显著性水平 $\alpha=0.05$下检验工人之间的差异是否显著？机器之间的差异是否显著？交互作用的影响是否显著？

表 9-42　工人生产产量

工人＼机器	B_1	B_2	B_3
A_1	15,15,17	19,19,16	16,18,21
A_2	17,17,17	15,15,15	19,22,22
A_3	15,17,16	18,17,16	18,18,18
A_4	18,20,22	15,16,17	17,17,17

10. 某工厂某类型零件的镗孔工序质量不稳定，今欲通过对工序进行正交试验，试确定各影响因数的主次顺序，以探求较好的工艺条件.（因素及水平见表 9-43，试验结果见表 9-44.）

表 9-43　镗孔工序质量影响因素及水平

水平＼因素	刀具数量 A/把	切削速度 B/(r/min)	走刀量 C/(mm/r)	刀具种类 D/型
1	2	30	0.6	常规刀
2	3	38	0.7	Ⅰ型刀
3	4	56	0.47	Ⅱ型刀

表 9-44　试验结果

试验号＼列号＼因素	刀具数量 A/(把)	切削速度 B/(r/min)	走刀量 C/(mm/r)	刀具种类 D/型	偏差量 /mm
	1	2	3	4	
1	1(2)	1(30)	1(0.6)	1(常规)	0.390
2	1	2(38)	2(0.7)	2(Ⅰ型)	0.145
3	1	3(56)	3(0.47)	3(Ⅱ型)	0.310
4	2(3)	1	2	3	0.285
5	2	2	3	1	0.335
6	2	3	1	2	0.350
7	3(4)	1	3	2	0.285
8	3	2	1	3	0.050
9	3	3	2	1	0.315

11. 某农药厂生产某种农药，根据生产经验发现影响农药吸收率的因素有 4 个，每个因素都有 2 种状态，具体如下：A 为反应温度，60 ℃，80 ℃；B 为反应时间，2.5 h，3.5 h；C 为某 2 种

原料之配比，1.1∶1，1.2∶1；D 为真空度，500 mmHg，600 mmHg. 具体试验如表 9-45 所示. 在考虑交互作用的情况下，分析正交试验结果各因素的主次顺序，写出本问题的最优方案，并说明理由.

表 9-45　影响农药吸收率因素试验表

表头设计	A	B	$A\times B$	C	$A\times C$	$B\times C$	D	试验结果 y_ε
试验号＼列号	1	2	3	4	5	6	7	
1	1	1	1	1	1	1	1	86
2	1	1	1	2	2	2	2	95
3	1	2	2	1	1	2	2	91
4	1	2	2	2	2	1	1	94
5	2	1	2	1	2	1	2	91
6	2	1	2	2	1	2	1	96
7	2	2	1	1	2	2	1	83
8	2	2	1	2	1	1	2	88

10　回归分析

一般来说，自然界中变量之间的关系可分为确定性与非确定性两种. 确定性关系是指变量之间的关系可以用函数关系来表达，而非确定性关系即所谓的相关关系. 例如人的身高与体重之间的关系，一般地，人高一些，体重也相应要重一些，但同样高度的人，其体重往往不相同. 这种关系既密切又不完全确定. 又如水稻的产量与施肥量、洒农药量之间的关系，家具销售量与新房落成套数、新结婚人数、国民平均收入之间的关系，也都属于这一类.

回归分析方法是研究相关关系的一种有力的数学工具. 它是建立在对客观事物进行大量试验和观察的基础上的，用以寻找隐藏在那些似乎是不确定的现象中的统计规律性，从而解决预测、控制、生产工艺优化等问题的数理统计方法. 回归分析方法在工农业生产、科学研究及管理科学中均有着广泛的应用.

10.1　一元线性回归

10.1.1　一元线性回归的数学模型

一元线性回归数学模型是处理两个变量之间关系的最简单的模型. 在实际问题中，若发现两个变量 X,Y 之间存在相关关系，则通过试验分析所得数据可找出两者之间关系的经验公式，这就是一元回归所处理的问题. 若两个变量中的一个变量是人为可以控制的、非随机的(称为控制变量)，另一个变量是随机的，而且它随着控制变量的变化而变化，则这两个变量之间的关系称为回归关系.

首先通过一个例子来说明如何建立一元线性回归方程.

例 10.1　某农场为总结一种根据小麦基本苗数推算成熟期有效穗数的方法，在 5 块田里进行对比试验，在同样施肥和管理水平下，按成苗和成穗时间测得如表 10-1 所示的数据.

表 10-1 试验田的各项数据

试验号	基本苗数 X_i/(万/亩)	有效穗数 Y_i/(万/亩)
1	15.0	39.4
2	25.8	42.9
3	30.0	41.0
4	36.6	43.1
5	44.4	49.2

为了研究这些数据所蕴含的变量 X,Y 之间的规律性，现把 X 作为横坐标，Y 作为纵坐标，在此坐标平面上描出 X 取值 X_i 与 Y 相应的观察值 Y_i 对应的点 (X_i,Y_i)，如图 10-1 所示. 这个图叫做散点图. 从散点图上可以发现，这些点大致落在一条直线附近，也就是说，X 和 Y 之间的关系可以基本上看做线性关系，某些点与直线偏离是由试验过程中其他随机因素所引起的.

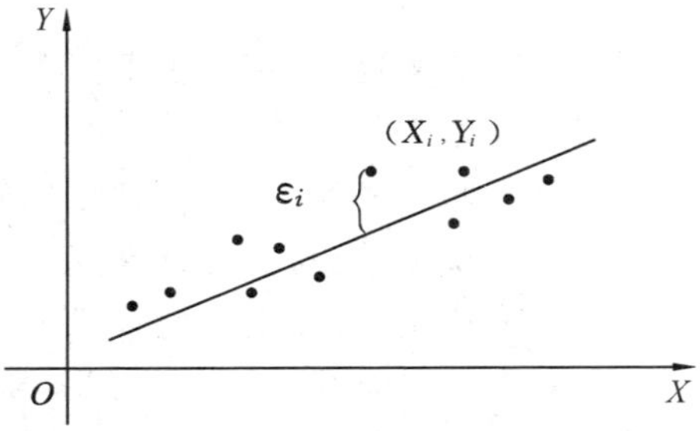

图 10-1 散点图

一般地，假设 X_i 与 Y_i 之间的关系有以下模式：

$$Y_i=\alpha+\beta X_i+\varepsilon_i,\ i=1,2,\cdots,n, \tag{10-1}$$

其中，$\varepsilon_i(i=1,2,\cdots,n)$ 表示其他随机因素对 Y_i 影响的总和，并假定 $\varepsilon_1,\varepsilon_2,\cdots,\varepsilon_n$ 是相互独立且服从同一正态分布 $N(0,\sigma^2)$ 的随机变量，它是不可观察的. X 可以是随机变量也可以是普通变量，这里只讨论它是普通变量的情况，因而变量 X 是可以精确测量或控制的. 在上述条件下，Y_i 是服从正态分布 $N(\alpha+\beta X_i,\sigma^2)$ 的随机变量，式(10-1)称为一元线性回归的数学模型.

如果由样本数据 (X_i,Y_i) 求出式(10-1)中 α,β 的估计值为 a，b，则得到描述 Y 和 X 之间的关系方程

$$\hat{Y}=a+bX. \tag{10-2}$$

式(10-2)称为一元线性回归方程，其图形称为回归直线，a，b 叫做回归方程的回归系数.

10.1.2 参数 α,β 的最小二乘估计

如果 X 与 Y 有精确的线性关系，则应有

$$Y_i=\hat{Y}_i,\ i=1,2,\cdots,n,$$

但由于测量误差以及其他随机因素的干扰，一般有 $Y_i\neq\hat{Y}_i$. 因此，必须确定一条直线即确定 α 与 β 的估计值 a 与 b，使回归直线方程(10-2)与所有数据点都比较“接

近”. 为了刻画这种“接近”的程度，这里引进残差的概念. 所谓残差，是指观察值 Y_i 与回归值 $\hat{Y}_i=a+bX_i$ 的偏差，用 e_i 表示残差($i=1,2,\cdots,n$). 这里可以用绝对残差和 $\sum_{i=1}^{n}|e_i|=\sum_{i=1}^{n}|Y_i-\hat{Y}_i|$ 来度量观察值与回归直线的接近程度：绝对残差和越小，回归直线就与所有数据点越接近. 但考虑到绝对残差和的数学处理比较繁琐，所以一般用残差平方和

$$Q=Q(a,b)=\sum_{i=1}^{n}e_i^2=\sum_{i=1}^{n}(Y_i-\hat{Y}_i)^2=\sum_{i=1}^{n}(Y_i-a-bX_i)^2 \quad (10\text{-}3)$$

来刻画所有观察值与回归直线的偏离程度.

那么如何选择 a, b 使 $Q(a, b)$ 达到最小呢？这里介绍最小二乘法，它是求经验公式的一种常用方法. 以该方法得到的 a, b 作为 α,β 的估计值，可使所得回归直线与所有观察值最接近，因而利用最小二乘法配出的直线 $\hat{Y}=a+bX$ 就是所有直线中残差平方和 Q 最小的一条. Q 是关于 a, b 的非负二次函数，所以它的最小值总是存在的. 根据微分学中求极值的方法，所求的 a, b 应是下列方程组的解：

$$\begin{cases}\dfrac{\partial Q}{\partial a}=-2\sum_{i=1}^{n}(Y_i-a-bX_i)=0,\\[2ex]\dfrac{\partial Q}{\partial b}=-2\sum_{i=1}^{n}(Y_i-a-bX_i)X_i=0.\end{cases} \quad (10\text{-}4)$$

式(10-4)称为正规方程组，可将其化为

$$\begin{cases}a+b\overline{X}=\overline{Y},\\ na\overline{X}+b\sum_{i=1}^{n}X_i^2=\sum_{i=1}^{n}X_iY_i.\end{cases}$$

其中，$\overline{X}=\dfrac{1}{n}\sum_{i=1}^{n}X_i,\overline{Y}=\dfrac{1}{n}\sum_{i=1}^{n}Y_i$.

当 X_i 不全相等时，

$$\begin{vmatrix}1 & \overline{X}\\ n\overline{X} & \sum_{i=1}^{n}X_i^2\end{vmatrix}=\sum_{i=1}^{n}X_i^2-n\overline{X}^2=\sum_{i=1}^{n}(X_i-\overline{X})^2\neq 0.$$

上述方程组有唯一解，解之得

$$\begin{cases}a=\overline{Y}-b\overline{X}=\overline{Y}-\dfrac{L_{XY}}{L_{XX}}\cdot\overline{X},\\[2ex] b=\dfrac{L_{XY}}{L_{XX}}.\end{cases} \quad (10\text{-}5)$$

其中，

$$L_{XX} = \sum_{i=1}^{n}(X_i - \overline{X})^2 = \sum_{i=1}^{n}X_i^2 - n\overline{X}^2,$$

$$L_{XY} = \sum_{i=1}^{n}(X_i - \overline{X})(Y_i - \overline{Y}) = \sum_{i=1}^{n}X_iY_i - n\overline{X}\overline{Y}, \qquad (10\text{-}6)$$

$$L_{YY} = \sum_{i=1}^{n}(Y_i - \overline{Y})^2 = \sum_{i=1}^{n}Y_i^2 - n\overline{Y}^2.$$

把 $a=\overline{Y}-b\overline{X}$ 代入式(10-2),得回归方程的另一形式为

$$\hat{Y}=\overline{Y}+b(X-\overline{X}).$$

可见,回归直线(10-2)经过点$(\overline{X},\overline{Y})$,这一性质对回归直线的作图很有帮助.

现利用这些公式来计算例 10.1 的回归方程,具体计算可以按表 10-2 的方式进行.

表 10-2 回归方程的具体计算过程

编号	X	Y	X^2	Y^2	XY
1	15.0	39.4	225.00	1 552.36	591.00
2	25.8	42.9	665.64	1 840.41	1 106.82
3	30.0	41.0	900.00	1 861.00	1 230.00
4	36.6	43.1	1 339.56	1 857.61	1 577.46
5	44.4	49.2	1 971.36	2 420.64	2 184.48
$\sum$	151.8	215.6	5 101.56	9 352.02	6 689.76

由表 10-2 得

$$\sum_{i=1}^{n}X_i = 151.8,\ \sum_{i=1}^{n}Y_i = 215.6,\ n = 5,$$

$$\overline{X}=30.36,\ \overline{Y}=43.12,$$

$$\sum_{i=1}^{n}X^2 = 5\,101.56,\ \sum_{i=1}^{n}Y^2 = 9\,352.02,\ \sum_{i=1}^{n}XY = 6\,689.76,$$

$$\frac{1}{n}(\sum_{i=1}^{n}X)^2 = 4\,608.65,\ \frac{1}{n}(\sum_{i=1}^{n}Y)^2 = 9\,296.67,$$

$$\frac{1}{n}(\sum_{i=1}^{n}X)(\sum_{i=1}^{n}Y) = 6\,545.62,$$

$$L_{XX}=492.91,\ L_{YY}=55.35,\ L_{XY}=144.14,$$

$$b=\frac{L_{XY}}{L_{XX}}=\frac{144.14}{492.91}=0.29,$$

$$a=\overline{Y}-b\overline{X}=43.12-0.29\times 30.36=34.32,$$

$$\hat{Y}=34.32+0.29X. \qquad (10\text{-}7)$$

式(10-7)即为所求的回归直线方程.

10.1.3 最小二乘估计 *a*,*b* 的性质

1) 无偏性

$$E(Y_i)=E(\alpha+\beta X_i+\varepsilon_i)=\alpha+\beta X_i,\ i=1,2,\cdots,n.$$

$$E(\bar{Y})=\frac{1}{n}\sum_{i=1}^{n}E(Y_i)=\alpha+\beta\bar{X},\ i=1,2,\cdots,n.$$

$$E(Y_i-\bar{Y})=E(Y_i)-E(\bar{Y})=\beta(X_i-\bar{X}),\ i=1,2,\cdots,n.$$

因此,

$$\begin{aligned}E(b)&=\frac{\sum_{i=1}^{n}(X_i-\bar{X})E(Y_i-\bar{Y})}{\sum_{i=1}^{n}(X_i-\bar{X})^2}\\&=\frac{\sum_{i=1}^{n}(X_i-\bar{X})\beta(X_i-\bar{X})}{\sum_{i=1}^{n}(X_i-\bar{X})^2}\\&=\beta,\end{aligned} \qquad (10\text{-}8)$$

$$\begin{aligned}E(a)&=E(\bar{Y}-b\bar{X})\\&=E(\bar{Y})-\bar{X}E(b)\\&=\alpha+\beta\bar{X}-\beta\bar{X}\\&=\alpha.\end{aligned} \qquad (10\text{-}9)$$

由式(10-8)、(10-9)知,a 与 b 分别是 α 与 β 的无偏估计,这说明若用同样方法对 α,β 作多次估计,它们的平均值将趋于 α,β. 这是二乘估计的一个重要性质.

由式(10-8)、(10-9)可以推得

$$E(\hat{Y})=E(a+bX)=\alpha+\beta X=E(Y). \qquad (10\text{-}10)$$

这表明 $\hat{Y}$ 是 $E(Y)$ 的无偏估计,即回归值 $\hat{Y}$ 可看做是实际观察值 Y 的平均值.

2) 关于 a 和 b 的方差

在实际应用中,仅知道估计为无偏的是不够的,还需要了解估计量本身的波动情况,这就要研究它的方差.

由于

$$b=\frac{\sum_{i=1}^{n}(X_i-\bar{X})(Y_i-\bar{Y})}{\sum_{i=1}^{n}(X_i-\bar{X})^2}$$

$$= \frac{\sum_{i=1}^{n}(X_i-\overline{X})Y_i-\overline{Y}\sum_{i=1}^{n}(X_i-\overline{X})}{\sum_{i=1}^{n}(X_i-\overline{X})^2}$$

$$= \frac{\sum_{i=1}^{n}(X_i-\overline{X})Y_i}{\sum_{i=1}^{n}(X_i-\overline{X})^2}$$

$$= \sum_{i=1}^{n}\frac{(X_i-\overline{X})}{\sum_{j=1}^{n}(X_j-\overline{X})^2}Y_i,$$

又因$\{Y_i\}$相互独立，且 $\mathrm{Var}(Y_i)=\sigma^2$，则

$$\mathrm{Var}(b)=\sum_{i=1}^{n}\left[\frac{X_i-\overline{X}}{\sum_{j=1}^{n}(X_j-\overline{X})^2}\right]^2\mathrm{Var}(Y_i)$$

$$=\frac{\sigma^2}{\sum_{i=1}^{n}(X_i-\overline{X})^2}. \tag{10-11}$$

方差的大小表示随机变量取值波动的大小，式(10-11)表明，回归系数 b 的波动大小不仅与误差的方差 σ^2 有关，而且还取决于观察数据中自变量 X 的波动程度：如果 X 值波动较大(即取值比较分散)，则 b 的波动就较小，即估计值将比较精确；反之，若原始数据 X 是在一个较小的范围内取得的，则 β 的估计值稳定性较差，当然也就不精确. 这对于如何安排试验、收集数据具有一定的指导意义.

类似地，可以求得 α 的估计量 a 的方差.

由于 $$a=\overline{Y}-b\overline{X}$$

$$=\sum_{i=1}^{n}\left[\frac{1}{n}-\frac{\overline{X}(X_i-\overline{X})}{\sum_{j=1}^{n}(X_j-\overline{X})^2}\right]Y_i,$$

则

$$\mathrm{Var}(a)=\sum_{i=1}^{n}\left[\frac{1}{n}-\frac{\overline{X}(X_i-\overline{X})}{\sum_{j=1}^{n}(X_j-\overline{X})^2}\right]^2\mathrm{Var}(Y_i)$$

$$=\left[\frac{1}{n}+\frac{\overline{X}^2}{\sum_{i=1}^{n}(X_i-\overline{X})^2}\right]\sigma^2. \tag{10-12}$$

由此可知，回归系数 a 的方差不仅与 σ^2 和 X 的波动大小有关，而且还同观察数据的个数 n 有关：数据越多，且 X 的观察值越分散，估计量 a 就越精确.

10.1.4 回归方程的显著性检验

回归方程(10-2)是否基本符合变量 Y 与 X 之间的客观规律呢？自变量 X 根据此回归方程来预测因变量 Y,其效果又如何？这需要对变量 Y 与 X 之间是否为线性关系进行统计检验,这里只介绍利用 F 统计量来进行显著性检验.

观察值 $Y_1, Y_2, \cdots, Y_n$ 之间的偏差是由两方面的原因引起的:一是自变量 X 取值不同,二是其他因素(包括试验误差)的影响.为了检验这两个方面的影响哪一个是主要的,首先必须把它们各自引起的偏差从 Y 的总偏差中分解出来.

Y 的多个观察值之间的偏差,可用观察值 Y_i 与其算术平均值 $\overline{Y}$ 的偏差平方和来表示,称为总偏差平方和,记为

$$S_{总} = \sum_{i=1}^{n}(Y_i - \overline{Y})^2 = L_{YY}. \tag{10-13}$$

这是因为

$$\begin{aligned} S_{总} &= \sum_{i=1}^{n}(Y_i - \overline{Y})^2 \\ &= \sum_{i=1}^{n}[(Y_i - \hat{Y}_i) + (\hat{Y}_i - \overline{Y})]^2 \\ &= \sum_{i=1}^{n}(Y_i - \hat{Y}_i)^2 + \sum_{i=1}^{n}(\hat{Y}_i - \overline{Y})^2 + 2\sum_{i=1}^{n}(Y_i - \hat{Y}_i)(\hat{Y}_i - \overline{Y}). \end{aligned}$$

式中,$\sum_{i=1}^{n}(\hat{Y}_i - \overline{Y})^2$ 称为回归平方和,记为 $S_{回}$,它是由自变量 X 的变化而引起的,其大小(在与误差相比的意义下)反映了自变量 X 的重要程度.

$\sum_{i=1}^{n}(Y_i - \hat{Y}_i)^2$ 称为残差(或误差)平方和,记为 $S_{残}$,它是由试验误差及其他未加控制的因素引起的,其大小反映了试验误差及其他因素对试验结果的影响.

上式中最后一项为零,这是因为

$$\begin{aligned} &\sum_{i=1}^{n}(Y_i - \hat{Y}_i)(\hat{Y}_i - \overline{Y}) \\ &= \sum_{i=1}^{n}(Y_i - a - bX_i)(a + bX_i - \overline{Y}) \\ &= \sum_{i=1}^{n}(Y_i - \overline{Y} + b\overline{X} - bX_i)(\overline{Y} - b\overline{X} + bX_i - \overline{Y}) \\ &= \sum_{i=1}^{n}[(Y_i - \overline{Y})b(X_i - \overline{X}) - b^2(X_i - \overline{X})^2] \\ &= b(L_{XY} - bL_{XX}) \\ &= b\left(L_{XY} - \frac{L_{XY}}{L_{XX}}L_{XX}\right) \\ &= 0. \end{aligned}$$

于是有 $$S_{总}=S_{回}+S_{残}. \tag{10-14}$$

如果 Y 与 X 之间无线性关系，那么式(10-1)中一次项系数 $\beta=0$；反之，$\beta\neq0$. 因此检验两个变量之间是否有线性关系，归根结底就是要检验假设

$$H_0:\beta=0,$$
$$H_1:\beta\neq0.$$

而这一问题可以通过比较 $S_{回}$ 与 $S_{残}$ 来实现.

利用方差分析的理论，可知

$$\frac{S_{总}}{\sigma^2}\sim\chi^2(n-1),\ \frac{S_{残}}{\sigma^2}\sim\chi^2(n-2).$$

在 H_0 成立的条件下，$\frac{S_{回}}{\sigma^2}\sim\chi^2(1)$，且 $S_{回}$ 与 $S_{残}$ 相互独立(证明略). 于是在 H_0 成立的条件下，统计量

$$F=\frac{S_{回}/1}{S_{残}/(n-2)}\sim F(1,n-2). \tag{10-15}$$

此时在给定的显著性水平 α(α 一般取 0.05 或 0.01)下，若 $F<F_{0.05}(1,n-2)$，则称 X 与 Y 没有明显的线性关系；若 $F_{0.05}(1,n-2)<F<F_{0.01}(1,n-2)$，则称 X 与 Y 有显著的线性关系；若 $F>F_{0.01}(1,n-2)$，则称 X 与 Y 有极显著的线性关系.

具体检验可在方差分析表上进行，方差分析表的形式如表 10-3 所示.

表 10-3　回归模型的方差分析表

方差来源	平方和	自由度	均　方	F 值	显著性
回归	$S_{回}$	1	$\bar{S}_{回}=S_{回}$		
残差	$S_{残}$	$n-2$	$\bar{S}_{残}=S_{残}/(n-2)$	$F=\frac{\bar{S}_{回}}{\bar{S}_{残}}$	
总和	$S_{总}$	$n-1$			

当 X 与 Y 有显著的线性关系时，在表 10-3 的“显著性”栏中标以“ * ”；当 X 与 Y 有极显著的线性关系时，标以“ ** ”.

回归平方和与残差平方和可用更简单的公式来计算，事实上有

$$\begin{aligned}S_{回}&=\sum_{i=1}^{n}(\hat{Y}_i-\bar{Y})^2\\&=\sum_{i=1}^{n}(a+bX_i-a-b\bar{X})^2\\&=b^2\sum_{i=1}^{n}(X_i-\bar{X})^2\\&=b^2L_{XX}\\&=bL_{XY}.\end{aligned} \tag{10-16}$$

因此有 $$S_{残}=L_{YY}-bL_{XY}. \tag{10-17}$$

因此，对回归方程作显著性检验时，完全可以利用回归系数来计算.

现在对例 10.1 中 X 与 Y 的线性相关关系进行 F 检验：

$$S_{回}=bL_{XY}=0.29\times 144.45=41.80,$$

$$S_{残}=L_{YY}-bL_{XY}=55.35-41.80=13.55.$$

将以上结果按表 10-3 的格式列成表 10-4.

表 10-4　方差分析表

方差来源	平方和	自由度	均 方	F 值	显著性
回归	41.80	1	41.80	9.25	
残差	13.55	3	4.52		
总和	55.35	4			

由于 $F=9.25<F_{0.05}(1,3)=10.13$，故 X 与 Y 之间没有明显的线性关系.

10.1.5　利用回归方程进行预测和控制

建立回归方程的重要目的是为了用来预测和控制. 这里先讨论预测问题.

对于任一给定的 X_0，由回归方程可得回归值为

$$\hat{Y}_0=a+bX_0,$$

其中，$\hat{Y}_0$ 是 $Y_0=\alpha+\beta X_0+\varepsilon_0$ 位于 X_0 处的一个估计值.

对于预测问题，除了预测值外，还希望明确预测的精度，这类似于前面介绍的区间估计问题，即在一定的显著性水平 α 下寻找一个正数 δ，使实际观察值 Y_0 以 $1-\alpha$的概率被区间$(\hat{Y}_0-\delta,\hat{Y}_0+\delta)$所包含，即 $P(|Y_0-\hat{Y}_0|<\delta)=1-\alpha$. 区间$(\hat{Y}_0-\delta,\hat{Y}_0+\delta)$称为预测区间.

为了寻找 $\delta(\delta>0)$并得到预测区间，就需要求出 $Y_0-\hat{Y}_0$ 的分布. 由于 Y_0 与 $\hat{Y}_0$ 都服从正态分布，故 $Y_0-\hat{Y}_0$ 也服从正态分布. 当在 X_0 附近取值，样本容量 n 又较大时，有 $E(Y_0-\hat{Y}_0)=0$，$D(Y_0-\overline{Y}_0)\approx\sigma^2$. 其中 σ^2 是未知的，但可以证明 $\hat{\sigma}^2=\frac{S_{残}}{n-2}$是 σ^2 的无偏估计，故可用 $\hat{\sigma}^2$ 代 σ^2，于是可以近似地认为 $Y_0-\hat{Y}_0$ 服从正态分布$N(0,\hat{\sigma}^2)$，即

$$Y-\hat{Y}_0\sim N(0,\hat{\sigma}^2).$$

由正态分布性质知

$$\begin{aligned}&P(\hat{Y}_0-2\hat{\sigma}<Y_0<\hat{Y}_0+2\hat{\sigma})=95\%,\\&P(\hat{Y}_0-3\hat{\sigma}<Y_0<\hat{Y}_0+3\hat{\sigma})=99\%,\end{aligned}\tag{10-18}$$

因此在实际中可用式(10-18)来近似进行预测和控制. 显然，$\hat{\sigma}$ 的值越小，由回归方程预测 Y_0 的值就越精确. 故通常用 $\hat{\sigma}$ 的大小来衡量预测的精度，$\hat{\sigma}$ 是一个重要的变量.

在 xOy 平面上，作两条平行于回归直线的直线：

$$Y=a-2\hat{\sigma}+bX,$$

$$Y=a+2\hat{\sigma}+bX,$$

则可预测在 $\overline{X}$ 附近的一系列的观察值中，有 95%将落在这两条直线所构成的带形区域内. 如果要控制 Y 在 $Y_1<Y<Y_2$ 内，也只要通过方程

$$Y_1=a-2\hat{\sigma}+bX_1,$$

$$Y_2=a+2\hat{\sigma}+bX_2$$

分别解出 X_1 和 X_2，从而确定 X 值的控制范围即可.

例 10.2 某厂生产白水泥，每窑生产出的水泥需测出其抗压强度，以确定水泥标号. 一般以水泥出窑后做成试块养护 28 天所测得的数据为准，但水泥不可能堆放 28 天才出厂，所以考虑用 7 天的抗压强度 X 来预测 28 天的抗压强度 Y. 统计 26 窑的测试结果如表 10-5 所示，现建立预测方程.

因为 $$\overline{X}=24.177,\ \overline{Y}=30.323,$$

经计算得 $$L_{XX}=41.566,\ L_{YY}=65.686,\ L_{XY}=37.31,$$

从而得 $$b=0.898,\ a=8.612,$$

回归方程为 $$\hat{Y}=8.612+0.898X.$$

表 10-5 各窑水泥的测试结果

编号	X	Y	编号	X	Y
1	22.0	27.1	14	28.5	33.0
2	23.7	29.7	15	23.7	32.5
3	23.4	29.8	16	24.9	30.9
4	23.5	30.1	17	23.6	29.5
5	25.0	29.2	18	25.8	33.7
6	23.0	28.7	19	24.2	29.6
7	22.0	28.1	20	24.2	31.7
8	23.9	30.4	21	23.2	29.8
9	23.8	30.4	22	23.2	29.5
10	24.2	28.3	23	25.9	33.5
11	24.0	30.3	24	23.6	30.2
12	24.1	30.1	25	24.4	32.2
13	25.5	30.3	26	24.3	29.8

作方差分析，如表 10-6 所示.

$$S_{回}=bL_{XY}=0.898\times37.31=33.504,$$
$$S_{残}=L_{YY}-S_{回}=65.686-33.504=32.182.$$

表 10-6 方差分析表

方差来源	平方和	自由度	均 方	F 值	显著性
回归	33.504	1	33.504	24.984	**
残差	32.182	24	1.341		
总和	65.686	25			

查 F 分布表得 $F_{0.01}(1,24)=7.82<24.984$，可见回归方程高度显著. 由于 $\alpha=0.05$，$\hat{\sigma}=\sqrt{\frac{S_{残}}{n-2}}=\sqrt{\frac{32.182}{24}}=1.158$，则当 $X=X_0$ 时，Y 的预测区间为 $[\hat{Y}_0-2\hat{\sigma},\hat{Y}_0+2\hat{\sigma}]$，其中 $\hat{Y}_0=8.612+0.898X_0$.

如果 $X_0=26$，则有

$$\hat{Y}_0=8.612+0.898\times26=31.96,$$

故 Y 的预测区间为 $[29.644,\ 34.276]$.

它解决了利用水泥出窑 7 天的抗压强度预测 28 天的抗压强度的问题.

10.1.6 回归诊断

回归方程的可靠性依赖于回归模型的假设条件，实际数据是否满足假设条件可以通过对误差进行诊断来判断. 因此，对回归分析的误差进行诊断(简称回归诊断)是回归分析过程不可缺少的步骤. 对于一元线性回归分析的回归诊断数据要求满足以下的假设条件：

(1) 自变量 X 没有度量误差，观察值互相独立，且与因变量 Y 线性相关；

(2) 因变量 Y 是服从标准差为常数 σ 的正态分布的随机变量；

(3) 随机误差 ε 相互独立，服从均值为 0、标准差为常数 σ 的正态分布，且与自变量 X 不相关.

回归诊断的内容可参阅有关专著.

10.2 多元线性回归

在许多实际问题中，因变量 Y 可能与多个变量 $X_1,X_2,\cdots,X_p$ 有关，本节将讨论多元回归问题. 多元回归中最简单的是多元线性回归，许多非线性回归和多项式回归都可化为多元线性回归问题来研究，因而多元线性回归有着广泛的应用.

研究多元线性回归的方法、思想与一元线性回归基本相同，只是涉及更复杂的计算和更细致的分析.

10.2.1 多元线性回归的数学模型

假如变量 Y 与 p 个变量 $X_1, X_2, \cdots, X_p$ 的内在联系是线性的,其第 i 次试验数据为

$$(Y_i; X_{i1}, X_{i2}, \cdots, X_{ip}),\ i=1,2,\cdots,n, \tag{10-19}$$

那么这一组数据可写成以下的结构式:

$$Y_i = \beta_0 + \beta_1 X_{i1} + \beta_2 X_{i2} + \cdots + \beta_p X_{ip} + \varepsilon_i,$$

或

$$\begin{cases} Y_1 = \beta_0 + \beta_1 X_{11} + \beta_2 X_{12} + \cdots + \beta_p X_{1p} + \varepsilon_1, \\ Y_2 = \beta_0 + \beta_1 X_{21} + \beta_2 X_{22} + \cdots + \beta_p X_{2p} + \varepsilon_2, \\ \qquad\vdots \\ Y_n = \beta_0 + \beta_1 X_{n1} + \beta_2 X_{n2} + \cdots + \beta_p X_{np} + \varepsilon_n, \end{cases} \tag{10-20}$$

其中,$\beta_0, \beta_1, \cdots, \beta_p$ 是 $p+1$ 个待估计参数;$X_1, X_2, \cdots, X_p$ 是 p 个可以精确测量或可控制的一般变量;$\varepsilon_1, \varepsilon_2, \cdots, \varepsilon_n$ 是 n 个相互独立且服从同一分布 $N(0, \sigma^2)$ 的随机变量. 这就是多元线性回归的数学模型.

现借助矩阵来研究多元线性回归.

令

$$\boldsymbol{Y} = \begin{pmatrix} Y_1 \\ Y_2 \\ \vdots \\ Y_n \end{pmatrix},\ \boldsymbol{X} = \begin{pmatrix} 1 & X_{11} & X_{12} & \cdots & X_{1p} \\ 1 & X_{21} & X_{22} & \cdots & X_{2p} \\ \vdots & \vdots & \vdots & \cdots & \vdots \\ 1 & X_{n1} & X_{n2} & \cdots & X_{np} \end{pmatrix},$$

$$\boldsymbol{\beta} = \begin{pmatrix} \beta_0 \\ \beta_1 \\ \vdots \\ \beta_p \end{pmatrix},\quad \boldsymbol{\varepsilon} = \begin{pmatrix} \varepsilon_0 \\ \varepsilon_1 \\ \vdots \\ \varepsilon_n \end{pmatrix},$$

那么多元线性回归的数学模型(10-20)可以写成矩阵形式

$$\boldsymbol{Y} = \boldsymbol{X\beta} + \boldsymbol{\varepsilon}. \tag{10-21}$$

$n \times (p+1)$ 矩阵 $\boldsymbol{X}$ 称为回归设计矩阵或资料矩阵,$\boldsymbol{X}$ 的元素是可以自由选取的,一般选取 X_{ij} 使得 $\boldsymbol{X}$ 满秩,即 $R(\boldsymbol{X}) = p+1$.

10.2.2 参数 $\boldsymbol{\beta}$ 的最小二乘估计

为了估计参数 β,这里仍采用最小二乘法. 设 $b_0, b_1, \cdots, b_p$ 分别是参数 β_0, $\beta_1, \cdots, \beta_p$ 的最小二乘法估计,则回归方程为

$$\hat{\boldsymbol{Y}} = b_0 + b_1 \boldsymbol{X}_1 + b_2 \boldsymbol{X}_2 + \cdots + b_p \boldsymbol{X}_p. \tag{10-22}$$

由最小二乘法可知,$b_0, b_1, \cdots, b_p$ 应使得现实值 Y_i 与回归值 $\hat{Y}_i$ 的偏差平方和 Q 达到最小,即

$$Q=\sum_{i=1}^{n}(Y_i-\hat{Y}_i)^2=\sum_{i=1}^{n}(Y_i-b_0-b_1X_{i1}-b_2X_{i2}-\cdots-b_pX_{ip})^2=Q_{\min}.$$

对于给定的数据(10-19)，Q 是 $b_0,b_1,\cdots,b_p$ 的非负二次式，所以其最小值一定存在. 根据微分学中求多元函数极值的方法，$b_0,b_1,\cdots,b_p$ 应是下列方程组的解：

$$\begin{cases}\dfrac{\partial Q}{\partial b_0}=-2\displaystyle\sum_{i=1}^{n}(Y_i-b_0-b_1X_{i1}-\cdots-b_pX_{ip})=0,\\ \dfrac{\partial Q}{\partial b_j}=-2\displaystyle\sum_{i=1}^{n}(Y_i-b_0-b_1X_{i1}-\cdots-b_pX_{ip})X_{ij}=0,\ j=1,2,\cdots,p.\end{cases}\tag{10-23}$$

化简式(10-23)得

$$\begin{cases}b_0n+b_1\displaystyle\sum_{i=1}^{r}X_{i1}+b_2\sum_{i=1}^{n}X_{i2}+\cdots+b_p\sum_{i=1}^{n}X_{ip}=\sum_{i=1}^{n}Y_i,\\ b_0\displaystyle\sum_{i=1}^{n}X_{i1}+b_1\sum_{i=1}^{n}X_{i1}^2+b_2\sum_{i=1}^{n}X_{i1}X_{i2}+\cdots+b_p\sum_{i=1}^{n}X_{i1}X_{ip}=\sum_{i=1}^{n}X_{i1}Y_i,\\ \qquad\vdots\\ b_0\displaystyle\sum_{i=1}^{n}X_{ip}+b_1\sum_{i=1}^{n}X_{ip}X_{i1}+b_2\sum_{i=1}^{n}X_{ip}X_{i2}+\cdots+b_p\sum_{i=1}^{n}X_{ip}^2=\sum_{i=1}^{n}X_{ip}Y_i.\end{cases}\tag{10-24}$$

式(10-24)称为正规方程组.

显然，式(10-24)的系数矩阵是对称矩阵，若用 $\boldsymbol{A}$ 来表示，则 $\boldsymbol{A}=\boldsymbol{X}'\boldsymbol{X}$. 具体证明过程如下：

$$\boldsymbol{A}=\begin{pmatrix}n & \sum_{i=1}^{n}X_{i1} & \sum_{i=1}^{n}X_{i2} & \cdots & \sum_{i=1}^{n}X_{ip}\\ \sum_{i=1}^{n}X_{i1} & \sum_{i=1}^{n}X_{i1}^2 & \sum_{i=1}^{n}X_{i1}X_{i2} & \cdots & \sum_{i=1}^{n}X_{i1}X_{ip}\\ \vdots & \vdots & \vdots & & \vdots\\ \sum_{i=1}^{n}X_{ip} & \sum_{i=1}^{n}X_{ip}X_{i1} & \sum_{i=1}^{n}X_{ip}X_{i2} & \cdots & \sum_{i=1}^{n}X_{ip}^2\end{pmatrix}$$

$$=\begin{pmatrix}1 & 1 & \cdots & 1\\ X_{11} & X_{21} & \cdots & X_{n1}\\ \vdots & \vdots & & \vdots\\ X_{1p} & X_{2p} & \cdots & X_{np}\end{pmatrix}\begin{pmatrix}1 & X_{11} & X_{12} & \cdots & X_{1p}\\ 1 & X_{21} & X_{22} & \cdots & X_{2p}\\ \vdots & \vdots & \vdots & & \vdots\\ 1 & X_{n1} & X_{n2} & \cdots & X_{np}\end{pmatrix}$$

$$=\boldsymbol{X}'\boldsymbol{X}.$$

正规方程组(10-24)右端常数项矩阵 $\boldsymbol{B}$ 亦可用矩阵 $\boldsymbol{X}$ 和 $\boldsymbol{Y}$ 表示：

$$\boldsymbol{B}=\begin{pmatrix}\sum_{i=1}^{n}Y_i\\ \sum_{i=1}^{n}X_{i1}Y_i\\ \vdots\\ \sum_{i=1}^{n}X_{ip}Y_i\end{pmatrix}=\begin{pmatrix}1 & 1 & \cdots & 1\\ X_{11} & X_{21} & \cdots & X_{n1}\\ \vdots & \vdots & & \vdots\\ X_{1p} & X_{2p} & \cdots & X_{np}\end{pmatrix}\begin{pmatrix}Y_1\\ Y_2\\ \vdots\\ Y_p\end{pmatrix}=\boldsymbol{X}'\boldsymbol{Y}.$$

于是正规方程组(10-24)的矩阵形式为

$$(\boldsymbol{X}'\boldsymbol{X})\boldsymbol{b}=\boldsymbol{X}'\boldsymbol{Y}, \tag{10-25}$$

或

$$\boldsymbol{A}\boldsymbol{b}=\boldsymbol{B}, \tag{10-26}$$

其中

$$\boldsymbol{b}=(b_0,b_1,b_2,\cdots,b_p)'.$$

在系数矩阵 $\boldsymbol{A}$ 满秩的条件下(该条件在一般情况下是容易满足的),$\boldsymbol{A}$ 的逆矩阵 $\boldsymbol{A}^{-1}$ 存在,故有

$$\boldsymbol{b}=\boldsymbol{A}^{-1}\boldsymbol{B}=(\boldsymbol{X}'\boldsymbol{X})^{-1}\boldsymbol{X}'\boldsymbol{Y}. \tag{10-27}$$

方程(10-27)就是模型(10-20)中参数的最小二乘估计,亦称为回归方程(10-22)的回归系数.

例 10.3 某种产品每件平均价格 Y(元)与批量 X(件)之间的关系如下:

X	20	25	30	35	40	50	60	65	70	75	80	90
Y	1.81	1.70	1.65	1.55	1.48	1.40	1.30	1.26	1.24	1.21	1.20	1.18

根据上述数据,画出如图 10-2 所示的散点图.

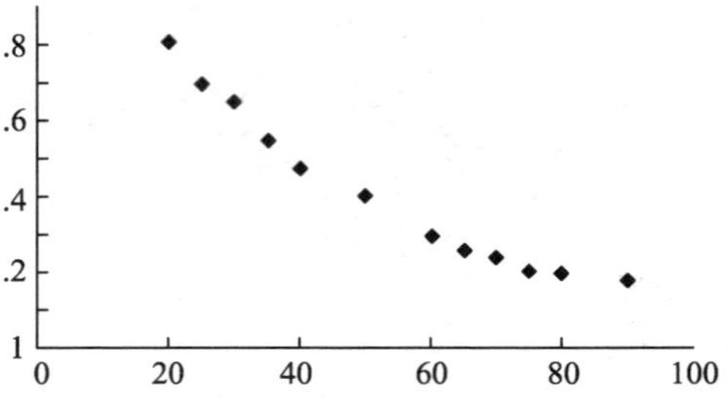

图 10-2 平均价格与批量的散点图

这里选取模型

$$\boldsymbol{Y}=\beta_0+\beta_1\boldsymbol{X}+\beta_2\boldsymbol{X}^2+\varepsilon,\ \varepsilon\sim N(0,\sigma^2) \tag{10-28}$$

进行拟合,现在求回归方程.

令 $\boldsymbol{X}_1=\boldsymbol{X},\boldsymbol{X}_2=\boldsymbol{X}^2$,则式(10-28)可写成

$$\boldsymbol{Y}=\beta_0+\beta_1\boldsymbol{X}_1+\beta_2\boldsymbol{X}_2+\varepsilon,\ \varepsilon\sim N(0,\sigma^2)$$

这是一个二元线性回归模型,经计算有

$$\boldsymbol{X}=\begin{pmatrix}1 & 20 & 400\\1 & 25 & 625\\1 & 30 & 900\\1 & 35 & 1\,225\\1 & 40 & 1\,600\\1 & 50 & 2\,500\\1 & 60 & 3\,600\\1 & 65 & 4\,225\\1 & 70 & 4\,900\\1 & 75 & 5\,625\\1 & 80 & 6\,400\\1 & 90 & 8\,100\end{pmatrix},\quad \boldsymbol{Y}=\begin{pmatrix}1.81\\1.70\\1.65\\1.55\\1.48\\1.40\\1.30\\1.26\\1.24\\1.21\\1.20\\1.18\end{pmatrix},$$

$$\boldsymbol{X}'\boldsymbol{X}=\begin{pmatrix}12 & 640 & 40\,100\\640 & 40\,100 & 2\,779\,000\\40\,100 & 2\,779\,000 & 204\,702\,500\end{pmatrix},$$

$$(\boldsymbol{X}'\boldsymbol{X})^{-1}=\begin{pmatrix}4.857\,292\,5\times10^{11} & -1.957\,17\times10^{10} & 170\,550\,000\\-1.957\,17\times10^{10} & 8\,484\,420\,000 & -7\,684\,000\\170\,550\,000 & -7\,684\,000 & 71\,600\end{pmatrix}\times\frac{1}{1.419\,18\times10^{11}},$$

可得正规方程组的解为

$$\boldsymbol{b}=\begin{pmatrix}b_0\\b_1\\b_2\end{pmatrix}=(\boldsymbol{X}'\boldsymbol{X})^{-1}\boldsymbol{X}'\boldsymbol{Y}=(\boldsymbol{X}'\boldsymbol{X})^{-1}\begin{pmatrix}16.98\\851.3\\51\,162\end{pmatrix}=\begin{pmatrix}2.198\,266\,29\\-0.022\,522\,36\\0.000\,125\,07\end{pmatrix},$$

于是根据式(10-28)得到回归方程为

$$\hat{\boldsymbol{Y}}=2.198\,266\,29-0.022\,522\,36\boldsymbol{X}+0.000\,125\,07\boldsymbol{X}^2.$$

从本例的计算可知，尽管它是二元线性回归，但其计算量要比一元线性回归大得多，最繁杂的计算是求$(\boldsymbol{X}'\boldsymbol{X})^{-1}$.如果自变量较多，计算工作量将很大，这就需要借助计算机计算.

例 10.4 已知

$$
\boldsymbol{X}=\begin{pmatrix}
1 & 1 & -1 & 1 & -1 & 1 \\
1 & 1 & -1 & 1 & -1 & 1 \\
1 & -2 & 0 & -2 & 0 & 1 \\
1 & -2 & 0 & -2 & 0 & 1 \\
1 & 1 & 1 & 1 & 1 & 1 \\
1 & 1 & 1 & 1 & 1 & 1 \\
1 & 1 & -1 & -1 & 1 & -1 \\
1 & 1 & -1 & -1 & 1 & -1 \\
1 & -2 & 0 & 2 & 0 & -1 \\
1 & -2 & 0 & 2 & 0 & -1 \\
1 & 1 & 1 & -1 & -1 & -1 \\
1 & 1 & 1 & -1 & -1 & -1
\end{pmatrix},\quad
\boldsymbol{Y}=\begin{pmatrix}
16 \\ 18 \\ 24 \\ 26 \\ 15 \\ 12 \\ 10 \\ 11 \\ 18 \\ 11 \\ 7 \\ 6
\end{pmatrix},
$$

试求最小二乘估计 $\boldsymbol{b}$.

解 容易求得

$$
\boldsymbol{X}'\boldsymbol{X}=\begin{pmatrix}
12 & & & & & \\
 & 24 & & & & \\
 & & 8 & & & \\
 & & & 24 & & \\
 & & & & 8 & \\
 & & & & & 12
\end{pmatrix},
$$

$$
(\boldsymbol{X}'\boldsymbol{X})^{-1}=\begin{pmatrix}
1/12 & & & & & \\
 & 1/24 & & & & \\
 & & 1/8 & & & \\
 & & & 1/24 & & \\
 & & & & 1/8 & \\
 & & & & & 1/12
\end{pmatrix},
$$

$$
\boldsymbol{X}'\boldsymbol{Y}=(174,-63,-15,-15,1,48)',
$$

于是得

$$
\boldsymbol{b}=(\boldsymbol{X}'\boldsymbol{X})^{-1}\boldsymbol{X}'\boldsymbol{Y}=(14.500,-2.625,-1.875,-0.625,-0.125,4.000)',
$$

所以回归方程为

$$
\hat{\boldsymbol{Y}}=14.500-2.625\boldsymbol{X}_1-1.875\boldsymbol{X}_2-0.625\boldsymbol{X}_3+0.125\boldsymbol{X}_4+4.000\boldsymbol{X}_5.
$$

这里 $\boldsymbol{X}'\boldsymbol{X}$ 是对角阵. $\boldsymbol{X}'\boldsymbol{X}$ 之所以成为对角阵,是由于 $\boldsymbol{X}$ 的列向量相互正交,这就启发人们能否在观察数据时有意识地使 $\boldsymbol{X}$ 的列向量相互正交. 如果观察的自变量是可以控制的(如温度、压力、浓度等),则可有意识地设计 $\boldsymbol{X}$ 的列向量相互正交,例如用正交试验设计安排的试验都具有这一特点.

像一元线性回归一样，模型(10-20)往往是一种假定. 为了考察这一假定是否符合实际观察结果，还需检验以下假设：

$$H_0:\beta_1=\beta_2=\cdots=\beta_p=0,$$

$$H_1:\beta_j\ 不全为\ 0, j=1,2,\cdots,p.$$

若在显著性水平 α 下拒绝 H_0，就认为回归方程是显著的.

与一元线性回归不同的是，多元回归模型并不满足于线性回归方程是显著的这一结论. 因为回归方程显著并不意味着 $X_1,X_2,\cdots,X_p$ 对因变量 Y 的影响都重要，因此，应该从回归方程中剔除那些次要的、可有可无的变量，重新建立更为简单的线性回归方程，以利于更好地对 Y 进行预测和控制. 这就需要检验以下假设：

$$H_0:\beta_j=0,$$

$$H_1:\beta_j\neq0, j=1,2,\cdots,p.$$

若在显著性水平 α 下拒绝 H_0，就认为 X_j 对 Y 有显著影响，从而保留那些对 Y 有显著影响的变量，剔除影响很小的变量，使最后得到的回归方程达到最优.

上述关于多元线性回归方程、回归系数的假设检验的内容可参阅有关专著.

习题 10

1. 随机抽取 12 个城市居民家庭关于收入与食品支出的样本，数据如表 10-7 所示. 试画出散点图并求食品支出与收入间的线性回归方程.

表 10-7　城市居民家庭收入与食品支出的数据

家庭日收入 X_i/元	82	93	130	144	150	160	180	200	270	300	400
每日食品支出 Y_i/元	75	85	105	120	120	130	145	156	200	200	240

2. 在碳含量对于电阻的效率研究中，得出一批数据如表 10-8 所示. 试求 Y 对 X 的线性回归方程.

表 10-8　电阻效率研究数据

碳含量 X	0.10	0.30	0.40	0.55	0.70	0.80	0.95
电阻 $Y/\mu\Omega$(20℃)	15.00	18.00	19.00	21.00	22.60	23.80	26.00

3. 退火温度 X(℃)对黄铜延性 Y 效应的试验结果如表 10-9 所示. Y 是以延长度计算的，并设 Y 服从正态分布. 求 Y 对 X 的线性回归方程.

表 10-9　退火温度对黄铜延性效应试验数据

X/℃	300	400	500	600	700	800
Y/%	40	50	55	60	67	70

4. 人们都有这样的经验，即个子高的人一般腿也较长. 现对 16 名成年女子测得各项数据如表 10-10 所示. 求出身高 X 和下体长 Y 之间的线性回归方程，并对回归方程作显著性检验.

表 10-10　身高与下体长试验数据

X/cm	143	145	146	147	149	150	153	154	155	156	157	158	159	160
Y/cm	88	85	88	91	92	93	93	95	96	98	97	96	98	99

5. 某病虫测报站为了能较准确地预报第三代棉铃虫的产卵期，以便能适时采取杀虫措施，保证棉花丰收，共统计了近 9 年的当地 6 月份平均气温和 7 月份卵见期数据，如表 10-11 所示.

(1) 画出散点图；

(2) 求 Y 关于 X 的线性回归方程；

(3) 对回归方程作显著性检验；

(4) 求 $X=23.0$ 时，Y 的置信度为 0.95 的预测区间.

表 10-11　6 月份平均气温与 7 月份卵见期数据

年序	6 月份平均气温 X/℃	7 月份卵见期 Y/d
1	23.9	20
2	24.6	14
3	24.1	18
4	22.7	27
5	22.3	26
6	23.1	18
7	22.9	24
8	23.5	16
9	22.9	24

6. 为了估计山上积雪融化后对下游灌溉的影响，在山上建立了一个观察站，测量了最大积雪深度 X 与当年灌溉面积 Y，得到连续 10 年的数据如表 10-12 所示.

(1) 画出散点图；

(2) 求 Y 关于 X 的线性回归方程；

(3) 对回归方程作出显著性检验；

(4) 求 $X=27.5$ 时，Y 的置信度为 0.95 的预测区间.

表 10-12　最大积雪深度与当年灌溉面积的数据

年序	最大积雪深度 X/尺	灌溉面积 Y/千亩
1	15.2	28.6
2	10.4	19.3

续表

年序	最大积雪深度 X/尺	灌溉面积 Y/千亩
3	21.2	40.5
4	18.6	35.6
5	26.4	48.9
6	23.4	45.0
7	13.5	29.2
8	16.7	34.1
9	24.0	46.7
10	19.1	37.4

11 随机过程的基本知识

概率论研究的是能用一个或多个随机变量来描述的随机现象，但现实的随机现象是极其复杂的，往往需要无数多个(一族)随机变量按照某种特定的关系联系起来，才能完整地描述其统计特性，在此要求下诞生了随机过程理论. 可以认为，概率论是研究相对时间不变的"静止"的随机现象，而随机过程是研究相对时间变化的"运动"的随机现象，因此更有实际意义. 本章主要介绍随机过程的定义、有限维分布函数、数字特征及两类重要的随机过程——泊松过程和维纳过程.

11.1 随机过程的概念和来源

11.1.1 随机过程的基本概念

概率论中讨论的随机现象基本上可由一个或有限多个随机变量来描述. 大数定律中涉及无穷多个随机变量，但它们之间是相互独立的. 近年来，进一步发展的极限定理已进入任意随机变量序列的研究领域. 在许多实际问题中，人们不仅需要对随机现象作一次观察，而且要多次甚至接连不断地观察它的演变过程. 任何一个状态不确定的物理过程都对应着随机试验样本空间 Ω 上的一族随机变量 $X=X_t(t\in T)$. 随机过程理论的诞生和发展，就是为适应这一客观需要而产生的.

随机过程的应用实例

随机过程的研究对象是随时间演变的随机现象. 由于很多动态系统的随机现象仅用一个或有限个随机变量来描述是不够的，因此就需要用一族无穷多个随机变量来描述.

热噪声 考虑电子网络中的某一电子元件，元件中自由电子的随机运动导致电子元件两端的电压 $X(t)$ 产生随机的起伏，这个随机起伏的电压就叫热噪声. 热噪声电压 $X(t)$ 就是一族随时间变化的随机变量，即是一个随机过程.

随机信号 通讯系统的输入信号 $X(t)$、输出信号 $Y(t)$、随机噪声干扰信号 $W(t)$ 都是随时间变化的一族随机变量，都是随机过程.

随机振动 拖拉机在田间试验中所发生的振动，机床加工过程中刀具的震颤都是随机过程.

排队系统 在随机服务系统中，时刻 t 到达服务台的顾客数和队长 $N(t)$ 是一个随机过程，时刻 t 来到的顾客等待服务的时间 $W(t)$ 也是一个随机过程，且前一个过程是状态离散的，后一个过程是状态连续的.

生物群体 一个生物群体的大小和组成通常是有波动的，时刻 t 时的群体大小 $X(t)$ 是一个随机过程.

天气预报中的气温、水文预报中的水位、股市的 K 线图、地震预报中的信号波等都是随机过程.

随机过程的定义

定义 11.1 由固定参数集 T 中的一个参数 t 得到一个随机变量，当 t 在 T 中变化时，得到一族随机变量，称为随机过程，记为 $X(t)$.

定义 11.2 在某次试验 $(\omega\in\Omega)$ 中测量随参数 t 演变的随机现象，得到一条关于参数 t 的函数曲线，称为样本函数曲线. 不同的试验得到不同的样本曲线，样本曲线全体的集合确定一个随机过程，记为 $X(\omega, t)$，它是 t 和 ω 的二元函数.

定义 11.3 设给定样本空间 Ω 和参数集 $T\subset(-\infty,+\infty)$，如果对每一个固定的 $t\in T$，总有定义在 Ω 上的随机变量 $X_t(\omega)$ $(\omega\in\Omega)$ 与之对应，令 t 在 T 中变动，则得到依赖于 t 的一族随机变量 $\{X(\omega,t), t\in T\}$，它称为随机过程，也可记为 $\{X(t), t\in T\}$，或简记为 $X(\omega,t)$，$X(t)$.

定义 11.1 适用于理论研究；定义 11.2 适用于实验统计研究；定义 11.3 为定义 11.1 和定义 11.2 的合并描述.

随机过程与随机变量 样本函数 试验结果之间的关系

(1) 随机过程与随机变量的关系.

当参数 t 取确定值时，随机过程即为一个随机变量，而当参数 t 在 T 中变动时，随机过程则为依赖于 t 的一族随机变量.

一般情况下，参数 t 为时间，但参数 t 也不局限于时间概念，例如某家族成员的身高为随机过程，这里参数为"代". 当"代"取确定值时，则得某一代家庭成员的身高，它为一个随机变量. 参数也可以取方位(三维坐标)，例如地下金矿的分布量亦为一随机过程，称为随机场.

(2) 随机过程与样本函数的关系.

由定义可知，随机过程 $X(\omega,t)$ 是定义在 T 和 Ω 上的二元函数. 当 t 固定时，$X_t(\omega)=X(\omega,t)$ 是定义在 Ω 上的随机变量. 若固定另一个参数 ω，则对每一特定的

$\omega_0 \in \Omega$，$X_{\omega_0}(t)$是定义在 T 上的一个普通函数，称为随机过程对应于 ω_0 的一个样本函数.

由上可知，随机过程既可以由一族随着 t 变化的随机变量来确定，也可以对每一个 $\omega \in \Omega$ 指定一个普通函数 $X_\omega(t)$，所有样本函数全体的集合称为样本函数空间. 给定样本函数空间也就给定了一个随机过程.

(3) 随机过程与试验结果的关系.

若同时固定 $\omega \in \Omega$，$t \in T$，则 $X(\omega,t)$对应着一个确定的数，它是随机过程在某个给定的试验中某给定时刻 t 的观察值.

随机过程的形式分类

参数集 T 又称为参数空间，一般情况下 $T \subset (-\infty,+\infty)$，即 T 是实数集的子集，通常 t 有离散和连续两种取法，分别对应随机序列和随机过程. 随机过程每一截口随机变量 $X_t(\omega)(t \in T)$所可能取得的一切值的集合，称为随机过程 $X(t)$的值域和状态空间. 根据随机过程按参数集 T 和状态空间 I 是否离散，可分为 4 类，如表 11-1 所示.

表 11-1　随机过程的分类

状态空间	参数集	
	离散	连续
离散	离散参数链	连续参数链
连续	随机序列	随机过程

11.1.2　随机过程的两个来源

随机过程起源于统计物理学和管理科学.

布朗运动　　　　　　　　　得到维纳过程

(1) 1827 年英国生物学家布朗发现了花粉在水中杂乱无章的运动，起因是由于花粉粒子受到周围分子不平衡的碰撞，花粉粒子每秒钟所受的碰撞次数非常大，达到 10^{21} 次/秒. 因此，可认为它因受到很多微小的随机力的作用而做随机运动.

(2) 1918 年美国数学家维纳(Wiener)对这一现象提出数学模型，称为维纳过程. 维纳考虑时刻 t 花粉所在位置的一个坐标 X_t，自时刻 t_1 到 t_2 的位移 $X_{t_2}-X_{t_1}$ 是许多几乎独立的小位移的和. 根据中心极限定理，它应具有正态分布，由液体的均匀性知

$$E(X_{t_2}-X_{t_1})=0\text{(漂移为 0)},$$

$$D(X_{t_2}-X_{t_1})=E(X_{t_2}-X_{t_1})^2=\sigma^2(t_2-t_1)\text{(扩散与时间成正比)}, \quad (11\text{-}1)$$

其中，$\sigma>0$ 应与时间 t 及空间位置无关.

(3) 1905 年爱因斯坦(Einstein)发表两篇关于相对论和布朗运动的论文，提出花粉运动所满足的随机微分方程为

$$m\frac{\mathrm{d}V}{\mathrm{d}t}=-2\pi r\mu V+N(t,\omega).$$

(4) 奥伦斯坦(Ornstein)和乌伦贝克(Uhlenbeck)提出上述方程的形式解为

$$V(t)=V(0)\mathrm{e}^{-\alpha t}+\int_0^t \mathrm{e}^{-\alpha(t-s)}\mathrm{d}W(s,\omega),\tag{11-2}$$

其中，$W(s,\omega)=\int_0^s N(t,\omega)\mathrm{d}t$.

(5) 爱因斯坦最早提出的以维纳过程为积分元的随机积分，后来经当代数学家伊藤清(Ito)悉心研究创立了伊藤随机积分，从而使随机过程的理论获得了开拓性的进展.

(6) 在伊藤清的杰出贡献基础上，当代数学家 Doob 又进一步提出了作为随机微分方程理论柱石的“鞅”(Martingales)的理论. 20 世纪 70 年代在法国召开的首次国际“鞅论”会议上，把“鞅论”的创始人 Doob 比为初升的太阳(事实上维纳过程是一种最简单的鞅).

(7) 几乎同时，法国的著名数学家 Meyer 又创立了随机微分几何的理论，因此，国际上在 20 世纪 70 年代掀起了随机热，其中最高的一个分支就是随机微分方程，随机过程理论的发展至今方兴未艾.

电话问题和爱尔兰公式　得到泊松过程

随机过程的另一来源可追溯到 1917 年丹麦数学家、电话工程师爱尔兰(Erlang)发表的爱尔兰公式.

众所周知，爱尔兰公式是与著名的电话问题联系在一起的，合理地在两个电话分局之间设置 s 条中继线这一课题开创了“公用事业理论中的数学方法”的这一新学科. 事实上，时刻 t 中继线的使用条数 $X(t)$ 是有限离散状态空间上的随机过程，是一个生灭过程. 由于该生灭过程的任意两相邻状态互通，故构成不可约链，它是一个齐次马氏链，由齐次马氏链的遍历理论可知存在一个平稳分布，再由切普曼-柯尔莫哥洛夫方程可求得

$$P_k(k\text{ 条中继线占线的概率})=\frac{\frac{1}{k!}\left(\frac{\lambda}{\mu}\right)^k}{\sum\limits_{l=0}^{s}\frac{1}{l!}\left(\frac{\lambda}{\mu}\right)^l}\ (0\leqslant k\leqslant s).\tag{11-3}$$

这就是著名的爱尔兰公式，其中 λ 为顾客到达率，μ 为通话服务率. 在生灭过程的基础上，随着电子计算机的发展和交通运输、通讯、信息工程、科学管理、最优化设计和可靠性理论等方面应用的需要，产生了今天不可或缺的称为“排队论”的随机服务系统理论(事实上电话的到达形成一个无记忆的泊松过程)，它是一种最

简单的随机点过程.

随机链同样构成随机过程不可分割的一部分,中国的齐次马氏链专家在这一领域中作出了不可磨灭的贡献.王梓坤院士在马氏链遍历理论方面的杰出建树和侯振挺教授《Q过程的唯一性准则》的著名论文,都曾引起国际数学界的轰动.

近年来,随机点过程的发展引起了众多随机过程专家的高度重视.人们称随机点过程和先前发展起来的鞅过程为随机过程的两大基石.何声武教授曾用鞅和点过程作为工具,研究了 M/M/C/d 后馈排队模型的瞬态指标和动态性能;邓永录教授则用标值平稳点过程作为工具,研究了排队模型的稳态指标和极限性态;汪荣鑫教授和张汉勤研究员用强逼近和弱收敛方法,研究了重话务系统的极限定理.随着点过程的兴起,继排队论研究的嵌入马尔可夫链法、补充变量法、样本轨道分析法、马尔可夫更新过程法和矩阵解析法、休假模型排队指标的随机分解等经典方法外,又出现了以平稳点过程和 Palm 分布为基础的强度保守法(RCL 法).RCL 法着重研究排队模型两类稳态特征之间的不变关系,可在一定程度上摆脱排队论研究对泊松到达和独立性假设等传统模型的依托,有望使随机模型的分析取得某些突破性的进展.跨入 21 世纪以后,随机模型正在向以互联网为背景的随机网络发展.

11.2 随机过程的统计描述

11.2.1 随机过程的有穷维分布函数族

有穷维分布函数族的定义

定义 11.4 随机过程可以看做是由一族无穷多个随机变量组成的.因为随机变量的统计特性可以通过其分布函数来刻画,所以也用一族分布函数来刻画随机过程.

(1) 一维分布函数族:设$\{X(t),\ t\in T\}$是一个随机过程,对于确定的 $t_1\in T$,$X(t_1)$是一个一维随机变量,它的分布函数记作

$$F_1(t_1;\ x_1)=P\{X(t_1)\leqslant x_1\},\ -\infty<x_1<+\infty, \tag{11-4}$$

它称为 $X(t)$的一个一维分布函数,t_1 在 T 中变化,$F_1(t_1;\ x_1)$就是一族一维分布函数,称为 $X(t)$的一维分布函数族.

一维分布函数族描述了随机过程在各个孤立时刻的统计特性.

(2) 二维分布函数族:类似地,对于任意两个确定的 $t_1,t_2\in T$,$\{X(t_1),X(t_2)\}$是二维随机变量,它的分布函数记作

$$F_2(t_1,t_2;x_1,x_2)=P\{X(t_1)\leqslant x_1,X(t_2)\leqslant x_2\},\quad -\infty<x_1<+\infty,-\infty<x_2<+\infty,\tag{11-5}$$

它称为 $X(t)$的一个二维分布函数,t_1,t_2 在 T 中变化,$F_2(t_1,t_2;x_1,x_2)$是二维分布函数族.

二维分布函数族描述了随机过程在任意两个时刻所对应的两个状态之间的联合统计特性.

(3) n 维分布函数族:一般地,当给定 $t_1,t_2\cdots,t_n\in T$ 时,$\{X(t_1),X(t_2),\cdots,X(t_n)\}$是 n 维随机变量,它的分布函数记作

$$F_n(t_1,\cdots,t_n;x_1,\cdots,x_n)=P\{X(t_1)\leqslant x_1,X(t_2)\leqslant x_2,\cdots,X(t_n)\leqslant x_n\},\quad -\infty<x_i<+\infty,\ i=1,2,\cdots,n,\tag{11-6}$$

它称为 $X(t)$的一个 n 维分布函数.同样,当 $t_1,\cdots,t_n$ 在 T 中变化时,$F_n(t_1,t_2,\cdots,t_n;x_1,x_2,\cdots,x_n)$是 n 维分布函数族.

n 维分布函数族描述了随机过程在任意 n 个时刻对应的 n 个状态之间的联合统计特性.

(4) 有穷维分布函数族:一般地,称 n 维分布函数族的全体 $\{F_n(t_1,\cdots,t_n;x_1,\cdots,x_n),n\in\mathbf{N},t_i\in T,i=1,2,\cdots,n\}$为 $X(t)$的有穷维分布函数族,它描述了随机过程任意有限多个状态之间的联合统计特性,从而完善地描述了随机过程.

有穷维分布函数族的性质

(1) 对称性,即

$$F_n(t_1,\cdots,t_n;x_1,\cdots,x_n)=F_n(t_{j_1},\cdots,t_{j_n};x_{j_1},\cdots,x_{j_n}),\tag{11-7}$$

其中,$(j_1,\cdots,j_n)$是$(1,2,\cdots,n)$的任一排列.

(2) 相容性,即对任意 $m<n$,有

$$F_n(t_1,\cdots,t_m,t_{m+1},\cdots,t_n;x_1,\cdots,x_m,\underbrace{+\infty,\cdots,+\infty}_{n-m\text{个}})=F_m(t_1,\cdots,t_m;x_1,\cdots,x_m).\tag{11-8}$$

柯尔莫哥洛夫定理

显然,由相容性从高维联合分布推出的边缘低维联合分布,与原给定的低维联合分布相同.事实上,上述的两个性质就是 n 维随机变量$\{X(t_1),\cdots,X(t_n)\}$的 n 维分布函数的性质. 由此可见,任一随机过程都具有有穷维分布函数族.

定理 11.1 对于任何一个满足上述对称性和相容性的有穷维分布函数族$\{F_n(t_1,\cdots,t_n;x_1,\cdots,x_n),n\in\mathbf{Z}^+,t_i\in T,i=1,2,\cdots,n\}$必定存在一个随机过程$\{X(t),t\in T\}$,使得所给的分布函数族恰好是 $X(t)$的有穷维分布函数族,这就是著名的**柯尔莫哥洛夫定理**.

柯尔莫哥洛夫定理是随机过程领域中的一个奠基定理.

若干计算实例

例 11.1 设有随机过程

$$X(t)=\begin{cases}\cos \pi t, & \omega=\omega_1\text{(硬币掷得正面)},\\ 2t, & \omega=\omega_2\text{(当硬币掷得反面)}.\end{cases}$$

假设硬币均匀,掷得正面和反面的概率均为$\frac{1}{2}$.

求:(1) $F_1\left(\frac{1}{2};x\right)$, $F_1(1;x)$;

(2) $F_2\left(\frac{1}{2},1;x,y\right)$.

注意: 本例中没有给出 $X\left(\frac{1}{2}\right)$与 $X(1)$的相关关系,因此它们是不确定的,这里考虑了 $X\left(\frac{1}{2}\right)$与 $X(1)$完全线性相关的情况. 国内其他学者也有考虑了$X\left(\frac{1}{2}\right)$与 $X(1)$完全相互独立的情况,两者并不矛盾.

解 (1) $F_1\left(\frac{1}{2};x\right)=P\left\{X\left(\frac{1}{2}\right)\leqslant x\right\}$.

当 $t=\frac{1}{2}$时,有

$$\begin{cases}\cos \pi t=\cos\frac{\pi}{2}=0,\\ 2t=2\cdot\frac{1}{2}=1.\end{cases}$$

所对应的随机变量为

$$X\left(\frac{1}{2}\right)=\begin{cases}0, & \omega=\omega_1,\\ 1, & \omega=\omega_2.\end{cases}$$

由硬币均匀的假设得,$X\left(\frac{1}{2}\right)$的概率函数为

$X\left(\frac{1}{2}\right)$	0	1
P	$\frac{1}{2}$	$\frac{1}{2}$

于是 $X\left(\frac{1}{2}\right)$的分布函数为

$$F_1\left(\frac{1}{2};x\right)=\begin{cases}0, & x<0,\\ \frac{1}{2}, & 0\leqslant x<1,\\ 1, & x\geqslant 1.\end{cases}$$

同样，当 $t=1$ 时，有

$$\begin{cases}\cos \pi t=\cos\pi=-1, \\ 2t=2.\end{cases}$$

所对应的随机变量为

$$X(1)=\begin{cases}-1, & \omega=\omega_1, \\ 2, & \omega=\omega_2.\end{cases}$$

$X(1)$的概率函数为

$X(1)$	-1	2
P	$\frac{1}{2}$	$\frac{1}{2}$

$X(1)$的分布函数为

$$F_1(1;\ x)=P\{X(1)<x\}=\begin{cases}0, & x<-1, \\ \frac{1}{2}, & -1\leqslant x<2, \\ 1, & x\geqslant 2.\end{cases}$$

(2) $F_2\left(\frac{1}{2},\ 1;\ x,y\right)=P\left\{X\left(\frac{1}{2}\right)\leqslant x,\ X(1)\leqslant y\right\}$.

由 $\omega=\omega_1$（当硬币掷得正面时），有

$$\left(X\left(\frac{1}{2}\right),\ X(1)\right)=(0,-1).$$

当 $\omega=\omega_2$（当硬币掷得反面时），有

$$\left(X\left(\frac{1}{2}\right),\ X(1)\right)=(1,\ 2).$$

因假设掷得正面和反面的概率皆为$\frac{1}{2}$，故得$\left(X\left(\frac{1}{2}\right),X(1)\right)$的联合概率函数为

$X(1)$ \ $X\left(\frac{1}{2}\right)$	0	1
-1	$\frac{1}{2}$	0
2	0	$\frac{1}{2}$

$\left(X\left(\frac{1}{2}\right),\ X(1)\right)$的联合分布函数为

$$F_2\left(\frac{1}{2},1;\ x,y\right)=\begin{cases}0, & x<0 \text{ 或 } y<-1,\\ \frac{1}{2}, & 0\leqslant x<1,\ y\geqslant -1 \text{ 或 } x\geqslant 0,-1\leqslant y<2,\\ 1, & x\geqslant 1 \text{ 且 } y\geqslant 2.\end{cases}$$

例 11.2 设有随机过程$\{X(t)=At+b,\ t>0\}$,其中 A 是服从 $N(0,\ 1)$的随机变量,b 是常数.求 $X(t)$的一维概率密度函数族.

解 对任一 $t_1\in T=(0,+\infty)$,$X(t_1)$是一个一维随机变量,所以

$$\begin{aligned}F_1(t_1;\ x_1)&=P\{X(t_1)\leqslant x_1\}\\&=P\{At_1+b\leqslant x_1\}\\&=P\left\{A\leqslant\frac{1}{t_1}(x_1-b)\right\}.\end{aligned}$$

又因 A 的概率密度函数为

$$\phi_A(u)=\frac{1}{\sqrt{2\pi}}e^{-\frac{u^2}{2}},$$

故

$$F_1(t_1;\ x_1)=\int_{-\infty}^{\frac{1}{t_1}(x_1-b)}\phi_A(u)\mathrm{d}u,$$

于是有

$$\begin{aligned}\phi_1(t_1;\ x_1)&=\frac{\mathrm{d}}{\mathrm{d}x_1}F_1(t_1;\ x_1)=\phi_A\left[\frac{1}{t_1}(x_1-b)\right]\cdot\frac{1}{t_1}\\&=\frac{1}{t_1\sqrt{2\pi}}e^{-\frac{(x_1-b)^2}{2t_1^2}}\ (-\infty<x_1<+\infty).\end{aligned}$$

当 t_1 在 T 中变化时,$\phi_1(t_1;\ x_1)$就是随机过程 $X(t)$的一维概率密度族.

定义 11.5 如果随机过程$\{X(t),\ t\in T\}$具有有穷维连续分布函数族$\{F_n(t_1,\cdots,\ t_n;\ x_1,\cdots,x_n),\ t_1,\cdots,\ t_n\in T,\ n\in\mathbf{N}\}$,则称 $f(t_1,\cdots,t_n;x_1,\cdots,x_n)=\frac{\partial^n}{\partial x_1\cdots\partial x_n}F_n(t_1,\cdots,t_n;x_1,\cdots,x_n)$为随机过程 $X(t)$的 n 维概率分布密度函数.

例 11.3 设 $X(t)=A\cos\theta t+B\sin\theta t\ (0\leqslant t\leqslant 1)$,其中 A,B 是相互独立且正态分布 $N(0,\ \sigma^2)$的随机变量,θ 是一个实常数,试确定其有穷维分布函数族.

解 这里先回顾正态变量再生性的概念(引进正态过程的概念):

设随机变量 $\xi_1,\xi_2,\cdots,\xi_n$ 独立并且都服从正态分布:$\xi_i\sim N(a_i,\ \sigma_i^2)\ (i=1,2,\cdots,n)$,则它们的和 $\xi=\sum\limits_{i=1}^{n}\xi_i$ 仍服从正态分布,并且有 $\xi\sim N\left(\sum\limits_{i=1}^{n}a_i,\ \sum\limits_{i=1}^{n}\sigma_i^2\right)$;去掉独立性假设,对一般线性组合 $\xi=\sum\limits_{i=1}^{n}l_i\xi_i$ 也服从正态分布,但这时 $\xi\sim$

$N\left(\sum_{i=1}^{n} l_i a_i,\ \sum_{i,j=1}^{n} l_i l_j \mathrm{Cov}(\xi_i,\xi_j)\right)$.

同样，当$\{X(t_i), i=1, 2, \cdots, n\}$为正态随机变量时，$\{X(t_1), X(t_2), \cdots, X(t_n)\}$是 n 维正态向量. 一般地，若 n 维随机向量 $\boldsymbol{X}=(X_1, X_2, \cdots, X_n)^{\mathrm{T}}$ 的分布密度为

$$f(\boldsymbol{X})=\frac{1}{(2\pi)^{\frac{n}{2}}|\boldsymbol{B}|^{\frac{1}{2}}}\mathrm{e}^{-\frac{1}{2}(\boldsymbol{X}-\boldsymbol{a})^{\mathrm{T}}\boldsymbol{B}^{-1}(\boldsymbol{X}-\boldsymbol{a})}$$

其中，

$$\boldsymbol{a}=E(\boldsymbol{X})=[E(X_1), E(X_2), \cdots, E(X_n)]^{\mathrm{T}},$$

$$\boldsymbol{B}=\begin{pmatrix} \mathrm{Cov}(X_1,X_1) & \mathrm{Cov}(X_1,X_2) & \cdots & \mathrm{Cov}(X_1,X_n) \\ \mathrm{Cov}(X_2,X_1) & \mathrm{Cov}(X_2,X_2) & \cdots & \mathrm{Cov}(X_2,X_n) \\ \vdots & \vdots & & \vdots \\ \mathrm{Cov}(X_n,X_1) & \mathrm{Cov}(X_n,X_2) & \cdots & \mathrm{Cov}(X_n,X_n) \end{pmatrix} \tag{11-9}$$

且 $\boldsymbol{B}$ 正定，此时 $|\boldsymbol{B}|>0$，则称 $\boldsymbol{X}$ 为 n 维正态向量. 特别地，当 $n=2$ 时，设 $\xi\sim N(a_x,\sigma_x^2)$，$\eta\sim N(a_y,\sigma_y^2)$，则$(\xi,\eta)$服从二维正态分布，其概率分布密度函数可用上式求得，事实上此时有

$$\boldsymbol{a}=\begin{pmatrix} a_x \\ a_y \end{pmatrix},\ \boldsymbol{B}=\begin{pmatrix} b_{11} & b_{12} \\ b_{21} & b_{22} \end{pmatrix}=\begin{pmatrix} \sigma_x^2 & r\sigma_x\sigma_y \\ r\sigma_x\sigma_y & \sigma_y^2 \end{pmatrix},$$

$$|\boldsymbol{B}|=(1-r^2)\sigma_x^2\sigma_y^2,\ \boldsymbol{B}^*=\begin{pmatrix} b_{22} & -b_{12} \\ -b_{21} & b_{11} \end{pmatrix}=\begin{pmatrix} \sigma_y^2 & -r\sigma_x\sigma_y \\ -r\sigma_x\sigma_y & \sigma_x^2 \end{pmatrix},$$

$$\boldsymbol{B}^{-1}=\frac{1}{|\boldsymbol{B}|}\boldsymbol{B}^*=\frac{1}{(1-r^2)}\begin{pmatrix} \frac{1}{\sigma_x^2} & -\frac{r}{\sigma_x\sigma_y} \\ -\frac{r}{\sigma_x\sigma_y} & \frac{1}{\sigma_y^2} \end{pmatrix},$$

故有

$$f(x,y)=\frac{1}{2\pi\sqrt{1-r^2}\sigma_x\sigma_y}\mathrm{e}^{-\frac{1}{2}\begin{pmatrix} x-a_x \\ y-a_y \end{pmatrix}^{\mathrm{T}}\cdot\frac{1}{(1-r^2)}\begin{pmatrix} \frac{1}{\sigma_x^2} & -\frac{r}{\sigma_x\sigma_y} \\ -\frac{r}{\sigma_x\sigma_y} & \frac{1}{\sigma_y^2} \end{pmatrix}\begin{pmatrix} x-a_x \\ y-a_y \end{pmatrix}}$$

$$=\frac{1}{2\pi\sigma_x\sigma_y\sqrt{1-r^2}}\mathrm{e}^{-\frac{1}{2(1-r^2)}\left[\frac{(x-a_x)^2}{\sigma_x^2}-\frac{2r(x-a_x)(y-a_y)}{\sigma_x\sigma_y}+\frac{(y-a_y)^2}{\sigma_y^2}\right]}, \tag{11-10}$$

其中，参数 r 是 ξ 及 η 的相关系数，这里得到概率论中所熟知的结果.

由上述正态分布的再生性可知，本例中的 $X(t)$是正态随机变量 A，B 的线性组合，所以 $X(t)$也是正态分布的. 若求 $X(t)$的有限维分布，只要确定其一阶矩和二阶矩(即其均值函数和协方差函数)就可以了.

一般地，有

$$m(t)=E[X(t)]=E(A\cos t+B\cos t)=0,$$

$$\begin{aligned}\mathrm{Cov}(s,t)&=E[X(s)X(t)]\\&=E[A\cos(\theta s)+B\sin(\theta s)][A\cos(\theta t)+B\sin(\theta t)]\\&=\sigma^2[\cos(\theta s)\cdot\cos(\theta t)+\sin(\theta s)\cdot\sin(\theta t)]\\&=\sigma^2\cos[\theta(s-t)].\end{aligned}$$

例 11.4 设 $Z(t)=\sum\limits_{k=1}^{N}A_k e^{i\theta_k t}\ (0\leqslant t\leqslant 1)$，其中 $A_k(1\leqslant k\leqslant N)$ 是相互独立且服从 $N(0,\sigma_k^2)$ 分布的随机变量，求其有穷维分布函数族.

解 由欧拉公式 $e^{ix}=\cos x+i\sin x$ 可知

$$Z(t)=\sum_{k=1}^{N}A_k\cos(\theta_k t)+i\sum_{k=1}^{N}A_k\sin(\theta_k t).$$

因此，$Z(t)$是复随机过程，复随机过程的一维分布相当于实随机过程的二维分布. 对于复随机变量 $Z=X+iY$，其中 X,Y 都是实的随机变量，一般称 X,Y 的联合分布为 Z 的分布，称 $E(X)+iE(Y)$为 Z 的均值，记为 $E(Z)$. 对于两个复随机变量 $Z_1=X_1+iY_1$, $Z_2=X_2+iY_2$，定义它们的协方差为

$$\mathrm{Cov}(Z_1,Z_2)=E[Z_1-E(Z_1)][\overline{Z_2-E(Z_2)}].$$

由于 $Z(t)$的实部 $X(t)=\sum\limits_{k=1}^{N}A_k\cos(\theta_k t)$ 和虚部 $Y(t)=\sum\limits_{k=1}^{N}A_k\sin(\theta_k t)$ 都是正态随机变量 $A_k(1\leqslant k\leqslant N)$ 的线性组合，所以它们也都是正态的，其联合分布即 $Z(t)$ 的分布为二维正态分布. 因此只要求出它们的均值函数与协方差函数即可.

一般地，有

$$m_X(t)=E[X(t)]=0,\ \mathrm{Cov}_X(s,t)=E[X(s)X(t)]=\sum_{k=1}^{N}\sigma_k^2\cos(\theta_k s)\cos(\theta_k t),$$

$$m_Y(t)=E[Y(t)]=0,\ \mathrm{Cov}_Y(s,t)=E[Y(s)Y(t)]=\sum_{k=1}^{N}\sigma_k^2\sin(\theta_k s)\sin(\theta_k t),$$

$$\begin{aligned}\mathrm{Cov}_{XY}(s,t)&=E[X(s)Y(t)]\\&=E\left[\left(\sum_{i=1}^{N}A_i\cos(\theta_i s)\right)\left(\sum_{k=1}^{N}A_k\sin(\theta_k t)\right)\right]\\&=\sum_{k=1}^{N}\sigma_k^2\cos(\theta_k s)\sin(\theta_k t),\end{aligned}$$

可得其一维分布函数族，且有

$$E[Z(t)]=E[X(t)]+iE[Y(t)]=0,$$

$$\begin{aligned}\mathrm{Cov}_Z(s,t)&=E[Z(s)\overline{Z(t)}]=E\left[\left(\sum_{l=1}^{N}A_l e^{i\theta_l s}\right)\overline{\left(\sum_{k=1}^{N}A_k e^{i\theta_k t}\right)}\right]\\&=\sum_{l,k=1}^{N}E[(A_lA_k)e^{i(\theta_l s-\theta_k t)}]=\sum_{k=1}^{N}\sigma_k^2\ e^{i\theta_k(s-t)}.\end{aligned}$$

于是可求得其整个有穷维分布函数族.

11.2.2 随机过程的参数特征

均值函数 方差函数 自协方差函数 自相关函数

确定随机过程的有限维分布函数族往往是十分困难的.与研究随机变量的情形类似,一般可以研究随机过程的参数特性,它能够满足许多理论问题和实际问题的需要.

刻画一个随机变量的主要统计特征,可以用其数学期望、方差、原点矩等数字特征;刻画两个随机变量之间的关系又可以用协方差、相关系数等数字特征.类似地,刻画一个随机过程的主要统计特征,就要考虑它的参数特征,其中主要有均值函数、自协方差函数、自相关函数等;刻画随机过程之间的关系有互协方差函数、互相关函数等.现分别予以介绍.

(1) 均值函数与方差函数的概念.

定义 11.6 设$\{X(t),t\in T\}$是一个随机过程,对于每个$t\in T$,随机变量$X(t)$的数学期望$E[X(t)]$称为随机过程$\{X(t),\ t\in T\}$的数学期望或均值.它随着t在T中的变化而变化,因而称为均值函数,记为$\mu_X(t)$,即有

$$\mu_X(t)=E[X(t)]. \tag{11-11}$$

定义 11.7 设$\{X(t),\ t\in T\}$是一个随机过程,对于任一$t\in T$,随机变量$X(t)$的方差$D[X(t)]$称为随机过程$\{X(t),t\in T\}$的方差.显然它也是t的函数,称为方差函数,记作$D_X(t)$或$\sigma_X^2(t)$,即有

$$D_X(t)=\sigma_X^2(t)=D[X(t)]=E\{[X(t)-\mu_X(t)]^2\}. \tag{11-12}$$

方差的平方根$\sigma_X(t)$称为随机过程$\{X(t),t\in T\}$的均方差,随机变量$X(t)$的二阶原点矩$E[X^2(t)]$称为随机过程的均方值,记为$\psi_X^2(t)$.

(2) 均值函数与方差函数的性质.

对于任意固定的$t_0\in T$,随机过程$X(t)$对应的是随机变量$X(t_0)$,普通函数$g(t)$对应的是常数$g(t_0)$,可以推出随机过程的均值函数和方差函数有如下性质.

① 均值函数的性质:

(i) $g(t)$为普通函数,$E[g(t)]=g(t)$.

(ii) $E[g(t)X(t)]=g(t)E[X(t)]=g(t)\mu_X(t)$.

(iii) $X(t),Y(t)$为随机过程,有

$$E[X(t)+Y(t)]=E[X(t)]+E[Y(t)].$$

特别地,有

$$E[g(t)+X(t)]=g(t)+E[X(t)].$$

(iv) $X(t)$,$Y(t)$相互独立,有 $E[X(t)Y(t)]=E[X(t)]\cdot E[Y(t)]$(即两者不相关).

② 方差函数的性质:

(i) $D[g(t)]=0$.

(ii) $D[g(t)X(t)]=g^2(t)D[X(t)]$.

(iii) $D[g(t)+X(t)]=D[X(t)]$.

(iv) $X(t)$,$Y(t)$相互独立,有

$$D[X(t)\pm Y(t)]=D[X(t)]+D[Y(t)].$$

(3) 自协方差函数和自相关函数.

均值函数和方差函数是刻画随机过程在各个孤立时刻统计特性的重要参数特征,为了刻画随机过程在两个不同时刻状态之间的联系,还需要引入新的参数特征.

定义 11.8 设$\{X(t),\ t\in T\}$是一随机过程,对于 $t_1,t_2\in T$,称二阶原点混合矩 $E[X(t_1)X(t_2)]$为随机过程$\{X(t),t\in T\}$的自相关函数,简称为相关函数,记为 $R_X(t_1,t_2)$,即有

$$R_X(t_1,t_2)=E[X(t_1)X(t_2)]. \tag{11-13}$$

而二阶中心混合矩 $\mathrm{Cov}\{X(t_1),\ X(t_2)\}=E\{[X(t_1)-\mu_X(t_1)][X(t_2)-\mu_X(t_2)]\}$称为随机过程$\{X(t),\ t\in T\}$的自协方差函数,记为 $C_X(t_1,t_2)$,即有

$$C_X(t_1,t_2)=\mathrm{Cov}\{X(t_1),\ X(t_2)\}. \tag{11-14}$$

若对任一 $t\in T$, $X(t)$为连续型随机变量时,则有

$$R_X(t_1,t_2)=\int_{-\infty}^{+\infty}\int_{-\infty}^{+\infty}x_1x_2f_2(t_1,t_2;\ x_1,x_2)\mathrm{d}x_1\mathrm{d}x_2, \tag{11-15}$$

$$C_X(t_1,t_2)=\int_{-\infty}^{+\infty}\int_{-\infty}^{+\infty}[x_1-\mu_X(t_1)][x_2-\mu_X(t_2)]f_2(t_1,t_2;\ x_1,x_2;)\mathrm{d}x_1\mathrm{d}x_2. \tag{11-16}$$

自相关函数和自协方差函数是刻画随机过程$\{X(t),\ t\in T\}$在两个不同时刻 t_1,t_2 的状态之间线性依从关系的参数特征.

在所有的定义式中,总假定等式右端的矩函数是存在的,且在不致混淆的情况下可略去其下标 X,它们之间有如下关系:

$$\begin{gathered}\psi^2(t)=E[X^2(t)]=R(t,\ t),\\ C(t_1,t_2)=R(t_1,t_2)-\mu(t_1)\cdot\mu(t_2),\\ \sigma^2(t)=C(t,t)=R(t,t)-\mu^2(t).\end{gathered} \tag{11-17}$$

由此可见,诸参数特征中最重要的是均值函数和相关函数.

定义 11.9 随机过程 $X(t)$的标准自相关函数记作 $\rho_X(t_1, t_2)$,其定义为

$$\rho_X(t_1,t_2)=\frac{C_X(t_1,t_2)}{\sqrt{D[X(t_1)]}\cdot\sqrt{D[X(t_2)]}}. \tag{11-18}$$

$\rho_X(t_1,t_2)$刻画了随机过程 $X(t)$自身在两个不同时刻 t_1 与 t_2 取值的线性相关程度.

(4) 自协方差函数的性质.

① 对称性: $C_X(t_1, t_2)=C_X(t_2, t_1)$.

② 随机过程加普通函数不改变其自协方差函数,即如果 $Y(t)=X(t)+g(t)$,其中 $X(t)$为随机过程,$g(t)$为普通函数,则 $C_Y(t_1, t_2)=C_X(t_1, t_2)$.

事实上,有

$$\mu_Y(t)=E[Y(t)]=E[X(t)+g(t)]=\mu_X(t)+g(t),$$

$$\dot{Y}(t)=Y(t)-\mu_Y(t)=[X(t)+g(t)]-[\mu_X(t)+g(t)]=X(t)-\mu_X(t)=\dot{X}(t).$$

故有 $$C_Y(t_1, t_2)=E[\dot{Y}(t_1)\dot{Y}(t_2)]=E[\dot{X}(t_1)\dot{X}(t_2)]=C_X(t_1,t_2).$$

③ 随机过程乘以普通函数 $g(t)$,其自协方差函数要乘以积 $g(t_1)\cdot g(t_2)$,即如果 $Y(t)=g(t)X(t)$, 则 $C_Y(t_1, t_2)=g(t_1)g(t_2)C_X(t_1, t_2)$.

④ 两个独立随机过程的代数和是随机过程,其自协方差函数等于各加项的自协方差函数的和,即如果 $Z(t)=X(t)\pm Y(t)$,其中 $X(t)$, $Y(t)$为相互独立的随机过程, 则 $C_Z(t_1, t_2)=C_X(t_1, t_2)+C_Y(t_1, t_2)$.

⑤ 自协方差函数的绝对值不超过对应截口方差的几何平均,即有

$$|C_X(t_1, t_2)|\leqslant\sqrt{D_X(t_1)\cdot D_X(t_2)}, \tag{11-19}$$

并可知标准自相关函数的绝对值不超过 1,即有

$$|\rho_X(t_1, t_2)|\leqslant 1. \tag{11-20}$$

这里先证明 Schwarz 不等式.

对随机变量 ξ, η, 有

$$(E|\xi\eta|)^2\leqslant E(|\xi|^2)\cdot E(|\eta|^2). \tag{11-21}$$

事实上,对任意实数 k,令 $u(k)=E(k|\xi|-|\eta|)^2=k^2E(|\xi|^2)-k\cdot 2E(|\xi\eta|)+E(|\eta|^2)$为 k 的二次三项式.由于 $u(k)\geqslant 0$,故 $u(k)=0$ 不可能有两相异实根,因而判别式非正,即有

$$\Delta=E^2(|\xi\eta|)-E(|\xi|^2)\cdot E(|\eta|^2)\leqslant 0.$$

即 $$(E|\xi\eta|)^2\leqslant E(|\xi|^2)\cdot E(|\eta|)^2.$$

令

$$\begin{cases}\dot{X}(t_1)=X(t_1)-\mu_X(t_1),\\ \dot{X}(t_2)=X(t_2)-\mu_X(t_2).\end{cases}$$

则有

$$C_X(t_1, t_2)=E[\dot{X}(t_1)\dot{X}(t_2)],$$

$$D_X(t_1)=E[\dot{X}(t_1)]^2, D_X(t_2)=E[\dot{X}(t_2)]^2.$$

由 Schwarz 不等式，有

$$\{E[\dot{X}(t_1)\dot{X}(t_2)]\}^2\leqslant\{E(|\dot{X}(t_1)\dot{X}(t_2)|)\}^2\leqslant E(|\dot{X}(t_1)|^2)\cdot E(|\dot{X}(t_2)|^2),$$

此即 $$C_X(t_1, t_2))^2\leqslant D_X(t_1)\cdot D_X(t_2).$$

例 11.5 考虑随机相位正弦波 $X(t)=a\cos(\omega t+\Phi)$，式中 a 和 ω 是常数，Φ 是在 $[0, 2\pi]$ 上具有均匀分布的随机变量，求其数学期望和相关函数.

解 由已知条件可得，Φ 的概率密度为

$$f(\varphi)=\begin{cases}\dfrac{1}{2\pi}, & 0\leqslant\varphi\leqslant 2\pi,\\ 0, & \text{其他}.\end{cases}$$

于是

$$\mu_X(t)=E[a\cos(\omega t+\Phi)]=\int_0^{2\pi}a\cos(\omega t+\varphi)\cdot\frac{1}{2\pi}\mathrm{d}\varphi=0,$$

$$\begin{aligned}R_X(t_1,t_2)&=a^2E[\cos(\omega t_1+\Phi)\cos(\omega t_2+\Phi)]\\&=a^2\int_0^{2\pi}\cos(\omega t_1+\varphi)\cos(\omega t_2+\varphi)\cdot\frac{1}{2\pi}\mathrm{d}\varphi\\&=\frac{a^2}{2\pi}\int_0^{2\pi}\frac{1}{2}[\cos(\omega(t_1+t_2)+2\varphi)+\cos(\omega(t_2-t_1))]\mathrm{d}\varphi\\&=\frac{a^2}{2}\cos\omega(t_2-t_1)\\&=\frac{a^2}{2}\cos\omega\tau.\end{aligned}$$

式中 $\tau=t_2-t_1$，特别地，令 $t_1=t_2=t$，则 $\tau=0$，得

$$\sigma_X^2(t)=R_X(t,t)-\mu_X^2(t)=\frac{a^2}{2}.$$

例 11.6 对于随机过程 $\{X(t), t\in T\}$，有 $E[X(t)]<+\infty$，$E[X(t)]^2<+\infty$，求证它的自协方差函数必存在.

证 因为 $E[X(t)]<+\infty$，$E[X(t)]^2<+\infty$，

于是

$$D_X(t)=E[X(t)]^2-(E[X(t)])^2<+\infty.$$

由自协方差函数性质得

$$|C_X(t_1, t_2)|\leqslant\sqrt{D_X(t_1)}\cdot\sqrt{D_X(t_2)}<+\infty,$$

即有 $$C_X(t_1, t_2)<+\infty.$$

只要随机过程均值函数与方差函数存在，其自协方差函数就一定存在.

均值函数和自协方差函数刻画了随机过程的主要统计特性，虽然它们不能代替刻画整个随机过程的有穷维分布函数族，但它们远较后者易于观察和计算. 对于正态过程等重要过程，只要求得其均值函数和自协方差函数，就能确定它的有穷维分布函数，因而它在解决实际问题时，常常起到关键性的作用.

二维随机过程的分布函数和数字特征

（1）$n+m$ 维联合分布函数与相互独立性.

实际问题中，有时除了对各个随机过程的特性进行研究外，还需要对几个随机过程之间的联合特性加以研究. 例如，需要考虑系统随机输入和随机输出之间的关系，为此需要引入多个随机过程的联合分布.

定义 11.10 设有两个随机过程 $X(t)$ 和 $Y(t)$，$t_1,\cdots,t_n$ 与 $t'_1,\cdots,t'_m$ 是任意两组实数，称 $n+m$ 维随机变量 $\{X(t_1),\cdots,X(t_n);\ Y(t'_1),\cdots,Y(t'_m)\}$ 的分布函数

$$F_{n+m}(t_1,\cdots,t_n,\ x_1,\cdots,x_n;\ t'_1,\cdots,t'_m,\ y_1,\cdots,y_m)=P\{X(t_1)\leqslant x_1,\cdots,X(t_n)\leqslant x_n,\ Y(t'_1)\leqslant y_1,\cdots,Y(t'_m)\leqslant y_m,x_i,y_j\in R,\ i=1,2,\cdots,n,\ j=1,2,\cdots,m \tag{11-22}$$

为随机过程 $X(t)$ 和 $Y(t)$ 的 $n+m$ 维联合分布函数.

定义 11.11 如果对任意正整数 n 和 m 以及数组 $t_1,\cdots,t_n$ 和 $t'_1,\cdots,t'_m$ 联合分布函数满足以下关系式：

$$F_{n+m}(t_1,\cdots,t_n,\ x_1,\cdots,x_n;\ t'_1,\cdots,t'_m,\ y_1,\cdots,y_m)=F_n(t_1,\cdots,t_n;\ x_1,\cdots,x_n)\cdot F_m(t'_1,\cdots,t'_m;\ y_1,\cdots,y_m),\ x_i,y_j\in R,\ i=1,2,\cdots,n,\ j=1,2,\cdots,m \tag{11-23}$$

则称随机过程 $X(t)$ 是相互独立的.

考虑两个以上的随机过程时，亦可类似地引入其联合分布.

（2）互协方差函数和互相关函数、不相关性.

定义 11.12 设 $X(t)$，$Y(t)$ 均为随机过程，对固定的 $t_1,t_2\in T$，随机变量 $X(t_1)$，$Y(t_2)$ 的二维联合分布为 $F_{XY}(t_1,t_2;\ x,y)$ $(-\infty<x,\ y<+\infty)$. 如果对一切 $t_1,t_2\in T$ 存在二阶矩，则

$$\begin{aligned}C_{XY}(t_1,t_2)&=E\{[X(t_1)-\mu_X(t_1)][Y(t_2)-\mu_Y(t_2)]\}\\&=E[X(t_1)Y(t_2)]-\mu_X(t_1)\cdot\mu_Y(t_2)\end{aligned} \tag{11-24}$$

称为随机过程 $X(t)$ 和 $Y(t)$ 的互协方差函数.

定义 11.13 若两随机过程的互协方差函数恒等于 0,则称它们是不相关的,否则称它们是相关的. 如果两个随机过程是相互独立的,则它们必然不相关. 因为这时

$$\begin{aligned} C_{XY}(t_1,t_2) &= E\{[X(t_1)-\mu_X(t_1)][Y(t_2)-\mu_Y(t_2)]\} \\ &= E[X(t_1)-\mu_X(t_1)]\cdot E[Y(t_2)-\mu_Y(t_2)] \\ &= 0. \end{aligned} \tag{11-25}$$

但其逆命题不真,即两个随机过程不相关,一般不能推断出其是相互独立的(正态过程例外).

定义 11.14 随机过程 $X(t)$和 $Y(t)$的互相关函数定义为

$$R_{XY}(t_1,t_2)=E[X(t_1)Y(t_2)], \tag{11-26}$$

而标准互相关函数定义为

$$\rho_{XY}(t_1,t_2)=\frac{C_{XY}(t_1,t_2)}{\sqrt{D_X(t_1)\cdot D_Y(t_2)}}. \tag{11-27}$$

(3) 互协方差函数的性质.

① $C_{XY}(t_1,\ t_2)=C_{YX}(t_2,t_1)$.

② 设 $g(t)$和 $h(t)$为普通函数,且有

$$\begin{cases} X_1(t)=X(t)+g(t), \\ Y_1(t)=Y(t)+h(t), \end{cases}$$

则有 $$C_{X_1Y_1}(t_1,t_2)=C_{XY}(t_1,t_2).$$

③ 若 $$X_1(t)=g(t)X(t),\ Y_1(t)=h(t)Y(t),$$

则 $$C_{X_1Y_1}(t_1,t_2)=g(t_1)h(t_2)C_{XY}(t_1,t_2).$$

$$|C_{XY}(t_1,t_2)|\leqslant\sqrt{D_X(t_1)D_Y(t_2)}, \tag{11-28}$$

并由此推出 $$|\rho_{XY}(t_1,t_2)|\leqslant 1. \tag{11-29}$$

例 11.7 已知随机过程 $X(t),Y(t)$,且 $Z(t)=X(t)+Y(t)$.
求证:$C_Z(t_1,t_2)=C_X(t_1,t_2)+C_Y(t_1,t_2)+C_{XY}(t_1,t_2)+C_{YX}(t_1,t_2)$.

证 $E[Z(t)]=E[X(t)+Y(t)]=\mu_X(t)+\mu_Y(t)$.

$$\dot{Z}(t)=Z(t)-\mu_Z(t)=X(t)+Y(t)-\mu_X(t)-\mu_Y(t)=\dot{X}(t)+\dot{Y}(t),$$

$$\begin{aligned} C_Z(t_1,t_2) &= E[\dot{Z}(t_1)\dot{Z}(t_2)] \\ &= E\{[\dot{X}(t_1)+\dot{Y}(t_1)][\dot{X}(t_2)+\dot{Y}(t_2)]\} \\ &= C_X(t_1,t_2)+C_Y(t_1,t_2)+C_{XY}(t_1,t_2)+C_{YX}(t_1,t_2). \end{aligned}$$

因此可以推出:

① 如果 $$Y(t)=\sum_{i=1}^{n}X_i(t),$$

则 $$C_Y(t_1,t_2)=\sum_{i=1}^{n}C_{X_i}(t_1,t_2)+\sum_{i\neq j}C_{X_iX_j}(t_1,t_2),\ i,\ j=1,2,\cdots,n.$$

② 如果 $X_i(t)(i=1,2,\cdots,n)$ 不相关，$Y(t)=\sum_{i=1}^{n}X_i(t)$，则有

$$C_Y(t_1,t_2)=\sum_{i=1}^{n}C_{X_i}(t_1,t_2).$$

③ 若 $X(t)$ 为随机过程，Y 为与其不相关的随机变量，而 $Z(t)=X(t)+Y$，则有

$$C_Z(t_1,t_2)=C_X(t_1,t_2)+D(Y).$$

11.3　泊松过程和维纳过程

泊松过程和维纳过程是两个典型的随机过程，在随机过程的理论与应用中都有重要的地位，它们属于独立增量过程的范畴.

11.3.1　独立增量过程

定义 11.15　给定二阶矩过程 $\{X(t),t\geqslant 0\}$，一般称随机变量 $X(t)-X(s)$ $(0\leqslant s<t)$ 为随机过程在区间 $[s,t)$ 上的增量. 如果对任意选定的正整数 n 和任意选定的 $0\leqslant t_0<t_1<\cdots<t_n$，$n$ 个增量 $X(t_1)-X(t_0)$，$X(t_2)-X(t_1)$，$\cdots$，$X(t_n)-X(t_{n-1})$ 相互独立，则称 $\{X(t),\ t\geqslant 0\}$ 为独立增量过程.

独立增量过程在不相重叠的区间上，状态的增量是相互独立的.

(1) 增量的平稳性和齐次独立增量过程.

若对任意的实数 h 和 $0\leqslant s+h<t+h$，$X(t+h)-X(s+h)$ 与 $X(t)-X(s)$ 具有相同的分布，则称增量具有平稳性. 这时增量 $X(t)-X(s)$ 的分布函数实际上只依赖于时间差 $t-s(0\leqslant s<t)$，而不依赖于 t 和 s 本身(令 $h=-s$ 即可). 当增量具有平稳性时，称相应的独立增量过程是齐次的或时齐的.

(2) 独立增量过程的协方差函数.

在 $X(0)=0$ 的条件下，记 $Y(t)=X(t)-\mu_x(t)$，显然当 $X(t)$ 具有独立增量时，$Y(t)$ 也具有独立增量，且 $Y(0)=0$，$E[Y(t)]=0$，其方差函数 $D_Y(t)=E[Y^2(t)]=D_X(t)$.

利用以上性质，当 $0\leqslant s<t$ 时，

$$\begin{aligned}C_X(s,t)&=E[Y(s)Y(t)]=E\{[Y(s)-Y(0)][Y(t)-Y(s)]+Y^2(s)\}\\&=E[Y(s)-Y(0)]\cdot E[Y(t)-Y(s)]+E[Y^2(s)]=D_X(s).\end{aligned}$$

于是，对于 $s,t\geqslant 0$，协方差函数可用方差函数表示为

$$C_X(s,t)=D_X[\min(s,t)].\qquad(11\text{-}30)$$

11.3.2 泊松过程

泊松过程是描述随着时间的推移,连续地出现在时间轴上的许多质点所构成的随机质点流的数学模型.它是最简单的随机点过程,也是随机服务系统或排队系统最重要的到达模式.例如,自电子管阴极发射的电子到达阳极,意外事故或意外差错的发生,要求服务的顾客到达服务站等.

定义 11.16 以 $N(t)(t\geqslant 0)$ 表示在时间间隔 $[0,t)$ 内出现的质点数,则 $\{N(t),\ t\geqslant 0\}$ 是一个状态取非负整数、时间连续的随机过程,称为计数过程.令 $N(t_0,t)=N(t)-N(t_0)$, $0\leqslant t_0<t$,它表示时间间隔 $[t_0,t)$ 内出现的质点数,事件 $\{N(t_0,\ t)=k\}$,即"在 $[t_0,\ t)$ 内出现 k 个质点"的概率为

$$P_k(t_0,\ t)=P\{N(t_0,t)=k\},\ k=0,1,2,\cdots \tag{11-31}$$

现假设 $N(t)$ 满足以下条件:

① 在不重叠的区间上的增量具有独立性.

② 增量的平稳性或时齐性.

对于充分小的 Δt,有

$$\begin{aligned}&P_1(t,t+\Delta t)\\&=P\{N(t,t+\Delta t)=1\}\\&=\lambda\Delta t+o(\Delta t).\end{aligned} \tag{11-32}$$

③ 增量的普通性或守序性.

对于充分小的 Δt,有

$$\begin{aligned}&\sum_{j=2}^{+\infty}P_j(t,t+\Delta t)\\&=\sum_{j=2}^{+\infty}P\{N(t,t+\Delta t)=j\}\\&=o(\Delta t).\end{aligned} \tag{11-33}$$

④ $N(0)\equiv 0$. 式(11-32)中的 $\lambda>0$,称为过程 $N(t)$ 的强度.

一般把满足以上条件①~④的计数过程 $\{N(t),\ t\geqslant 0\}$ 称作强度为 λ 的泊松过程,相应的质点流称作强度为 λ 的泊松流.

(1) 由式(11-32)、(11-33)以及 $\sum\limits_{k=0}^{+\infty}P_k(t_0,t)=1$ 知

$$\begin{aligned}&P_0(t,t+\Delta t)\\&=1-P_1(t,t+\Delta t)-\sum_{k=2}^{+\infty}P_k(t,t+\Delta t)\\&=1-\lambda\Delta t+o(\Delta t).\end{aligned} \tag{11-34}$$

(2) 现就泊松过程$\{N(t),\ t>0\}$来计算式(11-31)的概率.

对$\Delta t>0$,有

$$\begin{aligned}&P_0(t_0,t+\Delta t)\\&=P\{N(t_0,t+\Delta t)=0\}\\&=P\{N(t_0,t)+N(t,t+\Delta t)=0\}\\&=P\{N(t_0,t)=0,\ N(t,t+\Delta t)=0\}\\&=P\{N(t_0,t)=0\}\cdot P\{N(t,t+\Delta t)=0\}\\&=P_0(t_0,t)[1-\lambda\Delta t+o(\Delta t)].\end{aligned}$$

或

$$P_0(t_0,t+\Delta t)-P_0(t_0,t)=-\lambda P_0(t_0,t)\Delta t+o(\Delta t).$$

现以Δt除上式两边,并令$\Delta t\to 0$取极限,即得

$$\frac{\mathrm{d}P_0(t_0,t)}{\mathrm{d}t}=-\lambda P_0(t_0,t). \tag{11-35}$$

因为$N(t_0,t_0)=0$,故$P_0(t_0,t_0)=1$.

将式(11-35)分离变量,两边从t_0到t求积,即得

$$\ln P_0(t_0,t)=-\lambda(t-t_0)+\ln P_0(t_0,t_0),$$

$$P_0(t_0,t)=P_0(t_0,t_0)\mathrm{e}^{-\lambda(t-t_0)}=\mathrm{e}^{-\lambda(t-t_0)}(\Rightarrow c_0=\mathrm{e}^{\lambda t_0}). \tag{11-36}$$

又由$P_k(t_0,t)$, $k\geqslant 1$,得

$$\begin{aligned}&P\{N(t_0,t+\Delta t)=k\}\\&=P\{N(t_0,t)+N(t,t+\Delta t)=k\}\\&=\sum_{j=0}^{k}P\{N(t,t+\Delta t)=j\}\cdot P\{N(t_0,t)=k-j\}.\end{aligned}$$

由式(11-31)～(11-34),并注意到

$$\sum_{j=2}^{k}P_j(t,t+\Delta t)P_{k-j}(t_0,t)\leqslant\sum_{j=2}^{k}P_j(t,t+\Delta t)=o(\Delta t),\ k\geqslant 2.$$

上式可表示成

$$\begin{aligned}P_k(t_0,t+\Delta t)&=\sum_{j=0}^{k}P_j(t,t+\Delta t)P_{k-j}(t_0,t)\\&=[1-\lambda\Delta t+o(\Delta t)]P_k(t_0,t)+[\lambda\Delta t+o(\Delta t)]P_{k-1}(t_0,t)+o(\Delta t).\end{aligned}$$

移项并整理后,令$\Delta t\to 0$,取极限可得

$$\frac{\mathrm{d}P_k(t_0,t)}{\mathrm{d}t}=-\lambda P_k(t_0,t)+\lambda P_{k-1}(t_0,t). \tag{11-37}$$

又因$N(t_0,t_0)=0$,故有初始条件

$$P_k(t_0,t_0)=0,\ k\geqslant 1. \tag{11-38}$$

于是在式(11-37)、(11-38)中令$k=1$,并利用已求出的$P_0(t_0,t)$,即可求出

$$P_1(t_0,t)=\lambda(t-t_0)e^{-\lambda(t-t_0)},\ t>t_0.$$

如此重复,即令 $k=2,3,\cdots$,就可求得在$[t_0,t)$内出现 k 个质点的概率为

$$P_k(t_0,t)=\frac{[\lambda(t-t_0)]^k}{k!}e^{-\lambda(t-t_0)},\ t>t_0,\ k=0,1,2,\cdots$$

(3) 由于增量 $N_0(t_0,t)=N(t)-N(t_0)$的概率分布只与时间差 $t-t_0$ 有关,所以强度为 λ 的泊松过程是一齐次的独立增量过程,且其增量服从参数为 $\lambda(t-t_0)$ 的泊松分布.

由泊松分布的数字特征,知

$$E[N(t)-N(t_0)]=\mathrm{Var}[N(t)-N(t_0)]=\lambda(t-t_0).$$

由假设 $N(0)\equiv 0$ 知,泊松过程的均值函数和方差函数分别为

$$E[N(t)]=\lambda t,\ D_N(t)=\mathrm{Var}[N(t)]=\lambda t. \tag{11-39}$$

从式(11-39)可以看出,泊松过程的强度 λ(常数)等于单位时间间隔内出现的质点数目的期望值.

由式(11-30)可知,$C_N(s,t)=\lambda\cdot\min(s,t),\ s,t\geqslant 0$.

而相关函数
$$\begin{aligned}R_N(s,t)&=E[N(s)N(t)]\\&=C_N(s,t)+E[N(s)]\cdot E[N(t)]\\&=\lambda\cdot\min(s,t)+\lambda^2 st,\ s,t\geqslant 0.\end{aligned}$$

若条件(11-32)中的强度为非均匀的,即 $\lambda=\lambda(t),\ t\geqslant 0$,则称泊松过程为非齐次的.

对非齐次的泊松过程,类似地可得

$$P\{N(t)-N(t_0)=k\}=\frac{\left[\int_{t_0}^{t}\lambda(\tau)d\tau\right]^k\cdot e^{-\int_{t_0}^{t}\lambda(\tau)d\tau}}{k!},\ t>t_0\geqslant 0,\ k=0,1,2,\cdots$$

$$E[N(t)]=\int_0^t\lambda(\tau)d\tau,$$

$$R_N(s,t)=\int_0^{\min(s,t)}\lambda(\tau)d\tau\left[1+\int_0^{\max(s,t)}\lambda(\tau)d\tau\right].$$

(4) 泊松过程作为计数过程的随机点过程的等待时间和点间间距.

实际问题中经常对记录某一给定数量的质点所需要的时间进行计时. 设 W_n 是一个随机变量,它表示第 n 个质点出现的等待时间. 现求 W_n 的分布函数 $F_{W_n}(t)=P\{W_n\leqslant t\}$. 由于事件$\{W_n>t\}=\{N(t)<n\}$,故有

$$\begin{aligned}F_{W_n}(t)&=P\{W_n\leqslant t\}=1-P\{W_n>t\}=1-P\{N(t)<n\}\\&=P\{N(t)\geqslant n\}=\sum_{k=n}^{+\infty}\frac{(\lambda t)^k}{k!}e^{-\lambda t},\ t\geqslant 0,\end{aligned} \tag{11-40}$$

$$F_{W_n}(t)=0,\ t<0.$$

将它关于 t 求导,得 W_n 的概率密度为

$$f_{W_n}(t)=\begin{cases}\dfrac{\lambda(\lambda t)^{n-1}}{(n-1)!}\mathrm{e}^{-\lambda t}, & t>0,\\ 0, & \text{其他}.\end{cases} \tag{11-41}$$

记 $T_k=W_k-W_{k-1}$，它也是一个连续型随机变量，称为相继出现的第 $k-1$ 个质点和第 k 个质点的点间间距.

因为 $W_0=0$，所以有 $T_1=W_1$. 由式(11-40)知对应分布函数 $F_{W_1}(t)=\sum_{k=1}^{+\infty}\frac{(\lambda t)^k}{k!}\mathrm{e}^{-\lambda t}$，故 T_1 服从指数分布. 对于 $i\geqslant 2$，T_i 的条件分布函数如下(t_i 为第 i 个质点出现的随机时刻)：

$$\begin{aligned}F_{T_i|t_{i-1}}(t|t_{i-1})&=P\{T_i\leqslant t|t_{i-1}=t_{i-1}\}\\ &\xlongequal{(\text{由 } N(t)\text{ 的定义})}P\{N(t_{i-1}+t)-N(t_{i-1})\geqslant 1|N(t_{i-1})=i-1\}\\ &\xlongequal{(\text{由增量的独立性})}P\{N(t_{i-1}+t)-N(t_{i-1})\geqslant 1\}\\ &=1-P\{N(t_{i-1}+t)-N(t_{i-1})=0\}\\ &\xlongequal{(\text{由增量的平稳性})}1-P\{N(t)=0\}=1-\mathrm{e}^{-\lambda t},\ t>0,\end{aligned}$$

而
$$F_{T_i|t_{i-1}}(t|t_{i-1})=0,\ t\leqslant 0,$$

从而相应的条件概率密度为

$$f_{T_i|t_{i-1}}(t|t_{i-1})=\begin{cases}\lambda\mathrm{e}^{-\lambda t}, & t>0,\\ 0, & t\leqslant 0.\end{cases}$$

于是随机变量 T_i，t_{i-1} 的联合概率密度为

$$f(t,t_{i-1})=\begin{cases}\lambda\mathrm{e}^{-\lambda t}f_{t_{i-1}}(t_{i-1}), & t>0,\ t_{i-1}>0,\\ 0, & \text{其他}.\end{cases}$$

此处 $f_{t_{i-1}}(t_{i-1})$ 为 t_{i-1} 的概率密度，将此表达式关于 t_{i-1} 积分即可得 $T_i(i=1,2,\cdots)$ 的概率密度为

$$\begin{aligned}f_{T_i}(t)&=\int_0^{+\infty}\lambda\mathrm{e}^{-\lambda t}f_{t_{i-1}}(t_{i-1})\mathrm{d}t_{i-1}\\ &=\lambda\mathrm{e}^{-\lambda t}\int_0^{+\infty}f_{t_{i-1}}(t_{i-1})\mathrm{d}t_{i-1}\\ &=\lambda\mathrm{e}^{-\lambda t},\ t>0,\\ f_{T_i}(t)&=0,\ t<0,\end{aligned}$$

即
$$f_{T_i}(t)=\begin{cases}\lambda\mathrm{e}^{-\lambda t}, & t>0,\\ 0, & t\leqslant 0.\end{cases} \tag{11-42}$$

上述密度与 i 无关，因此点间间距 $\{T_i\}$ 服从同一个指数分布. 由 $T_1,T_2,\cdots,T_n,\cdots$ 的相互独立性，可以得到互逆的两个命题.

定理 11.2 强度为 λ 的泊松过程的点间间距是相互独立的随机变量，且服从同一个指数分布.

定理 11.3 如果任意相继出现的两个质点的点间间距是相互独立的，且服从同一个指数分布，则质点流构成了强度为 λ 的泊松流.

11.3.3 维纳过程

维纳过程是布朗运动的数学模型：作为质点在一个坐标上反映的位移，可以看成是许多相互独立的微小位移的代数和. 根据中心极限定理，假定它服从 $W(t)\sim W(s)\sim N(0,\sigma^2(t-s))$ 的正态分布是合理的. 由于在不相重叠的时间间隔内，碰撞的次数、大小和方向可假定是独立的，故位移 $W(t)$ 应具有独立的增量. 另外，液面处于平衡状态，这时质点在一时段上位移的概率分布可认为依赖于该时段的长度，而与观察的起始时刻无关，即 $W(t)$ 应具有平稳增量.

综上所述，可引入维纳过程如下的定义.

定义 11.17 给定二阶矩过程 $[W(t),\ t\geqslant 0]$，如果它满足

① 具有独立增量；

② 对任意的 $t>s\geqslant 0$，增量

$$W(t)-W(s)\sim N(0,\sigma^2(t-s)),\ 且\ \sigma>0; \tag{11-43}$$

③ $W(0)=0$；

则称此过程为维纳过程.

由②可知，维纳过程增量的分布只与时间差有关，所以，它是齐次的独立增量过程，也是正态过程.

事实上，对任意 $n(n\geqslant 1)$ 个时刻 $0<t_1<t_2<\cdots<t_n$（记 $t_0=0$），可把 $W(t_k)$ 写成

$$W(t_k)=\sum_{i=1}^{k}[W(t_i)-W(t_{i-1})],\ k=1,2,\cdots,n.$$

根据定义中①～③，它们都是独立的正态随机变量的和. 由正态分布随机变量的再生性知，$(W(t_1),W(t_2),\cdots,W(t_n))$ 是 n 维正态随机向量，即 $\{W(t),\ t\geqslant 0\}$ 是正态过程. 因此，其分布完全由它的均值函数和自协方差函数（或自相关函数）所确定. 由 $W(0)=0$ 可知，$W(t)\sim N(0,\sigma^2 t)$，由此可得维纳过程的均值与方差函数分别为

$$E[W(t)]=0,\ D_W(t)=\sigma^2 t. \tag{11-44}$$

其中，σ^2 称为维纳过程的扩散系数，可以通过实验观察值构造统计量加以估计.

再由独立增量过程的性质，有

$$C_W(s,t)=R_W(s,t)=D_W(\min(s,t))=\sigma^2\min(s,t),\ s,t\geqslant 0. \tag{11-45}$$

维纳过程不仅是布朗运动的数学模型，也是电子元件恒温下的热噪声电压的数学模型. 泊松过程和维纳过程是随机过程的两大基石，它们的重要性不仅由于

实际中不少随时间演变的随机现象可归结为这两个模型，而且在理论与应用中常利用它们构造出一些新的重要的随机过程模型.

习 题 11

1. 设随机过程

$$X(t)=X\cos\omega_0 t,\ -\infty<t<+\infty,$$

其中 ω_0 是正常数，X 是标准正态变量. 试求 $X(t)$ 的一维概率分布.

2. 设随机过程 $\{X(t),-\infty<t<+\infty\}$ 共有 3 条样本曲线 $X(t,\omega_1)=1$，$X(t,\omega_2)=\sin t$，$X(t,\omega_3)=\cos t$，且 $P(\omega_1)=P(\omega_2)=P(\omega_3)=\dfrac{1}{3}$. 试求数学期望 $X(t)$ 和相关函数 $R_X(t_1,t_2)$.

3. 设随机过程

$$X(t)=\mathrm{e}^{-Xt},\ t>0,$$

其中 X 是具有分布密度 $f(x)$ 的随机变量. 试求 $X(t)$ 的一维分布密度.

4. 在上题中，假定随机变量 X 具有在区间 $(0,T)$ 中的均匀分布. 试求随机过程的数学期望 $E[X(t)]$ 和自相关函数 $R_X(t_1,t_2)$.

5. 设随机过程 $\{X(t),-\infty<t<+\infty\}$ 在每一时刻 t 的状态只能取 0 或 1 的数值，而在不同时刻的状态是相互独立的，且对于任意固定 t 有

$$P\{X(t)=1\}=p,\ P\{X(t)=0\}=1-p,$$

其中 $0<p<1$. 试求 $X(t)$ 的一维和二维分布，并求 $X(t)$ 的数学期望和自相关函数.

6. 设 $\{X_n,n\geqslant 1\}$ 是独立同分布的随机序列，其中 X_j 的分布列为

X_j	1	-1
p	$\frac{1}{2}$	$\frac{1}{2}$

$j=1,2,\cdots$

定义 $Y_n=\sum\limits_{j=1}^{n}X_j$. 试对随机序列 $\{Y_n,n\geqslant 1\}$，求：(1) Y_1 的概率分布列；(2) Y_2 的概率分布列；(3) Y_n 的数学期望；(4) Y_n 的相关函数 $R_Y(n,m)$.

7. 设随机过程 $\{X(t),-\infty<t<+\infty\}$ 的数学期望为 $m_X(t)$，协方差函数 $C_X(t_1,t_2)$，而 $\varphi(t)$ 是一个函数. 试求随机过程

$$Y(t)=X(t)+\varphi(t)$$

的数学期望和协方差函数.

8. 给定随机过程 $\{X(t),-\infty<t<+\infty\}$. 对于任意一个数 x，定义另一个随机过程

$$Y(t)=\begin{cases}1, & X(t)\leqslant x,\\ 0, & X(t)>x.\end{cases}$$

试证：$Y(t)$ 的数学期望和相关函数分别为随机过程 $X(t)$ 的一维和二维分布函数（两个自变量都取 x）.

9. 设随机过程

$$X(t)=\cos\omega t,\ -\infty<t<+\infty,$$

其中 ω 是在区间 $\left(\omega_0-\frac{1}{2}\Delta,\ \omega_0+\frac{1}{2}\Delta\right)$ 中均匀分布的随机变量. 试求 $X(t)$ 的数学期望和自协方差函数.

10. 设随机过程 $X(t)=X$(随机变量)，而 $E(X)=a, D(X)=\sigma^2$. 试求 $X(t)$ 的数学期望和自协方差函数.

11. 设随机过程 $X(t)=X+Yt, -\infty<t<+\infty$，而随机矢量 $(X, Y)^{\mathrm{T}}$ 的协方差阵为 $\begin{pmatrix}\sigma_1^2 & \gamma\\ \gamma & \sigma_2^2\end{pmatrix}$，试求 $X(t)$ 的协方差函数.

12. 设随机过程 $X(t)=X+Yt+Zt^2, -\infty<t<\infty$，其中 X, Y, Z 是相互独立的随机变量，各自的数学期望为 0，方差为 1. 试求 $X(t)$ 的协方差函数.

13. 给定一个随机过程 $X(t)$ 和常数 a，试用 $X(t)$ 的相关函数表示随机过程

$$Y(t)=X(t+a)-X(t)$$

的相关函数.

14. 设 $(X, Y)^{\mathrm{T}}$ 是二维正态矢量，它的数学期望矢量和协方差阵分别为 $(0, 1)^{\mathrm{T}}$ 与 $\begin{pmatrix}4 & 3\\ 3 & 9\end{pmatrix}$. 试写出 $(X, Y)^{\mathrm{T}}$ 的二维分布密度.

15. 设 X 服从二维正态分布 $N(\boldsymbol{O}, \boldsymbol{B})$，$\boldsymbol{B}=\begin{pmatrix}1 & 2\\ 2 & 5\end{pmatrix}$. 若 $\boldsymbol{Y}=\boldsymbol{AX}$，其中 $\boldsymbol{A}=\begin{pmatrix}1 & 0\\ -2 & 1\end{pmatrix}$，试求 $\boldsymbol{Y}$ 的概率分布.

16. 设 X_1, X_2, X_3 为独立同分布的正态变量，且各随机变量的分布为 $N(a, \sigma^2)$. 令

$$Y_1=\frac{1}{\sqrt{3}}(X_1+X_2+X_3),$$

$$Y_2=\frac{1}{\sqrt{2}}(X_1-X_2),$$

$$Y_3=\frac{1}{\sqrt{6}}(2X_3-X_1-X_2).$$

试求随机矢量 $(Y_1, Y_2, Y_3)^{\mathrm{T}}$ 的分布密度.

17. 设 $X_1, X_2, \cdots, X_n$ 是独立同分布的标准正态变量，试求 $Y_1=\sum_{k=1}^{m}X_k$ 和 $Y_2=\sum_{k=1}^{n}X_k$ $(m<n)$ 的联合分布密度.

18. 设随机过程 $X(t)=A\cos(\omega_0 t+\varphi), t\in R$，其中 ω_0 为正常数，A 和 φ 相互独立，且 φ 服从 $[0, 2\pi]$ 上的均匀分布，A 服从 $[0, 1]$ 上的均匀分布. 试求：(1) $X(t)$ 的均值函数和相关函数；(2) $X(t)$ 的一维概率密度.

19. 若随机过程的相关函数 $R_X(\tau)$ 对某些 T，可使得 $R_X(T)=R_X(0)$，证明：$X(t+T)=X(t)$ 以概率 1 成立，即 $X(t)$ 以概率 1 为周期随机过程.

20. 设随机过程 $X(t)=A\cos(\omega t)-B\sin(\omega t)$，其中 A, B 相互独立同分布，并服从正态分布 $N(0, \sigma^2)$，ω 为正常数. 试求：

(1) $X(t)$ 的两个样本函数；

(2) $X(t)$ 的一维概率密度；

(3) 均值函数和协方差函数.

21. 设 $W(t)$是参数为 σ^2 的维纳过程,求下列过程的均值函数和相关函数:

(1) $X(t)=W^2(t)$, $t\geqslant 0$;

(2) $X(t)=tW\left(\frac{1}{t}\right)$, $t>0$;

(3) $X(t)=\frac{1}{c}W(c^2t)$, $t\geqslant 0$.

22. 设 $N(t)$是一强度为 λ 的泊松过程,且 $N_2(t)=N^2(t)$. 试问 $N_2(t)$是否为泊松过程? 并求 $E[N_2(t)]$, $D[N_2(t)]$.

23. 一份杂志通过零售来销售,其销售量为每天平均为 6 份的泊松过程. 零售商每售出一份,可得 1 元的手续费,求零售商一年内所得总手续费的期望值.

12 马尔可夫链

马尔可夫链(Markov Chain)是离散状态的马尔可夫过程,最初是由俄国数学家马尔可夫提出的一种试验模型,即在已知过程“现在状态”下,研究“将来状态”与“过去状态”独立的随机模型,现在已经发展成为比较成熟的马尔可夫过程理论,它广泛地应用于管理科学、工程学科、物理学、经济学乃至社会科学. 本章重点介绍齐次马氏链及其转移概率和遍历性.

12.1 马尔可夫过程及其概率分布

12.1.1 马尔可夫过程的基本概念

引例

现实世界中有很多这样的现象,即某一系统在已知现在情况的条件下,系统未来时刻的情况只与现在有关,而与过去的历史无直接关系.

例 12.1(商店的累计销售额) 如果现在时刻的累计销售额已知,则将来某一时刻的累计销售额与现在时刻以前的任一时刻的累计销售额无关.

例 12.2(分子运动中的能量转换) 分子运动中,物体都可看做由许多不断运动着的质点所组成的一个离散系统. 系统的状态是由系统中各质点的能量决定的. 由于各质点能量不同,且不断地运动和相互碰撞,质点的能量时刻在不断地变化,因此,系统的状态也在不断地变化着. 当质点的能量分布相同时,就认为系统处于相同的状态. 设 M 为这样的一个随机系统,以 $\xi(t)$ 表示 M 在时刻 t 的状态,并假设系统只处于可列个状态,记为 $E_1, E_2, \cdots$,于是 $\{\xi(t), t\in T\}$ 便描述了系统 M 的演变过程. 为了便于叙述,习惯上用“$\xi(t)=i$”表示系统在时刻 t 处于状态 E_i,这样 $\{\xi(t), t\in T\}$ 就构成了一个参数连续、状态离散的随机链,而且时刻 t 以后系统的能量分布只跟 t 时刻系统的状态有关,而跟 t 时刻以前系统的情况无关.

例 12.3(直线上做简谐振动的质点) 如果已知质点在某时刻 t 的位置和速度(合称为状态),则此质点在 t 以后的运动与其在 t 以前的情况无关,即 t 以前的运动只能通过 t 时刻的情况来影响 t 以后的运动.

本节将考虑一类“在已知时刻 t 系统所处状态的前提下，时刻 t 以后系统的变化情况与 t 以前系统所处的状态无关”的随机运动. 这类随机运动的数学模型就是马尔可夫过程.

马尔可夫过程的定义

定义 12.1 设随机过程 $\{X(t),t\in T\}$ 的状态空间为 I，如果对任意的 n 及 $t_1<t_2<\cdots<t_n$, $t_i\in T$, $x_i\in I, i=1,2,\cdots,n$, $n\geqslant 3$，都有式(12-1)成立：

$$F(t_n;x_n|t_{n-1},t_{n-2},\cdots,t_1;\ x_{n-1},x_{n-2},\cdots,x_1)$$
$$=F(t_n;x_n|t_{n-1};x_{n-1})\ (n\geqslant 3), \tag{12-1}$$

则称其为马尔可夫过程，简称为马氏过程.

(1) 转移概率分布.

式(12-1)中的条件分布函数

$$F(t_n;x_n|t_{n-1};x_{n-1})=P\{X(t_n)\leqslant x_n|X(t_{n-1})=x_{n-1}\}$$

称为马氏过程的转移概率分布.

(2) 无后效性.

式(12-1)表示，当过程在时刻 t_{n-1} 所处状态已知的条件下，过程在时刻 t_n 所处的状态与过程在 t_{n-1} 时刻之前的状态无关，这一特性称为无后效性或马尔可夫性.

这里介绍马尔可夫过程中最简单的一种——时间和状态都离散的情况.

马氏链及其定义 条件独立性

定义 12.2 设随机序列 $\{X(n),n\geqslant 0\}$ 只能取离散状态空间 I 中的可列个值，且对任意的正整数 n,r,m 和满足 $0\leqslant t_1<t_2<\cdots<t_r<n$ 的正整数 $t_i(i=1,2,\cdots,r)$ 及 $i_{t_1},i_{t_2},\cdots,i_{t_r},i_n,i_{m+n}\in I$，有

$$P\{X(n+m)=i_{n+m}|X(t_1)=i_{t_1},\ X(t_2)=i_{t_2},\cdots,X(t_r)=i_{t_r},X(n)=i_n\}$$
$$=P\{X(n+m)=i_{n+m}|X(n)=i_n\}. \tag{12-2}$$

当式(12-2)左边有意义时，则称 $\{X(n),\ n\geqslant 0\}$ 为马尔可夫链，简称马氏链. 式(12-2)所表达的性质称为无后效性，也称为马尔可夫性.

(1) 马尔可夫性的概率含义.

不难从式(12-2)的特例($t_i=i,r=n-1,m=1$)看出：在已知“现在”$\{X(n)=i_n\}$的条件下，系统“将来”$\{X(n+1)=i_{n+1}\}$所处状态与已知“现在”$\{X(n)=i_n\}$及“过去”$\{X(0)=i_0,\cdots,X(n-1)=i_{n-1}\}$的条件下，“将来”$\{X(n+1)=i_{n+1}\}$所处的状态的概率分布是一样的.

(2) 马尔可夫性是一种条件独立性.

现在式(12-2)的上述特例两端乘以 $P\{X(0)=i_0,\cdots,X(n-1)=i_{n-1}|X(n)=$

$i_n\}$,可得

$$P\{X(n+1)=i_{n+1};\ X(0)=i_0,\cdots,X(n-1)=i_{n-1}\mid X(n)=i_n\}$$
$$=P\{X(n+1)=i_{n+1}\mid X(n)=i_n\}\cdot P\{X(0)=i_0,\cdots,X(n-1)=i_{n-1}\mid X(n)=i_n\}.$$

由上式可知,$\{X(n),n\geqslant 0\}$在已知“现在”$\{X(n)=i_n\}$的条件下,“过去”$\{X(0)=i_0,\cdots,X(n-1)=i_{n-1}\}$和“将来”$\{X(n+1)=i_{n+1}\}$是条件独立的.因此,马尔可夫性的本质是一种条件独立性.

例 12.4 设$\{X(t),t\geqslant 0\}$是独立增量过程,且$X(0)=0$,试证明$\{X(t),\ t\geqslant 0\}$是一个马尔可夫过程.

证 由定义知,只要证明在已知$X(t_{n-1})=x_{n-1}$的条件下$X(t_n)$与$X(t_j)(j=1,2,\cdots,n-2)$相互独立即可.由独立增量过程的定义可知,当$0<t_j<t_{n-1}$, $j=1,2,\cdots,n-2$时,增量$X(t_j)-X(0)$与$X(t_n)-X(t_{n-1})$相互独立,根据条件$X(0)=0$和$X(t_{n-1})=x_{n-1}$,即有$X(t_j)$与$X(t_n)-x_{n-1}$相互独立.由第3章中定理,设$(X_1,X_2,\cdots,X_m)$和$(Y_1,Y_2,\cdots,Y_n)$相互独立,当h和g为连续函数时,则$h(X_1,X_2,\cdots,X_m)$和$g(Y_1,Y_2,\cdots,Y_n)$相互独立,此时$X(t_n)$与$X(t_j)(j=1,2,\cdots,n-2)$相互独立.这表明$X(t)$具有无后效性,即$\{X(t),\ t\geqslant 0\}$是一个马尔可夫过程.

作为独立增量过程的泊松过程是时间连续、状态离散的马氏过程;维纳过程是时间和状态都连续的马氏过程.时间和状态都是离散的马尔可夫过程称为马尔可夫链,记为$\{X_n=X(n),\ n=0,1,2,\cdots\}$.

12.1.2 转移概率

一步转移概率

对于马氏链,描述其概率性质的最重要的概念是它在时刻m的一步转移概率.

定义 12.3 称条件概率$P\{X(m+1)=j\mid X(m)=i\}(i,j\in I,I$为状态空间)为马氏链$\{X(n),n\geqslant 0\}$在时刻$m$从状态$i$到状态$j$的一步转移概率,记为$P_{ij}(m)$,即有

$$P_{ij}(m)=P\{X(m+1)=j\mid X(m)=i\},\ i,j\in I. \tag{12-3}$$

转移概率矩阵和随机矩阵

定义 12.4 若$I=\{0,\ 1,\ 2,\ \cdots\}$,称矩阵

$$\boldsymbol{P}(m)=(P_{ij}(m))=\begin{pmatrix} P_{00}(m) & P_{01}(m) & P_{02}(m) & \cdots \\ P_{10}(m) & P_{11}(m) & P_{12}(m) & \cdots \\ P_{20}(m) & P_{21}(m) & P_{22}(m) & \cdots \\ \vdots & \vdots & \vdots & \vdots \end{pmatrix} \tag{12-4}$$

为转移概率矩阵.

一步转移概率 $P_{ij}(m)$ 表示在时刻 m 及 $X(m)$ 取值 i 的条件下，在下一时刻 $m+1$，$X(m+1)$ 取值转移到 j 的概率.

显然，$P_{ij}(m)$ 满足以下两个性质：

① $0\leqslant P_{ij}(m)\leqslant 1,\ i\in I$.

② $\sum\limits_{j\in I}P_{ij}(m)=1,\ i\in I$. (12-5)

转移概率矩阵 $\boldsymbol{P}(m)$ 是一个具有非负元素的方阵，并且其各行元素之和都等于 1. 凡是满足上述两个条件的矩阵，统称为随机矩阵或马尔可夫矩阵.

步转移概率矩阵

一般地，还可以定义时刻 m 的 k 步转移概率.

定义 12.5 条件概率

$$P_{ij}^{(k)}(m)=P\{X(m+k)=j\mid X(m)=i\} \tag{12-6}$$

称为马氏链 $\{X(n)\}$ 在时刻 m 的 k 步转移概率. 称矩阵

$$\boldsymbol{P}^{(k)}(m)=(P_{ij}^{(k)}(m)),\ i,j\in I. \tag{12-7}$$

为 k 步转移概率矩阵.

k 步转移概率 $P_{ij}^{(k)}(m)$ 表示在时刻 m 及 $X(m)$ 处于状态 i 的条件下，经过 $k(k\geqslant 1)$ 步到达状态 j 的转移概率. 显然 $\boldsymbol{P}^{(k)}(m)$ 也是一个随机矩阵.

当 $k=1$ 时，有 $P_{ij}^{(1)}(m)=P_{ij}(m)$，$\boldsymbol{P}^{(1)}(m)=\boldsymbol{P}(m)$.

通常规定

$$P_{ij}^{(0)}(m)=\begin{cases}1, & i=j.\\ 0, & i\neq j.\end{cases} \tag{12-8}$$

马氏链举例

例 12.5 在只传输数字 0 和 1 的串联系统中（一般称 0－1 传输系统），设每一级的传真率（输出与输入数字相同的概率称为系统的传真率，相反情况称为误码率）为 p，误码率为 $q=1-p$，并设一个单位传输一级：X_0 是第一级的输入，X_n 是第 n 级的输出 $(n\geqslant 1)$，那么 $\{X_n,n=0,1,2,\cdots\}$ 是一个随机过程，状态空间 $I=\{0,1\}$，且当 $X_i=i(i\in I)$ 为已知时，X_{n+1} 所处状态的概率分布只与 $X_n=i$ 有关，而与时刻 n 以前所处的状态无关，所以它是一个马氏链，它的一步转移概率和一步转移概率矩阵分别为

$$P_{ij}(n)=P\{X_{n+1}=j\mid X_n=i\}=\begin{cases}p, & j=i,\\ q, & j\neq i.\end{cases}\quad i,j=0,1,$$

$$\boldsymbol{P}(n)=\begin{pmatrix}p & q\\ q & p\end{pmatrix}.$$

例 12.6 带一维不可越壁的随机游动和带吸收壁的随机游动，设线段 $[1,5]$ 上有一个质点，假定它只能停留在 1,2,3,4,5 点，并且只能在 t_1，t_2，…时刻发生随

机移动.移动规则是:移动前若在 2,3,4 点,则均以$\frac{1}{3}$的概率向左或向右移动一格或停留原处;若移动前在 1 点上,则以概率 1 移到 2 点;若移动前在 5 点上,则以概率 1 移到 4 点.以 $X(n)=i(i=1, 2, 3, 4, 5)$表示质点在时刻 t_n 位于 i 点,则质点位置$\{X(n)\}$是一个马氏链,状态空间 $I=\{1,2, 3, 4, 5\}$.

其转移概率如图 12-1 所示.

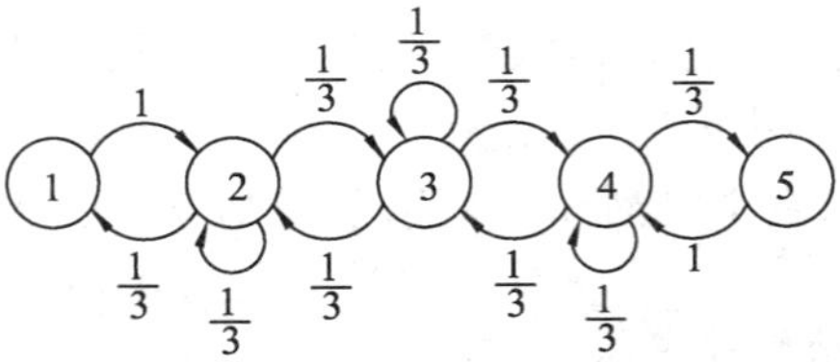

图 12-1 转移概率示意

转移概率矩阵为

$$\boldsymbol{P}(m)=\begin{pmatrix} 0 & 1 & 0 & 0 & 0 \\ \frac{1}{3} & \frac{1}{3} & \frac{1}{3} & 0 & 0 \\ 0 & \frac{1}{3} & \frac{1}{3} & \frac{1}{3} & 0 \\ 0 & 0 & \frac{1}{3} & \frac{1}{3} & \frac{1}{3} \\ 0 & 0 & 0 & 1 & 0 \end{pmatrix}.$$

注意:状态空间有多大,其转移概率矩阵的阶数就有多大.在本例游动问题中,质点不能越过 1 和 5 点,称为带一维不可越壁的随机游动.改变游动的概率法则(即转移概率),就有不同类型的随机游动过程.

例如,在上述的随机游动中,质点一旦到达 1 或 5 就不动了,而其余的游动规则不变,则称为带吸收壁的随机游动.它也是一个马氏链,其转移概率矩阵为

$$\boldsymbol{P}(m)=\begin{pmatrix} 1 & 0 & 0 & 0 & 0 \\ \frac{1}{3} & \frac{1}{3} & \frac{1}{3} & 0 & 0 \\ 0 & \frac{1}{3} & \frac{1}{3} & \frac{1}{3} & 0 \\ 0 & 0 & \frac{1}{3} & \frac{1}{3} & \frac{1}{3} \\ 0 & 0 & 0 & 0 & 1 \end{pmatrix}.$$

其第 1 行是(1,0,0,0,0),第 5 行是(0,0,0,0,1),这是吸收壁的特征.对于具有吸收壁的随机游动,当质点处于吸收壁时,称过程处于吸收状态,而称其余状态过程

处于非吸收状态.

注意： i 为吸收状态，当且仅当对于任意 n，有 $P_{ii}(n)=1$.

例 12.7(排队模型) 设服务系统由一个服务员和只可以容纳 2 个人的等待室组成，服务规则是先到先服务(FCFS)，后来者需在等待室依次排队，假定一个需要服务的顾客到达系统时发现系统内已有 3 个顾客(一个正在接受服务，二个在等候室排队)，则该顾客即离去(损失制). 设时间间隔 Δt 内有一个顾客进入系统的概率为 q，一个原来被服务的顾客离开系统(即服务完毕)的概率为 p，又设当 Δt 充分小时，在这段时间间隔内多于一个顾客进入或离开系统实际上是不可能的，再设有无顾客来到与服务是否完毕是相互独立的，现用马氏链来描述这个服务系统.

设 $X_n=X(n\Delta t)$ 表示时刻 $n\Delta t$ 时系统内的顾客数即系统的状态，$\{X_n, n=0,1,2,\cdots\}$ 是一随机过程，状态空间 $I=\{0,1,2,3\}$，仿前分析，它是一个马氏链. 现计算此马氏链的一步转移概率.

P_{00} 为在系统内没有顾客的条件下，经 Δt 后仍没有顾客的概率(此处是条件概率，以下同)，$P_{00}=1-q$.

P_{01} 为系统内没有顾客的条件下，经 Δt 以后进入一个顾客的概率，$P_{01}=q$.

P_{10} 为系统内恰有一个顾客正在接受服务的条件下，经 Δt 后系统内无人的概率，它等于在 Δt 间隔内顾客因服务完毕而离去，且无人进入系统的概率，$P_{10}=p(1-q)$.

P_{11} 为系统内恰有一个顾客的条件下，在 Δt 间隔内因服务完毕而离去，而另一个顾客进入系统；或者正在接受服务的顾客继续要求服务，且无人进入系统的概率，$P_{11}=pq+(1-p)(1-q)$.

P_{12} 为正在接受服务的顾客继续要求服务，且 Δt 间隔内另一个顾客进入系统的概率，$P_{12}=(1-p)q$.

P_{13} 为正在接受服务的顾客继续要求服务，且在 Δt 间隔内有 2 个顾客进入系统的概率，由假设可知，后者实际上是不可能发生的，故有 $P_{13}=0$.

类似地，有

$P_{21}=P_{32}=p(1-q)$,

$P_{22}=pq+(1-p)(1-q)$,

$P_{23}=q(1-p)$, $P_{ij}=0(|i-j|\geqslant 2)$.

P_{33} 为一个顾客因服务完毕离去且另一个顾客进入系统，或者无人离开系统的概率，$P_{33}=pq+(1-p)$.

于是该马氏链的一步转移概率矩阵为

$$\boldsymbol{P}=\begin{pmatrix} 1-q & q & 0 & 0 \\ p(1-q) & pq+(1-p)(1-q) & q(1-p) & 0 \\ 0 & p(1-q) & pq+(1-p)(1-q) & q(1-p) \\ 0 & 0 & p(1-q) & pq+(1-p) \end{pmatrix}.$$

12.1.3 马氏链的有限维分布

绝对概率和有限状态下的分布律

定义 12.6 对每一非负整数 m,称概率

$$P_i(m)=P\{X(m)=i\},\ i\in I \tag{12-9}$$

为绝对概率.特别地,称初始时刻 0 时,$\{X(0)\}$的分布

$$P_i=P_i(0)=P\{X(0)=i\},\ i\in I \tag{12-10}$$

为初始分布或初始概率.

显然
$$P_i\geqslant 0,\ \sum_{i\in I}P_i=1.$$

由全概率公式,有

$$P_j(m+1)=\sum_{i\in I}P_iP_{ij}^{(m+1)}(0)=\sum_{i\in I}P_i(m)P_{ij}(m)(j\in I). \tag{12-11}$$

式(12-11)表明,绝对概率 $P_i(m)$可由初始概率和转移概率决定.绝对概率 $P_i(m)$ $(i\in I)$反映了随机序列 $X(m)$的一维分布.

如果 $I=\{1,2,\cdots,N\}$,则 $X(m)$的分布律为

$$(P_1(m),\ P_2(m),\ \cdots,P_N(m)). \tag{12-12}$$

式(12-11)又可以写成

$$(P_1(m+1),\ P_2(m+1),\ \cdots,P_N(m+1))=(P_1(m),\ P_2(m),\cdots,P_N(m))\boldsymbol{P}(m).$$

$$\overset{\text{递推}}{=\!=\!=}(P_1,\ P_2,\cdots,P_N)\boldsymbol{P}(0)\boldsymbol{P}(1)\cdots\boldsymbol{P}(m). \tag{12-13}$$

其中,$\boldsymbol{P}(m)=(P_{ij}(m))$为一步转移概率矩阵,式(12-11)的第 2 个等号说明 $X(m+1)$的分布律可以由 $X(m)$的分布律(或初始分布)及转移概率矩阵决定.

例 12.8 对于例 12.6 中的一维不可越壁的随机游动,如果假定初始分布为

$$\left(\frac{1}{5},\ \frac{1}{5},\ \frac{1}{5},\ \frac{1}{5},\ \frac{1}{5}\right),$$

则 $X(1)$的分布律为

$$\left(\frac{1}{5},\frac{1}{5},\frac{1}{5},\frac{1}{5},\frac{1}{5}\right)\begin{pmatrix}0&1&0&0&0\\ \frac{1}{3}&\frac{1}{3}&\frac{1}{3}&0&0\\ 0&\frac{1}{3}&\frac{1}{3}&\frac{1}{3}&0\\ 0&0&\frac{1}{3}&\frac{1}{3}&\frac{1}{3}\\ 0&0&0&1&0\end{pmatrix}=\left(\frac{1}{15},\frac{5}{15},\frac{3}{15},\frac{5}{15},\frac{1}{15}\right).$$

马氏链的有穷维分布律

定理 12.1 设$\{X(n),n\geqslant 0\}$为马氏链，则对于任意非负整数$m_1<m_2<\cdots<m_k$（k为非负整数），有

$$
\begin{aligned}
&P\{X(m_1)=i_1,\ X(m_2)=i_2,\ \cdots,X(m_k)=i_k\}\\
&=\sum_{i\in I}P_iP_{ii_1}^{(m_1)}(0)P_{i_1i_2}^{(m_2-m_1)}(m_1)\cdots P_{i_{k-1}i_k}^{(m_k-m_{k-1})}(m_{k-1}).
\end{aligned} \tag{12-14}
$$

证 由概率的乘法公式、马氏性及式(12-11)，有

$$
\begin{aligned}
&P\{X(m_1)=i_1,\ X(m_2)=i_2,\cdots X(m_k)=i_k\}\\
&=P\{X(m_1)=i_1\}\cdot P\{X(m_2)=i_2\mid X(m_1)=i_1\}\cdot P\{X(m_3)\\
&=i_3\mid X(m_2)=i_2,\ X(m_1)=i_1\}\cdots P\{X(m_k)=i_k\mid X(m_{k-1})\\
&=i_{k-1},\ \cdots,X(m_2)=i_2,\ X(m_1)=i_1\}\\
&=\sum_{i\in I}P_iP_{ii_1}^{(m_1)}(0)P_{i_1i_2}^{(m_2-m_1)}(m_1)\cdot P_{i_2i_3}^{(m_3-m_2)}(m_2)\cdots P_{i_{k-1}i_k}^{(m_k-m_{k-1})}(m_{k-1}).
\end{aligned}
$$

定理 12.1 表明，虽然转移概率$P_{ij}(m)$只描述了$X(m)$与$X(m+1)$之间的统计联系，P_i只描写了$X(0)$的分布，利用马氏性，它们可描写出$X(n)$的一切有限维分布律，因而也可以完全了解马氏链的统计特性.

12.2 多步转移概率的确定

12.2.1 切普曼-柯尔莫哥洛夫方程

对于k步转移概率，有以下定理：

定理 12.2 设$\{X(n),n\geqslant 0\}$为马氏链，则对于任意非负整数m,k,l有

$$
P_{ij}^{(k+l)}(m)=\sum_{s\in I}P_{is}^{(k)}(m)\cdot P_{sj}^{(l)}(m+k),\ i,j\in I, \tag{12-15}
$$

写成矩阵的形式为

$$
\boldsymbol{P}^{(k+l)}(m)=\boldsymbol{P}^{(k)}(m)\cdot\boldsymbol{P}^{(l)}(m+k). \tag{12-16}
$$

这就是著名的切普曼-柯尔莫哥洛夫方程(C-K 方程).

证 根据全概率公式及马氏性，得

$$
\begin{aligned}
P_{ij}^{(k+l)}(m)&=P\{X(m+k+l)=j\mid X(m)=i\}\\
&=\frac{P\{X(m)=i,\ X(m+k+l)=j\}}{P\{X(m)=i\}}\\
&=\frac{P\{X(m)=i,\ \bigcup_{s\in I}\{X(m+k)=s\},\ X(m+k+l)=j\}}{P\{X(m)=i\}}
\end{aligned}
$$

$$= \sum_{s\in I} \frac{P\{X(m)=i,\ X(m+k)=s,\ X(m+k+l)=j\}}{P\{X(m)=i\}}$$

$$= \sum_{s\in I} \frac{P\{X(m)=i,\ X(m+k)=s,\ X(m+k+l)=j\}}{P\{X(m)=i,\ X(m+k)=s\}} \cdot \frac{P\{X(m)=i,\ X(m+k)=s\}}{P\{X(m)=i\}}$$

$$= \sum_{s\in I} P\{X(m+k+l)=j \mid X(m+k)=s,\ X(m)=i\} \cdot P\{(m+k)=s \mid X(m)=i\}$$

$$= \sum_{s\in I} P\{X(m+k+l)=j \mid X(m+k)=s\} \cdot P\{X(m+k)=s \mid X(m)=i\}$$

$$= \sum_{s\in I} P_{sj}^{(l)}(m+k) \cdot P_{is}^{(k)}(m).$$

定理 12.2 表示，在从时刻 m 的状态 i 以 $k+l$ 步处于状态 j 的过渡中，前 k 步使系统从 i 处于某一中间状态 s，后 l 步再使系统从 s 处于 j. 为了得到从状态 i 转移到 j 的所有可能的途径，需要对所有的中间状态求和. 切普曼-柯尔莫哥洛夫方程刻画出马氏链的特征，在马氏链的理论中极其具有重要性.

12.2.2 多步转移概率的表示

切普曼-柯尔莫哥洛夫方程可以用一步转移概率来表达多步转移概率. 事实上有

$$P_{ij}^{(2)}(m) = \sum_{s\in I} P_{is}(m)P_{sj}(m+1). \tag{12-17}$$

一般地有

$$P_{ij}^{(k+1)}(m) = \sum_{s\in I} P_{is}^{(k)}(m)P_{sj}^{(1)}(m+k) = \sum_{s\in I} P_{is}(m)P_{sj}^{(k)}(m+1). \tag{12-18}$$

$$P_{ij}^{(k+1)}(m) = \sum_{s_1,s_2,\cdots,s_k\in I} P_{is_1}(m)P_{s_1s_2}(m+1)\cdots P_{s_kj}(m+k). \tag{12-19}$$

由此可见，转移概率矩阵 $(P_{ij}(m))$ 决定了随机序列 $\{X(n)\}$ 转移过程的概率法则，也就是说，在已知 $\{X(m)=i\}$ 的条件下，$\{X(m+k)=j\}$ 的条件概率可以由一步转移概率矩阵求出.

12.2.3 齐次马氏链及其性质

定义 12.7 如果马氏链 $\{X(n)\}$ 的转移概率矩阵 $\boldsymbol{P}(m)$ 与 m 无关，则称为齐次马氏链，记为 $\boldsymbol{P}$，即对任意非负整数 m，则有

$$P_{ij}(m)=P_{ij},\ i,\ j\in I, \tag{12-20}$$

或

$$\boldsymbol{P}(m)=\boldsymbol{P}. \tag{12-21}$$

一般地，$P_{ij}^{(k)}(m)$不仅依赖于 i，j，k，还依赖于 m，但齐次马氏链中的$P_{ij}^{(k)}(m)$却不依赖于时刻 m 的取值. 事实上由定理 12.1 和定义 12.1 可知：

① 马氏链是齐次的充要条件为：其任意 k 步转移概率 $P_{ij}^{(k)}(m)$都与 m 无关，记为 $P_{ij}^{(k)}$. 此时，记 k 步转移概率矩阵为$\boldsymbol{P}^{(k)}$.

② 若$\{X(n)\}$为齐次马氏链，则任意 k 步转移概率 $P_{ij}^{(k)}$ 均可由其一步转移概率决定. 因此，齐次马氏链的一步转移概率矩阵有特殊意义.

对于齐次马氏链，它具有以下性质：

① $P_{ij}\geqslant 0,\ i,j\in I.$ (12-22)

② $\sum\limits_{j\in I}P_{ij}=1,\ i\in I.$ (12-23)

③ $P_{ij}^{(k+l)}=\sum\limits_{s\in I}P_{is}^{(k)}\cdot P_{sj}^{(l)}.$ (12-24)

④ $P_{ij}^{(k+1)}=\sum\limits_{s_1,s_2,\cdots,s_k\in I}P_{is_1}P_{s_1s_2}\cdots P_{s_kj}.$ (12-25)

⑤ $P_{j}^{(k+1)}=\sum\limits_{i\in I}P_iP_{ij}^{(k+1)}=\sum\limits_{i\in I}P_i(k)P_{ij}.$ (12-26)

在式(12-24)中取 $k=l=1$，有

$$P_{ij}^{(2)}=\sum_{s\in I}P_{is}P_{sj}\ ,$$

将其写成矩阵的形式为

$$\boldsymbol{P}^{(2)}=\boldsymbol{P}^2=\boldsymbol{P}\cdot\boldsymbol{P}.$$

用数学归纳法，可得

$$\boldsymbol{P}^{(k)}=\boldsymbol{P}^k. \tag{12-27}$$

其中 $\boldsymbol{P}^k=\underbrace{\boldsymbol{P}\cdot\boldsymbol{P}\cdot\cdots\cdot\boldsymbol{P}}_{k个}$表示 k 个矩阵相乘，于是

$$(P_1(k+1),\cdots,P_N(k+1))=(P_1(k),\cdots,P_N(k))\boldsymbol{P}=(P_1\cdots P_N)\boldsymbol{P}^{k+1}. \tag{12-28}$$

齐次马氏链的有限维分布可由初始分布与一步转移概率完全确定.

例 12.9 某计算机房的一台计算机经常出故障，研究者每隔 15 min 观察一次计算机的运行状态，收集了 24 h 的数据(共 97 次观察)，用 1 表示正常状态，用 0 表示不正常状态，所得数据序列如下：

1110010011111110011110111111001111111110001101101

111011011010111101110111101111110011011111100111

设 X_n 为第 $n(n=1,\ 2,\cdots,97)$个时段的计算机状态，可认为它是一个齐次马氏链，状态空间 $I=\{0,1\}$，96 次状态转移情况是：

$0\to0$，8 次；　$0\to1$，18 次；$1\to0$，18 次；$1\to1$，52 次.

因此,一步转移概率可表示为(用频率近似表示概率):

$$P_{00}=P\{X_{n+1}=0\mid X_n=0\}\approx\frac{8}{8+18}=\frac{8}{26},$$

$$P_{01}=P\{X_{n+1}=1\mid X_n=0\}\approx\frac{18}{8+18}=\frac{18}{26},$$

$$P_{10}=P\{X_{n+1}=0\mid X_n=1\}\approx\frac{18}{18+52}=\frac{18}{70},$$

$$P_{11}=P\{X_{n+1}=1\mid X_n=1\}\approx\frac{52}{18+52}=\frac{52}{72}.$$

例 12.10 (续例 12.9)已知计算机在某一时段(15 min)的状态为 0,试问在此条件下,从这一时段起此计算机能连续工作 3 刻钟(3 个时段)的条件概率为多少?

解 由题意知,某一时段的状态为 0,就是初始状态为 0,即 $X_0=0$,由乘法公式、马氏性和齐次性知,所求条件概率为 $P\{X_1=1,\ X_2=1,X_3=1\mid X_0=0\}$.

$$P\{X_1=1,X_2=1,X_3=1\mid X_0=0\}$$
$$=P\{X_0=0,\ X_1=1,X_2=1,X_3=1\}/P\{X_0=0\}$$

由乘法公式,上式可化为

$$P\{X_0=0\}\cdot P\{X_1=1\mid X_0=0\}\cdot P\{X_2=1\mid X_1=1,X_0=0\}\cdot$$
$$P\{X_3=1\mid X_2=1,X_1=1,X_0=0\}/P\{X_0=0\}.$$

由马氏性,上式化为

$$P\{X_1=1\mid X_0=0\}\cdot P\{X_2=1\mid X_1=1\}\cdot P\{X_3=1\mid X_2=1\}.$$

由齐次性,上式化为

$$P_{01}(1)P_{11}(1)P_{11}(1)=\frac{18}{26}\times\frac{52}{70}\times\frac{52}{70}=0.382.$$

例 12.11 设$\{X_n,\ n\geqslant 0\}$是具有 3 个状态 0,1,2 的齐次马氏链,一步转移概率矩阵为

$$\boldsymbol{P}=\begin{pmatrix}\frac{3}{4} & \frac{1}{4} & 0\\ \frac{1}{4} & \frac{1}{2} & \frac{1}{4}\\ 0 & \frac{3}{4} & \frac{1}{4}\end{pmatrix}.$$

初始分布 $P_i(0)=P\{X_0=i\}=\frac{1}{3}$, $i=0,1,2$. 试求:$P\{X_0=0,\ X_2=1\}$及$P\{X_2=1\}$.

解 先求出二步转移概率矩阵:

$$P^{(2)}=P^2=\begin{pmatrix}\frac{3}{4}&\frac{1}{4}&0\\\frac{1}{4}&\frac{1}{2}&\frac{1}{4}\\0&\frac{3}{4}&\frac{1}{4}\end{pmatrix}\begin{pmatrix}\frac{3}{4}&\frac{1}{4}&0\\\frac{1}{4}&\frac{1}{2}&\frac{1}{4}\\0&\frac{3}{4}&\frac{1}{4}\end{pmatrix}=\begin{pmatrix}\frac{5}{8}&\frac{5}{16}&\frac{1}{16}\\\frac{5}{16}&\frac{1}{2}&\frac{3}{16}\\\frac{3}{16}&\frac{9}{16}&\frac{1}{4}\end{pmatrix}.$$

于是

$$\begin{aligned}&P\{X_0=0,\ X_2=1\}\\=&P\{X_0=0\}P\{X_2=1\mid X_0=0\}\\=&P_0(0)P_{01}^{(2)}=\frac{1}{3}\cdot\frac{5}{16}=\frac{5}{48}.\end{aligned}$$

$$\begin{aligned}P_1(2)=P\{X_2=1\}&=P_0(0)P_{01}^{(2)}+P_1(0)P_{11}^{(2)}+P_2(0)P_{21}^{(2)}\\&=\frac{1}{3}\left(\frac{5}{16}+\frac{1}{2}+\frac{9}{16}\right)=\frac{11}{24}.\end{aligned}$$

例 12.12 在例 12.5 中,(1) 设 $p=0.9$,求系统二级传输后的传真率与三级传输后的误码率;

(2) 设初始分布 $P_1(0)=P\{X_0=1\}=\alpha$, $P_0(0)=P\{X_0=0\}=1-\alpha$,又已知系统经 n 级传输后输出为 1,问原发字符也是 1 的概率是多少?

解 先求出 n 步转移概率矩阵:$P^{(n)}=P^n$.

$P=\begin{pmatrix}p&q\\q&p\end{pmatrix}$(其中 $q=1-p$)有相异的特征值 $\lambda_1=1$, $\lambda_2=p-q$.

事实上有

$$(\lambda E-P)=\begin{pmatrix}\lambda-p&-q\\-q&\lambda-p\end{pmatrix},$$

$$\begin{aligned}|\lambda E-P|&=(\lambda-p)(\lambda-p)-q\cdot q\\&=\lambda^2-(p+p)\lambda+p\cdot p-q\cdot q\\&=\lambda^2-2p\lambda+p^2-q^2=0,\ (\lambda_1=1,\ \lambda_2=p-q),\end{aligned}$$

即

$$\lambda^2-2p\lambda+(p-q)=0,\ \lambda_1=1,\ \lambda_2=p-q.$$

由线性代数知识,可将 P 表示成对角阵:$\Lambda=\begin{bmatrix}\lambda_1&0\\0&\lambda_2\end{bmatrix}=\begin{pmatrix}1&0\\0&p-q\end{pmatrix}$的相似矩阵,具体做法是求出 λ_1, λ_2 对应的特征向量:

$$e_1=\begin{bmatrix}\frac{1}{\sqrt{2}}\\\frac{1}{\sqrt{2}}\end{bmatrix},\ e_2=\begin{bmatrix}-\frac{1}{\sqrt{2}}\\\frac{1}{\sqrt{2}}\end{bmatrix}.$$

事实上, $$(\lambda E-P)X=0,$$

$$当\ \lambda_1=1\ 时\begin{pmatrix}1-p & -q\\ -q & 1-p\end{pmatrix}\begin{pmatrix}x_1\\ x_2\end{pmatrix}=\mathbf{0},可令求得\ X_1=\begin{pmatrix}1\\ 1\end{pmatrix}.$$

$\lambda_2=p-q$ 时，可令

$$\begin{pmatrix}-q & -q\\ -q & -q\end{pmatrix}\begin{pmatrix}x_1\\ x_2\end{pmatrix}=\mathbf{0},求得\ X_2=\begin{pmatrix}-1\\ 1\end{pmatrix}.$$

标准化后得

$$\boldsymbol{H}=(\boldsymbol{e}_1,\boldsymbol{e}_2)=\begin{pmatrix}\frac{1}{\sqrt{2}} & -\frac{1}{\sqrt{2}}\\ \frac{1}{\sqrt{2}} & \frac{1}{\sqrt{2}}\end{pmatrix},$$

则
$$\boldsymbol{P}=\boldsymbol{H}\boldsymbol{\Lambda}\boldsymbol{H}^{-1},$$
于是
$$\boldsymbol{P}^n=(\boldsymbol{H}\boldsymbol{\Lambda}\boldsymbol{H}^{-1})^n=\boldsymbol{H}\boldsymbol{\Lambda}^n\boldsymbol{H}^{-1}$$
$$=\begin{pmatrix}\frac{1}{2}+\frac{1}{2}(p-q)^n & \frac{1}{2}-\frac{1}{2}(p-q)^n\\ \frac{1}{2}-\frac{1}{2}(p-q)^n & \frac{1}{2}+\frac{1}{2}(p-q)^n\end{pmatrix}. \qquad (*)$$

(i) 由式(*)可知，当 $p=0.9$ 时，系统经二级传输后的传真率与三级传输后的误码率分别为

$$P_{11}^{(2)}=P_{00}^{(2)}=\frac{1}{2}+\frac{1}{2}(0.9-0.1)^2=0.820,$$

$$P_{10}^{(3)}=P_{01}^{(3)}=\frac{1}{2}-\frac{1}{2}(0.9-0.1)^3=0.244.$$

(ii) 根据贝叶斯公式，当已知系统 n 级传输后输出为 1，原发字符也是 1 的概率为

$$P\{X_0=1\mid X_n=1\}=\frac{P(X_0=1)P\{X_n=1\mid X_0=1\}}{P\{X_n=1\}}$$
$$=\frac{P_1^{(0)}\ p_{11}^{(n)}}{P_0^{(0)}\ P_{01}^{(n)}+P_1^{(0)}\ P_{11}^{(n)}}=\frac{\alpha+\alpha(p-q)^n}{1+(2\alpha-1)(p-q)^n}.$$

(iii) 对于只有两个状态的马氏链，一步转移概率矩阵一般可表示为

$$\boldsymbol{P}=\begin{pmatrix}1-a & a\\ b & 1-b\end{pmatrix}.$$

类似地，可得 n 步转移概率矩阵为

$$\boldsymbol{P}^{(n)}=\boldsymbol{P}^n=\begin{pmatrix}P_{00}^{(n)} & P_{01}^{(n)}\\ P_{10}^{(n)} & P_{11}^{(n)}\end{pmatrix}=\frac{1}{a+b}\begin{pmatrix}b & a\\ b & a\end{pmatrix}+\frac{(1-a-b)^n}{a+b}\begin{pmatrix}a & -a\\ -b & b\end{pmatrix},\ n=1,2,\cdots.$$

这是解决两个状态的马氏链问题的有用公式.

例 12.13 设例 12.6 中的质点到达 1 点时，下一时刻以概率 1 移到 2 点；质

点到达 5 点时便停在那里，不再移动；质点到达 2,3,4 点的移动规则不变.

本例是一个一侧为不可越壁，一侧为吸收壁的随机游动. 它也是一个具有 5 个状态的齐次马氏链，其转移概率矩阵为

$$\boldsymbol{P}=\begin{pmatrix} 0 & 1 & 0 & 0 & 0 \\ \frac{1}{3} & \frac{1}{3} & \frac{1}{3} & 0 & 0 \\ 0 & \frac{1}{3} & \frac{1}{3} & \frac{1}{3} & 0 \\ 0 & 0 & \frac{1}{3} & \frac{1}{3} & \frac{1}{3} \\ 0 & 0 & 0 & 0 & 1 \end{pmatrix}.$$

二步转移概率矩阵为

$$\boldsymbol{P}^{(2)}=\boldsymbol{P}^2=\begin{pmatrix} \frac{1}{3} & \frac{1}{3} & \frac{1}{3} & 0 & 0 \\ \frac{1}{9} & \frac{5}{9} & \frac{2}{9} & \frac{1}{9} & 0 \\ \frac{1}{9} & \frac{2}{9} & \frac{3}{9} & \frac{2}{9} & \frac{1}{9} \\ 0 & \frac{1}{9} & \frac{2}{9} & \frac{2}{9} & \frac{4}{9} \\ 0 & 0 & 0 & 0 & 1 \end{pmatrix}.$$

最后一行仍为(0,0,0,0,1)，由于状态 5 是吸收壁，当质点到达坐标 5 时，不可能再变到其他状态，所以任何 k 步转移概率矩阵，最后一行都是(0,0,0,0,1).

如果这种过程随着时间推移无限次地转移下去，那么无论质点从哪一个状态出发，最终总要被吸收掉，而且时间越长，被吸收掉的可能性越大，所以有

$$\lim_{k\to+\infty}\boldsymbol{P}^{(k)}=\begin{pmatrix} 0 & 0 & 0 & 0 & 1 \\ 0 & 0 & 0 & 0 & 1 \\ 0 & 0 & 0 & 0 & 1 \\ 0 & 0 & 0 & 0 & 1 \\ 0 & 0 & 0 & 0 & 1 \end{pmatrix}.$$

12.3 遍历性及状态分类

12.3.1 遍历性理论

基本概念

在电力运行、机械加工、大规模的劳动组织等生产过程中，常常会遇到这样的

情况，即不管系统的初始状态如何，在经历了一段时间以后，系统就会处于统计平衡状态（Statistical Equilibrium）。这种情况就是数学中所谓的遍历性问题，遍历性问题是马氏链理论的一个重要部分。

现给出遍历性问题的严格数学定义。

定义 12.8 设 $P_{ij}^{(k)}$ 为齐次马氏链 $\{X(n), n \geqslant 0\}$ 的 k 步转移概率，如果对一切 i, j，存在不依赖于 i 的极限

$$\lim_{k \to +\infty} P_{ij}^{(k)} = P_j, \tag{12-29}$$

则称马氏链 $\{X(n), n \geqslant 0\}$ 具有遍历性。若 $\{P_j\}$ 构成一个概率分布，则称该马氏链存在着极限分布 $\{P_j\}$。

这里将不加证明地给出 2 个定理，它们解决了在怎样的条件下齐次马氏链具有遍历性以及求极限分布 $\{P_j\}$ 的方法。

遍历定理

定理 12.3 对于有限状态齐次马氏链，如果存在正整数 s，并且对所有的 i，$j=1, 2, \cdots, k$ 都有

$$P_{ij}^{(s)} > 0 \tag{12-30}$$

成立，则该马氏链必具有遍历性，且式(12-29)中的 $\{P_1, P_2, \cdots, P_k\}$ 即为极限分布，它是方程组

$$P_j = \sum_{i=1}^{k} P_i P_{ij} \tag{12-31}$$

满足条件 $P_j > 0$，$\sum_{j=1}^{k} P_j = 1$ 的唯一解。

定理 12.4 不可约非周期的可列状态齐次马氏链存在平稳分布的充要条件是，这个链的所有状态都是正常返的，且这时极限分布

$$P_j = \lim_{n \to +\infty} P_{ij}^{(n)} > 0, \ j \geqslant 0 \tag{12-32}$$

是唯一的平稳分布。

12.3.2 状态分类的有关定义

定义 12.9 从马氏链中任一状态出发，能以正的概率经有限步转移到达链中预先指定的其他任一状态，此时称马氏链具有不可约性。

定义12.10 称$\{n:P_{ii}^{(n)}>0\}$的最大公约数d_i为状态i的周期，若$d_i=1$，则称状态i为非周期的.

定义12.11 设$i,j\in I$，如果存在某一个$n\geqslant 1$，使得$P_{ij}^{(n)}>0$，则称状态i可达状态j，记作$i\to j$.

定义12.12 如果$i\to j$，且$j\to i$，则称i与j是相通的，并记作$i\leftrightarrow j$.

定义12.13 首达时可定义为$T_{ij}=\min\{n:X(0)=i,\ X(n)=j,n\geqslant 1\}$；

n步到达概率定义为$f_{ij}^{(n)}=P\{T_{ij}=n\mid X(0)=i\}$；

迟早到达概率定义为$f_{ij}=\sum\limits_{n=1}^{+\infty}f_{ij}^{(n)}=P\{T_{ij}<+\infty\mid X(0)=i\}$.

定义12.14 如果$f_{ii}=1$，则称状态i是常返状态；如果$f_{ii}<1$，则称状态i是非常返状态.

常返状态又进一步分为正常返状态和零常返状态.

定义12.15 状态i的平均返回时间定义为

$$\mu_i=E(T_{ii})=\sum_{n=1}^{+\infty}nf_{ii}^{(n)}.$$

定义12.16 设i是常返状态，如果$\mu_i<+\infty$，则称i是一个正常返状态；如果$\mu_i=+\infty\left(或\dfrac{1}{\mu_i}=0\right)$，则称$i$是零常返状态.

定义12.17 设C是状态空间I的一个子集，如果对任意的$i\in C,j\overline{\in}C$，总有$P_{ij}=0$，则该子集C构成状态空间的一个闭集.

12.3.3 状态空间的分解定理

定理12.5 齐次马氏链的状态空间I必可分解为

$$I=N+C_1+C_2+\cdots+C_k+\cdots,$$

其中，N是非常返状态的集合. $C_1,C_2,\cdots,C_k$是互不相交的由常返状态组成的闭集，而且有以下性质：

① 对每个确定的k，C_k的任意两个状态相通；

② C_h和$C_g(h\neq g)$中的状态不相通.

定理12.5的概率含义：一个齐次马尔可夫链如果从N中某一个非常返状态

出发，则它或者一直停留在 N 中，或者在某一时刻进入某一个基本常返闭集，一旦进入这个基本常返闭集，就永远不离开；一个齐次马尔可夫链，如果从某一常返状态出发，这个常返状态总属于某一个基本常返闭集 C_k，则该马尔可夫链将永远停留在该基本闭集中.

在实际运用时，应注意以下问题：

① 齐次马氏链不可约的充要条件是它的任意两个状态互通；

② 不可约的有限齐次马氏链只有正常返状态；

③ 在不可约齐次马尔可夫链中，所有状态具有相同的状态类型；

④ 遍历状态为非周期的正常返状态；

⑤ 根据状态分类的定义，所有状态分为非常返态和常返态两类. 常返状态又进一步分为正常返状态和零常返状态，其中正常返状态包括周期状态和非周期状态，而非周期的正常返状态称为遍历状态.

定义 12.18 一个马尔可夫链，如果除了整个状态空间构成一个闭集外，不可能再分解出较小的闭集，则这个马尔可夫链称为不可约的.

定义 12.19 设 $\{X(n)\}$ 为有 N 个状态的齐次马氏链，如果初始分布 $\{P_1, P_2, \cdots, P_N\}$ 满足

$$P_j = \sum_{i=1}^{N} P_i P_{ij} \quad (j = 1, 2, \cdots, N), \tag{12-33}$$

则称 $\{X(n)\}$ 为平稳的，$\{P_1, P_2, \cdots, P_N\}$ 就称为 $\{X(n)\}$ 的一个平稳分布. 因此，对于遍历链来说，极限分布就是它的平稳分布.

综上所述，若遍历链的初始分布为平稳分布，则由式(12-33)可知，它将始终保持平稳状态，若遍历链的初始分布非平稳分布，则只要运行足够长时间，其极限分布也必为平稳分布.

12.3.4 应用实例与状态分类举例

例 12.14 若顾客的购买是无记忆的，即已知现在顾客的购买情况，未来顾客购买情况不受过去历史购买的影响，而只与现在的购买情况有关. 现设市场上供应 A, B, C 3 个不同厂生产的 50 g 袋装味精，用“$X_n=1$”，“$X_n=2$”，“$X_n=3$”分别表示“顾客第 n 次购买 A, B, C 厂的味精”，显然，$\{X_n, n \geqslant 1\}$ 是一个马氏链. 若已知顾客第一次购买 3 个厂味精的概率依次为 0.2，0.4，0.4，又知道一般顾客购买的倾向如表 12-1 所示.

表 12-1 顾客购买倾向

上次购买	下次购买		
	A	B	C
A	0.8	0.1	0.1
B	0.5	0.1	0.4
C	0.5	0.3	0.2

预测经长期的多次购买后,市场的占有情况将如何?

解 本例中,一般顾客的购买倾向实际上给出了与时刻 m 无关的一步转移概率矩阵. 对于 $s=1$,该马氏链的转移矩阵满足 $P_{ij}^{(s)}>0$ $(i,j=1,2,3)$,故它为不可约的有限齐次马氏链,由定理可知,必定存在平稳分布$\{P_j,\ j=1,\ 2,\ 3\}$,满足下列方程组

$$\begin{cases}P_1=0.8P_1+0.5P_2+0.5P_3,\\ P_2=0.1P_1+0.1P_2+0.3P_3,\\ P_3=0.1P_1+0.4P_2+0.2P_3,\end{cases}$$

其中,$P_1+P_2+P_3=1$.

解得 $$P_1=\frac{60}{84},\ P_2=\frac{11}{84},\ P_3=\frac{13}{84}.$$

这表明无论顾客第一次购买的情况如何,经过长期多次购买以后,A 厂生产的味精占有$\frac{60}{84}$的市场,B 厂、C 厂的产品分别占有$\frac{11}{84}$和$\frac{13}{84}$的市场. 显然要改变各厂的市场占有份额,只有通过改进产品质量来改变顾客购买倾向.

例 12.15 经过长期观察与统计,西湖游船的状态转移情况如图 12-2 所示.

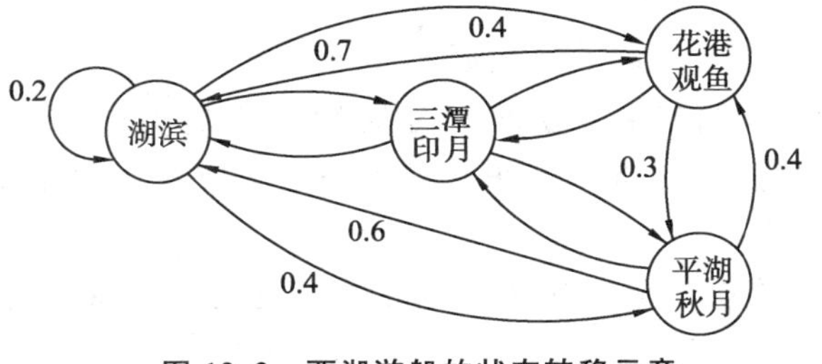

图 12-2 西湖游船的状态转移示意

试求 3 个码头开始运营时,合理分配的游船比例.

解 去掉中间状态"三潭印月",将题中状态转移情况简化为如图 12-3 的情形.

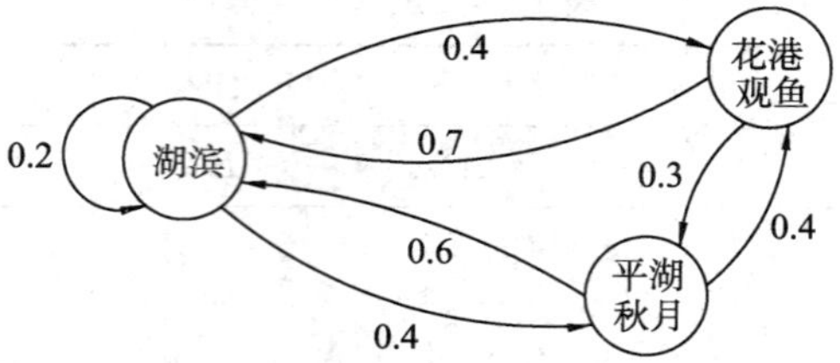

图 12-3　3 个码头游船转移示意

并将状态“湖滨”、“平湖秋月”和“花港观鱼”分别记为状态 1,2,3,则可得转移概率矩阵

$$\boldsymbol{P}=\begin{pmatrix}0.2 & 0.4 & 0.4\\ 0.6 & 0 & 0.4\\ 0.7 & 0.3 & 0\end{pmatrix}.$$

故游船所处状态 $\{X(n),\ n\geqslant 0\}$ 为状态空间 $I=\{1,2,3\}$ 上的齐次马氏链.

由于

$$\boldsymbol{P}^2=\begin{pmatrix}0.2 & 0.4 & 0.4\\ 0.6 & 0 & 0.4\\ 0.7 & 0.3 & 0\end{pmatrix}\begin{pmatrix}0.2 & 0.4 & 0.4\\ 0.6 & 0 & 0.4\\ 0.7 & 0.3 & 0\end{pmatrix}=\begin{pmatrix}0.56 & 0.20 & 0.24\\ 0.40 & 0.36 & 0.24\\ 0.32 & 0.28 & 0.40\end{pmatrix},$$

根据定理 12.3,存在 $s=2$,使得 $P_{ij}^{(s)}>0$,该马氏链必存在平稳分布.

求解平稳分布方程组

$$\begin{cases}P_1=0.2P_1+0.6P_2+0.7P_3,\\ P_2=0.4P_1+0.3P_3,\\ P_3=0.4P_1+0.4P_2,\end{cases}$$

其中,$P_1+P_2+P_3=1$.

解得
$$P_1=\frac{22}{49},\ P_2=\frac{13}{49},\ P_3=\frac{14}{49}.$$

该平稳分布即为其极限分布.由定理知,3 个码头每天清早开始运营时,若按此比例放船,则可保证游船在一开始就不至于出现混乱(有的码头船等人,有的码头人等船).

例 12.16　设有 3 个状态 $\{1,2,3\}$ 的齐次马氏链,它的一步转移概率矩阵为

$$\boldsymbol{P}=\begin{pmatrix}\frac{1}{2} & \frac{1}{2} & 0\\ \frac{1}{2} & \frac{1}{4} & \frac{1}{4}\\ 0 & \frac{1}{3} & \frac{2}{3}\end{pmatrix},$$

试研究其状态关系.

解 状态 1 可达状态 2，状态 2 可达状态 1，故 $1\leftrightarrow 2$，同理有 $2\leftrightarrow 3$. 由传递性知 $1\leftrightarrow 3$，即状态 1,2,3 互通，故$\{1,2,3\}$构成不可约闭集. 由于它是有限状态的齐次马氏链，故各状态正常返. 因 $P_{ii}>0$ 所有状态为非周期态，该马尔可夫链是遍历链.

注意：不可约有限齐次马氏链只有正常返状态.

例 12.17 设有 4 个状态$\{0,1,2,3\}$的齐次马尔可夫链，它的一步转移概率矩阵为

$$\boldsymbol{P}=\begin{pmatrix}\frac{1}{2} & \frac{1}{2} & 0 & 0\\ \frac{1}{2} & \frac{1}{2} & 0 & 0\\ \frac{1}{4} & \frac{1}{4} & \frac{1}{4} & \frac{1}{4}\\ 0 & 0 & 0 & 1\end{pmatrix},$$

试研究其状态关系.

解 状态 0 与状态 1 互通，即有 $0\leftrightarrow 1$，状态 2 可到状态 0,1,3，但状态 0,1,3 均到达不了状态 2，故状态 2 是非常返态；因为 $P_{33}=1$，状态 3 是吸状态，所以状态空间 S 可表示为 $S=\{0,1\}+\{2\}+\{3\}$.

例 12.18 设有 8 个状态$\{0,1,2,\cdots,7\}$的齐次马尔可夫链，它的一步转移概率矩阵为

$$\boldsymbol{P}=\begin{pmatrix}0 & \frac{1}{4} & \frac{1}{2} & \frac{1}{4} & 0 & 0 & 0 & 0\\ 0 & 0 & 0 & 0 & \frac{1}{2} & \frac{1}{2} & 0 & 0\\ 0 & 0 & 0 & 0 & \frac{1}{3} & \frac{2}{3} & 0 & 0\\ 0 & 0 & 0 & 0 & 0 & 1 & 0 & 0\\ 0 & 0 & 0 & 0 & 0 & 0 & 1 & 0\\ 0 & 0 & 0 & 0 & 0 & 0 & \frac{1}{2} & \frac{1}{2}\\ 1 & 0 & 0 & 0 & 0 & 0 & 0 & 0\\ 1 & 0 & 0 & 0 & 0 & 0 & 0 & 0\end{pmatrix},$$

试讨论其周期性.

解 主对角线上元素为 0，它是具有周期性的转移概率矩阵的标准形式. 8 个状态可分为 4 个子集 $C_1=\{0\}$，$C_2=\{1,2,3\}$，$C_3=\{4,5\}$，$C_4=\{6,7\}$. 4 个子集互不相交，它们的并集是整个状态空间. 该过程具有确定的周期转移 $C_1\to C_2\to C_3\to C_4\to C_1$，故该过程的周期为 4.

周期为 d 的不可约齐次马氏链 X 的状态，按 $J_1,J_2,\cdots,J_d$ 重新排列后的一步

转移概率矩阵 $\boldsymbol{P}$ 有以下形式：

$$\boldsymbol{P}=\begin{pmatrix} 0 & \boldsymbol{P}^{(1)} & & & \\ & & \boldsymbol{P}^{(2)} & & \\ & & & \ddots & \\ & & & & \boldsymbol{P}^{(d-1)} \\ \boldsymbol{P}^{(d)} & & & & 0 \end{pmatrix},$$

其中，子矩阵 $\boldsymbol{P}_{ij}^{(r)}$ 中的 $i\in J_r$，$j\in J_{r+1}$，且 $J_{d+1}=J_1$.

例 12.19 试说明例 12.6 中带有两个反射壁的随机游动是遍历的，并求其极限分布（平稳分布）.

解 由 $\boldsymbol{P}=\begin{pmatrix} 0 & 1 & 0 & 0 & 0 \\ \frac{1}{3} & \frac{1}{3} & \frac{1}{3} & 0 & 0 \\ 0 & \frac{1}{3} & \frac{1}{3} & \frac{1}{3} & 0 \\ 0 & 0 & \frac{1}{3} & \frac{1}{3} & \frac{1}{3} \\ 0 & 0 & 0 & 1 & 0 \end{pmatrix}$ 可知，$\boldsymbol{P}^{(4)}=\boldsymbol{P}^4$，无零元.

由有限状态齐次马氏链的遍历定理可知，存在着极限分布，且此分布是该链唯一的平稳分布，设为 $\pi=(\pi_1,\pi_2,\cdots,\pi_5)^{\mathrm{T}}$，它满足以下方程组

$$\begin{cases} \pi_1=\dfrac{1}{3}\pi_2, \\ \pi_2=\pi_1+\dfrac{1}{3}\pi_2+\dfrac{1}{3}\pi_3, \\ \pi_3=\dfrac{1}{3}\pi_2+\dfrac{1}{3}\pi_3+\dfrac{1}{3}\pi_4, \\ \pi_4=\dfrac{1}{3}\pi_3+\dfrac{1}{3}\pi_4+\pi_5, \\ \pi_5=\dfrac{1}{3}\pi_4. \end{cases}$$

其中，$\pi_1+\pi_2+\pi_3+\pi_4+\pi_5=1$.

解得
$$3\pi_1=\pi_2=\pi_3=\pi_4=3\pi_5.$$

代入右边的归一条件
$$\sum_{i=1}^{5}\pi_i=1,$$

可得唯一解
$$\pi_1=\pi_5=\frac{1}{11},\ \pi_2=\pi_3=\pi_4=\frac{3}{11},$$

即得平稳分布 $\left(\frac{1}{11},\frac{3}{11},\frac{3}{11},\frac{3}{11},\frac{1}{11}\right)^{\mathrm{T}}$.

例 12.20 试说明例 12.7 中的链是遍历的，并求其极限分布.

解 由排队模型中的一步转移概率矩阵可得 $\boldsymbol{P}^{(3)}=\boldsymbol{P}^3$，无零元(该矩阵 $\boldsymbol{P}$ 为三对角矩阵).

根据定理，该齐次马氏链是遍历的，而极限分布满足以下方程组

$$\begin{cases}\pi_0=(1-q)\pi_0+p(1-q)\pi_1,\\ \pi_1=q\pi_0+[pq+(1-p)(1-q)]\pi_1+p(1-q)\pi_2,\\ \pi_2=q(1-p)\pi_1+[pq+(1-p)(1-q)]\pi_2+p(1-q)\pi_3,\\ \pi_3=q(1-p)\pi_2+[pq+(1-p)]\pi_3,\\ \pi_1+\pi_2+\pi_3+\pi_0=1.\end{cases}$$

解之，可得唯一解

$$\pi_0=p^3(1-q)^3/c,\ \pi_1=p^2q(1-q)^2/c,$$
$$\pi_2=pq^2(1-q)(1-p)/c,\ \pi_3=q^3(1-p)^2/c,$$

其中， $c=p^3(1-q)^3+p^2q(1-q)^2+pq^2(1-q)(1-p)+q^3(1-p)^2.$

若在此例中，令 $p=q=\frac{1}{2}$，则可算得 $\pi_0=\frac{1}{7}\approx 0.14$，$\pi_1=\pi_2=\pi_3=\frac{2}{7}\approx 0.29$，极限分布为 $\left(\frac{1}{7},\frac{2}{7},\frac{2}{7},\frac{2}{7}\right)$.

例 12.21 设齐次马氏链的一步转移概率矩阵为

$$\boldsymbol{P}=\begin{pmatrix}0&\frac{1}{2}&0&\frac{1}{2}\\ \frac{1}{2}&0&\frac{1}{2}&0\\ 0&\frac{1}{2}&0&\frac{1}{2}\\ \frac{1}{2}&0&\frac{1}{2}&0\end{pmatrix}\text{(对角线上元素为 0，具有周期性特征)}.$$

试讨论其遍历性.

解 由

$$\boldsymbol{P}^{(2)}=\boldsymbol{P}^2=\begin{pmatrix}\frac{1}{2}&0&\frac{1}{2}&0\\ 0&\frac{1}{2}&0&\frac{1}{2}\\ \frac{1}{2}&0&\frac{1}{2}&0\\ 0&\frac{1}{2}&0&\frac{1}{2}\end{pmatrix},$$

进一步可以验证：当 n 为奇数时，$\boldsymbol{P}^{(n)}=\boldsymbol{P}^{(1)}$；当 n 为偶数时，$\boldsymbol{P}^{(n)}=\boldsymbol{P}^{(2)}$，这表明对任

一固定的 $j=(1,2,3,4)$，极限 $\lim\limits_{n\to+\infty} P_{ij}^{(n)}$ 都不存在，按定义则此链是非遍历的.

习题 12

1. 将一颗骰子扔多次，记 X_n 为第 n 次扔正面出现的点数，试问 $\{X_n,\ n=1,\ 2,\ \cdots\}$ 是马尔可夫链吗？如果是，试写出其一步转移概率矩阵. 又记 Y_n 为前 n 次扔正面出现点数的总和，试问 $\{Y_n,\ n=1,\ 2,\ \cdots\}$ 是马尔可夫链吗？如果是，试写出其一步转移概率.

2. 一个质点在直线上作随机游动，一步向右的概率为 $p\ (0<p<1)$，一步向左的概率为 q，且 $q=1-p$. 在 $x=0$ 和 $x=a$ 处放置吸收壁，记 X_n 为第 n 步质点的位置，其可能值是 $0,\ 1,\ 2,\ \cdots,\ a$. 试写出其一步转移概率矩阵.

3. 做一列独立的伯努利试验，其中每一次出现"成功"的概率为 $p(0<p<1)$，出现"失败"的概率为 q，且 $q=1-p$. 如果第 n 次试验出现"失败"，认为 $X(n)$ 取数值零；如果第 n 次试验出现"成功"，且接连前 k 次试验都出现"成功"，而第 $n-k$ 次试验出现"失败"，认为 $X(n)$ 取数值 k. 试问 $\{X(n),\ n=1,\ 2,\ \cdots\}$ 是马尔可夫链吗？试写出其一步转移概率.

4. 在一个罐子中放有 50 个红球和 50 个蓝球. 每随机地取出一球后再放一新球进去，新球为红球和蓝球的概率各为 $\frac{1}{2}$. 第 n 次取出一球后又放一新球进去，留下的红球数记为 $X(n)$. 试问 $\{X(n),\ n=0,\ 1,\ 2,\ \cdots\}$ 是马尔可夫链吗？试写出其一步转移概率矩阵（当 $n\geqslant 50$）.

5. 随机地扔掷两枚分币，每枚分币的面有"国徽"和"分值"之分. $X(n)$ 表示两枚分币扔 n 次后正面出现"国徽"的总个数. 试问 $X(n)$ 是否马尔可夫链？若是，试写出其一步转移概率.

6. 扔掷一颗骰子，如果前 n 次扔出现点数的最大值为 j，则认为 $X(n)$ 的值等于 j. 试问 $\{X(n),\ n=1,\ 2,\ \cdots\}$ 是不是马尔可夫链？若是，试写出一步转移概率矩阵.

7. 假定随机变量 X_0 的概率分布为

$$P\{X_0=1\}=p,\ P\{X_0=-1\}=1-p,\ 0<p<1.$$

对于 $n=0,\ 1,\ 2,\ \cdots$，定义

$$X(2n)=\begin{cases} X_0, & \text{当 } n \text{ 为偶数}, \\ -X_0, & \text{当 } n \text{ 为奇数}. \end{cases}$$

$$X(2n+1)=0.$$

(1) 试求出 $\{X(n),\ n=0,\ 1,\ 2,\ \cdots\}$ 的所有样本函数；

(2) 试说明 $\{X(n),\ n=0,\ 1,\ 2,\ \cdots\}$ 不具有马尔可夫性（即无后效性）.

8. 将适当的数字填在下面空白处，使矩阵

$$\boldsymbol{P}=\begin{pmatrix} & \frac{1}{3} & \frac{1}{3} & \frac{1}{3} \\ \frac{1}{10} & & \frac{1}{10} & \frac{1}{10} \\ & & & 1 \\ \frac{1}{4} & \frac{3}{4} & & \end{pmatrix}$$

是一步转移概率矩阵.

9. 设马尔可夫链的一步转移概率矩阵为

$$P=\begin{pmatrix} \frac{1}{2} & \frac{1}{3} & \frac{1}{6} \\ \frac{1}{3} & \frac{1}{3} & \frac{1}{3} \\ \frac{1}{3} & \frac{1}{2} & \frac{1}{6} \end{pmatrix},$$

试求二步转移概率矩阵.

10. 设马尔可夫链的一步转移概率矩阵为

$$P=\begin{pmatrix} p & q \\ q & p \end{pmatrix},$$

其中 $p>0$, $q>0$, $p+q=1$. 试求二步转移概率矩阵和三步转移概率矩阵,并用数学归纳法证明一般 n 步转移概率矩阵为

$$P=\frac{1}{2}\begin{pmatrix} 1+(p-q)^n & 1-(p-q)^n \\ 1-(p-q)^n & 1+(p-q)^n \end{pmatrix}.$$

11. 设马尔可夫链具有状态空间 $E=\{1, 2, 3\}$,初始概率分布为

$$P_1^{(0)}=\frac{1}{4},\ P_2^{(0)}=\frac{1}{2},\ P_3^{(0)}=\frac{1}{4}.$$

其一步转移概率矩阵为

$$P=\begin{pmatrix} \frac{1}{4} & \frac{3}{4} & 0 \\ \frac{1}{3} & \frac{1}{3} & \frac{1}{3} \\ 0 & \frac{1}{4} & \frac{3}{4} \end{pmatrix}.$$

(1) 求 $P\{X(0)=1, X(1)=2, X(2)=2\}$;

(2) 试证 $P\{X(1)=2, X(2)=2 \mid X(0)=1\}=P_{12}P_{22}$;

(3) 计算 $P_{12}(2)$.

12. 设马尔可夫链具有状态空间 $E=\{1, 2\}$,初始概率分布为

$$P_1^{(0)}=a,\ P_2^{(0)}=b,\ a>0,\ b>0, a+b=1,$$

其一步转移概率矩阵为

$$P=\begin{pmatrix} \frac{2}{3} & \frac{1}{3} \\ \frac{1}{2} & \frac{1}{2} \end{pmatrix}.$$

(1) 求 $P\{X(0)=1, X(1)=2, X(2)=2\}$;

(2) 求 $P\{X(n)=1, X(n+1)=2, X(n+2)=1\}$, $n=1, 2, 3$;

(3) 求 $P\{X(n)=1, X(n+2)=2\}$, $n=1, 2, 3$;

(4) 求 $P\{X(n+2)=2\}$, $n=1, 2, 3$;

(5) 在(1)~(4)中哪些依赖于 n,哪些不依赖于 n?

13. 在上题中,初始概率分布为

$$P_1^{(0)}=\frac{3}{5},\ P_2^{(0)}=\frac{2}{5}.$$

试对 $n=1,\ 2,\ 3$ 计算其绝对概率分布 $P_1^{(n)}$，$P_2^{(n)}$.

14. 设马尔可夫链的一步转移概率矩阵为

$$\boldsymbol{P}=\begin{pmatrix} 1 & 0 & 0 & 0 & 0 \\ 0 & 1 & 0 & 0 & 0 \\ p & 0 & q & r & 0 \\ p & 0 & 0 & q & r \\ p & r & 0 & 0 & q \end{pmatrix},$$

其中 $p>0$，$q>0$，$r>0$，且 $p+q+r=1$，初始概率分布为 $P_1^{(0)}=0$，$P_2^{(0)}=0$，$P_3^{(0)}=1$，$P_4^{(0)}=0$，$P_5^{(0)}=0$. 试对 $n=1,\ 2,\ 3$ 计算其绝对概率分布 $P_1^{(n)}$，$P_2^{(n)}$，$P_3^{(n)}$，$P_4^{(n)}$，$P_5^{(n)}$.

15. 在第 9 题的马尔可夫链中，试问转移概率的极限 $\lim\limits_{n\to+\infty}P_{ij}(n)$是否存在？此链是否遍历？并求其极限分布.

16. 在第 10 题的马尔可夫链中，初始概率分布为

$$P_1^{(0)}=\alpha,\ P_2^{(0)}=\beta,$$

其中 $\alpha\geqslant0$，$\beta\geqslant0$，$\alpha+\beta=1$.

(1) 利用第 10 题的结果计算转移概率的极限 $\lim\limits_{n\to+\infty}P_{ij}(n)$；

(2) 利用遍历性定理计算转移概率的极限 $\lim\limits_{n\to+\infty}P_{ij}(n)$；

(3) 计算第 n 时刻的绝对概率分布 $P_1^{(n)}$，$P_2^{(n)}$；

(4) 求绝对概率的极限分布 $\lim\limits_{n\to+\infty}P_j^{(n)}$.

17. 在第 11 题的马尔可夫链中，试问转移概率的极限 $\lim\limits_{n\to+\infty}P_{ij}(n)$是否存在？此链是否遍历？并其求极限分布.

18. 设在直线上的一维随机游动，一步向左和向右的概率分别为 p 和 q，且 $q=1-p$，$0<p<1$. 在 $x=0$ 和 $x=a$ 处置完全反射壁，记 $X(n)$为第 n 步质点所处位置，它可能取的值为 $0,1,2,\cdots,a$. 试写出此马尔可夫链的一步转移概率矩阵，并求其平稳分布.

19. 某商店有一部电话，如果在时刻 t 电话正被使用，那么置 $X(t)=1$，否则置 $X(t)=0$. 假定$\{X(t),\ t\geqslant0\}$具有转移概率矩阵为

$$\boldsymbol{P}=\begin{pmatrix} \dfrac{1+7\mathrm{e}^{-8t}}{8} & \dfrac{7-7\mathrm{e}^{-8t}}{8} \\ \dfrac{1-\mathrm{e}^{-8t}}{8} & \dfrac{7+\mathrm{e}^{-8t}}{8} \end{pmatrix},$$

又假定初始分布为 $P_0^{(0)}=\dfrac{1}{10}$，$P_1^{(0)}=\dfrac{9}{10}$.

(1) 计算矩阵 $\boldsymbol{P}(0)$；

(2) 验证 $\boldsymbol{P}(t)$的每一行元素之和等于 1；

(3) 计算概率：$P\{X(0.2)=0\}$，$P\{X(0.2)=0\mid X(0)=0\}$，$P\{X(0.1)=0,\ X(0.6)=1,\ X(1.1)=1\mid X(0)=0\}$，$P\{X(1.1)=0,\ X(0.6)=1,\ X(0.1)=0\}$；

(4) 计算 t 时刻的绝对概率分布；

(5) 计算 $\boldsymbol{P}'(t)$，从而得到速率矩阵 $\boldsymbol{Q}$；

(6) 验算矩阵 $\boldsymbol{Q}$ 的每一行元素之和等于零.

20. 填写下列速率矩阵 $\boldsymbol{Q}$ 的空白元素：

$$\boldsymbol{Q}=\begin{pmatrix} -5 & & 3 \\ & -6 & 6 \\ & & 0 \end{pmatrix}.$$

21. 随机过程 $X(t)$ 表示在时刻 t 某生物群体内的个体数. 设任何个体在 Δt 的时间内生出另一个个体的概率为 $\lambda\Delta t+o(\Delta t)$. 假定个体不会死亡，且各个个体的生殖是相互独立的. 若初始时有 a 个个体，即 $X(0)=a$，其中 $a>0$. 试证明转移概率函数满足微分方程

$$\begin{cases} P'_{aa}(t)=-a\lambda P_{aa}(t), \\ P'_{aj}(t)=-j\lambda P_{aj}(t)+(j-1)\lambda P_{a,j-1}, \ j\geqslant a+1. \end{cases}$$

试验证此方程组满足初始条件 $P_{aa}(0)=1$ 的解是

$$P_{aj}(t)=\mathrm{C}_{j-1}^{a-1}\ \mathrm{e}^{-a\lambda t}(1-\mathrm{e}^{-\lambda t})^{j-a},\ j\geqslant a.$$

22. 设有 a 台机器，每台机器的使用寿命是随机的，都服从参数 μ 的负指数分布，且相互独立. 设 $X(t)$ 表示在 t 时刻能使用的机器数.

(1) 在 t 时刻有 j 台机器能使用的条件下，试证在时间 $(t, t+\Delta t)$ 内有一台不能使用的概率是 $j\mu\Delta t+o(\Delta t)$.

(2) 试证转移概率函数 $P_{ij}(t)$ 满足微分方程

$$\begin{cases} P'_{a0}(t)=\mu P_{a1}(t), \\ P'_{aj}(t)=(j+1)\mu P_{a,j+1}(t)-j\mu P_{aj}(t),\ 1\leqslant j\leqslant a-1, \\ P'_{aj}(t)=-a\mu P_{aa}(t). \end{cases}$$

(3) 试验证此方程组满足初始条件 $P_{aa}(0)=1$ 的解是

$$P_{aj}(t)=\mathrm{C}_a^j\ \mathrm{e}^{-j\mu t}(1-\mathrm{e}^{-\mu t})^{a-j},\ 0\leqslant j\leqslant a.$$

23. 某电话交换站有 N 条线路. 假定来到的呼唤数(即打电话次数)是参数 λ 的泊松过程. 如果来到的呼唤遇到线路有空，就占一条空的线路进行一次通话. 每次通话时间服从参数 μ 的负指数分布. 如果 N 条线路全部被占，则呼唤立刻消失. 各个通话时间长度相互独立，且与呼唤来到的情况独立. 记在 t 时刻被占的线路数为 $X(t)$.

(1) 在 t 时刻有 j 条线路被占的条件下，试证在时间 $(t, t+\Delta t)$ 内有一个呼唤通话结束的概率为 $j\mu\Delta t+o(\Delta t)$.

(2) 试证转移概率函数 $P_{ij}(t)$ 满足微分方程

$$\begin{cases} P'_{i0}(t)=-\lambda P_{i0}(t), \\ P'_{ij}(t)=-(\lambda+j\mu)P_{ij}(t)+(j+1)\mu P_{i,j+1}(t)+\lambda P_{i,j-1}(t),\ 1\leqslant j\leqslant N-1, \\ P'_{iN}(t)=-N\mu P_{iN}(t)+\lambda P_{i,N-1}(t). \end{cases}$$

(3) 试证当 $t\to+\infty$ 时转移概率函数 $P_{ij}(t)$ 的极限是

$$P_j=\frac{1}{j!}\left(\frac{\lambda}{\mu}\right)^j\left[\sum_{i=0}^{N}\frac{1}{l!}\left(\frac{\lambda}{\mu}\right)^l\right]^{-1},\ 0\leqslant j\leqslant N.$$

24. 如果 $X_1, X_2, \cdots, X_n$ 是独立同分布随机变量，且每一随机变量都服从参数 λ 的负指数分布. 试用数学归纳法证明 $S_n=\sum\limits_{k=1}^{n}X_k$ 服从自由度为 $n-1$ 的爱尔朗分布，即它的分布密度为

$$f(x)=\lambda \frac{(\lambda x)^{n-1}}{(n-1)!}e^{-\lambda x},\ x>0.$$

25. 设 X_n，$n\geqslant 1$ 为独立同分布随机变量序列，其分布为

X_n	-1	1
P_j	$1-p$	p

$j=-1, 1$，其中 $0<p<1$，定义 $Y_n=\sum\limits_{k=1}^{n}X_k$，$n\geqslant 1$，求下列事件的概率：

（1）$P\{Y_1\geqslant 0, Y_2\geqslant 0, Y_3\geqslant 0, Y_4\geqslant 0\}$；

（2）$P\{Y_1\neq 0, Y_2\neq 0, Y_3\neq 0, Y_4\neq 0\}$.

26. 不断重复投掷一骰子，用 $X_n(n\geqslant 1)$ 记前 n 次出现点数的最大值，试证明其是齐次马尔可夫链，并写出一步概率转移矩阵.

27. 设齐次马尔可夫链的转移概率矩阵为

$$\boldsymbol{P}=\begin{pmatrix} q & p & 0 & 0 \\ 0 & 0 & q & p \\ q & p & 0 & 0 \\ 0 & 1 & 0 & 0 \end{pmatrix}$$

其中，$p>0$，$q>0$，$p+q=1$，试问其是否存在遍历性？是否有周期？并求其平稳分布.

28. 设齐次马尔可夫链的转移概率矩阵为

（1）$\boldsymbol{P}=\begin{pmatrix} 0.5 & 0.5 \\ 0.4 & 0.6 \end{pmatrix}$；

（2）$\boldsymbol{P}=\begin{pmatrix} p_1 & q_1 & 0 \\ 0 & p_2 & q_2 \\ q_3 & 0 & p_3 \end{pmatrix}$，

$p_i+q_i=1\ (i=1, 2, 3)$，

试求：（1）$f_{11}^{(n)}$，$f_{12}^{(n)}(n=1,2,3)$

（2）马尔可夫链的周期.

29. 讨论有限马尔可夫链的状态分类、周期和平稳分布. 设转移概率矩阵为

（1）$\boldsymbol{P}=\begin{pmatrix} 0 & 1 \\ 1 & 0 \end{pmatrix}$；

（2）$\boldsymbol{P}=\begin{pmatrix} 1 & 0 \\ 1 & 0 \end{pmatrix}$；

（3）$\boldsymbol{P}=\begin{pmatrix} \frac{1}{2} & \frac{1}{2} & 0 & 0 \\ 1 & 0 & 0 & 0 \\ 0 & 0 & \frac{1}{3} & \frac{2}{3} \\ 0 & 0 & 0 & 1 \end{pmatrix}$；

（4）$\boldsymbol{P}=\begin{pmatrix} 0 & 0 & \frac{1}{2} & \frac{1}{2} \\ 1 & 0 & 0 & 0 \\ 0 & 1 & 0 & 0 \\ 0 & 1 & 0 & 0 \end{pmatrix}$；

（5）$\boldsymbol{P}=\begin{pmatrix} q & p & 0 \\ q & 0 & p \\ 0 & q & p \end{pmatrix}$.

30. 设齐次马尔可夫链的转移概率矩阵为

$$\boldsymbol{P}=\begin{pmatrix} \frac{1}{3} & \frac{1}{3} & \frac{1}{3} & 0 \\ \frac{1}{2} & \frac{1}{2} & 0 & 0 \\ \frac{1}{4} & \frac{1}{4} & 0 & \frac{1}{2} \\ 0 & \frac{1}{2} & 0 & \frac{1}{2} \end{pmatrix}.$$

(1) 问马尔可夫链有几个状态?

(2) 问从第二状态至少经几步才能到第三状态?

(3) 求二步转移概率矩阵.

31. 填写下面速率矩阵 $\boldsymbol{Q}$ 的空白元素:

$$\boldsymbol{Q}=\begin{pmatrix} & 2 & 1 & 0 \\ 2 & & 2 & 2 \\ 1 & 2 & & 3 \\ 6 & 1 & & -7 \end{pmatrix}, \qquad \boldsymbol{Q}=\begin{pmatrix} -\lambda & \lambda & & 0 \\ \mu & & \lambda & 0 \\ 0 & \mu & -(\lambda+\mu) & \\ 0 & \mu & & -\mu \end{pmatrix}.$$

13 平稳随机过程

平稳随机过程是其统计特性不随时间平移而改变的随机过程，它适合描述没有固定起点的随机系统中的自然现象．由于平稳性可以导出许多重要的结论，因此它是一类特殊而又重要的随机过程，广泛地应用于通讯、生物、预测控制、信息论及科学实验．本章着重介绍一类二阶矩过程——宽平稳过程及其协方差函数性质、各态历经性、功率谱密度和谱分解．

13.1 平稳随机过程的概念

13.1.1 引 言

平稳过程是在自然科学和工程技术中经常遇到的一类随机过程．

平稳过程与马氏过程的区别

在已知现在的条件下，马氏过程的将来情况与过去无关，而平稳过程中的当时情况和过去情况都对未来有着不可忽视的影响．

例 13.1 在纺纱过程中，一般可将棉纱的截面积看做截点坐标的随机过程．由于棉纱由一束束纤维组成，因此，在点 x_1 处的截面积大小影响到 $x_2(x_2>x_1)$处的截面积大小，且当 x_2 愈接近 x_1 时，影响愈大．

例 13.2 天气的晴雨变化也是一个随机过程，它受到一个时期内大气中湿度的影响，因此，有“十天早知道”的气象预报节目．

平稳过程的特性

平稳过程是与时间的起点无关的随机过程，它的特性不随时间的推移而改变．

例 13.3 飞机沿着航线在某一高度飞行时，因受湍流影响而产生随机波动．飞机飞行时有很大的惯性，产生随机波动的主要因素在一个较长时间内不随时间而变化，因而不同时刻的波动特性基本保持不变．

例 13.4 拖拉机在田间作业条件下产生的振动和发出的噪音也是一种随机过程．由于田间作业条件在一个较长时间内不随时间的推移而变化，因此其统计特性也不随时间的推移而变化．

平稳过程的实例和应用

平稳过程的例子很多，如电子学中电路的热噪声电压，通讯中的白噪声和随机电报信号，自动控制中的随机干扰，船舶受海浪冲击产生的随机波动，乃至大气中气流的变化和地壳中板块的运动，都可看成平稳过程. 因而，平稳过程在电讯控制、航空航海、气象预报、地震预报等领域有广泛的应用. 这里主要研究平稳过程在工程技术上的应用.

13.1.2 严平稳过程及其数字特征

严平稳过程的基本概念

定义 13.1 如果对于任意的 n 和 $t_1, t_2, \cdots, t_n \in T$ 以及使 $t_1+\tau, \cdots, t_n+\tau \in T$ 的任意 τ，随机过程 $\{X(t), t\in T\}$ 的 n 维分布函数满足关系式为

$$\begin{aligned}&F_n(t_1, t_2, \cdots, t_n; x_1, x_2, \cdots, x_n)\\&=F_n(t_1+\tau, t_2+\tau, \cdots, t_n+\tau; x_1, x_2, \cdots, x_n),\end{aligned} \tag{13-1}$$

则称 $\{X(t), t\in T\}$ 为严平稳过程，亦称强平稳过程或狭义平稳过程.

这里只限于讨论概率密度存在的情况，这时条件(13-1)等价于

$$\begin{aligned}&f_n(t_1, t_2, \cdots, t_n; x_1, x_2, \cdots, x_n)\\&=f_n(t_1+\tau, t_2+\tau, \cdots, t_n+\tau; x_1, x_2, \cdots, x_n),\end{aligned} \tag{13-2}$$

即概率密度不随时间平移而变化.

严平稳过程的数字特征

严平稳过程 $\{X(t), t\in T\}$ 的数字特征为：

(1) 均值函数为常数，即有

$$\mu_X(t)=E[X(t)]=\mu_X. \tag{13-3}$$

证 在式(13-2)中，取 $n=1$, $\tau=-t_1$，则有

$$f_1(t_1; x_1)=f_1(t_1+\tau; x_1)=f_1(0; x_1). \tag{13-4}$$

这表示严平稳过程的一维概率密度不依赖于时间 t，记为 $f_1(x_1)$，则

$$\mu_X(t) = E[X(t)] = \int_{-\infty}^{+\infty} x_1 f_1(x_1)\mathrm{d}x_1 = \mu_X$$

是一个不依赖于 t 的常数.

(2) 自相关函数 $R_X(t, t+\tau)$ 仅是单变量 τ 的函数，它与 t 无关，即有

$$R_X(t, t+\tau)=R_X(\tau). \tag{13-5}$$

证 在式(13-2)中，取 $n=2$, $\tau=-t_1$，则有

$$f_2(t_1, t_2; x_1, x_2)$$

$$=f_2(t_1+\tau, t_2+\tau; x_1, x_2)$$
$$=f_2(0, t_2-t_1; x_1, x_2). \tag{13-6}$$

这表明严平稳过程的二维概率密度仅依赖于时间间距 t_2-t_1，而与时间的个别值 t_1，t_2 无关，记作 $f_2(\tau; x_1, x_2)$，于是有

$$\begin{aligned}R_X(t, t+\tau)&=E[X(t)X(t+\tau)]\\&=\int_{-\infty}^{+\infty}\int_{-\infty}^{+\infty}x_1x_2f_2(\tau; x_1, x_2)\mathrm{d}x_1\mathrm{d}x_2\\&=R_X(\tau).\end{aligned}$$

由此可知，

$$\begin{aligned}C_X(t, t+\tau)&=R_X(t, t+\tau)-E[X(t)]E[X(t+\tau)]\\&=R_X(\tau)-\mu_X^2,\end{aligned}$$
$$D_X(t)=C_X(t, t)=R_X(0)-\mu_X^2,$$
$$\psi_X^2(t)=C_X(t, t)=R_X(0),$$

即严平稳过程的协方差函数只是时间间隔 τ 的一元函数，而方差及均方值函数都是不依赖于参数 t 的常数.

13.1.3 宽平稳过程

如果一个随机过程是严平稳的，则可使问题的分析、处理大大简化，但在实际问题中要确定一个随机过程的概率密度族，并进而验证严平稳过程的条件(13-2)对一切 n 成立是十分困难的，通常只考虑以下的广义平稳过程.

宽平稳过程的基本概念

定义 13.2 一个二阶矩过程 $\{X(t), t\in T\}$ 称为宽平稳过程，如果它的均值函数为常数，即

$$\mu_X(t)=E[X(t)]=\mu_X=\text{常数}. \tag{13-7}$$

而它的相关函数只与 t_2-t_1 有关，而与 t_1，t_2 本身无关，即有

$$R_X(t_1, t_2)=R_X(t_2-t_1)=R_X(\tau), t_1, t_2\in T, \tau=t_2-t_1. \tag{13-8}$$

式(13-7)表明 $X(t)$ 的均值是不随时间而改变的，是常数. 式(13-8)表明 $(X(t_1), X(t_2))$ 间的二阶统计特征与 $(X(t_1+\tau), X(t_2+\tau))$ 间相应的统计特征是相同的，即不随时间的推移而变化.

严平稳过程和宽平稳过程的关系

由于一般的严平稳过程未必有二阶矩，因而它不一定是宽平稳过程. 若一个严平稳过程有二阶矩，则必为宽平稳过程. 反之，宽平稳过程也不一定是严平稳过程，因为从定义 13.2 知，宽平稳过程只要求数学期望与 t 无关，推导不出一维分布与 t 无关，且从相关函数 $R_X(t, t+\tau)$ 与 t 无关，也推导不出二维分布 $F_2(t, t+\tau;$

x_1, x_2)与 t 无关.

对于正态过程,由于其概率密度函数可由均值函数和自相关函数完全确定,因而宽平稳与严平稳是一致的.今后讲到平稳过程时,除特别声明外,总是指宽平稳过程.

例 13.5 试说明泊松过程是非平稳的,维纳过程也是非平稳的.

解 由于泊松过程 $X(t)$的均值函数和相关函数分别为

$$\mu_X(t)=\lambda t,\ R_X(t_1, t_2)=\lambda^2 t_1 t_2+\lambda\min(t_1, t_2),$$

均值函数不是常数,相关函数仍是 t_1 和 t_2 的二元函数,故它是非平稳的.而维纳过程 $W(t)$尽管均值函数为 0,相关函数 $R_W(t_1, t_2)=\sigma^2\min(t_1, t_2)$仍与 t_1, t_2 个别值有关,故也是非平稳的.

例 13.6 设$\{X(n), n=0, \pm 1, \pm 2, \cdots\}$是互不相关的实值随机变量序列,且同分布,$E[X(n)]=0$, $D[X(n)]=\sigma^2>0$,试证明它是一个平稳时间序列.

证 因为

$$E[X(n)]=0=\text{常数},$$

有

$$R_X(n_1, n_2)=E[X(n_1)X(n_2)]=\begin{cases}\sigma^2, & n_1=n_2(\text{即 } n_2-n_1=0),\\ 0, & n_1\neq n_2(\text{即 } n_2-n_1\neq 0),\end{cases}$$

即 $R_X(n_1, n_2)$只与 n_2-n_1 有关,所以它是一个平稳时间序列.在物理和工程技术上,常把上述随机变量序列称为"白噪声".它是一种随机干扰的数学模型,这种干扰普遍地存在于各种波动现象中,例如电流的波动、电子发射的波动等.一般还可以进一步证明离散白噪声的有限滑动和为

$$Y(n)=\sum_{K=0}^{N}a_K X(n-K)\ (n=0, \pm 1, \pm 2, \cdots),$$

其中 N 和 a_K 是常数.

无限滑动和为

$$Z(n)=\sum_{K=-\infty}^{+\infty}a_K X(n-K)\ (n=0, \pm 1, \pm 2, \cdots).$$

有限与无限滑动和均为平稳时间序列,它们在时间序列分析中起着重要的作用.

事实上,有

$$R_Y(n, m)=E[Y(n)Y(m)]=E\left[\sum_{K=0}^{N}a_K X(n-K)\sum_{j=0}^{N}a_j X(m-j)\right]$$

$$=\sigma^2\sum_{K=0}^{N-m+n}a_K a_{m-n+K},$$

$$R_Z(n, m)=E[Z(n)Z(m)]=E\left[\sum_{i=-\infty}^{+\infty}a_i X(n-i)\sum_{j=-\infty}^{+\infty}a_j X(m-j)\right]$$

$$=\sigma^2\sum_{i=-\infty}^{+\infty}a_i a_{m-n+i}.$$

例 13.7 随机过程$\{X(t)=A\cos(\omega_0 t+\Phi), -\infty<t<+\infty\}$,其中振幅 A 具

有瑞利分布，其概率密度为

$$f_A(x)=\begin{cases}\dfrac{x}{\sigma^2}e^{-\frac{x^2}{2\sigma^2}}, & x>0,\\ 0, & x\leqslant 0,\end{cases}$$

而 Φ 在 $(0,\ 2\pi)$ 上均匀分布，且 A 和 Φ 是相互独立的随机变量，ω_0 是常数. 试问 $X(t)$ 是否为宽平稳过程？

解　已知条件为

$$f_A(x)=\begin{cases}\dfrac{x}{\sigma^2}e^{-\frac{x^2}{2\sigma^2}}, & x>0,\\ 0, & x\leqslant 0,\end{cases}\quad f_\Phi(y)=\begin{cases}\dfrac{1}{2\pi}, & y\in(0,\ 2\pi),\\ 0, & y\,\overline{\in}\,(0,\ 2\pi),\end{cases}$$

由于 A 和 Φ 是相互独立的随机变量，故有

$$f_{A,\,\Phi}(x,\ y)=\begin{cases}\dfrac{1}{2\pi}\dfrac{x}{\sigma^2}e^{-\frac{x^2}{2\sigma^2}}, & x>0\text{ 且 }0<y<2\pi,\\ 0, & \text{其他},\end{cases}$$

从而有　　$E[X(t)]=\int_0^{+\infty}\int_0^{2\pi}x\cos(\omega_0 t+y)\dfrac{1}{2\pi}\cdot\dfrac{x}{\sigma^2}e^{-\frac{x^2}{2\sigma^2}}\mathrm{d}y\mathrm{d}x=0,$

$$\begin{aligned}E[X(s)X(t)]&=\int_0^{+\infty}\int_0^{2\pi}x^2\cos(\omega_0 s+y)\cos(\omega_0 t+y)\frac{1}{2\pi}\cdot\frac{x}{\sigma^2}e^{-\frac{x^2}{2\sigma^2}}\mathrm{d}y\mathrm{d}x\\
&=\frac{1}{2}\int_0^{+\infty}\int_0^{2\pi}x^2[\cos\omega_0(t-s)+\cos(\omega_0(t+s)+2y)]\frac{1}{2\pi}\cdot\frac{x}{\sigma^2}e^{-\frac{x^2}{2\sigma^2}}\mathrm{d}y\mathrm{d}x\\
&=\frac{1}{2}\cos\omega_0(t-s)\int_0^{+\infty}\frac{x^3}{\sigma^2}e^{-\frac{x^2}{2\sigma^2}}\mathrm{d}x\\
&=\frac{\cos\omega_0(t-s)}{2}\int_0^{+\infty}(-x^2)e^{-\frac{x^2}{2\sigma^2}}\mathrm{d}\left(-\frac{x^2}{2\sigma^2}\right)\\
&=\frac{\cos\omega_0(t-s)}{2}\left[-x^2e^{-\frac{x^2}{2\sigma^2}}\Big|_0^{+\infty}+\int_0^{+\infty}2xe^{-\frac{x^2}{2\sigma^2}}\mathrm{d}x\right]\\
&=-\frac{\cos\omega_0(t-s)}{2}\cdot 2\sigma^2\int_0^{+\infty}e^{-\frac{x^2}{2\sigma^2}}\mathrm{d}\left(-\frac{x^2}{2\sigma^2}\right)\\
&=-\sigma^2\cos\omega_0(t-s)\cdot e^{-\frac{x^2}{2\sigma^2}}\Big|_0^{+\infty}\\
&=\sigma^2\cos\omega_0(t-s).\end{aligned}$$

故 $X(t)$ 确为宽平稳过程.

13.2　各态历经性

13.2.1　引　言

本节主要讨论根据实验记录确定平稳过程的均值和自相关函数的理论依据

和方法.

由于平稳过程的统计特性不随时间的推移而变化，人们自然期望在一个很长时间内观察所得到的一条样本曲线，可以作为求得这个过程的数字特征的充分依据.

各态历经定理证明：对于平稳过程而言，只要满足一些较宽的条件，则集平均（均值和相关函数）实际上可以用一个样本函数在整个时间轴上的平均值来代替，这样在解决实际问题时就可减少大量的工作量.

在介绍各态历经性前，首先要给出均方极限和均方积分的概念. 给定二阶矩过程$\{X(t),\ t\in T\}$，如果它的每一个样本函数在$[a,b]\subset T$上的积分都存在，则可认为随机过程 $X(t)$ 在$[a,b]$上的积分存在，并记为

$$Y=\int_a^b X(t)\mathrm{d}t. \tag{13-9}$$

显然，Y 是一个随机变量，它可以表示对每一个样本函数构造黎曼式后取均方极限的结果. 也就是说，若 $E|X_n-X|^2\underset{(n\to+\infty)}{\longrightarrow}0$，则记 $\lim\limits_{n\to+\infty}X_n=X$，可以证明式(13-9)存在的充要条件是其自相关函数的二重积分存在，即有

$$\int_a^b\int_a^b R_X(s,t)\mathrm{d}s\mathrm{d}t<+\infty.$$

各态历经定理的条件比较宽松，工程中碰到的大多数平稳过程都能够满足，但要验证它们是否成立却是十分困难的. 从各态历经定理的结构可知，验证其充要条件事实上是不合逻辑的，因此，在实践中通常事先假定所研究的平稳过程具有各态历经性，并从该假定出发对由此而产生的各种资料进行分析、处理，验证所得的结论是否与实际相符. 如果不符，则要修改假设以另作处理.

13.2.2 各态历经的数学描述

各态历经的基本概念

定义 13.3 设$\{X(t),\ -\infty<t<+\infty\}$是一个平稳过程. 如果对于极限 $\lim\limits_{T\to+\infty}\dfrac{1}{2T}\int_{-T}^{T}X(t)\mathrm{d}t$ 存在，则称其为平稳过程 $X(t)$ 在$(-\infty,+\infty)$上的时间平均，记为$<X(t)>$；如果极限 $\lim\limits_{T\to+\infty}\dfrac{1}{2T}\int_{-T}^{T}X(t)X(t+\tau)\mathrm{d}t$ 存在，则称其为平稳过程$X(t)$的时间相关函数，并记为$<X(t)X(t+\tau)>$.

平稳过程的时间平均和时间相关函数按定义均为随机变量. 人们希望得到

$$<X(t)>=m_X\quad \text{a. s.} \tag{13-10}$$

$$<X(t)X(t+\tau)>=R_X(\tau)\quad \text{a. s.} \tag{13-11}$$

这里的 a. s. 解释为“概率为 1 地成立”，即只有对测度为 0 的样本点不成立.

m_X 对平稳过程 $X(t)$来说是一个常数，一般情况下，$E[X(t)]$是 t 的函数. 因此，理论上应将它理解为固定 t 时多个样本函数的理论统计平均值，因而称为空间平均. 考虑到$<X(t)>$为过程的时间平均，故式(13-10)成立，它说明随机过程 $X(t)$的时间平均等于空间平均.

定义 13.4 若$<X(t)>=m_X$，a. s. ，则称平稳过程 $X(t)$的数学期望具有各态历经性或遍历性或 Ergodic 性.

定义 13.5 若$<X(t)X(t+\tau)>=R_X(\tau)$，a. s. ，则称平稳过程 $X(t)$的相关函数具有各态历经性或遍历性或 Ergodic 性.

事实上，相关函数 $R_X(\tau)=E[X(t)X(t+\tau)]$表明当 τ 固定时，随机过程 $X(t)X(t+\tau)$在 t 时刻的空间平均，故式(13-11)成立，它表明随机过程 $X(t)X(t+\tau)$的时间平均等于空间平均. 因此，若平稳过程具有各态历经性，就可以通过时间平均来获得空间平均，甚至用一个样本函数来近似计算 $X(t)$的数学期望和相关函数.

注意：各态历经过程必定是平稳过程，但并不是所有平稳过程都具有各态历经性，也就是用各态历经性去近似计算过程的数学期望和相关函数，须对过程本身附加一定的条件.

各态历经实例分析

例 13.8 计算随机相位正弦波 $X(t)=a\cos(\omega t+\Phi)$的时间平均$<X(t)>$和时间相关函数$<X(t)X(t+\tau)>$，并说明其均是各态历经的.

解

$$
\begin{aligned}
<X(t)> &= \lim_{T\to+\infty}\frac{1}{2T}\int_{-T}^{T}a\cos(\omega t+\Phi)\,\mathrm{d}t \\
&= \lim_{T\to+\infty}\frac{a\cos\Phi\sin\omega t}{\omega T}=0=m_X,
\end{aligned}
$$

$$
\begin{aligned}
<X(t)X(t+\tau)> &= \lim_{T\to+\infty}\frac{1}{2T}\int_{-T}^{T}a^2\cos(\omega t+\Phi)\cos[\omega(t+\tau)+\Phi]\,\mathrm{d}t \\
&= \frac{a^2}{2}\cos\omega\tau=R_X(\tau).
\end{aligned}
$$

例 13.9 随机过程$\{X(t)=X,\ -\infty<t<+\infty\}$中 X 是具有二阶矩的随机变量，不服从单点分布. 试讨论其各态历经性。

证 若它服从单点分布，则 $X(t)$几乎处处是常数.

由定义得 $$m_X(t)=E(X),\ R_X(\tau)=E(X^2),$$

故 $X(t)$是平稳过程.

对于时间平均： $<X(t)>=\lim_{T\to+\infty}\frac{1}{2T}\int_{-T}^{T}X\,\mathrm{d}t=X,$

对于时间相关函数：　　$< X(t)X(t+\tau) > = \lim\limits_{T\to+\infty}\frac{1}{2T}\int_{-T}^{T}X^2\mathrm{d}t = X^2.$

因为 $X(t)\neq C$，其中 C 为常数，所以 $X=E(X)$，$X^2=E(X^2)$ 几乎处处不成立，即平稳过程 $X(t)$ 对数学期望和相关函数都没有各态历经性.

例 13.10　随机过程 $\{X(t)=A\sin t+B\cos t,\ -\infty<t<+\infty\}$ 中 A 和 B 是均值为零的随机变量，$\sigma_A^2=\sigma_B^2=\sigma^2$，且 A，B 相互独立，试证 $X(t)$ 具有均值各态历经性，而相关函数无各态历经性.

证　$E[X(t)]=E(A\sin t+B\cos t)=0$，

$$\begin{aligned}R_X(t,\ t+\tau)&=E[X(t)X(t+\tau)]\\&=E(A\sin t+B\cos t)[A\sin(t+\tau)+B\cos(t+\tau)]\\&=E(A^2)[\sin t\sin(t+\tau)]+E(AB)[\sin t\cos(t+\tau)+\\&\quad\cos t\sin(t+\tau)]+E(B^2)[\cos t\cos(t+\tau)]\\&=\sigma_A^2\sin t\sin(t+\tau)+\sigma_B^2\cos t\cos(t+\tau)\\&=\sigma^2\cos\tau,\end{aligned}$$

故 $\{X(t)=A\sin t+B\cos t,\ -\infty<t<+\infty\}$ 是平稳过程.

对于时间平均：

$$\begin{aligned}< X(t) > &= \lim_{T\to+\infty}\frac{1}{2T}\int_{-T}^{T}(A\sin t+B\cos t)\mathrm{d}t\\&=\lim_{T\to+\infty}\left[A\left(\frac{1}{2T}\int_{-T}^{T}\sin t\mathrm{d}t\right)+B\left(\frac{1}{2T}\int_{-T}^{T}\cos t\mathrm{d}t\right)\right]\\&=\lim_{T\to+\infty}B\cdot\frac{\sin T}{T}=0.\end{aligned}$$

事实上，有 $E\left(B\dfrac{\sin T}{T}\right)^2=\dfrac{\sin^2 T}{T^2}E(B^2)=\dfrac{\sigma^2\sin^2 T}{T^2}\leqslant\dfrac{\sigma^2}{T^2}\to 0\ (T\to+\infty)$.

对于时间相关函数：

$$\begin{aligned}< X(t)X(t+\tau) > &= \lim_{T\to+\infty}\frac{1}{2T}\int_{-T}^{T}(A\sin t+B\cos t)[A\sin(t+\tau)+B\cos(t+\tau)]\mathrm{d}t\\&=\lim_{T\to+\infty}\frac{1}{2T}\left[A^2\int_{-T}^{T}\left(-\frac{\cos(2t+\tau)-\cos\tau}{2}\right)\mathrm{d}t+\right.\\&\quad\left.\frac{AB}{2}(-\cos(2t+\tau))\Big|_{-T}^{T}+B^2\int_{-T}^{T}\frac{\cos(2t+\tau)+\cos\tau}{2}\right]\mathrm{d}t\\&=\lim_{T\to\infty}\left\{A^2\frac{1}{2T}\left[\left(-\frac{\sin(2t+\tau)}{4}\right)\Big|_{-T}^{T}+\frac{2T\cos\tau}{2}\right]-\right.\\&\quad\left.\frac{AB}{2\cdot 2T}\cos(2t+\tau)\Big|_{-T}^{T}+\frac{B^2}{2T}\left[\frac{\sin(2t+\tau)}{4}\Big|_{-T}^{T}+\frac{2T\cos\tau}{2}\right]\right\}\\&=\frac{A^2\cos\tau}{2}+\frac{B^2\cos\tau}{2}\end{aligned}$$

$$= \frac{(A^2+B^2)\cos\tau}{2} \neq R_X(\tau) = \sigma^2\cos\tau.$$

所以，$\{X(t)=A\sin t+B\cos t,\ -\infty<t<+\infty\}$具有均值各态历经性，而相关函数无各态历经性.

13.2.3 各态历经定理

充要条件 数学期望各态历经

从上述例子可知，并不是所有的平稳过程都具有各态历经性，即使$X(t)$数学期望已具有各态历经性，其相关函数也不一定具有各态历经性. 那么一个平稳过程需要加上什么条件才具有各态历经性呢？

定理 13.1（数学期望各态历经定理） 设$\{X(t),\ -\infty<t<+\infty\}$是平稳过程，则$<X(t)>=m_X$，a. s. 的充要条件是

$$\lim_{T\to+\infty}\frac{1}{T}\int_0^{2T}\left(1-\frac{\tau}{2T}\right)[R_X(\tau)-m_X^2]\mathrm{d}\tau = 0. \tag{13-12}$$

证 由定义 13.3 知，$<X(t)>$一般情况下是随机变量，若要

$$<X(t)>=m_X=\text{const},\ \text{a. s.}$$

当且仅当 $E<X(t)>=E[X(t)]=m_X$（$X(t)$为平稳过程），

且 $D<X(t)>=0.$

因此，需先算$<X(t)>$的数学期望和方差.

$$\begin{aligned}
E<X(t)> &= E\left[\lim_{T\to+\infty}\frac{1}{2T}\int_{-T}^{T}X(t)\mathrm{d}t\right]\\
&= \lim_{T\to+\infty}\frac{1}{2T}E\left[\int_{-T}^{T}X(t)\mathrm{d}t\right]\\
&= \lim_{T\to+\infty}\frac{1}{2T}\int_{-T}^{T}E[X(t)]\mathrm{d}t\\
&= m_X,
\end{aligned}$$

$$\begin{aligned}
D<X(t)> &= E[<X(t)>^2]-[E<X(t)>]^2\\
&= E\left[\lim_{T\to+\infty}\frac{1}{2T}\int_{-T}^{T}X(t)\mathrm{d}t\right]^2-m_X^2\\
&= \lim_{T\to+\infty}E\left[\frac{1}{2T}\int_{-T}^{T}X(t)\mathrm{d}t\right]^2-m_X^2\\
&= \lim_{T\to+\infty}\frac{1}{4T^2}E\left[\int_{-T}^{T}X(t)\mathrm{d}t\right]^2-m_X^2\\
&= \lim_{T\to+\infty}\frac{1}{4T^2}\int_{-T}^{T}\int_{-T}^{T}R_X(t_1,t_2)\mathrm{d}t_1\mathrm{d}t_2-m_X^2
\end{aligned}$$

$$= \lim_{T\to+\infty} \frac{1}{4T^2}\int_{-T}^{T}\int_{-T}^{T} R_X(t_2-t_1)\mathrm{d}t_1\mathrm{d}t_2 - m_X^2. \tag{13-13}$$

作以下积分变量替换：

$$\tau_1 = t_1 + t_2,\ \tau_2 = t_2 - t_1 \Leftrightarrow 2t_1 = \tau_1 - \tau_2,\ 2t_2 = \tau_1 + \tau_2,$$

则有变量替换的 Jacobi 行列式

$$\frac{\partial(t_1, t_2)}{\partial(\tau_1, \tau_2)} = \left[\frac{\partial(\tau_1, \tau_2)}{\partial(t_1, t_2)}\right]^{-1} = \left[\begin{vmatrix} 1 & 1 \\ -1 & 1 \end{vmatrix}\right]^{-1} = \frac{1}{2}.$$

积分区域变化如图 13-1 所示.

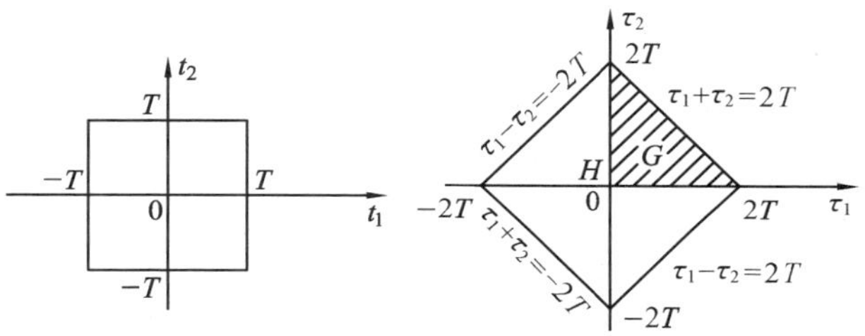

图 13-1　积分区域变化示意

变换后积分区域 $H=4G$,考虑积分区域 H 上的积分：

$$I = \int_{-T}^{T}\int_{-T}^{T} R_X(t_2-t_1)\mathrm{d}t_1\mathrm{d}t_2 = 4\iint_G R_X(\tau_2)\ \frac{1}{2}\mathrm{d}\tau_1\mathrm{d}\tau_2$$

$$= 2\int_0^{2T} R_X(\tau_2)\mathrm{d}\tau_2\int_0^{2T-\tau_2}\mathrm{d}\tau_1 = 2\int_0^{2T}(2T-\tau_2)R_X(\tau_2)\mathrm{d}\tau_2. \tag{13-14}$$

将式(13-14)代入式(13-13)得

$$D < X(t) > = \lim_{T\to+\infty}\frac{1}{4T^2}2\int_0^{2T}(2T-\tau)R_X(\tau)\mathrm{d}\tau - m_X^2$$

$$= \lim_{T\to+\infty}\frac{1}{T}\int_0^{2T}\left(1-\frac{\tau}{2T}\right)R_X(\tau)\mathrm{d}\tau - m_X^2$$

$$= \lim_{T\to+\infty}\frac{1}{T}\int_0^{2T}\left(1-\frac{\tau}{2T}\right)[R_X(\tau)-m_X^2]\mathrm{d}\tau. \tag{13-15}$$

由于　$\frac{1}{T}\int_0^{2T}\left(1-\frac{\tau}{2T}\right)\mathrm{d}\tau = 2-\frac{1}{2T^2}\cdot\frac{1}{2}\tau^2\Big|_0^{2T} = 2-1 = 1,$

故式(13-15)的最后一个等式成立.

根据前面的分析,$<X(t)>=m_X$, a. s. 成立的充分必要条件是 $<X(t)>=E<X(t)>=m_X$, a. s. ,而后式成立的充分必要条件是 $D<X(t)>=0$,由式(13-15)知,

$$\lim_{T\to+\infty}\frac{1}{T}\int_0^{2T}\left(1-\frac{\tau}{2T}\right)[R_X(t)-m_X^2]\mathrm{d}\tau = 0.$$

充分条件 数学期望各态历经

由定理 13.1 的结论可知:若平稳过程 $X(t)$满足

$$\lim_{\tau\to+\infty} R_X(\tau)=m_X^2, \tag{13-16}$$

即 $\lim\limits_{\tau\to+\infty} C_X(\tau)=0$,则必有 $\langle X(t)\rangle=m_X$, a. s.

这一结论提供了数学期望具有各态历经性的一个充分条件,它表明当时间间隔无限变大时,线性联系变弱的平稳过程的数学期望具有各态历经性. 由自相关函数的应用性质可知,不含任何周期成分的非周期平稳过程必定具有数学期望各态历经性.

证 只要由 $\lim\limits_{\tau\to+\infty} R_X(\tau)=m_X^2$,推得

$$\lim_{T\to+\infty}\frac{1}{T}\int_0^{2T}\left(1-\frac{\tau}{2T}\right)[R_X(\tau)-m_X^2]\mathrm{d}\tau=0$$

即可.

由 $\lim\limits_{\tau\to+\infty} R_X(\tau)=m_X^2$, 对于任意 $\varepsilon>0$, 总存在 T_1,使当 $T>T_1$ 时,有

$$|R_X(\tau)-m_X^2|<\varepsilon,$$

故

$$\begin{aligned}\left|\frac{1}{T}\int_0^{2T}\left(1-\frac{\tau}{2T}\right)[R_X(\tau)-m_X^2]\mathrm{d}\tau\right| &\leqslant \frac{1}{T}\int_0^{2T}|R_X(\tau)-m_X^2|\mathrm{d}\tau\\ &=\frac{1}{T}\int_0^{T_1}|C_X(\tau)|\mathrm{d}\tau+\frac{1}{T}\int_{T_1}^{2T}|R_X(\tau)-m_X^2|\mathrm{d}\tau\\ &\leqslant\frac{T_1}{T}C_X(0)+\frac{1}{T}(2T-T_1)\varepsilon\leqslant\frac{T_1}{T}C_X(0)+2\varepsilon.\end{aligned}$$

对于固定的 T_1,只要取 $T>\dfrac{T_1C_X(0)}{\varepsilon}$即可,故取 $T_0=\max\left\{T_1,\ \dfrac{T_1C_X(0)}{\varepsilon}\right\}$.

当 $T>T_0$ 时,有

$$\left|\frac{1}{T}\int_0^{2T}\left(1-\frac{\tau}{2T}\right)[R_X(\tau)-m_X^2]\mathrm{d}\tau\right|<3\varepsilon.$$

根据极限定义,有

$$\lim_{T\to+\infty}\frac{1}{T}\int_0^{2T}\left(1-\frac{\tau}{2T}\right)[R_X(\tau)-m_X^2]\mathrm{d}\tau=0.$$

例 13.11 根据例 13.10 的结论,$\{X(t)=A\sin t+B\cos t,\ -\infty<t<+\infty, A, B$ 是均值为 0、方差为 σ^2 且相互独立的随机变量$\}$为一平稳过程,其数学期望具有各态历经性,试验证其各态历经条件.

解 $m_X=0,\ R_X(\tau)=\sigma^2\cos\tau$,

由于

$$\begin{aligned}\lim_{T\to+\infty}\frac{1}{T}\int_0^{2T}\left(1-\frac{\tau}{2T}\right)\sigma^2\cos\tau\mathrm{d}\tau &=\lim_{T\to+\infty}\left[\frac{\sigma^2}{T}\sin\tau\Big|_0^{2T}-\frac{\sigma^2}{2T^2}\int_0^{2T}\tau\cos\tau\mathrm{d}\tau\right]\\ &=\lim_{T\to+\infty}\left\{-\frac{\sigma^2}{2T^2}\left[\tau\sin\tau\Big|_0^{2T}-\int_0^{2T}\sin\tau\mathrm{d}\tau\right]\right\}\end{aligned}$$

$$= \lim_{T\to+\infty} \frac{\sigma^2}{2T^2}\int_0^{2T} \sin\tau \mathrm{d}\tau$$

$$= \lim_{T\to+\infty} \frac{\sigma^2}{2T^2}(1-\cos 2T) = 0.$$

故它确实满足数学期望各态历经的充要条件.

例 13.12 已知随机电报信号 $X(t)$，有 $E[X(t)]=0$，$R_X(\tau)=I^2\mathrm{e}^{-2\lambda|\tau|}$，试问 $X(t)$ 是否均值各态历经的？

解 显然 $X(t)$ 是宽平稳过程，即平稳过程. 因为 $\lim\limits_{\tau\to+\infty} R_X(\tau)=0=m_X^2$，$R_X(\tau)=I^2\mathrm{e}^{-2\lambda|\tau|}$，它满足均值各态历经的充分性条件，故它是均值各态历经的.

相关函数各态历经定理

若固定 τ，把相关函数 $R_X(\tau)=E[X(t)X(t+\tau)]$ 看成随机过程 $\{X(t)X(t+\tau), -\infty<t<+\infty\}$ 的数学期望，则可以用前面同样的办法来讨论它的各态历经性.

令 $Y_\tau(t)=X(t)X(t+\tau)$，由于 $Y_\tau(t)$ 的相关函数

$$\begin{aligned} R_{Y_\tau}(t,\ t+\tau_1) &= E[Y_\tau(t)Y_\tau(t+\tau_1)] \\ &= E[X(t)X(t+\tau)X(t+\tau_1)X(t+\tau+\tau_1)] \end{aligned}$$

涉及 $X(t)$ 的四阶矩，因而不能由 $X(t)$ 是平稳过程直接推得 $Y_\tau(t)$ 是平稳过程. 为此，可将 $Y_\tau(t)$ 的平稳性作为假定条件，推得以下定理.

定理 13.2（相关函数的各态历经） 设 $\{X(t)X(t+\tau), -\infty<t<+\infty\}$ 是平稳过程，则 $<X(t)X(t+\tau)>=R_X(\tau)$，a.s. 的充要条件是

$$\lim_{T\to+\infty} \frac{1}{T}\int_0^{2T}\left(1-\frac{\tau_1}{2T}\right)[B_\tau(\tau_1)-R_X^2(\tau)]\mathrm{d}\tau_1 = 0, \tag{13-17}$$

其中，$B_\tau(\tau_1)=E[X(t)X(t+\tau)X(t+\tau_1)X(t+\tau+\tau_1)]$.

各态历经定理的其他形式

工程技术中对随机过程 $\{X(t),\ t\geqslant 0\}$ 进行观察和记录所得到的一般是随机序列 $\{X(n),\ n=0,\ 1,\ 2,\ \cdots\}$ 的样本函数，因而往往要用到各态历经定理在平稳序列下的形式.

定理 13.3（数学期望各态历经） 设 $\{X(n),\ n=0,\ 1,\ 2,\ \cdots\}$ 是平稳序列，则

$$\lim_{n\to+\infty} \frac{1}{n+1}\sum_{j=0}^{n} X(j) = m_X,\ \text{a.s.}$$

的充要条件是

$$\lim_{n\to+\infty} \frac{1}{n+1}\sum_{j=0}^{n}\left(1-\frac{j}{n}\right)[R_X(j)-m_X^2] = 0. \tag{13-18}$$

定理 13.4（相关函数各态历经） 设$\{X(n)X(n+m),\ n=0,1,2,\cdots\}$是平稳序列，$m$ 是固定的非负整数，则

$$\lim_{n\to+\infty}\frac{1}{n+1}\sum_{j=0}^{n}X(j)X(j+m)=R_X(m),\ \text{a. s.}$$

的充要条件是

$$\lim_{n\to+\infty}\frac{1}{n+1}\sum_{j=0}^{n}\left(1-\frac{j}{n}\right)\left[B_m(j)-R_X^2(m)\right]=0, \tag{13-19}$$

其中，$B_m(j)=E[X(n)X(n+m)X(n+j)X(n+m+j)]$.

13.2.4 各态历经定理的应用

对于具有各态历经性的平稳过程，可以用它的任何一个样本函数去近似计算它的数学期望.

应用定理

定理 13.5 若 $\lim\limits_{n\to+\infty}X_n=X$，则必有 $\lim\limits_{n\to+\infty}P(|X_n-X|<\varepsilon)=1$，它称为 X_n 依概率收敛于 X，并记为 $\lim\limits_{n\to+\infty}X_n\xlongequal{P}X$.

证 由切比雪夫不等式，得

$$P(|X_n-X|\geqslant\varepsilon)\leqslant\frac{1}{\varepsilon^2}E|X_n-X|^2.$$

由定理条件 $\lim\limits_{n\to+\infty}X_n=X$，即 $E|X_n-X|^2\to0\ (n\to+\infty)$，故有

$$P(|X_n-X|\geqslant\varepsilon)\to0\ (n\to+\infty),$$

即
$$\lim_{n\to+\infty}P(|X_n-X|\geqslant\varepsilon)=0\Leftrightarrow\lim_{n\to+\infty}P(|X_n-X|<\varepsilon)=1.$$

该定理表明，若随机序列 X_n 均方收敛于 X，则必依概率收敛于 X，即均方收敛比依概率收敛强.

数学期望的各态历经性

$\lim\limits_{T\to+\infty}\dfrac{1}{T}\displaystyle\int_0^T X(t)\mathrm{d}t=m_X$ 中 $X(t)$ 为随机过程（考虑 $t>0$ 的常用情况），由均方积分的定义，有

$$\begin{aligned}\lim_{T\to+\infty}\frac{1}{T}\int_0^T X(t)\mathrm{d}t&=\lim_{T\to+\infty}\frac{1}{T}\lim_{N\to+\infty}\sum_{k=1}^{N}X(t_k)\Delta t_k\\&=\lim_{T\to+\infty}\frac{1}{T}\lim_{N\to+\infty}\frac{T}{N}\sum_{k=1}^{N}X\left(k\frac{T}{N}\right),\end{aligned}$$

其中，$0=t_0<t_1<\cdots<t_N=T$ 为$[0,T]$的均分点，故有

$$\Delta t_k = t_k - t_{k-1} = \frac{T}{N},\ t_k = k\Delta t_k = k\frac{T}{N},$$

于是有

$$\lim_{T\to+\infty}\lim_{N\to+\infty}\frac{1}{N}\sum_{k=1}^{N}X\left(K\frac{T}{N}\right)=m_X.$$

利用上述定理得

$$\lim_{T\to+\infty}\lim_{N\to+\infty}P\left\{\left|\frac{1}{N}\sum_{k=1}^{N}X\left(k\cdot\frac{T}{N}\right)-m_X\right|<\varepsilon\right\}=1.$$

根据极限定义，当 T, N 充分大时，有

$$P\left\{\left|\frac{1}{N}\sum_{k=1}^{N}X\left(k\cdot\frac{T}{N}\right)-m_X\right|<\varepsilon\right\}\approx 1,$$

它表示几乎对随机过程 $\frac{1}{N}\sum_{k=1}^{N}X\left(k\cdot\frac{T}{N}\right)$ 的所有样本 $\frac{1}{N}\sum_{k=1}^{N}x\left(k\cdot\frac{T}{N}\right)$，均有不等式

$$\left|\frac{1}{N}\sum_{k=1}^{N}x\left(k\cdot\frac{T}{N}\right)-m_X\right|<\varepsilon$$

成立. 故若 $x(t)$ 为 $X(t)$ 的一个样本，$x\left(k\cdot\frac{T}{N}\right)$ 为 $x(t)$ 在采样点上的一列样本函数值，则必有

$$m_X\approx\frac{1}{N}\sum_{k=1}^{N}x\left(k\cdot\frac{T}{N}\right). \tag{13-20}$$

在用式(13-20)实际计算 m_X 时，为了保证近似计算的精确度，必须要求 T 和 N 足够大.

相关函数　　　的近似计算

现考察 $\tau=r\frac{T}{N}$，其中 $r=0, 1, 2, \cdots, m$ 固定. 由相关函数各态历程定理可得

$$\lim_{T\to+\infty}\lim_{N\to+\infty}P\left\{\left|\frac{1}{N-r}\sum_{k=1}^{N-r}x\left(k\cdot\frac{T}{N}\right)x\left(k\cdot\frac{T}{N}+r\cdot\frac{T}{N}\right)-R_X\left(r\cdot\frac{T}{N}\right)\right|\geqslant\varepsilon\right\}=0.$$

注意：r 的选取应使参数平移 $\tau=r\frac{T}{N}$ 后仍落在区间$(0, T]$中(必须有 $m<N$)，因而由上述定理得

$$R_X\left(r\cdot\frac{T}{N}\right)\approx\frac{1}{N-r}\sum_{k=1}^{N-r}x\left(k\cdot\frac{T}{N}\right)x\left((k+r)\frac{T}{N}\right). \tag{13-21}$$

为保持近似计算的可靠性，必须要求 T 和 $N-r$ 足够大. 通常取 $m=\frac{N}{5}\sim\frac{N}{2}$，这样可保证在 N 足够大时 $N-r$ 足够大. 在实际问题中，各态历经性的充要条件是很难校核的，因为条件中出现的 $R_X(\tau)$ 及 $B_\tau(\tau_1)$ 是不知道的，工程计算中常常是采取先使用后由实践来检验的方法.

采样定理

上述方法在运用计算机对随时间连续变化的样本函数 $x(t)$ 进行处理时，首先必须对 $x(t)$ 进行离散的采样. 一般在每隔定长时间 $\frac{T}{N}$ 后对 $x(t)$ 进行观察和测量，获得 $x(t)$ 在采样点 $k \cdot \frac{T}{N}$ 上的函数值，这个过程可由专用的设备来完成. 采样间隔应适当，过密的采样会加重采样设备的负担，也增加处理运算的工作量，过稀的采样将使采样值无法复原. 图 13-2 所示的曲线上不同频率的正弦波有相同的采样值.

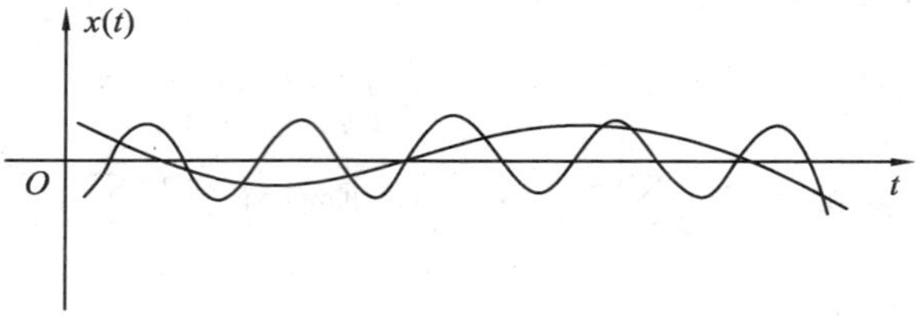

图 13-2 曲线的采样值

由于从获得的采样值中没法辨认它是哪一个波形的采样值，因此对它的处理也不会合理，处理的结果难于恢复成正确的连续波形. 对于非随机的确定型信号，采样定理回答了这一问题，即当波形频谱中最高频率小于 B 时，只要 $\frac{T}{N} < \frac{1}{2B}$，即步长小于最小波长的一半时，在理论上可以由采样值 $x\left(k \cdot \frac{T}{N}\right)$ 完全准确地恢复 $x(t)$. 对于平稳过程也有类似的结果，即可根据其谱的性质在一定的采样率之下进行采样取值. 这样做并不损失信号的任何信息，也能在计算机上进行运算和处理.

13.3 相关函数的性质

13.3.1 平稳过程的相关函数

随机过程最基本的数字特征是均值和相关函数，对于平稳过程，由于它的均值是常数，经中心化处理后为 0，所以，其最基本的数字特征实际上就是相关函数. 相关函数可以提供随机过程各状态（随机变量）间关联特性的信息，也是求取随机过程功率谱密度的工具. 基于相关函数在相关理论中的重要地位及其在平稳过程研究中具有重要作用，本节将进一步研究平稳过程相关函数的性质.

平稳过程相关函数的基本性质

(1) $R_X(0)=E[X(t)X(t)]=E[X(t)]^2 \geqslant 0.$ (13-22)

(2) $|R_X(\tau)| \leqslant R_X(0)$. (13-23)

事实上，利用 Schwarz 不等式 $E(|XY|) \leqslant \sqrt{EX^2}\sqrt{EY^2}$，可得

$$\begin{aligned}|R_X(\tau)| &= |R_X(t,\ t+\tau)| \\ &= |E[X(t)X(t+\tau)]| \leqslant \sqrt{E[X(t)]^2}\sqrt{E[X(t+\tau)^2]} \\ &= \sqrt{R_X(0)}\sqrt{R_X(0)} = R_X(0).\end{aligned}$$

(3) $R_X(\tau)$是偶函数，即

$$R_X(-\tau) = R_X(\tau). \tag{13-24}$$

事实上有

$$\begin{aligned}R_X(-\tau) &= R_X(t,\ t-\tau) = E[X(t)X(t-\tau)] \\ &= E[X(t-\tau)X(t)] = R_X(t-\tau,\ t) = R_X(\tau).\end{aligned}$$

(4) $R_X(\tau)$具有非负定性，即对任意 n 个实数 $t_1,\ t_2,\ \cdots,\ t_n$ 和复数 $Z_1,\ Z_2,\ \cdots,\ Z_n$ 有

$$\sum_{k=1}^{n}\sum_{j=1}^{n} R_X(t_j - t_k) Z_k \overline{Z_j} \geqslant 0. \tag{13-25}$$

证

$$\begin{aligned}\sum_{k=1}^{n}\sum_{j=1}^{n} R_X(t_j - t_k) Z_k \overline{Z_j} &= \sum_{k=1}^{n}\sum_{j=1}^{n} R_X(t_k,\ t_j) Z_k \overline{Z_j} \\ &= \sum_{k=1}^{n}\sum_{j=1}^{n} E[X(t_k)X(t_j)] Z_k \overline{Z_j} \\ &= \sum_{k=1}^{n}\sum_{j=1}^{n} E[X(t_k)Z_k \cdot \overline{X(t_j)Z_j}] \\ &= E\left\{\sum_{k=1}^{n} X(t_k)Z_k \cdot \overline{\sum_{j=1}^{n} X(t_j)Z_j}\right\} \\ &= E\left|\sum_{k=1}^{n} X(t_k)Z_k\right|^2 \geqslant 0.\end{aligned}$$

平稳过程协方差函数的性质

由协方差函数的定义

$$C_X(t-s) = C_X(s,\ t) = R_X(s,\ t) - \mu_X^2 = R_X(t-s) - \mu_X^2,$$

可得类似的 4 条性质：

(1) $C_X(0) = R_X(0) - \mu_X^2 = E[X(t)]^2 - \mu_X^2 = D_X(t) \geqslant 0$. (13-26)

(2) $|C_X(\tau)| \leqslant C_X(0)$. (13-27)

事实上有 $|C_X(\tau)| = |E\{(X(t)-\mu_X)[X(t+\tau)-\mu_X]\}|$

$$\begin{aligned}&\leqslant \sqrt{E(X(t)-\mu_X)^2} \cdot \sqrt{E(X(t+\tau)-\mu_X)^2} \\ &= \sqrt{C_X(0)} \cdot \sqrt{C_X(0)} \\ &= C_X(0).\end{aligned}$$

(3) $C_X(\tau)$是偶函数.

事实上有 $C_X(-\tau)=R_X(-\tau)-\mu_X^2=R_X(\tau)-\mu_X^2=C_X(\tau)$.

(4) $C_X(\tau)$具有非负定性,即对任意 n 个实数 t_1, t_2, …, t_n 和复数 Z_1, Z_2, …, Z_n,恒有

$$\sum_{k=1}^{n}\sum_{j=1}^{n}C_X(t_j-t_k)Z_k\overline{Z_j}\geqslant 0. \tag{13-28}$$

事实上有

$$\sum_{k=1}^{n}\sum_{j=1}^{n}C_X(t_j-t_k)Z_k\overline{Z_j}=E\left|\sum_{k=1}^{n}[X(t_k)-\mu_X]Z_k\right|^2\geqslant 0. \tag{13-29}$$

对于平稳过程,自相关函数的非负定性是最本质的.因为理论上可以证明,任一连续函数只要具有非负定性,那么该函数必是某平稳过程的自相关函数.

自相关函数的应用性质

除了以上基本性质外,这里再介绍几个既简单又实用的性质.

(1) 周期平稳过程的自相关函数必是周期函数.

定义 13.6 如果平稳过程 $X(t)$满足条件 $X(t)=X(t+T)$,则称它为周期平稳过程,其中 T 称为过程的周期.

事实上,由自相关函数的定义和周期性条件知

$$R_X(\tau+T)=E[X(t)X(t+\tau+T)]=E[X(t)X(t+\tau)]=R_X(\tau).$$

(1′) 若平稳过程 $X(t)$含有一个周期分量,则 $R_X(\tau)$也将有一个周期分量,且周期相同.

(2) 不包含任何周期分量的非周期平稳过程,满足

$$\lim_{|\tau|\to+\infty}R_X(\tau)=R_X(+\infty)=\mu_X^2. \tag{13-30}$$

因为从物理意义上说,当 τ 增大时,$X(t)$与 $X(t+\tau)$之间的相关性会减弱,在 $|\tau|\to+\infty$的极限情况下两者相互独立,于是有

$$\lim_{|\tau|\to+\infty}R_X(\tau)=\lim_{|\tau|\to+\infty}E[X(t)X(t+\tau)]=\lim_{|\tau|\to+\infty}E[X(t)]E[X(t+\tau)]=\mu_X^2.$$

特别地,有

(2′) 设 $X(t)$和 $X(t+\tau)$当$|\tau|\to+\infty$时相互独立,且 $E[X(t)]=0$,则

$$\lim_{|\tau|\to+\infty}R_X(\tau)=0. \tag{13-31}$$

在实际中各种具有零均值的非周期性噪声和干扰,一般当 τ 值适当增大时,$X(t)$和 $X(t+\tau)$即呈现独立性,因而自相关函数趋于零.

例 13.13 设平稳过程 $X(t)$各态历经,其自相关函数为

$$R_X(\tau)=100\mathrm{e}^{-10|\tau|}+100\cos 10\tau+100.$$

求 $X(t)$的均值、均方值和方差.

解 由题意得

$$R_X(\tau)=100\cos 10\tau+(100e^{-10|\tau|}+100)=R_{X_1}(\tau)+R_{X_2}(\tau),$$

其中，$R_{X_1}(\tau)$为该平稳过程周期分量的相关函数．由于$X(t)$各态历经，时间平均可以代替空间平均，该分量的均值应为零．另外，由性质(2)知非周期分量有

$$R_{X_2}(+\infty)=\mu_{X_2}^2=100,$$

故$X(t)$的均值为 $\mu_X=\mu_{X_2}=\pm 10,$

均方值为 $\psi_X^2=R_X(0)=300,$

方差为 $\sigma_X^2=R_X(0)-\mu_X^2=200.$

13.3.2 相关函数性质的应用

设某接收机的输出电压$V(t)$是周期信号$S(t)$和噪声电压$N(t)$之和，即$V(t)=S(t)+N(t)$，又设$S(t)$和$N(t)$是两个互不相关的平稳过程(实际问题中一般都是如此)，且$E[N(t)]=0$，故有

$$R_V(\tau)=R_S(\tau)+R_N(\tau). \tag{13-32}$$

由性质(1)可知，$R_S(\tau)$是周期函数，又因为一般噪声电压过程都符合性质(2)，即有

$$\lim_{\tau\to+\infty}R_N(\tau)=0.$$

于是对于充分大的τ值，有

$$R_V(\tau)\approx R_S(\tau). \tag{13-33}$$

如果将$V(t)$作为自相关分析仪的输入，则对于充分大的τ值，分析仪记录到的是周期函数$R_S(\tau)$的曲线．如果只有噪声而无信号，则对充分大的τ值，记录到的$R_V(\tau)\approx 0$．所以，从分析仪接收到的曲线有无明显的周期成分，就可以判断接收机的输出有无周期信号．这种探查信号的方法称为相关接收法(可从强噪声中检测出弱信号)．

13.4 平稳过程的谱密度

13.4.1 时间函数的能谱密度和平稳过程的谱密度

应用背景

很多理论和应用问题常常借助傅氏变换来对时间函数进行频谱分析，工程技术上的任何振动和噪声都可以看成不同频率周期振动在无限频率区间上的叠加．为此，本节首先回顾有关时间函数的总能量、能谱密度、功率和(功率)谱密度等概念，然后导入平稳过程(功率)谱密度的概念．

时间函数的总能量和平均功率

设 $x(t)$是时间 t 的实值函数，假定它是电路中电压的脉动.

由欧姆定律

$$I=\frac{V}{R},\ N=IV=\frac{V^2}{R}$$

可知，在 R 取单位电阻时，$x^2(t)$ 是电路在时刻 t 的瞬时功率；而积分$\int_{-\infty}^{+\infty}x^2(t)\mathrm{d}t$ 称为 $x(t)$ 在$(-\infty,+\infty)$ 上的总能量；当极限 $\lim\limits_{T\to+\infty}\frac{1}{2T}\int_{-T}^{T}x^2(t)\mathrm{d}t<+\infty$ 存在时，称此极限为$(-\infty,+\infty)$ 上的平均功率.

显然，平均功率的存在要求不等式左边当 $T\to+\infty$ 时的无穷积分收敛，即要求 $x(t)$ 平方可积或绝对可积，故应有

$$\int_{-\infty}^{+\infty}x^2(t)\mathrm{d}t<+\infty \quad 或 \quad \int_{-\infty}^{+\infty}|x(t)|\mathrm{d}t<+\infty.$$

平稳过程的功率谱密度

设 $x(t)$为随机过程 $X(t)$的一个样本函数（如电压的脉动），为了满足傅氏积分变换的收敛定理，不妨假定 $x(t)$在有限区间$(0,T)$之外取值为 0，且在$(0,T)$上满足 Dirichlet 条件：$x(t)$分段连续，且只有有限个极值点，或 $x(t)$逐段连续，逐段光滑（后者为充分条件）.

考虑 $x(t)$的傅氏变换

$$\delta(\omega)=\int_{-\infty}^{+\infty}x(t)\mathrm{e}^{-\mathrm{i}\omega t}\mathrm{d}t=\int_{0}^{T}x(t)\mathrm{e}^{-\mathrm{i}\omega t}\mathrm{d}t, \tag{13-34}$$

其中 ω 为圆频率（不是测度中的样本点），于是由傅氏逆变换得

$$x(t)=\frac{1}{2\pi}\int_{-\infty}^{+\infty}\delta(\omega)\mathrm{e}^{\mathrm{i}\omega t}\mathrm{d}\omega, \tag{13-35}$$

进而可以导出总能量与频率的函数关系，即有

$$\begin{aligned}\int_{-\infty}^{+\infty}x^2(t)\mathrm{d}t&=\int_{0}^{T}x^2(t)\mathrm{d}t=\int_{0}^{T}x(t)\mathrm{d}t\int_{-\infty}^{+\infty}\frac{\delta(\omega)}{2\pi}\mathrm{e}^{-\mathrm{i}\omega t}\mathrm{d}\omega\\&=\int_{-\infty}^{+\infty}\frac{1}{2\pi}\delta(\omega)\,\delta(-\omega)\mathrm{d}\omega.\end{aligned}$$

而 $\delta(\omega)$一般为复数有 $\delta(\omega)\delta(-\omega)=\delta(\omega)\overline{\delta(\omega)}=|\delta(\omega)|^2$，故有

$$\int_{-\infty}^{+\infty}x^2(t)\mathrm{d}t=\int_{-\infty}^{+\infty}\frac{|\delta(\omega)|^2}{2\pi}\mathrm{d}\omega. \tag{13-36}$$

式(13-36)即为 Parseval 等式，即总能量是频率函数$\frac{1}{2\pi}|\delta(\omega)|^2$ 在无限频率区间$(-\infty,+\infty)$上的积分，称此频率函数为能谱密度. 因此在时间区间$[0,T]$上的平均功率 P_T 为

$$P_T = \frac{1}{T}\int_0^T x^2(t)\mathrm{d}t = \int_{-\infty}^{+\infty} \frac{|\delta(\omega)|}{2\pi T}\mathrm{d}\omega = \frac{1}{2\pi}\int_{-\infty}^{+\infty} \frac{|\delta(\omega)|^2}{T}\mathrm{d}\omega. \quad (13\text{-}37)$$

记 $f_x(\omega, T) = \frac{1}{T}|\delta(\omega)|^2$，则有

$$P_T = \frac{1}{2\pi}\int_{-\infty}^{+\infty} f_x(\omega, T)\mathrm{d}\omega, \quad (13\text{-}38)$$

即平均功率 P_T 可表为 $\frac{1}{2\pi}f_x(\omega, T)$ 在无限频率区间 $(-\infty, +\infty)$ 上的积分，于是称 $f_x(\omega, T)$ 为 $x(t)$ 在区间 $[0, T]$ 上 ω 处的功率谱密度.

随机过程 $X(t)$ 的任意一个样本函数 $x(t)$ 均有相应的功率谱密度 $f_x(\omega, T)$，对 $X(t)$ 的所有样本函数所对应的功率谱密度的总体（为一个随机变量）求数学期望，并取 $T\to+\infty$ 时的极限，若极限存在，则称此极限为 $X(t)$ 的功率谱密度，简称为谱密度，记作 $f_X(\omega)$，即有

$$f_X(\omega) = \lim_{T\to+\infty} E[f_X(\omega, T)] = \lim_{T\to+\infty} E\left(\frac{|\delta(\omega)|^2}{T}\right). \quad (13\text{-}39)$$

式(13-39)的意义：随机过程 $X(t)$ 的功率谱密度是其所有样本函数的功率谱密度的统计平均.

13.4.2 相关函数的谱分解

设平稳过程 $\{X(t), -\infty<t<+\infty\}$ 的相关函数是 $R_X(\tau)$，所谓相关函数的谱分解就是把相关函数表示成傅氏积分的形式.

辛钦定理

定理 13.6 设 $R_X(\tau)$ 是连续平稳过程 $\{X(t), -\infty<t<+\infty\}$ 的相关函数，则 $R_X(\tau)$ 可表示为

$$R_X(\tau) = \frac{1}{2\pi}\int_{-\infty}^{+\infty} \mathrm{e}^{\mathrm{i}\tau\omega}\mathrm{d}\widetilde{F}(\omega), \quad \tau\in R^1, \quad (13\text{-}40)$$

其中，$\widetilde{F}(\omega)$ 是有界非降函数，且 $\widetilde{F}(-\infty)=0$，$\widetilde{F}(+\infty)=2\pi R_X(0)$. 式(13-40)称为辛钦-维纳公式.

证 令 $\widetilde{R}_X(\tau) = \frac{R_X(\tau)}{R_X(0)}$，显然 $\widetilde{R}_X(0)=1$.

因为 $R_X(\tau)$ 是连续平稳过程 $\{X(t), -\infty<t<+\infty\}$ 的相关函数，所以 $R_X(\tau)$ 在 $-\infty<\tau<+\infty$ 上连续，因而 $\widetilde{R}_X(\tau)$ 也连续. 由相关函数的非负定性可知 $\widetilde{R}_X(\tau)$ 的非负定性（注意 $R_X(0)>0$）. 由于 $\widetilde{R}_X(\tau)$ 是满足 $\widetilde{R}_X(0)=1$ 的连续函数，且具有非负定性，根据概率论中的 Khintchine Bochner 定理，它必定为某一分布函数 $F(\omega)$ 的特征函数，即

$$\widetilde{R}_X(\tau)=\int_{-\infty}^{+\infty}e^{i\omega\tau}dF(\omega),$$

亦即

$$\frac{R_X(\tau)}{R_X(0)}=\frac{1}{2\pi}\int_{-\infty}^{+\infty}e^{i\omega\tau}d(2\pi F(\omega)),$$

或

$$R_X(\tau)=\frac{1}{2\pi}\int_{-\infty}^{+\infty}e^{i\omega\tau}d(2\pi R_X(0)F(\omega))$$

$$=\frac{1}{2\pi}\int_{-\infty}^{+\infty}e^{i\omega\tau}d\widetilde{F}(\omega)\ (-\infty<\tau<+\infty),$$

其中，$\widetilde{F}(\omega)=2\pi R_X(0)F(\omega)$，显然满足

$$\widetilde{F}(-\infty)=0,\widetilde{F}(+\infty)=2\pi R_X(0).$$

式(13-40)中的 $\widetilde{F}(\omega)$称为平稳过程 $X(t)$的(自)谱函数.

利用傅氏变换的反演公式得

$$\widetilde{F}'(\omega)=\int_{-\infty}^{+\infty}e^{-i\omega\tau}R_X(\tau)d\tau.$$

如果$\int_{-\infty}^{+\infty}|R_x(\tau)|d\tau<+\infty$，则 $\widetilde{F}(\omega)$ 可微，且有

$$\widetilde{F}'(\omega)=\int_{-\infty}^{+\infty}e^{-i\omega\tau}R_X(\tau)d\tau,$$

故记 $$\widetilde{F}'(\omega)=S_X(\omega).$$

则式(13-40)变成

$$R_X(\tau)=\frac{1}{2\pi}\int_{-\infty}^{+\infty}e^{i\omega\tau}d\widetilde{F}(\omega)=\frac{1}{2\pi}\int_{-\infty}^{+\infty}e^{i\omega\tau}S_X(\omega)d\omega,\tag{13-41}$$

其中，$S_X(\omega)$称为平稳过程的(自)谱密度.

利用傅氏变换的反演公式可得

$$S_X(\omega)=\int_{-\infty}^{+\infty}e^{-i\omega\tau}R_X(\tau)d\tau.\tag{13-42}$$

因此，平稳过程的谱密度 $S_X(\omega)$是其相关函数 $R_X(\tau)$的傅氏变换，而 $R_X(\tau)$是$S_X(\omega)$的反演变换.

对平稳序列的分析

定理 13.7 设平稳序列$\{X(m),\ m=1,\ \pm1,\ \pm2,\ \cdots\}$的相关函数是$R_X(m)$，则有

$$R_X(m)=\frac{1}{2\pi}\int_{-\pi}^{\pi}e^{i\omega\tau}d\widetilde{F}(\omega),\ m=0,\pm1,\pm2,\cdots,\tag{13-43}$$

其中，$\widetilde{F}(\omega)$是$[-\pi,\ \pi]$上的有界非降函数，且

$$\widetilde{F}(\pi)-\widetilde{F}(-\pi)=2\pi R_X(0).$$

此定理可以用概率论中的 Herglotz 定理证明.

定理 13.8(Herglotz 定理) 复数列$\{C_k, k=0, \pm 1, \pm 2, \cdots\}$可表示成$C_k=\int_{-\pi}^{\pi} \mathrm{e}^{\mathrm{i}kx}\,\mathrm{d}G(x)$, $k=0, \pm 1, \pm 2, \cdots$ 的充要条件是它为非负定的,其中,$G(x)$是$[-\pi, \pi]$上的有界非降函数.

定理 13.7 中的$\widetilde{F}(\omega)(\omega\in[-\pi, \pi])$称为平稳序列的(自)谱函数,如果$\widetilde{F}(\omega)$可微,记$\widetilde{F}'(\omega)=S_X(\omega)$,则式(13-43)变成

$$R_X(m)=\frac{1}{2\pi}\int_{-\pi}^{\pi} \mathrm{e}^{\mathrm{i}m\omega}\,\mathrm{d}\widetilde{F}(\omega)=\frac{1}{2\pi}\int_{-\pi}^{\pi} \mathrm{e}^{\mathrm{i}m\omega}S_X(\omega)\,\mathrm{d}\omega, \tag{13-44}$$

其中,$S_X(\omega)$, $\omega\in[-\pi, \pi]$称为平稳序列(自)谱密度.

利用反演公式可得

$$S_X(\omega)=\sum_{m=-\infty}^{+\infty} \mathrm{e}^{-\mathrm{i}m\omega}R_X(m), -\pi\leqslant\omega\leqslant\pi. \tag{13-45}$$

平稳序列谱密度计算举例

例 13.14 设$\{X(n), n=0, \pm 1, \pm 2, \cdots\}$为离散白噪声,求其谱密度.

解 由于离散白噪声为平稳序列,其相关函数为

$$R_X(m)=\begin{cases}\sigma^2, & m=0,\\ 0, & m\neq 0.\end{cases}$$

由式(13-45)可得它的谱密度

$$S_X(\omega)=\sigma^2$$

在$[-\pi, \pi]$上为常数.

例 13.15 设 $X(n)$为离散白噪声的有限滑动和,即有

$$X(n)=\sum_{k=0}^{N} a_k X(n-k), n=0, \pm 1, \pm 2, \cdots,$$

求其谱密度(其中 N, a_0, a_1, $\cdots$, a_N 为常数).

解 $X(n)$为一个平稳序列,且其相关函数为

$$R_X(m)=\sum_{k=0}^{N} a_k a_{m+k}\sigma^2.$$

由式(13-45)可知其谱密度为

$$\begin{aligned}S_X(\omega)&=\sum_{m=-\infty}^{+\infty} \mathrm{e}^{-\mathrm{i}m\omega}\sum_{k=0}^{N} a_k a_{m+k}\sigma^2=\sigma^2\sum_{k=0}^{N}\sum_{m=-\infty}^{+\infty} \mathrm{e}^{-\mathrm{i}m\omega}a_k a_{m+k}\\&=\sigma^2\sum_{k=0}^{N}\sum_{m=-k}^{N-k} \mathrm{e}^{-\mathrm{i}m\omega}a_k a_{m+k}.\end{aligned}$$

令 $l=m+k$,则有

$$
\begin{aligned}
S_X(\omega) &= \sigma^2 \sum_{k=0}^{N} \sum_{l=0}^{N} \mathrm{e}^{-\mathrm{i}(l-k)\omega} a_k a_l \\
&= \sigma^2 \sum_{k=0}^{N} a_k \mathrm{e}^{\mathrm{i}k\omega} \sum_{l=0}^{N} a_l \mathrm{e}^{-\mathrm{i}l\omega} \\
&= \sigma^2 \sum_{k=0}^{N} a_k \mathrm{e}^{\mathrm{i}k\omega} \sum_{l=0}^{N} a_l \mathrm{e}^{\mathrm{i}l\omega} \\
&= \sigma^2 \left| \sum_{k=0}^{N} a_k \mathrm{e}^{\mathrm{i}k\omega} \right|^2.
\end{aligned}
$$

例 13.16 令 $Z(n)$是 $X(n)$的无限滑动和,即 $Z(n)=\sum_{k=-\infty}^{+\infty} a_k X(n-k)$ $(n=0,\pm1,\pm2,\cdots)$,求其谱密度.

解 $Z(n)$是平稳序列,且其相关函数为

$$
R_X(m)=\sum_{k=-\infty}^{+\infty} a_k a_{m+k}\sigma^2,\ m=0,\pm1,\pm2,\cdots.
$$

由式(13-45)可知其谱密度为

$$
\begin{aligned}
S_X(\omega) &= \sum_{m=-\infty}^{+\infty} \mathrm{e}^{-\mathrm{i}m\omega} \sum_{k=-\infty}^{+\infty} a_k a_{m+k}\sigma^2 \\
&= \sum_{k=-\infty}^{+\infty} \sum_{m=-\infty}^{+\infty} a_k a_{m+k} \mathrm{e}^{\mathrm{i}k\omega} \mathrm{e}^{-\mathrm{i}(m+k)\omega}\sigma^2 \\
&\xlongequal{(\text{令 } l=m+k)} \sigma^2 \sum_{k=-\infty}^{+\infty} a_k \mathrm{e}^{\mathrm{i}k\omega} \sum_{l=-\infty}^{+\infty} a_l \mathrm{e}^{-\mathrm{i}l\omega} = \sigma^2 \left| \sum_{k=-\infty}^{+\infty} a_k \mathrm{e}^{\mathrm{i}k\omega} \right|^2.
\end{aligned}
$$

例 13.17 设平稳过程 $X(t)$的相关函数为

$$
R_X(\tau)=A\mathrm{e}^{-\alpha|\tau|}\ (\alpha>0).
$$

求其谱密度 $S_X(\omega)$.

解 由式(13-42)有

$$
\begin{aligned}
S_X(\omega) &= \int_{-\infty}^{+\infty} A\mathrm{e}^{-\alpha|\tau|}\mathrm{e}^{-\mathrm{i}\omega\tau}\mathrm{d}\tau \\
&= \int_{-\infty}^{0} A\mathrm{e}^{\alpha\tau-\mathrm{i}\omega\tau}\mathrm{d}\tau + \int_{0}^{+\infty} A\mathrm{e}^{-\alpha\tau-\mathrm{i}\omega\tau}\mathrm{d}\tau \\
&= A\left\{ \frac{1}{\alpha-\mathrm{i}\omega}\mathrm{e}^{(\alpha-\mathrm{i}\omega)\tau}\Big|_{-\infty}^{0} - \frac{1}{\alpha+\mathrm{i}\omega}\mathrm{e}^{-(\alpha+\mathrm{i}\omega)\tau}\Big|_{0}^{+\infty} \right\} \\
&= A\left(\frac{1}{\alpha-\mathrm{i}\omega} + \frac{1}{\alpha+\mathrm{i}\omega} \right) \\
&= \frac{2A\alpha}{\alpha^2+\omega^2}.
\end{aligned}
$$

例 13.18 已知平稳过程 $X(t)$的谱密度为

$$
S_X(\omega)=\begin{cases} a, & |\omega|\leqslant b, \\ 0, & |\omega|>b. \end{cases}
$$

求相关函数 $R_X(\tau)$及方差 $D_X(t)$.

解 由式(13-42)有

$$R_X(\tau)=\frac{1}{2\pi}\int_{-\infty}^{+\infty}e^{i\omega\tau}S_X(\omega)d\omega$$
$$=\frac{1}{2\pi}\int_{-b}^{b}a\,e^{i\omega\tau}d\omega=\frac{a}{\pi\tau}\sin\omega\tau\Big|_0^b=\frac{a}{\pi\tau}\sin b\tau.$$
$$D_X(t)=R_X(0)=\frac{1}{2\pi}\int_{-\infty}^{+\infty}S_X(\omega)d\omega$$
$$=\frac{1}{2\pi}\int_{-b}^{b}a\,d\omega=\frac{ab}{\pi}.$$

注意：此处假定 $X(t)$的均值为 0.

13.4.3 谱密度的物理意义

回顾与分析

通过对有限区间$[0, T]$上的时间 t 的实值信号函数 $x(t)$ 作频谱分析，建立了时间函数的平均功率：$P_T=\frac{1}{T}\int_0^T x^2(t)dt$ 和功率谱密度：$f_x(\omega, T)=\frac{|\delta(\omega)|^2}{T}$ 的概念，其中 $\delta(\omega)=\int_{-\infty}^{+\infty}x(t)e^{-i\omega t}dt$ 为 $x(t)$ 的傅氏变换. 为了建立随机过程$\{X(t), t\geqslant 0\}$的功率谱密度的概念，一般将时间函数 $x(t)$ 看成平稳过程$\{X(t), t\geqslant 0\}$的一个样本函数，而将平稳过程的平均功率定义为它所有样本函数平均功率的统计平均，于是有

$$P_T=\lim_{T\to+\infty}E\left[\frac{1}{T}\int_0^T X^2(t)dt\right]=\lim_{T\to+\infty}E\left[\frac{1}{T}\int_{-\infty}^{+\infty}\frac{|\delta(\omega)|^2}{2\pi}d\omega\right]$$
$$=\frac{1}{2\pi}\int_{-\infty}^{+\infty}\left\{\lim_{T\to+\infty}E\left[\frac{|\delta(\omega)|^2}{T}\right]\right\}d\omega.$$

很自然地将 $f_X(\omega)=\lim_{T\to+\infty}E[f_X(\omega, T)]=\lim_{T\to+\infty}E\left[\frac{|\delta(\omega)|^2}{T}\right]$定义为平稳过程的功率谱密度.

相关函数是从时间角度描述随机过程统计规律的最主要的数字特征，而功率谱密度是从频率角度描述随机过程统计规律的数字特征，二者描述的对象是相同事物，它们之间应有密切联系.

为了揭示这一关系，利用辛钦定理对相关函数作了谱分解. 从纯粹数学的角度建立了谱密度的概念，它们是一对傅氏变换对，即

$$S_X(\omega)=\int_{-\infty}^{+\infty}R_X(\tau)e^{-i\omega\tau}d\tau,\ R_X(\tau)=\frac{1}{2\pi}\int_{-\infty}^{+\infty}S_X(\omega)e^{i\omega\tau}d\omega.$$

这一对变换同时存在的充要条件是$\int_{-\infty}^{+\infty}|R_X(\tau)|d\tau<+\infty$. 现在需进一步证

明：从数学角度引进的谱密度概念与从物理意义建立的平稳过程功率谱密度概念是一致的，即要证明

$$\widetilde{S}_X(\omega)=\lim_{T\to+\infty}E\left[\frac{|\delta(\omega)|^2}{T}\right]=S_X(\omega)=\int_{-\infty}^{+\infty}R_X(\tau)\mathrm{e}^{-\mathrm{i}\omega\tau}\mathrm{d}\tau.$$

等价性的证明

事实上，有

$$\begin{aligned}\widetilde{S}_X(\omega)&=\lim_{T\to+\infty}E\left[\frac{|\delta(\omega)|^2}{T}\right]\\&=\lim_{T\to+\infty}\frac{1}{T}E[\delta(\omega)\cdot\delta(-\omega)]\\&=\lim_{T\to+\infty}\frac{1}{T}E\left[\int_0^T x(t_2)\mathrm{e}^{-\mathrm{i}\omega t_2}\mathrm{d}t_2\cdot\int_0^T x(t_1)\mathrm{e}^{\mathrm{i}\omega t_1}\mathrm{d}t_1\right]\\&=\lim_{T\to+\infty}\frac{1}{T}\int_0^T\int_0^T E[X(t_2)X(t_1)]\mathrm{e}^{-\mathrm{i}\omega(t_2-t_1)}\mathrm{d}t_1\mathrm{d}t_2\\&=\lim_{T\to+\infty}\frac{1}{T}\int_0^T\int_0^T R_X(t_2-t_1)\mathrm{e}^{-\mathrm{i}\omega(t_2-t_1)}\mathrm{d}t_1\mathrm{d}t_2.\end{aligned}$$

做积分变量替换

$$\tau_1=\sqrt{2}\left(t_1\cos\frac{\pi}{4}+t_2\sin\frac{\pi}{4}\right),\ \tau_2=\sqrt{2}\left(-t_1\sin\frac{\pi}{4}+t_2\cos\frac{\pi}{4}\right),$$

即 $\tau_1=t_1+t_2$，$\tau_2=t_2-t_1$，则积分区域变化如图 13-3 所示.

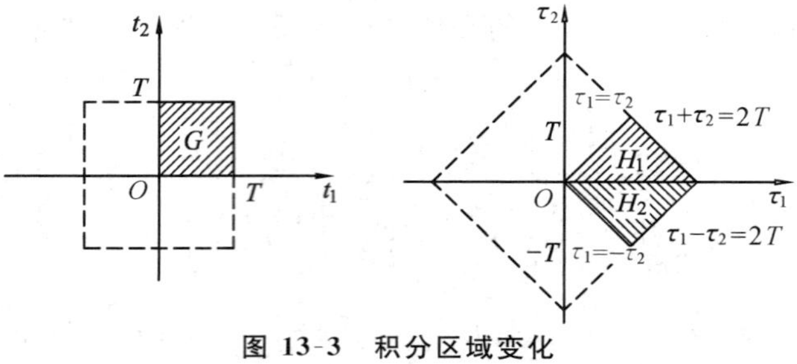

图 13-3 积分区域变化

于是有

$$\begin{aligned}\left|\frac{\partial(t_1,t_2)}{\partial(\tau_1,\tau_2)}\right|&=\left[\left|\frac{\partial(\tau_1,\tau_2)}{\partial(t_1,t_2)}\right|\right]^{-1}\\&=\left[\begin{vmatrix}1&1\\-1&1\end{vmatrix}\right]^{-1}=2^{-1}=\frac{1}{2}.\end{aligned}$$

对于上半区域 $H_1:\begin{cases}\tau_2\leqslant\tau_1\leqslant 2T-\tau_2\\0\leqslant\tau_2\leqslant T\end{cases}$，

对于下半区域 $H_2:\begin{cases}-\tau_2\leqslant\tau_1\leqslant 2T+\tau_2\\-T\leqslant\tau_2\leqslant 0\end{cases}$.

故有 $\widetilde{S}_X(\omega)=\lim\limits_{T\to+\infty}\dfrac{1}{T}\iint\limits_{H_1+H_2}R_X(\tau_2)\mathrm{e}^{-\mathrm{i}\omega\tau_2}\,\dfrac{1}{2}\mathrm{d}\tau_1\,\mathrm{d}\tau_2$

$$=\lim_{T\to+\infty}\frac{1}{2T}\left[\int_0^T\mathrm{d}\tau_2\int_{\tau_2}^{2T-\tau_2}R_X(\tau_2)\mathrm{e}^{-\mathrm{i}\omega\tau_2}\,\mathrm{d}\tau_2+\int_{-T}^0\mathrm{d}\tau_2\int_{-\tau_2}^{2T+\tau_2}R_X(\tau_2)\mathrm{e}^{-\mathrm{i}\omega\tau_2}\,\mathrm{d}\tau_1\right]$$

$$=\lim_{T\to+\infty}\frac{1}{2T}\left[\int_0^T2(T-\tau_2)R_X(\tau_2)\mathrm{e}^{-\mathrm{i}\omega\tau_2}\,\mathrm{d}\tau_2+\int_{-T}^02(T+\tau_2)R_X(\tau_2)\mathrm{e}^{-\mathrm{i}\omega\tau_2}\,\mathrm{d}\tau_2\right]$$

$$=\lim_{T\to+\infty}\frac{1}{2T}\int_{-T}^T2(T-|\tau_2|)R_X(\tau_2)\mathrm{e}^{-\mathrm{i}\omega\tau_2}\,\mathrm{d}\tau_2$$

$$=\lim_{T\to+\infty}\int_{-T}^{T}\left(1-\frac{|\tau_2|}{T}\right)R_X(\tau_2)\mathrm{e}^{-\mathrm{i}\omega\tau_2}\,\mathrm{d}\tau_2=\lim_{T\to+\infty}\int_{-T}^{T}\left(1-\frac{|\tau|}{T}\right)R_X(\tau)\mathrm{e}^{-\mathrm{i}\omega\tau}\,\mathrm{d}\tau.$$

令 $$R_X^T(\tau)=\begin{cases}\left(1-\dfrac{|\tau|}{T}\right)R_X(\tau), & |\tau|<T,\\ 0, & |\tau|>T,\end{cases}$$

上式变为 $$\widetilde{S}_X(\omega)=\lim_{T\to+\infty}\int_{-\infty}^{+\infty}R_X^T(\tau)\mathrm{e}^{-\mathrm{i}\omega\tau}\,\mathrm{d}\tau,$$

显然有 $$\lim_{T\to+\infty}R_X^T(\tau)=R_X(\tau).$$

由于 $\displaystyle\int_{-\infty}^{+\infty}|R_X(\tau)|\,\mathrm{d}\tau<+\infty$（即理论谱密度存在的条件），

故有 $$\widetilde{S}_X(\omega)=\int_{-\infty}^{+\infty}\lim_{\tau\to+\infty}R_X^T(\tau)\mathrm{e}^{-\mathrm{i}\omega\tau}\,\mathrm{d}\tau=\int_{-\infty}^{+\infty}R_X(\tau)\mathrm{e}^{-\mathrm{i}\omega\tau}\,\mathrm{d}\tau=S_X(\omega)$$

其中 $$R_X(\tau)=\frac{1}{2\pi}\int_{-\infty}^{+\infty}S_X(\omega)\mathrm{e}^{\mathrm{i}\omega\tau}\,\mathrm{d}\omega\text{（即反演公式）},$$

所以平稳过程$\{X(t),t\geqslant0\}$的功率谱密度就是它的理论谱密度.

13.4.4 谱密度的性质和计算

性质

由于平稳过程 $X(t)$的谱密度与其功率谱密度是一致的，因此可以从数学和物理意义两个方面来考察谱密度的性质. 其数学定义为

$$S_X(\omega)=\int_{-\infty}^{+\infty}R_X(\tau)\mathrm{e}^{-\mathrm{i}\omega\tau}\,\mathrm{d}\tau, \tag{13-46}$$

$$S_X(\omega)=\sum_{m=-\infty}^{+\infty}R_X(m)\mathrm{e}^{-\mathrm{i}m\omega},\ -\pi\leqslant\omega\leqslant\pi. \tag{13-47}$$

由于 $R_X(\tau)$和 $R_X(m)$是实的偶函数，所以 $S_X(\omega)$也是实的偶函数. 事实上，有

$$S_X(\omega)=\int_{-\infty}^{+\infty}R_X(\tau)\mathrm{e}^{-\mathrm{i}\omega\tau}\,\mathrm{d}\tau=\int_{-\infty}^{+\infty}R_X(\tau)\cos\omega\tau\,\mathrm{d}\tau-\mathrm{i}\int_{-\infty}^{+\infty}R_X(\tau)\sin\omega\tau\,\mathrm{d}\tau$$

$$=2\int_0^{+\infty}R_X(\tau)\cos\omega\tau\,\mathrm{d}\tau,$$

故 $S_X(\omega)$是 ω 的实的偶函数.

在$\int_{-\infty}^{+\infty} | R_X(\tau) | < +\infty$的前提下,有$\widetilde{S}_X(\omega) = \widetilde{F}'(\omega)$,而$\widetilde{F}(\omega)$是有界非降函数,故$S_X(\omega)$还是非负的.

谱密度是实的、非负的、偶函数的这一性质还可以从功率谱密度的定义

$$\widetilde{S}_X(\omega) = S_X(\omega) = \lim_{T\to+\infty} E\left(\frac{| \delta(\omega) |^2}{T}\right) = \lim_{T\to+\infty} \frac{1}{T}E(| \delta(\omega) |^2)$$

直接得到.

例 13.19 下列函数哪些是功率谱密度,哪些不是功率谱密度?为什么?

$$S_1(\omega) = \frac{\omega^2+9}{(\omega^2+4)(\omega+1)^2}; \qquad S_2(\omega) = \frac{\omega^2+1}{\omega^4+5\omega^2+6};$$

$$S_3(\omega) = \frac{\omega^2+4}{\omega^4-4\omega^2+3}; \qquad S_4(\omega) = \frac{e^{-i\omega}}{\omega^2+2}.$$

解 $S_1(\omega)$不是功率谱密度,因为它不是偶函数.

$S_3(\omega)$不是功率谱密度,对于$S_3(\omega) = \frac{\omega^2+4}{(\omega^2-1)(\omega^2-3)}$,当$1 \leqslant \omega^2 \leqslant 3$时,$S_3(\omega)$是负的.

$S_4(\omega)$不是功率谱密度,因为它是复函数.

只有$S_2(\omega) = \frac{\omega^2+1}{\omega^4+5\omega+6} = \frac{\omega^2+1}{(\omega^2+2)(\omega^2+3)}$满足谱密度所有性质.

计算

谱密度的计算包括已知相关函数求谱密度和已知谱密度求相关函数两个方面.相关函数$R_X(\tau)$及其谱密度$S_X(\omega)$在$\int_{-\infty}^{+\infty} | R_X(\tau) | d\tau < +\infty$的前提下构成一对傅氏变换对,此时可直接计算傅氏积分.工程上还常采用查表的方法,根据“常用的相关函数及谱密度变换表”并结合相关函数、谱密度的性质以解决不少实际问题.在实际问题中,常遇到一些平稳过程的自相关函数或谱密度在某些情况下的傅氏变换及其逆变换不存在,例如相关函数和谱密度为常数和正弦函数的情况.如果允许谱密度和相关函数含有δ-函数,则在新的意义下利用δ-函数的傅氏变换性质,有关实际问题便可以得到解决.为此,需要引进δ-函数的概念.

(1) δ-函数和白噪声.

定义 13.7 若$\delta(x-x_0)$满足$\delta(x-x_0) = \begin{cases} +\infty, & x = x_0 \\ 0, & x \neq x_0 \end{cases}$和$\int_{-\infty}^{+\infty} \delta(x-x_0) dx = 1$,则称$\delta(x-x_0)$是在$x = x_0$的$\delta$-函数.

显然,它不是通常意义上的函数,一般将它看成如图 13-4 所示矩形波的极限.

设 $g_a(x-x_0)=\begin{cases}\dfrac{1}{2a}, & |x-x_0|<a,\\ 0, & |x-x_0|\geqslant a,\end{cases}$

则有 $\lim\limits_{a\to 0}g_a(x-x_0)=\delta(x-x_0)$.

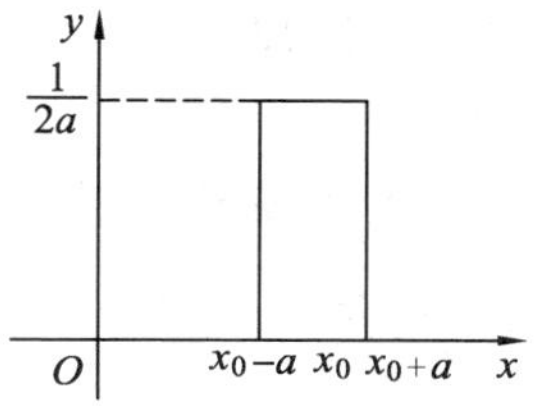

图 13-4 矩形波示意图

对任一连续函数 $f(t)$,有

$$\int_{-\infty}^{+\infty}\delta(t)f(t)\mathrm{d}t=f(0)$$

或
$$\int_{-\infty}^{+\infty}\delta(x-x_0)f(x)\mathrm{d}x=f(x_0),$$

由此,可以写出以下傅氏变换对:

$$\frac{1}{2\pi}\int_{-\infty}^{+\infty}\delta(\omega)\mathrm{e}^{\mathrm{i}\omega\tau}\mathrm{d}\omega=\frac{1}{2\pi}\leftrightarrow\delta(\omega)=\int_{-\infty}^{+\infty}\frac{1}{2\pi}\mathrm{e}^{-\mathrm{i}\omega\tau}\mathrm{d}\tau. \tag{13-48}$$

$$\int_{-\infty}^{+\infty}\delta(\tau)\mathrm{e}^{-\mathrm{i}\omega\tau}\mathrm{d}\tau=1\leftrightarrow\delta(\tau)=\frac{1}{2\pi}\int_{-\infty}^{+\infty}1\cdot\mathrm{e}^{\mathrm{i}\omega\tau}\mathrm{d}\omega. \tag{13-49}$$

例 13.20 如果 $X(t)$的相关函数 $R_X(\tau)=a$(常数),由式(13-48)可知 $X(t)$的谱密度为

$$S_X(\omega)=\int_{-\infty}^{+\infty}a\mathrm{e}^{-\mathrm{i}\omega\tau}\mathrm{d}\tau=2\pi a\int_{-\infty}^{+\infty}\frac{1}{2\pi}\mathrm{e}^{-\mathrm{i}\omega\tau}\mathrm{d}\tau=2\pi a\delta(\omega).$$

例 13.21 已知 $X(t)$的相关函数为 $R_X(\tau)=\cos\omega_0\tau$,求 $X(t)$的谱密度$S_X(\omega)$.

解
$$\begin{aligned}S_X(\omega)&=\int_{-\infty}^{+\infty}\cos\omega_0\tau\mathrm{e}^{-\mathrm{i}\omega\tau}\mathrm{d}\tau\\&=\frac{1}{2}\int_{-\infty}^{+\infty}(\mathrm{e}^{\mathrm{i}\omega_0\tau}+\mathrm{e}^{-\mathrm{i}\omega_0\tau})\mathrm{e}^{-\mathrm{i}\omega\tau}\mathrm{d}\tau\\&=\frac{1}{2}\left[\int_{-\infty}^{+\infty}\mathrm{e}^{-\mathrm{i}(\omega-\omega_0)\tau}\mathrm{d}\tau+\int_{-\infty}^{+\infty}\mathrm{e}^{-\mathrm{i}(\omega+\omega_0)\tau}\mathrm{d}\tau\right]\\&=\pi[\delta(\omega-\omega_0)+\delta(\omega+\omega_0)].\end{aligned}$$

因此,相关函数为常数或正弦型函数的平稳过程,其谱密度都是离散的.

例 13.22 求相关函数 $R_X(\tau)=\frac{a^2}{2}\cos\omega_1\tau+b^2\mathrm{e}^{-a|\tau|}$所对应的谱密度 $S_X(\omega)$.

解 根据傅氏积分的线性性质,有

$$S_X(\omega)=\frac{\pi a^2}{2}[\delta(\omega-\omega_1)+\delta(\omega+\omega_1)]+\frac{2ab^2}{a^2+\omega^2}.$$

谱密度 $S_X(\omega)$的图形如图 13-5 所示.

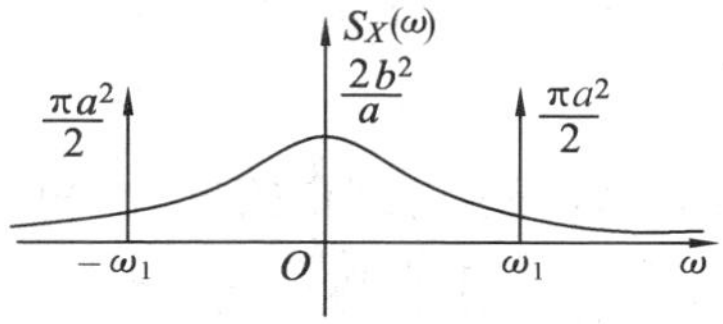

图 13-5 谱密度示意图

例 13.23 设 $X(t)$的谱密度为非零常数,即有

$$S_X(\omega)=S_0,\ -\infty<\omega<+\infty,$$

求 $X(t)$的相关函数.

解 $$R_X(\tau)=\frac{1}{2\pi}\int_{-\infty}^{+\infty}S_X(\omega)e^{i\omega\tau}d\omega=\frac{1}{2\pi}\int_{-\infty}^{+\infty}S_0e^{i\omega\tau}d\omega=S_0\delta(\tau).$$

一般称均值为零、谱密度为非零常数的平稳过程 $X(t)$为白噪声过程或白噪声.白噪声也可以定义为均值为零、相关函数为 δ-函数的随机过程,且该过程在 $\tau\neq0$即 $t_1\neq t_2$ 时,$X(t_1)$和 $X(t_2)$是不相关的.白噪声是一种理想化的数学模型,它的平均功率 $R_X(0)=S_0\delta(0)$是无限的.如果某种噪声(或干扰)在比实际考虑的有用频带宽得多的范围内具有比较"平坦"的谱密度,就可以把它近似的当做白噪声来处理.白噪声在数学处理上具有简单、方便的优点.

(2) 有理谱密度的留数计算法.

① 有理谱密度的概念.

定义 13.8 称 $$S_X(\omega)=S_0\,\frac{\omega^{2n}+a_{2n-2}\omega^{2n-2}+\cdots+a_0}{\omega^{2m}+b_{2m-2}\omega^{2m-2}+\cdots+b_0}\tag{13-50}$$
(式中,$S_0>0$;a_i,b_j 均为非负实数;$m>n$;分母无实数根)为有理谱密度.

有理谱密度是实际应用中最常见的一类谱密度,其中 $S_0>0$,保证 $S_X(\omega)$为非负的;ω, a_i, b_j 均为实数,保证 $S_X(\omega)$为实的;ω 偶数次保证 $S_X(\omega)$为偶函数;$m>n$,保证 $\int_{-\infty}^{+\infty}|R_X(\tau)|d\tau<+\infty$ 傅氏变换对存在;分母无实根,保证傅氏积分存在有限.这种谱密度的相关函数可以借助于复变函数中的留数定理进行计算.

② 留数定理.

设曲线 C 是区域 D 的全部边界,如果 $f(Z)$在 C 上解析,在 D 内除孤立奇异点 Z_1, Z_2, …,Z_n 外处处解析,则

$$\oint_C f(Z)dZ=2\pi i\sum_{k=1}^{n}\mathrm{Res}(f,Z_k),$$

其中 C 是关于 D 的正向.

③ 实例计算.

例 13.24 已知平稳过程的功率谱密度 $S_X(\omega)=\dfrac{\omega^2+4}{\omega^4+10\omega^2+9}$,求相关函数和平均功率.

解 $S_X(\omega)$为式(13-50)所示有理谱密度,由相关函数谱分解公式应有

$$R_X(\tau)=\frac{1}{2\pi}\int_{-\infty}^{+\infty}\frac{\omega^2+4}{\omega^4+10\omega^2+9}e^{i\omega\tau}d\omega.$$

取 $f(Z)=\dfrac{Z^2+4}{Z^4+10Z^2+9}e^{iZ\tau}$，当 $\tau>0$ 时，取图 13-6 的围道. R 充分大时，将使 C 内包含 $f(Z)$ 在上半平面的所有极点 Z_k，于是有

$$\oint_C f(Z)\mathrm{d}Z=\lim_{R\to+\infty}\int_{-R}^{R}f(x)\mathrm{d}x.$$

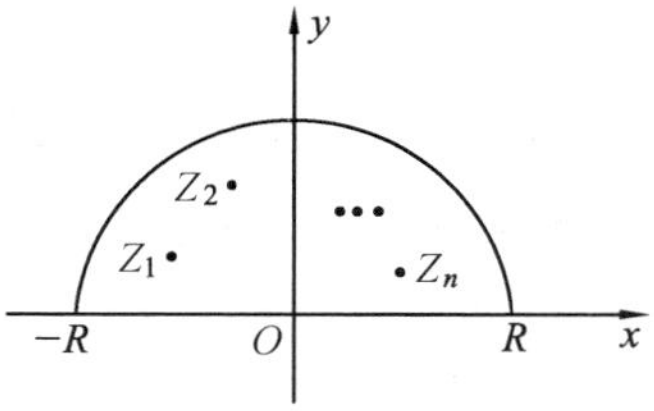

图 13-6 极点的分布情况

事实上，因为

$$|f(Z)|=\left|\frac{Z^2+4}{Z^4+10Z^2+9}e^{iZ\tau}\right|\xlongequal[Z=x+iy(y>0)]{\tau\geq 0}\left|\frac{Z^2+4}{Z^4+10Z^2+9}\right|e^{-y\tau}$$

$$\leqslant\frac{1}{|Z^2|}\cdot\left|\frac{1+\dfrac{4}{Z^2}}{1+\dfrac{10}{Z^2}+\dfrac{9}{Z^4}}\right|,$$

当 R 充分大时，在 C_R 上有 $|f(Z)|\leqslant\dfrac{\dfrac{1}{R^2}\left(1+\dfrac{4}{R^2}\right)}{\left(1-\dfrac{10}{R^2}-\dfrac{9}{R^4}\right)}<\dfrac{1}{R^2}\times\dfrac{1+\dfrac{1}{2}}{1-\dfrac{1}{2}}=\dfrac{3}{R^2}$，故有

$$\left|\int_{C_R}f(Z)\mathrm{d}Z\right|\leqslant\int_{C_R}|f(Z)||\mathrm{d}Z|<\frac{3}{R^2}\cdot\pi R=\frac{3\pi}{R}\to 0\ (R\to+\infty).$$

另外，$Z^4+10Z^2+9=(Z^2+1)(Z^2+9)$，显然在实轴上无零点.

故有 $\displaystyle\int_{-\infty}^{+\infty}f(x)\mathrm{d}x=\lim_{R\to+\infty}\left[\int_{-R}^{R}f(x)\mathrm{d}x+\int_{C_R}f(Z)\mathrm{d}Z\right]=\lim_{R\to+\infty}\oint_C f(Z)\mathrm{d}Z$

$$\xlongequal{\text{留数定理}}2\pi i\sum_{k=1}^{m}\mathrm{Res}(f,\ Z_k),$$

其中，Z_k 为 f 在上半平面的所有极点.

由 $Z^4+10Z^2+9=(Z^2+1)(Z^2+9)=0$，得零点 $Z_{1,2}=\pm 3i$，$Z_{3,4}=\pm i$，其中 $Z=3i$ 及 $Z=i$ 在上半平面，因而有

$$R_X(\tau)=\frac{1}{2\pi}\cdot 2\pi i\{\mathrm{Res}[f(Z),\ i]+\mathrm{Res}[f(Z),\ 3i]\}$$

$$=i\left\{\frac{-1+4}{(-1+9)(i+i)}e^{-\tau}+\frac{-9+4}{(3i+3i)(-9+1)}e^{-3\tau}\right\}$$

$$=i\left(\frac{3}{16i}e^{-\tau}+\frac{5}{48i}e^{-3\tau}\right)$$

$$=\frac{3}{16}e^{-\tau}+\frac{5}{48}e^{-3\tau}\quad(\tau>0).$$

由于 $R_X(\tau)$ 是偶函数，故对于任意 τ 有

$$R_X(\tau)=\frac{3}{16}e^{-|\tau|}+\frac{5}{48}e^{-3|\tau|},$$

而平均功率为

$$P_T = \lim_{T\to+\infty} E\left[\frac{1}{T}\int_0^T X^2(t)\mathrm{d}t\right] = \lim_{T\to+\infty}\frac{1}{T}\int_0^T E[X^2(t)]\mathrm{d}t$$

$$= \lim_{T\to+\infty}\frac{1}{T}\int_0^T R_X(0)\mathrm{d}t = R_X(0) = \frac{3}{16}+\frac{5}{48} = \frac{14}{48} = \frac{7}{24}.$$

习 题 13

1. 设随机过程为 $X(t)=\sin Ut$，其中 U 是 $[0,\ 2\pi]$ 上均匀分布的随机变量.

试证：

(1) 若 $t\in T$，而 $T=\{1,\ 2,\ \cdots\}$，则 $\{X(t),\ t=1,\ 2,\ \cdots\}$ 是平稳过程；

(2) 若 $t\in T$，而 $T=[0,+\infty)$，则 $\{X(t),\ t\geqslant 0\}$ 不是平稳过程.

2. 设 $S(t)$ 是周期为 T 的周期函数，而 Φ 是在区间 $(0,\ T)$ 上均匀分布的随机变量. 随机过程

$$X(t)=S(t+\Phi),-\infty<t<+\infty$$

称为随机相位周期过程. 试问 $X(t)$ 是否是平稳过程？是否具有各态历经性？

3. 设随机过程为

$$X(t)=A\cos(\omega_0 t+\Phi),-\infty<t<+\infty,$$

其中 A 和 Φ 是相互独立的随机变量，而 Φ 在区间 $(0,\ 2\pi)$ 上均匀分布. 试问 $X(t)$ 是否具有各态历经性？

4. 设平稳过程 $\{X(t),-\infty<t<+\infty\}$ 的相关函数为 $R_X(\tau)=A\mathrm{e}^{-a|\tau|}(1+a|\tau|)$，其中 A 和 a 都是正常数，而 $E[X(t)]=0$. 试问 $X(t)$ 对数学期望是否有各态历经性？

5. 设 $X(t)$ 与 $Y(t)$ 是相互独立的平稳过程，试证 $Z(t)=X(t)Y(t)$ 也是平稳过程.

6. 设平稳过程 $X(t)$ 和 $Y(t)$ 是相互独立的，令 $Z(t)=X(t)+Y(t)$，求 $Z(t)$ 的自相关函数.

7. 平稳过程 $\{X(t),-\infty<t<+\infty\}$ 的相关函数为

$$R_X(\tau)=4\mathrm{e}^{-|\tau|}\cos\pi\tau+\cos 3\pi\tau,$$

试求均方值 $E[X^2(t)]$.

8. 设随机过程为

$$X(t)=A\cos(\omega t+\Phi),-\infty<t<+\infty,$$

其中 A,ω,Φ 是相互独立随机变量，而 A 的均值为 2，方差为 4，Φ 在 $(-\pi,\ \pi)$ 上均匀分布，ω 在 $(-5,\ 5)$ 上均匀分布. 试求 $X(t)$ 的自相关函数，并问 $X(t)$ 是否平稳以及是否具有各态历经性？

9. 设随机过程为

$$Z(t)=VX(t)Y(t),-\infty<t<+\infty,$$

其中平稳过程 $X(t)$，$Y(t)$ 及随机变量 V 三者相互独立，且 $m_X=0$，$m_Y=0$，$R_X(\tau)=2\mathrm{e}^{-2|\tau|}\cos\omega_0\tau$，$R_Y(\tau)=9+\mathrm{e}^{-3\tau^2}$，又 $E(V)=2$，$D(V)=9$，试求 $Z(t)$ 的数学期望、方差和相关函数.

10. 设两个平稳过程

$$X(t)=a\cos(\omega_0 t+\Phi),\ Y(t)=b\sin(\omega_0 t+\Phi),-\infty<t<+\infty,$$

其中 a,b,ω_0 为常量，而 Φ 是在 $(0,\ 2\pi)$ 上均匀分布的随机变量. 试求 $R_{XY}(\tau)$ 与 $R_{YX}(\tau)$.

*11. 设$\{X(t),-\infty<t<+\infty\}$是独立同分布的随机过程，且$E[X(t)]=0$，$D[X(t)]=1$. 试问$X(t)$是否是平稳过程？$X(t)$是否是均方连续？

*12. 设$\{X(t),-\infty<t<+\infty\}$是平稳过程：

(1) 若存在$T>0$，使$R_X(T)=R_X(0)$，则对固定t有

$$X(t+T)+X(t),\ \text{a. s.}$$

(2) 若$X(t)$可导，则

$$E[X(t)X'(t)]=R'_X(0)=0.$$

(3) 若$X(t)$可导，则$X'(t)$是平稳过程，且它的相关函数

$$R_{X'}(\tau)=-\frac{\mathrm{d}^2R_X(\tau)}{\mathrm{d}\tau^2}.$$

*13. 设$\{X(t),-\infty<t<+\infty\}$和$\{Y(t),-\infty<t<+\infty\}$是平稳相关随机过程. 若$X(t)$和$Y(t)$满足微分方程

$$Y'(t)+aY(t)=X(t),$$

其中a是非零常数，试证它们的数学期望函数满足$m_Y=\frac{1}{a}m_X$.

14. 设$\{X(t),-\infty<t<+\infty\}$是平稳过程，且$E[X(t)]=1$，$R(\tau)=1+\mathrm{e}^{-2|\tau|}$. 试求随机变量

$$S=\int_0^1X(t)\mathrm{d}t$$

的数学期望和方差.

15. 设复随机过程为

$$Z(t)=\mathrm{e}^{\mathrm{i}(\omega_0t+\Phi)},\ -\infty<t<+\infty,$$

其中Φ是在$(0,2\pi)$上均匀分布的随机变量，而ω_0是常量. 试求$Z(t)$的相关函数，并讨论其平稳性.

16. 设$X(t)$是数学期望为零的平稳正态过程，且$Y(t)=X^2(t)$，求证：

$$R_Y(\tau)=R_X^2(0)+2R_X^2(\tau).$$

17. 已知平稳过程$X(t)$的功率谱密度为

$$S_X(\omega)=\begin{cases}a^2-\omega^2, & |\omega|<a,\\ 0, & |\omega|\geqslant a.\end{cases}$$

求$X(t)$的均方值.

18. 已知下列平稳过程$X(t)$的自相关函数，试分别求$X(t)$的功率谱密度：

(1) $R_X(\tau)=\mathrm{e}^{-a|\tau|}\cos\omega_0\tau$，其中$a>0$；

(2) $R_X(\tau)=\begin{cases}1-\dfrac{|\tau|}{T}, & -T<\tau<T,\\ 0, & \text{其他；}\end{cases}$

(3) $R_X(\tau)=4\mathrm{e}^{-|\tau|}\cos\pi\tau+\cos3\pi\tau$；

(4) $R_X(\tau)=\sigma^2\mathrm{e}^{-a|\tau|}(\cos b\tau-ab^{-1}\sin b|\tau|)$，其中$a>0$.

19. 已知下列平稳过程$X(t)$的功率谱密度，试分别求$X(t)$的自相关函数：

(1) $S_X(\omega)=\begin{cases}1, & |\omega|\leqslant\omega_0,\\ 0, & \text{其他；}\end{cases}$

(2) $S_X(\omega)=\begin{cases}8\delta(\omega)+20\left(1-\dfrac{|\omega|}{10}\right), & |\omega|\leqslant 10,\\ 0, & \text{其他};\end{cases}$

(3) $S_X(\omega)=\begin{cases}1-\dfrac{|\omega|}{\omega_0}, & -\omega_0\leqslant\omega\leqslant\omega_0,\\ 0, & \text{其他};\end{cases}$

(4) $S_X(\omega)=\dfrac{1}{(1+\omega^2)^2}$;

(5) $S_X(\omega)=\sum\limits_{k=1}^{n}\dfrac{a_k}{\omega^2+b_k^2}$,其中 $a_k>0$, $k=1, 2, \cdots, n$;

(6) $S_X(\omega)=\begin{cases}b^2, & a\leqslant|\omega|\leqslant 2a,\\ 0, & \text{其他}.\end{cases}$

20. 设随机过程为

$$Y(t)=X(t)\cos(\omega_0 t+\Phi),\ -\infty<t<+\infty,$$

其中 $X(t)$是平稳过程,Φ 为在区间$(0, 2\pi)$上均匀分布的随机变量,ω_0 为常数,且 $X(t)$与 Φ 相互独立.记 $X(t)$的自相关函数为 $R_X(\tau)$,功率谱密度为 $S_X(\omega)$.

试证:

(1) $Y(t)$是平稳过程,且它的自相关函数为

$$R_Y(\tau)=\frac{1}{2}R_X(\tau)\cos\omega_0\tau.$$

(2) $Y(t)$的功率谱密度为

$$S_Y(\omega)=\frac{1}{4}[S_X(\omega-\omega_0)+S_X(\omega+\omega_0)].$$

21. 设平稳过程为

$$X(t)=a\cos(\Omega t+\Phi),$$

其中 a 是常数,Φ 是在$(0, 2\pi)$上均匀分布的随机变量,Ω 是具有分布密度 $f(x)$为偶函数的随机变量,且 Φ 与 Ω 相互独立.试证 $X(t)$的功率谱密度为 $S_X(\omega)=a^2\pi f(\omega)$.

22. 若两个随机过程分别为

$$X(t)=A(t)\cos\omega t,$$
$$Y(t)=B(t)\sin\omega t,\ -\infty<t<+\infty,$$

其中 $A(t)$和 $B(t)$是相互独立数学期望为零的平稳过程,且具有相同的自相关函数.试证$Z(t)=X(t)+Y(t)$是平稳过程,而 $X(t)$和 $Y(t)$都不是平稳过程.

*23. 设平稳过程 $X(t)$和 $Y(t)$平稳相关,试证 $\mathrm{Re}[S_{XY}(\omega)]=\mathrm{Re}[S_{YX}(\omega)]$,$\mathrm{Im}[S_{XY}(\omega)]=-\mathrm{Im}[S_{YX}(\omega)]$.

*24. 设 $X(t)$和 $Y(t)$是两个不相关的平稳过程,数学期望 m_X 和 m_Y 都不为零,定义

$$Z(t)=X(t)+Y(t).$$

试求互谱密度 $S_{XY}(\omega)$和 $S_{XZ}(\omega)$.

25. 设复随机过程 $X(t)$是平稳的,试证:

(1) 自相关函数满足 $\overline{R_X}(-\tau)=R_X(\tau)$;

(2) $X(t)$的功率谱密度是实函数(复平稳过程功率谱密度的定义为 $S_X(\omega)=$

$\int_{-\infty}^{\infty} e^{-i\omega\tau} R_X(\tau) d\tau$.

*26. 平稳过程 $X(t)$通过一个微分器的输出过程为 $Y(t)=\frac{d}{dt}X(t)$. 试求：

(1) 系统的频率响应函数；

(2) 输入 $X(t)$与输出$\frac{dX(t)}{dt}$的互谱密度；

(3) 输出$\frac{dX(t)}{dt}$的功率谱密度.

27. 某积分电路输入和输出间满足关系

$$Y(t)=\int_{t-T}^{t} X(\mu)d\mu,$$

其中 T 为积分时间. 若输入 $X(t)$是一个平稳过程，试证输出 $Y(t)$的功率谱密度为

$$S_Y(\omega)=S_X(\omega)\frac{\sin^2\left(\frac{\omega T}{2}\right)}{\left(\frac{\omega}{2}\right)^2}.$$

28. 设有随机过程 $X(t)=\sum_{k=1}^{n} A_k e^{i\omega_k t}$，其中 $A_k(k=1,2,\cdots,n)$ 是 n 个实随机变量，$\omega_k(k=1,2,\cdots,n)$ 是 n 个实数. 试问 A_k 之间应满足什么条件才能使 $X(t)$ 为平稳过程？

*29. 设平稳随机过程 $X(t)$的相关函数为 $R_X(\tau)=\sigma^2 e^{-\alpha^2\tau^2}$，其中 σ,α 均为常数，求 $Y(t)=\frac{dx(t)}{dt}$的自协方差函数和方差函数.

30. 设有实平稳随机过程 $X(t)$，其均值为零，相关函数为 $R_X(\tau)$. 若 $Y(t)=\int_0^t X(t)dt$，求 $Y(t)$的自协方差函数和方差函数.

31. 已知 $X(t)$为一个零均值的平稳高斯过程，其相关函数为 $R_X(\tau)$. 设 $X(t)$通过线性半波检波器后的输出为

$$Y(t)=\begin{cases} X(t), & X(t)\geqslant 0, \\ 0, & X(t)<0. \end{cases}$$

试求：

(1) $Y(t)$的相关函数 $R_Y(\tau)$；

(2) $Y(t)$的均值 m_Y 和方差 σ_Y^2；

(3) $Y(t)$的一维概率密度 $f_Y(y)$.

32. 在线性系统中，若输入为平稳过程 $X(t)$，输出为 $Y(t)=X(t)+X(t-T)$，试证 $Y(t)$的功率谱密度为 $S_Y(\omega)=2S_X(\omega)(1+\cos\omega T)$.

附录 1 常用的几种概率分布

分 布	参 数	分布律或密度函数	数学期望	方 差
两点分布(伯努利分布)	$0<p<1$ $q=1-p$	$p\{X=k\}=\begin{cases}q, & k=0,\\ p, & k=1.\end{cases}$	p	pq
二项分布	$n\geqslant 0$, $0<p<1$ $q=1-p$	$P\{X=k\}=C_n^k p^k q^{n-k}, k=0,1,\cdots,n.$	np	npq
负二项分布	$r\geqslant 0$, $0<p<1$ $q=1-p$	$P\{X=k\}=C_{k-1}^{r-1} p^r q^{k-r}, k=0,1,\cdots,n.$	$\frac{r}{p}$	$\frac{qr}{p^2}$
几何分布	$0<p<1$ $q=1-p$	$p\{X=k\}=pq^{k-1}, k=1,2,\cdots,n.$	$\frac{1}{p}$	$\frac{q}{p^2}$
超几何分布	N,M,n $(n\leqslant M)$	$P\{X=k\}=\frac{C_M^k C_{N-M}^{n-k}}{C_N^n}, k=0,1,\cdots,n.$	$\frac{nM}{N}$	$\frac{nM}{N}\left(1-\frac{M}{N}\right)\left(\frac{N-n}{N-1}\right)$
泊松分布	$\lambda>0$	$P\{X=k\}=\frac{\lambda^k e^{-\lambda}}{k!}, k=0,1,\cdots,n.$	λ	λ
均匀分布	$a<b$	$f(x)=\begin{cases}\frac{1}{a-b}, & a<x<b,\\ 0, & \text{其他}.\end{cases}$	$\frac{a+b}{2}$	$\frac{(b-a)^2}{12}$
指数分布	$\theta>0$	$f(x)=\begin{cases}\frac{1}{\theta}e^{-x/\theta}, & x>0,\\ 0, & \text{其他}.\end{cases}$	θ	θ^2

续表

分　布	参　数	分布律或密度函数	数学期望	方　差
正态分布（高斯分布）	μ $\sigma>0$	$f(x)=\frac{1}{\sqrt{2\pi}\sigma}e^{-\frac{(x-\mu)^2}{2\sigma^2}}$，	μ	σ^2
对数正态分布	μ $\sigma>0$	$f(x)=\begin{cases}\frac{1}{\sqrt{2\pi}\sigma x}e^{-\frac{(\ln x-\mu)^2}{2\sigma^2}}, & x>0\\0, & 其他\end{cases}$	$e^{\mu+\frac{\sigma^2}{2}}$	$e^{2\mu+\sigma^2}(e^{\sigma^2}-1)$
Γ分布	$\alpha>0$ $\beta>0$	$f(x)=\begin{cases}\frac{1}{\beta^\alpha\Gamma(\alpha)}x^{\alpha-1}e^{-x/\beta}, & x>0,\\0, & 其他.\end{cases}$	$\alpha\beta$	$\alpha\beta^2$
χ^2分布	$n\geqslant1$	$f(x)=\begin{cases}\frac{1}{2^{n/2}\Gamma(n/2)}x^{n/2-1}e^{-x/2}, & x>0,\\0, & 其他.\end{cases}$	n	$2n$
β分布	$\alpha>0$ $\beta>0$	$f(x)=\begin{cases}\frac{\Gamma(\alpha+\beta)}{\Gamma(\alpha)\Gamma(\beta)}x^{\alpha-1}(1-x)^{\beta-1}, & 0<x<1,\\0, & 其他.\end{cases}$	$\frac{\alpha}{\alpha+\beta}$	$\frac{\alpha\beta}{(\alpha+\beta)^2(\alpha+\beta+1)}$
t分布	$n\geqslant1$	$f(x)=\frac{\Gamma\left(\frac{n+1}{2}\right)}{\sqrt{n\pi}\Gamma(n/2)}\left(1+\frac{x^2}{n}\right)^{-(n+1)/2}$	0	$\frac{n}{n-2}$，$n>2$
F分布	n_1，n_2	$f(x)=\begin{cases}\frac{\Gamma((n_1+n_2)/2)}{\Gamma(n_1/2)\Gamma(n_2/2)}\left(\frac{n_1}{n_2}\right)\left(\frac{n_1}{n_2}x\right)^{(n_1+n_2)/2}\left(1+\frac{n_1}{n_2}x\right)^{-(n_1+n_2)/2}, & x>0\\0, & 其他.\end{cases}$	$\frac{n_2}{n_2-2}$ $n_2>2$	$\frac{2n_2^2(n_1+n_2-2)}{n_1(n_2-2)^2(n_2-4)}$， $n_2>4$
柯西分布	α $\lambda>0$	$f(x)=\frac{1}{\pi}\frac{1}{\lambda^2+(x-a)^2}$	不存在	不存在
瑞利分布	$\sigma>0$	$f(x)=\begin{cases}\frac{x}{\sigma^2}e^{-x^2/(2\sigma^2)}, & x>0,\\0, & 其他\end{cases}$	$\sqrt{\frac{\pi}{2}}\sigma$	$\frac{4-\pi}{2}\sigma^2$
威布尔分布	$\eta>0$ $\beta>0$	$f(x)=\begin{cases}\frac{\beta}{\eta}\left(\frac{x}{\eta}\right)^{\beta-1}e^{-\left(\frac{x}{\eta}\right)^\beta}, & x>0,\\0, & 其他.\end{cases}$	$\eta\Gamma\left(\frac{1}{\beta}+1\right)$	$\eta^2\left\{\Gamma\left(\frac{2}{\beta}+1\right)-\left[\Gamma\left(\frac{1}{\beta}+1\right)\right]^2\right\}$

附录 2 泊松分布表

$$P\{X\leqslant x\}=\sum_{k=0}^{x}\frac{\lambda^k}{k!}e^{-\lambda}$$

x \ λ	0.1	0.2	0.3	0.4	0.5	0.6	0.7	0.8	0.9
0	0.904 8	0.818 7	0.740 8	0.673 0	0.606 5	0.548 8	0.496 6	0.449 3	0.406 6
1	0.995 3	0.982 5	0.963 1	0.938 4	0.909 8	0.878 1	0.844 2	0.808 8	0.772 5
2	0.999 8	0.998 9	0.996 4	0.992 1	0.985 6	0.976 9	0.965 9	0.952 6	0.937 1
3	1.000 0	0.999 9	0.999 7	0.999 2	0.998 2	0.996 6	0.994 2	0.990 9	0.986 5
4		1.000 0	1.000 0	0.999 9	0.999 8	0.999 6	0.999 2	0.998 6	0.997 7
5				1.000 0	1.000 0	1.000 0	0.999 9	0.999 8	0.999 7
6							1.000 0	1.000 0	1.000 0

x \ λ	1.0	1.5	2.0	2.5	3.0	3.5	4.0	4.5	5.0
0	0.367 9	0.223 1	0.135 3	0.082 1	0.049 8	0.030 2	0.018 3	0.011 1	0.006 7
1	0.735 8	0.557 8	0.406 0	0.287 3	0.199 1	0.135 9	0.091 6	0.061 1	0.040 4
2	0.919 7	0.808 8	0.676 7	0.543 8	0.423 2	0.320 8	0.238 1	0.173 6	0.124 7
3	0.981 0	0.934 4	0.857 1	0.757 6	0.647 2	0.536 6	0.433 5	0.342 3	0.265 0
4	0.996 3	0.981 4	0.947 3	0.891 2	0.815 3	0.725 4	0.628 8	0.532 1	0.440 5
5	0.999 4	0.995 5	0.983 4	0.958 0	0.916 1	0.857 6	0.785 1	0.702 9	0.616 0
6	0.999 9	0.999 1	0.995 5	0.985 8	0.966 5	0.934 7	0.889 3	0.831 1	0.762 2
7	1.000 0	0.999 8	0.998 9	0.995 8	0.988 1	0.973 3	0.948 9	0.913 4	0.866 6
8		1.000 0	0.999 8	0.998 9	0.996 2	0.990 1	0.978 6	0.959 7	0.931 9
9			1.000 0	0.999 7	0.998 9	0.996 7	0.991 9	0.982 9	0.968 2
10				0.999 9	0.999 7	0.999 0	0.997 2	0.993 3	0.986 3
11				1.000 0	0.999 9	0.999 7	0.999 1	0.997 6	0.994 5
12					1.000 0	0.999 9	0.999 7	0.999 2	0.998 0

x \ λ	5.5	6.0	6.5	7.0	7.5	8.0	8.5	9.0	9.5
0	0.004 1	0.002 5	0.001 5	0.000 9	0.000 6	0.000 3	0.000 2	0.000 1	0.000 1
1	0.026 6	0.017 4	0.011 3	0.007 3	0.004 7	0.003 0	0.001 9	0.001 2	0.000 8
2	0.088 4	0.062 0	0.043 0	0.029 6	0.020 3	0.013 8	0.009 3	0.006 2	0.004 2
3	0.201 7	0.151 2	0.111 8	0.081 8	0.059 1	0.042 4	0.030 1	0.021 2	0.014 9
4	0.357 5	0.285 1	0.223 7	0.173 0	0.132 1	0.099 6	0.074 4	0.055 0	0.040 3
5	0.528 9	0.445 7	0.369 0	0.300 7	0.241 4	0.191 2	0.149 6	0.115 7	0.088 5
6	0.686 0	0.606 3	0.526 5	0.449 7	0.378 2	0.313 4	0.256 2	0.206 8	0.164 9
7	0.809 5	0.744 0	0.672 8	0.598 7	0.524 6	0.453 0	0.385 6	0.323 9	0.268 7
8	0.894 4	0.847 2	0.791 6	0.729 1	0.662 0	0.592 5	0.523 1	0.455 7	0.391 8
9	0.946 2	0.916 1	0.877 4	0.830 5	0.776 4	0.716 6	0.653 0	0.587 4	0.521 8
10	0.974 7	0.957 4	0.933 2	0.901 5	0.862 2	0.815 9	0.763 4	0.706 0	0.645 3
11	0.989 0	0.979 9	0.966 1	0.946 6	0.920 8	0.888 1	0.848 7	0.803 0	0.752 0
12	0.995 5	0.991 2	0.984 0	0.973 0	0.957 3	0.936 2	0.909 1	0.875 8	0.836 4
13	0.998 3	0.996 4	0.992 9	0.987 2	0.978 4	0.965 8	0.948 6	0.926 1	0.898 1

续表

x \ λ	5.5	6.0	6.5	7.0	7.5	8.0	8.5	9.0	9.5
14	0.999 4	0.998 6	0.997 0	0.994 3	0.989 7	0.982 7	0.972 6	0.958 5	0.940 0
15	0.999 8	0.999 5	0.998 8	0.997 6	0.995 4	0.991 8	0.986 2	0.978 0	0.966 5
16	0.999 9	0.999 8	0.999 6	0.999 0	0.998 0	0.996 3	0.993 4	0.988 9	0.982 3
17	1.000 0	0.999 9	0.999 8	0.999 6	0.999 2	0.998 4	0.997 0	0.994 7	0.991 1
18		1.000 0	0.999 9	0.999 9	0.999 7	0.999 4	0.998 7	0.997 6	0.995 7
19			1.000 0	1.000 0	0.999 9	0.999 7	0.999 5	0.998 9	0.998 0
20					1.000 0	0.999 9	0.999 8	0.999 6	0.999 1

x \ λ	10.0	11.0	12.0	13.0	14.0	15.0	16.0	17.0	18.0
0	0.000 0	0.000 0	0.000 0						
1	0.000 5	0.000 2	0.000 1	0.000 0	0.000 0				
2	0.002 8	0.001 2	0.000 5	0.000 2	0.000 1	0.000 0	0.000 0		
3	0.010 3	0.004 9	0.002 3	0.001 0	0.000 5	0.000 2	0.000 1	0.000 0	0.000 0
4	0.029 3	0.015 1	0.007 6	0.003 7	0.001 8	0.000 9	0.000 4	0.000 2	0.000 1
5	0.067 1	0.037 5	0.020 3	0.010 7	0.005 5	0.002 8	0.001 4	0.000 7	0.000 3
6	0.130 1	0.078 6	0.045 8	0.025 9	0.014 2	0.007 6	0.004 0	0.002 1	0.001 0
7	0.220 2	0.143 2	0.089 5	0.054 0	0.031 6	0.018 0	0.010 0	0.005 4	0.002 9
8	0.332 8	0.232 0	0.155 0	0.099 8	0.062 1	0.037 4	0.022 0	0.012 6	0.007 1
9	0.457 9	0.340 5	0.242 4	0.165 8	0.109 4	0.069 9	0.043 3	0.026 1	0.015 4
10	0.583 0	0.459 9	0.347 2	0.251 7	0.175 7	0.118 5	0.077 4	0.049 1	0.030 4
11	0.696 8	0.579 3	0.461 6	0.353 2	0.260 0	0.184 8	0.127 0	0.084 7	0.054 9
12	0.791 6	0.688 7	0.576 0	0.463 1	0.358 5	0.267 6	0.193 1	0.135 0	0.091 7
13	0.864 5	0.781 3	0.681 5	0.573 0	0.464 4	0.363 2	0.274 5	0.200 9	0.142 6
14	0.916 5	0.854 0	0.772 0	0.675 1	0.570 4	0.465 7	0.367 5	0.280 8	0.208 1
15	0.951 3	0.907 4	0.844 4	0.763 6	0.669 4	0.568 1	0.466 7	0.371 5	0.286 7
16	0.973 0	0.944 1	0.898 7	0.835 5	0.755 9	0.664 1	0.566 0	0.467 7	0.375 0
17	0.985 7	0.967 8	0.937 0	0.890 5	0.827 2	0.748 9	0.659 3	0.564 0	0.468 6
18	0.992 8	0.982 3	0.962 6	0.930 2	0.882 6	0.819 5	0.742 3	0.655 0	0.562 2
19	0.996 5	0.990 7	0.978 7	0.957 3	0.923 5	0.875 2	0.812 2	0.736 3	0.650 9
20	0.998 4	0.995 3	0.988 4	0.975 0	0.952 1	0.917 0	0.868 2	0.805 5	0.730 7
21	0.999 3	0.997 7	0.993 9	0.985 9	0.971 2	0.946 9	0.910 8	0.861 5	0.799 1
22	0.999 7	0.999 0	0.997 0	0.992 4	0.983 3	0.967 3	0.941 8	0.904 7	0.855 1
23	0.999 9	0.999 5	0.998 5	0.996 0	0.990 7	0.980 5	0.963 3	0.936 7	0.898 9
24	1.000 0	0.999 8	0.999 3	0.998 0	0.995 0	0.988 8	0.977 7	0.959 4	0.931 7
25		0.999 9	0.999 7	0.999 0	0.997 4	0.993 8	0.986 9	0.974 8	0.955 4
26		1.000 0	0.999 9	0.999 5	0.998 7	0.996 7	0.992 5	0.984 8	0.971 8
27			0.999 9	0.999 8	0.999 4	0.998 3	0.995 9	0.991 2	0.982 7
28			1.000 0	0.999 9	0.999 7	0.999 1	0.997 8	0.995 0	0.989 7
29				1.000 0	0.999 9	0.999 6	0.998 9	0.997 3	0.994 1
30					0.999 9	0.999 8	0.999 4	0.998 6	0.996 7
31					1.000 0	0.999 9	0.999 7	0.999 3	0.998 2
32						1.000 0	0.999 9	0.999 6	0.999 0
33							0.999 9	0.999 8	0.999 5
34							1.000 0	0.999 9	0.999 8
35								1.000 0	0.999 9
36									0.999 9
37									1.000 0

附录3 标准正态分布表

$$\Phi(x)=\int_{-\infty}^{x}\frac{1}{\sqrt{2\pi}}e^{-u^2/2}du=P(X\leqslant x)$$

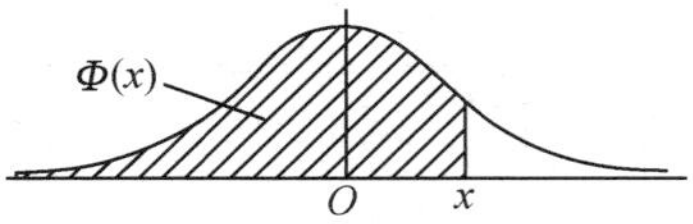

x	0.00	0.01	0.02	0.03	0.04	0.05	0.06	0.07	0.08	0.09
0.0	0.500 00	0.503 99	0.507 98	0.511 97	0.515 95	0.519 94	0.523 92	0.527 90	0.531 88	0.535 86
0.1	0.539 83	0.543 80	0.547 76	0.551 72	0.555 67	0.559 62	0.563 56	0.567 49	0.571 42	0.575 35
0.2	0.579 26	0.583 17	0.587 06	0.590 95	0.594 83	0.598 71	0.602 57	0.606 42	0.610 26	0.614 09
0.3	0.617 91	0.621 72	0.625 52	0.629 30	0.633 07	0.636 83	0.640 58	0.644 31	0.648 03	0.651 73
0.4	0.655 42	0.659 10	0.662 76	0.666 40	0.670 03	0.673 64	0.677 24	0.680 82	0.684 39	0.687 93
0.5	0.691 46	0.694 97	0.698 47	0.701 94	0.705 40	0.708 84	0.712 26	0.715 66	0.719 04	0.722 40
0.6	0.725 75	0.729 07	0.732 37	0.735 65	0.738 91	0.742 15	0.745 37	0.748 57	0.751 75	0.754 90
0.7	0.758 04	0.761 15	0.764 24	0.767 30	0.770 35	0.773 37	0.776 37	0.779 35	0.782 30	0.785 24
0.8	0.788 14	0.791 03	0.793 89	0.796 73	0.799 55	0.802 34	0.805 11	0.807 85	0.810 57	0.813 27
0.9	0.815 94	0.818 59	0.821 21	0.823 81	0.826 39	0.828 94	0.831 47	0.833 98	0.836 46	0.838 91
1.0	0.841 34	0.843 75	0.846 14	0.848 49	0.850 83	0.853 14	0.855 43	0.857 69	0.859 93	0.862 14
1.1	0.864 33	0.866 50	0.868 64	0.870 76	0.872 86	0.874 93	0.876 98	0.879 00	0.881 00	0.882 98
1.2	0.884 93	0.886 86	0.888 77	0.890 65	0.892 51	0.894 35	0.896 17	0.897 96	0.899 73	0.901 47
1.3	0.903 20	0.904 90	0.906 58	0.908 24	0.909 88	0.911 49	0.913 08	0.914 66	0.916 21	0.917 74
1.4	0.919 24	0.920 73	0.922 20	0.923 64	0.925 07	0.926 47	0.927 85	0.929 22	0.930 56	0.931 89
1.5	0.933 19	0.934 48	0.935 74	0.936 99	0.938 22	0.939 43	0.940 62	0.941 79	0.942 95	0.944 08
1.6	0.945 20	0.946 30	0.947 38	0.948 45	0.949 50	0.950 53	0.951 54	0.952 54	0.953 52	0.954 49
1.7	0.955 43	0.956 37	0.957 28	0.958 18	0.959 07	0.959 94	0.960 80	0.961 64	0.962 46	0.963 27
1.8	0.964 07	0.964 85	0.965 62	0.966 38	0.967 12	0.967 84	0.968 56	0.969 26	0.969 95	0.970 62
1.9	0.971 28	0.971 93	0.972 57	0.973 20	0.973 81	0.974 41	0.975 00	0.975 58	0.976 15	0.976 70
2.0	0.977 25	0.977 78	0.978 31	0.978 82	0.979 32	0.979 82	0.980 30	0.980 77	0.981 24	0.981 69
2.1	0.982 14	0.982 57	0.983 00	0.983 41	0.983 82	0.984 22	0.984 61	0.985 00	0.985 37	0.985 74
2.2	0.986 10	0.986 45	0.986 79	0.987 13	0.987 45	0.987 78	0.988 09	0.988 40	0.988 70	0.988 99
2.3	0.989 28	0.989 56	0.989 83	0.990 10	0.990 36	0.990 61	0.990 86	0.991 11	0.991 34	0.991 58
2.4	0.991 80	0.992 02	0.992 24	0.992 45	0.992 66	0.992 86	0.993 05	0.993 24	0.993 43	0.993 61
2.5	0.993 79	0.993 96	0.994 13	0.994 30	0.994 46	0.994 61	0.994 77	0.994 92	0.995 06	0.995 20
2.6	0.995 34	0.995 47	0.995 60	0.995 73	0.995 85	0.995 98	0.996 09	0.996 21	0.996 32	0.996 43
2.7	0.996 53	0.996 64	0.996 74	0.996 83	0.996 93	0.997 02	0.997 11	0.997 20	0.997 28	0.997 36
2.8	0.997 44	0.997 52	0.997 60	0.997 67	0.997 74	0.997 81	0.997 88	0.997 95	0.998 01	0.998 07
2.9	0.998 13	0.998 19	0.998 25	0.998 31	0.998 36	0.998 41	0.998 46	0.998 51	0.998 56	0.998 61
3.0	0.998 65	0.998 69	0.998 74	0.998 78	0.998 82	0.998 86	0.998 89	0.998 93	0.998 96	0.999 00
3.1	0.999 03	0.999 06	0.999 10	0.999 13	0.999 16	0.999 18	0.999 21	0.999 24	0.999 26	0.999 29
3.2	0.999 31	0.999 34	0.999 36	0.999 38	0.999 40	0.999 42	0.999 44	0.999 46	0.999 48	0.999 50
3.3	0.999 52	0.999 53	0.999 55	0.999 57	0.999 58	0.999 60	0.999 61	0.999 62	0.999 64	0.999 65
3.4	0.999 66	0.999 68	0.999 69	0.999 70	0.999 71	0.999 72	0.999 73	0.999 74	0.999 75	0.999 76
3.5	0.999 77	0.999 78	0.999 78	0.999 79	0.999 80	0.999 81	0.999 81	0.999 82	0.999 83	0.999 83

附录 4 χ^2 分布表

$$P\{\chi^2(n)>\chi^2_\alpha(n)\}=\alpha$$

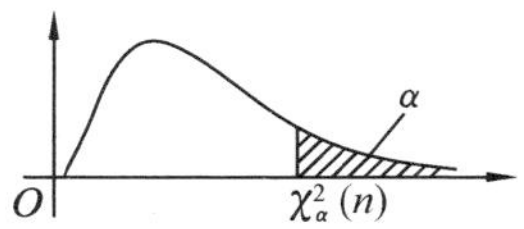

n \ α	0.995	0.990	0.975	0.950	0.900	0.100	0.050	0.025	0.010	0.005
1	0.000	0.000	0.001	0.004	0.016	2.706	3.843	5.025	6.637	7.882
2	0.010	0.020	0.051	0.103	0.211	4.605	5.992	7.378	9.210	10.597
3	0.072	0.115	0.216	0.352	0.584	6.251	7.815	9.348	11.344	12.837
4	0.207	0.297	0.484	0.711	1.064	7.779	9.488	11.143	13.277	14.860
5	0.412	0.554	0.831	1.145	1.610	9.236	11.070	12.832	15.085	16.748
6	0.676	0.872	1.237	1.635	2.204	10.645	12.592	14.440	16.812	18.548
7	0.989	1.239	1.690	2.167	2.833	12.017	14.067	16.012	18.474	20.276
8	1.344	1.646	2.180	2.733	3.490	13.362	15.507	17.534	20.090	21.954
9	1.735	2.088	2.700	3.325	4.168	14.684	16.919	19.022	21.665	23.587
10	2.156	2.558	3.247	3.940	4.865	15.987	18.307	20.483	23.209	25.188
11	2.603	3.053	3.816	4.575	5.578	17.275	19.675	21.920	24.724	26.755
12	3.074	3.571	4.404	5.226	6.304	18.549	21.026	23.337	26.217	28.300
13	3.565	4.107	5.009	5.892	7.041	19.812	22.362	24.735	27.687	29.817
14	4.075	4.660	5.629	6.571	7.790	21.064	23.685	26.119	29.141	31.319
15	4.600	5.229	6.262	7.261	8.547	22.307	24.996	27.488	30.577	32.799
16	5.142	5.812	6.908	7.962	9.312	23.542	26.296	28.845	32.000	34.267
17	5.697	6.407	7.564	8.682	10.085	24.769	27.587	30.190	33.408	35.716
18	6.265	7.015	8.231	9.390	10.865	25.989	28.869	31.526	34.805	37.156
19	6.843	7.632	8.906	10.117	11.651	27.203	30.143	32.852	36.190	38.580
20	7.434	8.260	9.591	10.851	12.443	28.412	31.410	34.170	37.566	39.997
21	8.033	8.897	10.283	11.591	13.240	29.615	32.670	35.478	38.930	41.399
22	8.643	9.542	10.982	12.338	14.042	30.813	33.924	36.781	40.289	42.796
23	9.260	10.195	11.688	13.090	14.848	32.007	35.172	38.075	41.637	44.179
24	9.886	10.856	12.401	13.848	15.659	33.196	36.415	39.364	42.980	45.558
25	10.519	11.523	13.120	14.611	16.473	34.381	37.652	40.646	44.313	46.925
26	11.160	12.198	13.844	15.379	17.292	35.563	38.885	41.923	45.642	48.290
27	11.807	12.878	14.573	16.151	18.114	36.741	40.113	43.194	46.962	49.642
28	12.461	13.565	15.308	16.928	18.939	37.916	41.337	44.461	48.278	50.993
29	13.120	14.256	16.147	17.708	19.768	39.087	42.557	45.772	49.586	52.333
30	13.787	14.954	16.791	18.493	20.599	40.256	43.773	46.979	50.892	53.672
31	14.457	15.655	17.538	19.280	21.433	41.422	44.985	48.231	52.190	55.000
32	15.134	16.362	18.291	20.072	22.271	42.585	46.194	49.480	53.486	56.328
33	15.814	17.073	19.046	20.866	23.110	43.745	47.400	50.724	54.774	57.646
34	16.501	17.789	19.806	21.664	23.952	44.903	48.602	51.966	56.061	58.964
35	17.191	18.508	20.569	22.465	24.796	46.059	49.802	53.203	57.340	60.272
36	17.887	19.233	21.336	23.269	25.643	47.212	50.998	54.437	58.619	61.581
37	18.584	19.960	22.105	24.075	26.492	48.363	52.192	55.667	59.891	62.880
38	19.289	20.691	22.878	24.884	27.343	49.513	53.384	56.896	61.162	64.181
39	19.994	21.425	23.654	25.695	28.196	50.660	54.572	58.119	62.426	65.473
40	20.706	22.164	24.433	26.509	29.050	51.805	55.758	59.342	63.691	66.766

当 $n>40$ 时，$\chi^2_\alpha(n)\approx\frac{1}{2}(z_\alpha+\sqrt{2n-1})^2$.

附录5 t分布表

$$P\{t(n)>t_\alpha(n)\}=\alpha$$

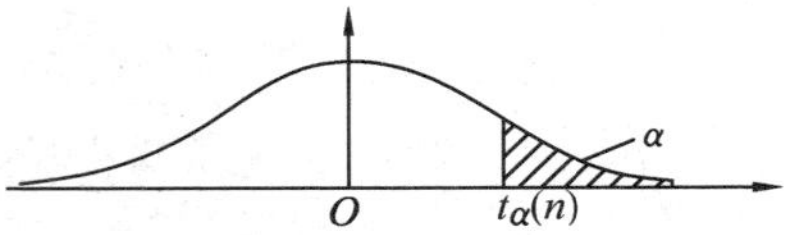

n \ α	0.20	0.15	0.10	0.05	0.025	0.01	0.005
1	1.376	1.963	3.0777	6.3138	12.7062	31.8207	63.6574
2	1.061	1.386	1.8856	2.9200	4.3027	6.9646	9.9248
3	0.978	1.250	1.6377	2.3534	3.1824	4.5407	5.8409
4	0.941	1.190	1.5322	2.1318	2.7764	3.7469	4.6041
5	0.920	1.156	1.4759	2.0150	2.5706	3.3649	4.0322
6	0.906	1.134	1.4398	1.9432	2.4469	3.1427	3.7074
7	0.896	1.119	1.4149	1.8946	2.3646	2.9980	3.4995
8	0.889	1.108	1.3968	1.8595	2.3060	2.8965	3.3554
9	0.883	1.100	1.3830	1.8331	2.2622	2.8214	3.2498
10	0.879	1.093	1.3722	1.8125	2.2281	2.7638	3.1693
11	0.876	1.088	1.3634	1.7959	2.2010	2.7181	3.1058
12	0.873	1.083	1.3562	1.7823	2.1788	2.6810	3.0545
13	0.870	1.079	1.3502	1.7709	2.1604	2.6503	3.0123
14	0.868	1.076	1.3450	1.7613	2.1448	2.6245	2.9768
15	0.866	1.074	1.3406	1.7531	2.1315	2.6025	2.9467
16	0.865	1.071	1.3368	1.7459	2.1199	2.5835	2.9208
17	0.863	1.069	1.3334	1.7396	2.1098	2.5669	2.8982
18	0.862	1.067	1.3304	1.7341	2.1009	2.5524	2.8784
19	0.861	1.066	1.3277	1.7291	2.0930	2.5395	2.8609
20	0.860	1.064	1.3253	1.7247	2.0860	2.5280	2.8453
21	0.859	1.063	1.3232	1.7207	2.0796	2.5177	2.8314
22	0.858	1.061	1.3212	1.7171	2.0739	2.5083	2.8188
23	0.858	1.060	1.3195	1.7139	2.0687	2.4999	2.8073
24	0.857	1.059	1.3178	1.7109	2.0639	2.4922	2.7969
25	0.856	1.058	1.3163	1.7081	2.0595	2.4851	2.7874
26	0.856	1.058	1.3150	1.7056	2.0555	2.4786	2.7787
27	0.855	1.057	1.3137	1.7033	2.0518	2.4727	2.7707
28	0.855	1.056	1.3125	1.7011	2.0484	2.4671	2.7633
29	0.854	1.055	1.3114	1.6991	2.0452	2.4620	2.7564
30	0.854	1.055	1.3104	1.6973	2.0423	2.4573	2.7500
31	0.8535	1.0541	1.3095	1.6955	2.0395	2.4528	2.7440
32	0.8531	1.0536	1.3086	1.6939	2.0369	2.4487	2.7385
33	0.8527	1.0531	1.3077	1.6924	2.0345	2.4448	2.7333
34	0.8524	1.0526	1.3070	1.6909	2.0322	2.4411	2.7284
35	0.8521	1.0521	1.3062	1.6896	2.0301	2.4377	2.7238
36	0.8518	1.0516	1.3055	1.6883	2.0281	2.4345	2.7195
37	0.8515	1.0512	1.3049	1.6871	2.0262	2.4314	2.7154
38	0.8512	1.0508	1.3042	1.6860	2.0244	2.4286	2.7116
39	0.8510	1.0504	1.3036	1.6849	2.0227	2.4258	2.7079
40	0.8507	1.0501	1.3031	1.6839	2.0211	2.4233	2.7045
41	0.8505	1.0498	1.3025	1.6829	2.0195	2.4208	2.7012
42	0.8503	1.0494	1.3020	1.6820	2.0181	2.4185	2.6981
43	0.8501	1.0491	1.3016	1.6811	2.0167	2.4163	2.6951
44	0.8499	1.0488	1.3011	1.6802	2.0154	2.4141	2.6923
45	0.8497	1.0485	1.3006	1.6794	2.0141	2.4121	2.6896

附录 6 F 分布表

$$P\{F(n_1,n_2)>F_\alpha(n_1,n_2)\}=\alpha$$

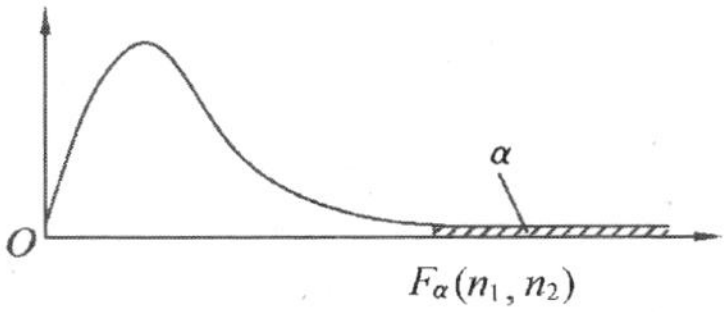

$\alpha=0.20$

n_2 \ n_1	1	2	3	4	5	6	7	8	9	10	15	20	25	30	50	100	200	500	+∞
1	9.47	12.00	13.06	13.64	14.01	14.26	14.44	14.58	14.68	14.77	15.04	15.17	15.25	15.31	15.42	15.50	15.54	15.56	15.58
2	3.56	4.00	4.16	4.24	4.28	4.32	4.34	4.36	4.37	4.38	4.42	4.43	4.44	4.45	4.46	4.47	4.48	4.48	4.48
3	2.68	2.89	2.94	2.96	2.97	2.97	2.97	2.98	2.98	2.98	2.98	2.98	2.98	2.98	2.98	2.98	2.98	2.98	2.98
4	2.35	2.47	2.48	2.48	2.48	2.47	2.47	2.47	2.46	2.46	2.45	2.44	2.44	2.44	2.43	2.43	2.43	2.43	2.43
5	2.18	2.26	2.25	2.24	2.23	2.22	2.21	2.20	2.20	2.19	2.18	2.17	2.16	2.16	2.15	2.14	2.14	2.14	2.13
6	2.07	2.13	2.11	2.09	2.08	2.06	2.05	2.04	2.03	2.03	2.01	2.00	1.99	1.98	1.97	1.96	1.96	1.96	1.95
7	2.00	2.04	2.02	1.99	1.97	1.96	1.94	1.93	1.93	1.92	1.89	1.88	1.87	1.86	1.85	1.84	1.84	1.83	1.83
8	1.95	1.98	1.95	1.92	1.90	1.88	1.87	1.86	1.85	1.84	1.81	1.80	1.79	1.78	1.76	1.75	1.75	1.74	1.74
9	1.91	1.93	1.90	1.87	1.85	1.83	1.81	1.80	1.79	1.78	1.75	1.73	1.72	1.71	1.70	1.69	1.68	1.68	1.67
10	1.88	1.90	1.86	1.83	1.80	1.78	1.77	1.75	1.74	1.73	1.70	1.68	1.67	1.66	1.65	1.63	1.63	1.62	1.62
11	1.86	1.87	1.83	1.80	1.77	1.75	1.73	1.72	1.70	1.69	1.66	1.64	1.63	1.62	1.60	1.59	1.58	1.58	1.57
12	1.84	1.85	1.80	1.77	1.74	1.72	1.70	1.69	1.67	1.66	1.63	1.61	1.60	1.59	1.57	1.55	1.55	1.54	1.54
13	1.82	1.83	1.78	1.75	1.72	1.69	1.68	1.66	1.65	1.64	1.60	1.58	1.57	1.56	1.54	1.52	1.51	1.51	1.51
14	1.81	1.81	1.76	1.73	1.70	1.67	1.65	1.64	1.63	1.62	1.58	1.56	1.54	1.53	1.51	1.50	1.49	1.48	1.48
15	1.80	1.80	1.75	1.71	1.68	1.66	1.64	1.62	1.61	1.60	1.56	1.54	1.52	1.51	1.49	1.47	1.46	1.46	1.46
16	1.79	1.78	1.74	1.70	1.67	1.64	1.62	1.61	1.59	1.58	1.54	1.52	1.50	1.49	1.47	1.45	1.44	1.44	1.43
17	1.78	1.77	1.72	1.68	1.65	1.63	1.61	1.59	1.58	1.57	1.53	1.50	1.49	1.48	1.46	1.44	1.43	1.42	1.42
18	1.77	1.76	1.71	1.67	1.64	1.62	1.60	1.58	1.56	1.55	1.51	1.49	1.47	1.46	1.44	1.42	1.41	1.40	1.40
19	1.76	1.75	1.70	1.66	1.63	1.61	1.58	1.57	1.55	1.54	1.50	1.48	1.46	1.45	1.43	1.41	1.40	1.39	1.39
20	1.76	1.75	1.70	1.65	1.62	1.60	1.58	1.56	1.54	1.53	1.49	1.47	1.45	1.44	1.41	1.39	1.38	1.38	1.37
21	1.75	1.74	1.69	1.65	1.61	1.59	1.57	1.55	1.53	1.52	1.48	1.46	1.44	1.43	1.40	1.38	1.37	1.36	1.36
22	1.75	1.73	1.68	1.64	1.61	1.58	1.56	1.54	1.53	1.51	1.47	1.45	1.43	1.42	1.39	1.37	1.36	1.35	1.35
23	1.74	1.73	1.68	1.63	1.60	1.57	1.55	1.53	1.52	1.51	1.46	1.44	1.42	1.41	1.38	1.36	1.35	1.34	1.34
24	1.74	1.72	1.67	1.63	1.59	1.57	1.55	1.53	1.51	1.50	1.46	1.43	1.41	1.40	1.38	1.35	1.34	1.33	1.33
25	1.73	1.72	1.66	1.62	1.59	1.56	1.54	1.52	1.51	1.49	1.45	1.42	1.41	1.39	1.37	1.35	1.33	1.33	1.32
26	1.73	1.71	1.66	1.62	1.58	1.56	1.53	1.52	1.50	1.49	1.44	1.42	1.40	1.39	1.36	1.34	1.33	1.32	1.31
27	1.73	1.71	1.66	1.61	1.58	1.55	1.53	1.51	1.49	1.48	1.44	1.41	1.39	1.38	1.35	1.33	1.32	1.31	1.30
28	1.72	1.71	1.65	1.61	1.57	1.55	1.52	1.51	1.49	1.48	1.43	1.41	1.39	1.37	1.35	1.32	1.31	1.30	1.30
29	1.72	1.70	1.65	1.60	1.57	1.54	1.52	1.50	1.49	1.47	1.43	1.40	1.38	1.37	1.34	1.32	1.30	1.30	1.29
30	1.72	1.70	1.64	1.60	1.57	1.54	1.52	1.50	1.48	1.47	1.42	1.39	1.38	1.36	1.34	1.31	1.30	1.29	1.28
40	1.70	1.68	1.62	1.57	1.54	1.51	1.49	1.47	1.45	1.44	1.39	1.36	1.34	1.33	1.30	1.27	1.25	1.24	1.24
50	1.69	1.66	1.60	1.56	1.52	1.49	1.47	1.45	1.43	1.42	1.37	1.34	1.32	1.30	1.27	1.24	1.22	1.21	1.21
60	1.68	1.65	1.59	1.55	1.51	1.48	1.46	1.44	1.42	1.41	1.35	1.32	1.30	1.29	1.25	1.22	1.21	1.19	1.18
70	1.67	1.65	1.59	1.54	1.50	1.47	1.45	1.43	1.41	1.40	1.35	1.31	1.29	1.28	1.24	1.21	1.19	1.18	1.17
80	1.67	1.64	1.58	1.53	1.50	1.47	1.44	1.42	1.41	1.39	1.34	1.31	1.28	1.27	1.23	1.20	1.18	1.17	1.16
100	1.66	1.64	1.58	1.53	1.49	1.46	1.43	1.41	1.40	1.38	1.33	1.30	1.27	1.26	1.22	1.18	1.16	1.15	1.14
150	1.66	1.63	1.57	1.52	1.48	1.45	1.42	1.40	1.38	1.37	1.31	1.28	1.26	1.24	1.20	1.16	1.14	1.12	1.11
200	1.65	1.62	1.56	1.51	1.47	1.44	1.42	1.40	1.38	1.36	1.31	1.27	1.25	1.23	1.19	1.15	1.13	1.11	1.09
500	1.65	1.61	1.55	1.50	1.46	1.43	1.41	1.39	1.37	1.35	1.30	1.26	1.24	1.22	1.17	1.13	1.10	1.08	1.06
+∞	1.64	1.61	1.55	1.50	1.46	1.43	1.40	1.38	1.36	1.34	1.29	1.25	1.23	1.21	1.16	1.12	1.08	1.05	1.00

续表

$\alpha=0.10$

n_2 \ n_1	1	2	3	4	5	6	7	8	9	10	15	20	25	30	50	100	200	500	$+\infty$
1	39.86	49.50	53.59	55.83	57.24	58.20	58.91	59.44	59.86	60.19	61.22	61.74	62.05	62.26	62.69	63.01	63.17	63.26	63.33
2	8.53	9.00	9.16	9.24	9.29	9.33	9.35	9.37	9.38	9.39	9.42	9.44	9.45	9.46	9.47	9.48	9.49	9.49	9.49
3	5.54	5.46	5.39	5.34	5.31	5.28	5.27	5.25	5.24	5.23	5.20	5.18	5.17	5.17	5.15	5.14	5.14	5.14	5.13
4	4.54	4.32	4.19	4.11	4.05	4.01	3.98	3.95	3.94	3.92	3.87	3.84	3.83	3.82	3.80	3.78	3.77	3.76	3.76
5	4.06	3.78	3.62	3.52	3.45	3.40	3.37	3.34	3.32	3.30	3.24	3.21	3.19	3.17	3.15	3.13	3.12	3.11	3.10
6	3.78	3.46	3.29	3.18	3.11	3.05	3.01	2.98	2.96	2.94	2.87	2.84	2.81	2.80	2.77	2.75	2.73	2.73	2.72
7	3.59	3.26	3.07	2.96	2.88	2.83	2.78	2.75	2.72	2.70	2.63	2.59	2.57	2.56	2.52	2.50	2.48	2.48	2.47
8	3.46	3.11	2.92	2.81	2.73	2.67	2.62	2.59	2.56	2.54	2.46	2.42	2.40	2.38	2.35	2.32	2.31	2.30	2.29
9	3.36	3.01	2.81	2.69	2.61	2.55	2.51	2.47	2.44	2.42	2.34	2.30	2.27	2.25	2.22	2.19	2.17	2.17	2.16
10	3.29	2.92	2.73	2.61	2.52	2.46	2.41	2.38	2.35	2.32	2.24	2.20	2.17	2.16	2.12	2.09	2.07	2.06	2.06
11	3.23	2.86	2.66	2.54	2.45	2.39	2.34	2.30	2.27	2.25	2.17	2.12	2.10	2.08	2.04	2.01	1.99	1.98	1.97
12	3.18	2.81	2.61	2.48	2.39	2.33	2.28	2.24	2.21	2.19	2.10	2.06	2.03	2.01	1.97	1.94	1.92	1.91	1.90
13	3.14	2.76	2.56	2.43	2.35	2.28	2.23	2.20	2.16	2.14	2.05	2.01	1.98	1.96	1.92	1.88	1.86	1.85	1.85
14	3.10	2.73	2.52	2.39	2.31	2.24	2.19	2.15	2.12	2.10	2.01	1.96	1.93	1.91	1.87	1.83	1.82	1.80	1.80
15	3.07	2.70	2.49	2.36	2.27	2.21	2.16	2.12	2.09	2.06	1.97	1.92	1.89	1.87	1.83	1.79	1.77	1.76	1.76
16	3.05	2.67	2.46	2.33	2.24	2.18	2.13	2.09	2.06	2.03	1.94	1.89	1.86	1.84	1.79	1.76	1.74	1.73	1.72
17	3.03	2.64	2.44	2.31	2.22	2.15	2.10	2.06	2.03	2.00	1.91	1.86	1.83	1.81	1.76	1.73	1.71	1.69	1.69
18	3.01	2.62	2.42	2.29	2.20	2.13	2.08	2.04	2.00	1.98	1.89	1.84	1.80	1.78	1.74	1.70	1.68	1.67	1.66
19	2.99	2.61	2.40	2.27	2.18	2.11	2.06	2.02	1.98	1.96	1.86	1.81	1.78	1.76	1.71	1.67	1.65	1.64	1.63
20	2.97	2.59	2.38	2.25	2.16	2.09	2.04	2.00	1.96	1.94	1.84	1.79	1.76	1.74	1.69	1.65	1.63	1.62	1.61
21	2.96	2.57	2.36	2.23	2.14	2.08	2.02	1.98	1.95	1.92	1.83	1.78	1.74	1.72	1.67	1.63	1.61	1.60	1.59
22	2.95	2.56	2.35	2.22	2.13	2.06	2.01	1.97	1.93	1.90	1.81	1.76	1.73	1.70	1.65	1.61	1.59	1.58	1.57
23	2.94	2.55	2.34	2.21	2.11	2.05	1.99	1.95	1.92	1.89	1.80	1.74	1.71	1.69	1.64	1.59	1.57	1.56	1.55
24	2.93	2.54	2.33	2.19	2.10	2.04	1.98	1.94	1.91	1.88	1.78	1.73	1.70	1.67	1.62	1.58	1.56	1.54	1.53
25	2.92	2.53	2.32	2.18	2.09	2.02	1.97	1.93	1.89	1.87	1.77	1.72	1.68	1.66	1.61	1.56	1.54	1.53	1.52
26	2.91	2.52	2.31	2.17	2.08	2.01	1.96	1.92	1.88	1.86	1.76	1.71	1.67	1.65	1.59	1.55	1.53	1.51	1.50
27	2.90	2.51	2.30	2.17	2.07	2.00	1.95	1.91	1.87	1.85	1.75	1.70	1.66	1.64	1.58	1.54	1.52	1.50	1.49
28	2.89	2.50	2.29	2.16	2.06	2.00	1.94	1.90	1.87	1.84	1.74	1.69	1.65	1.63	1.57	1.53	1.50	1.49	1.48
29	2.89	2.50	2.28	2.15	2.06	1.99	1.93	1.89	1.86	1.83	1.73	1.68	1.64	1.62	1.56	1.52	1.49	1.48	1.47
30	2.88	2.49	2.28	2.14	2.05	1.98	1.93	1.88	1.85	1.82	1.72	1.67	1.63	1.61	1.55	1.51	1.48	1.47	1.46
40	2.84	2.44	2.23	2.09	2.00	1.93	1.87	1.83	1.79	1.76	1.66	1.61	1.57	1.54	1.48	1.43	1.41	1.39	1.38
50	2.81	2.41	2.20	2.06	1.97	1.90	1.84	1.80	1.76	1.73	1.63	1.57	1.53	1.50	1.44	1.39	1.36	1.34	1.33
60	2.79	2.39	2.18	2.04	1.95	1.87	1.82	1.77	1.74	1.71	1.60	1.54	1.50	1.48	1.41	1.36	1.33	1.31	1.29
70	2.78	2.38	2.16	2.03	1.93	1.86	1.80	1.76	1.72	1.69	1.59	1.53	1.49	1.46	1.39	1.34	1.30	1.28	1.27
80	2.77	2.37	2.15	2.02	1.92	1.85	1.79	1.75	1.71	1.68	1.57	1.51	1.47	1.44	1.38	1.32	1.28	1.26	1.24
100	2.76	2.36	2.14	2.00	1.91	1.83	1.78	1.73	1.69	1.66	1.56	1.49	1.45	1.42	1.35	1.29	1.26	1.23	1.21
200	2.73	2.33	2.11	1.97	1.88	1.80	1.75	1.70	1.66	1.63	1.52	1.46	1.41	1.38	1.31	1.24	1.20	1.17	1.14
500	2.72	2.31	2.09	1.96	1.86	1.79	1.73	1.68	1.64	1.61	1.50	1.44	1.39	1.36	1.28	1.21	1.16	1.12	1.09
$+\infty$	2.71	2.30	2.08	1.94	1.85	1.77	1.72	1.67	1.63	1.60	1.49	1.42	1.38	1.34	1.26	1.18	1.13	1.08	1.00

续表

$\alpha=0.05$

n_2 \ n_1	1	2	3	4	5	6	7	8	9	10	15	20	25	30	50	100	200	500	+∞
1	161.45	199.50	215.71	224.58	230.16	233.99	236.77	238.88	240.54	241.88	245.95	248.01	249.26	250.10	251.77	253.04	253.68	254.06	254.31
2	18.51	19.00	19.16	19.25	19.30	19.33	19.35	19.37	19.38	19.40	19.43	19.45	19.46	19.46	19.48	19.49	19.49	19.49	19.50
3	10.13	9.55	9.28	9.12	9.01	8.94	8.89	8.85	8.81	8.79	8.70	8.66	8.63	8.62	8.58	8.55	8.54	8.53	8.53
4	7.71	6.94	6.59	6.39	6.26	6.16	6.09	6.04	6.00	5.96	5.86	5.80	5.77	5.75	5.70	5.66	5.65	5.64	5.63
5	6.61	5.79	5.41	5.19	5.05	4.95	4.88	4.82	4.77	4.74	4.62	4.56	4.52	4.50	4.44	4.41	4.39	4.37	4.36
6	5.99	5.14	4.76	4.53	4.39	4.28	4.21	4.15	4.10	4.06	3.94	3.87	3.83	3.81	3.75	3.71	3.69	3.68	3.67
7	5.59	4.74	4.35	4.12	3.97	3.87	3.79	3.73	3.68	3.64	3.51	3.44	3.40	3.38	3.32	3.27	3.25	3.24	3.23
8	5.32	4.46	4.07	3.84	3.69	3.58	3.50	3.44	3.39	3.35	3.22	3.15	3.11	3.08	3.02	2.97	2.95	2.94	2.93
9	5.12	4.26	3.86	3.63	3.48	3.37	3.29	3.23	3.18	3.14	3.01	2.94	2.89	2.86	2.80	2.76	2.73	2.72	2.71
10	4.96	4.10	3.71	3.48	3.33	3.22	3.14	3.07	3.02	2.98	2.85	2.77	2.73	2.70	2.64	2.59	2.56	2.55	2.54
11	4.84	3.98	3.59	3.36	3.20	3.09	3.01	2.95	2.90	2.85	2.72	2.65	2.60	2.57	2.51	2.46	2.43	2.42	2.40
12	4.75	3.89	3.49	3.26	3.11	3.00	2.91	2.85	2.80	2.75	2.62	2.54	2.50	2.47	2.40	2.35	2.32	2.31	2.30
13	4.67	3.81	3.41	3.18	3.03	2.92	2.83	2.77	2.71	2.67	2.53	2.46	2.41	2.38	2.31	2.26	2.23	2.22	2.21
14	4.60	3.74	3.34	3.11	2.96	2.85	2.76	2.70	2.65	2.60	2.46	2.39	2.34	2.31	2.24	2.19	2.16	2.14	2.13
15	4.54	3.68	3.29	3.06	2.90	2.79	2.71	2.64	2.59	2.54	2.40	2.33	2.28	2.25	2.18	2.12	2.10	2.08	2.07
16	4.49	3.63	3.24	3.01	2.85	2.74	2.66	2.59	2.54	2.49	2.35	2.28	2.23	2.19	2.12	2.07	2.04	2.02	2.01
17	4.45	3.59	3.20	2.96	2.81	2.70	2.61	2.55	2.49	2.45	2.31	2.23	2.18	2.15	2.08	2.02	1.99	1.97	1.96
18	4.41	3.55	3.16	2.93	2.77	2.66	2.58	2.51	2.46	2.41	2.27	2.19	2.14	2.11	2.04	1.98	1.95	1.93	1.92
19	4.38	3.52	3.13	2.90	2.74	2.63	2.54	2.48	2.42	2.38	2.23	2.16	2.11	2.07	2.00	1.94	1.91	1.89	1.88
20	4.35	3.49	3.10	2.87	2.71	2.60	2.51	2.45	2.39	2.35	2.20	2.12	2.07	2.04	1.97	1.91	1.88	1.86	1.84
21	4.32	3.47	3.07	2.84	2.68	2.57	2.49	2.42	2.37	2.32	2.18	2.10	2.05	2.01	1.94	1.88	1.84	1.83	1.81
22	4.30	3.44	3.05	2.82	2.66	2.55	2.46	2.40	2.34	2.30	2.15	2.07	2.02	1.98	1.91	1.85	1.82	1.80	1.78
23	4.28	3.42	3.03	2.80	2.64	2.53	2.44	2.37	2.32	2.27	2.13	2.05	2.00	1.96	1.88	1.82	1.79	1.77	1.76
24	4.26	3.40	3.01	2.78	2.62	2.51	2.42	2.36	2.30	2.25	2.11	2.03	1.97	1.94	1.86	1.80	1.77	1.75	1.73
25	4.24	3.39	2.99	2.76	2.60	2.49	2.40	2.34	2.28	2.24	2.09	2.01	1.96	1.92	1.84	1.78	1.75	1.73	1.71
26	4.23	3.37	2.98	2.74	2.59	2.47	2.39	2.32	2.27	2.22	2.07	1.99	1.94	1.90	1.82	1.76	1.73	1.71	1.69
27	4.21	3.35	2.96	2.73	2.57	2.46	2.37	2.31	2.25	2.20	2.06	1.97	1.92	1.88	1.81	1.74	1.71	1.69	1.67
28	4.20	3.34	2.95	2.71	2.56	2.45	2.36	2.29	2.24	2.19	2.04	1.96	1.91	1.87	1.79	1.73	1.69	1.67	1.65
29	4.18	3.33	2.93	2.70	2.55	2.43	2.35	2.28	2.22	2.18	2.03	1.94	1.89	1.85	1.77	1.71	1.67	1.65	1.64
30	4.17	3.32	2.92	2.69	2.53	2.42	2.33	2.27	2.21	2.16	2.01	1.93	1.88	1.84	1.76	1.70	1.66	1.64	1.62
40	4.08	3.23	2.84	2.61	2.45	2.34	2.25	2.18	2.12	2.08	1.92	1.84	1.78	1.74	1.66	1.59	1.55	1.53	1.51
50	4.03	3.18	2.79	2.56	2.40	2.29	2.20	2.13	2.07	2.03	1.87	1.78	1.73	1.69	1.60	1.52	1.48	1.46	1.44
60	4.00	3.15	2.76	2.53	2.37	2.25	2.17	2.10	2.04	1.99	1.84	1.75	1.69	1.65	1.56	1.48	1.44	1.41	1.39
70	3.98	3.13	2.74	2.50	2.35	2.23	2.14	2.07	2.02	1.97	1.81	1.72	1.66	1.62	1.53	1.45	1.40	1.37	1.35
80	3.96	3.11	2.72	2.49	2.33	2.21	2.13	2.06	2.00	1.95	1.79	1.70	1.64	1.60	1.51	1.43	1.38	1.35	1.32
100	3.94	3.09	2.70	2.46	2.31	2.19	2.10	2.03	1.97	1.93	1.77	1.68	1.62	1.57	1.48	1.39	1.34	1.31	1.28
150	3.90	3.06	2.66	2.43	2.27	2.16	2.07	2.00	1.94	1.89	1.73	1.64	1.58	1.54	1.44	1.34	1.29	1.25	1.22
200	3.89	3.04	2.65	2.42	2.26	2.14	2.06	1.98	1.93	1.88	1.72	1.62	1.56	1.52	1.41	1.32	1.26	1.22	1.19
500	3.86	3.01	2.62	2.39	2.23	2.12	2.03	1.96	1.90	1.85	1.69	1.59	1.53	1.48	1.38	1.28	1.21	1.16	1.11
+∞	3.84	3.00	2.60	2.37	2.21	2.10	2.01	1.94	1.88	1.83	1.67	1.57	1.51	1.46	1.35	1.24	1.17	1.11	1.00

续表

$\alpha=0.025$

n_2 \ n_1	1	2	3	4	5	6	7	8	9	10	15	20	25	30	50	100	200	500	$+\infty$
1	647.8	799.5	864.2	899.6	921.8	937.1	948.2	956.6	963.3	968.6	984.9	993.1	998.1	1001.4	1008.1	1013.2	1015.7	1017.2	1018.3
2	38.51	39.00	39.17	39.25	39.30	39.33	39.36	39.37	39.39	39.40	39.43	39.45	39.46	39.46	39.48	39.49	39.49	39.50	39.50
3	17.44	16.04	15.44	15.10	14.88	14.73	14.62	14.54	14.47	14.42	14.25	14.17	14.12	14.08	14.01	13.96	13.93	13.91	13.90
4	12.22	10.65	9.98	9.60	9.36	9.20	9.07	8.98	8.90	8.84	8.66	8.56	8.50	8.46	8.38	8.32	8.29	8.27	8.26
5	10.01	8.43	7.76	7.39	7.15	6.98	6.85	6.76	6.68	6.62	6.43	6.33	6.27	6.23	6.14	6.08	6.05	6.03	6.02
6	8.81	7.26	6.60	6.23	5.99	5.82	5.70	5.60	5.52	5.46	5.27	5.17	5.11	5.07	4.98	4.92	4.88	4.86	4.85
7	8.07	6.54	5.89	5.52	5.29	5.12	4.99	4.90	4.82	4.76	4.57	4.47	4.40	4.36	4.28	4.21	4.18	4.16	4.14
8	7.57	6.06	5.42	5.05	4.82	4.65	4.53	4.43	4.36	4.30	4.10	4.00	3.94	3.89	3.81	3.74	3.70	3.68	3.67
9	7.21	5.71	5.08	4.72	4.48	4.32	4.20	4.10	4.03	3.96	3.77	3.67	3.60	3.56	3.47	3.40	3.37	3.35	3.33
10	6.94	5.46	4.83	4.47	4.24	4.07	3.95	3.85	3.78	3.72	3.52	3.42	3.35	3.31	3.22	3.15	3.12	3.09	3.08
11	6.72	5.26	4.63	4.28	4.04	3.88	3.76	3.66	3.59	3.53	3.33	3.23	3.16	3.12	3.03	2.96	2.92	2.90	2.88
12	6.55	5.10	4.47	4.12	3.89	3.73	3.61	3.51	3.44	3.37	3.18	3.07	3.01	2.96	2.87	2.80	2.76	2.74	2.72
13	6.41	4.97	4.35	4.00	3.77	3.60	3.48	3.39	3.31	3.25	3.05	2.95	2.88	2.84	2.74	2.67	2.63	2.61	2.60
14	6.30	4.86	4.24	3.89	3.66	3.50	3.38	3.29	3.21	3.15	2.95	2.84	2.78	2.73	2.64	2.56	2.53	2.50	2.49
15	6.20	4.77	4.15	3.80	3.58	3.41	3.29	3.20	3.12	3.06	2.86	2.76	2.69	2.64	2.55	2.47	2.44	2.41	2.40
16	6.12	4.69	4.08	3.73	3.50	3.34	3.22	3.12	3.05	2.99	2.79	2.68	2.61	2.57	2.47	2.40	2.36	2.33	2.32
17	6.04	4.62	4.01	3.66	3.44	3.28	3.16	3.06	2.98	2.92	2.72	2.62	2.55	2.50	2.41	2.33	2.29	2.26	2.25
18	5.98	4.56	3.95	3.61	3.38	3.22	3.10	3.01	2.93	2.87	2.67	2.56	2.49	2.44	2.35	2.27	2.23	2.20	2.19
19	5.92	4.51	3.90	3.56	3.33	3.17	3.05	2.96	2.88	2.82	2.62	2.51	2.44	2.39	2.30	2.22	2.18	2.15	2.13
20	5.87	4.46	3.86	3.51	3.29	3.13	3.01	2.91	2.84	2.77	2.57	2.46	2.40	2.35	2.25	2.17	2.13	2.10	2.09
21	5.83	4.42	3.82	3.48	3.25	3.09	2.97	2.87	2.80	2.73	2.53	2.42	2.36	2.31	2.21	2.13	2.09	2.06	2.04
22	5.79	4.38	3.78	3.44	3.22	3.05	2.93	2.84	2.76	2.70	2.50	2.39	2.32	2.27	2.17	2.09	2.05	2.02	2.00
23	5.75	4.35	3.75	3.41	3.18	3.02	2.90	2.81	2.73	2.67	2.47	2.36	2.29	2.24	2.14	2.06	2.01	1.99	1.97
24	5.72	4.32	3.72	3.38	3.15	2.99	2.87	2.78	2.70	2.64	2.44	2.33	2.26	2.21	2.11	2.02	1.98	1.95	1.94
25	5.69	4.29	3.69	3.35	3.13	2.97	2.85	2.75	2.68	2.61	2.41	2.30	2.23	2.18	2.08	2.00	1.95	1.92	1.91
26	5.66	4.27	3.67	3.33	3.10	2.94	2.82	2.73	2.65	2.59	2.39	2.28	2.21	2.16	2.05	1.97	1.92	1.90	1.88
27	5.63	4.24	3.65	3.31	3.08	2.92	2.80	2.71	2.63	2.57	2.36	2.25	2.18	2.13	2.03	1.94	1.90	1.87	1.85
28	5.61	4.22	3.63	3.29	3.06	2.90	2.78	2.69	2.61	2.55	2.34	2.23	2.16	2.11	2.01	1.92	1.88	1.85	1.83
29	5.59	4.20	3.61	3.27	3.04	2.88	2.76	2.67	2.59	2.53	2.32	2.21	2.14	2.09	1.99	1.90	1.86	1.83	1.81
30	5.57	4.18	3.59	3.25	3.03	2.87	2.75	2.65	2.57	2.51	2.31	2.20	2.12	2.07	1.97	1.88	1.84	1.81	1.79
40	5.42	4.05	3.46	3.13	2.90	2.74	2.62	2.53	2.45	2.39	2.18	2.07	1.99	1.94	1.83	1.74	1.69	1.66	1.64
50	5.34	3.97	3.39	3.05	2.83	2.67	2.55	2.46	2.38	2.32	2.11	1.99	1.92	1.87	1.75	1.66	1.60	1.57	1.55
60	5.29	3.93	3.34	3.01	2.79	2.63	2.51	2.41	2.33	2.27	2.06	1.94	1.87	1.82	1.70	1.60	1.54	1.51	1.48
70	5.25	3.89	3.31	2.97	2.75	2.59	2.47	2.38	2.30	2.24	2.03	1.91	1.83	1.78	1.66	1.56	1.50	1.46	1.44
80	5.22	3.86	3.28	2.95	2.73	2.57	2.45	2.35	2.28	2.21	2.00	1.88	1.81	1.75	1.63	1.53	1.47	1.43	1.40
100	5.18	3.83	3.25	2.92	2.70	2.54	2.42	2.32	2.24	2.18	1.97	1.85	1.77	1.71	1.59	1.48	1.42	1.38	1.35
150	5.13	3.78	3.20	2.87	2.65	2.49	2.37	2.28	2.20	2.13	1.92	1.80	1.72	1.67	1.54	1.42	1.35	1.31	1.27
200	5.10	3.76	3.18	2.85	2.63	2.47	2.35	2.26	2.18	2.11	1.90	1.78	1.70	1.64	1.51	1.39	1.32	1.27	1.23
500	5.05	3.72	3.14	2.81	2.59	2.43	2.31	2.22	2.14	2.07	1.86	1.74	1.65	1.60	1.46	1.34	1.25	1.19	1.14
$+\infty$	5.02	3.69	3.12	2.79	2.57	2.41	2.29	2.19	2.11	2.05	1.83	1.71	1.63	1.57	1.43	1.30	1.21	1.13	1.00

续表

$\alpha=0.01$

n_2 \ n_1	1	2	3	4	5	6	7	8	9	10	15	20	25	30	50	100	200	500	+∞
1	4 052.2	4 999.5	5 403.4	5 624.6	5 763.6	5 859.0	5 928.4	5 981.1	6 022.5	6 055.8	6 157.3	6 208.7	6 239.8	6 260.6	6 302.5	6 334.1	6 350.0	6 359.5	6 365.9
2	98.50	99.00	99.17	99.25	99.30	99.33	99.36	99.37	99.39	99.40	99.43	99.45	99.46	99.47	99.48	99.49	99.49	99.50	99.50
3	34.12	30.82	29.46	28.71	28.24	27.91	27.67	27.49	27.35	27.23	26.87	26.69	26.58	26.50	26.35	26.24	26.18	26.15	26.13
4	21.20	18.00	16.69	15.98	15.52	15.21	14.98	14.80	14.66	14.55	14.20	14.02	13.91	13.84	13.69	13.58	13.52	13.49	13.46
5	16.26	13.27	12.06	11.39	10.97	10.67	10.46	10.29	10.16	10.05	9.72	9.55	9.45	9.38	9.24	9.13	9.08	9.04	9.02
6	13.75	10.92	9.78	9.15	8.75	8.47	8.26	8.10	7.98	7.87	7.56	7.40	7.30	7.23	7.09	6.99	6.93	6.90	6.88
7	12.25	9.55	8.45	7.85	7.46	7.19	6.99	6.84	6.72	6.62	6.31	6.16	6.06	5.99	5.86	5.75	5.70	5.67	5.65
8	11.26	8.65	7.59	7.01	6.63	6.37	6.18	6.03	5.91	5.81	5.52	5.36	5.26	5.20	5.07	4.96	4.91	4.88	4.86
9	10.56	8.02	6.99	6.42	6.06	5.80	5.61	5.47	5.35	5.26	4.96	4.81	4.71	4.65	4.52	4.41	4.36	4.33	4.31
10	10.04	7.56	6.55	5.99	5.64	5.39	5.20	5.06	4.94	4.85	4.56	4.41	4.31	4.25	4.12	4.01	3.96	3.93	3.91
11	9.65	7.21	6.22	5.67	5.32	5.07	4.89	4.74	4.63	4.54	4.25	4.10	4.01	3.94	3.81	3.71	3.66	3.62	3.60
12	9.33	6.93	5.95	5.41	5.06	4.82	4.64	4.50	4.39	4.30	4.01	3.86	3.76	3.70	3.57	3.47	3.41	3.38	3.36
13	9.07	6.70	5.74	5.21	4.86	4.62	4.44	4.30	4.19	4.10	3.82	3.66	3.57	3.51	3.38	3.27	3.22	3.19	3.17
14	8.86	6.51	5.56	5.04	4.69	4.46	4.28	4.14	4.03	3.94	3.66	3.51	3.41	3.35	3.22	3.11	3.06	3.03	3.00
15	8.68	6.36	5.42	4.89	4.56	4.32	4.14	4.00	3.89	3.80	3.52	3.37	3.28	3.21	3.08	2.98	2.92	2.89	2.87
16	8.53	6.23	5.29	4.77	4.44	4.20	4.03	3.89	3.78	3.69	3.41	3.26	3.16	3.10	2.97	2.86	2.81	2.78	2.75
17	8.40	6.11	5.18	4.67	4.34	4.10	3.93	3.79	3.68	3.59	3.31	3.16	3.07	3.00	2.87	2.76	2.71	2.68	2.65
18	8.29	6.01	5.09	4.58	4.25	4.01	3.84	3.71	3.60	3.51	3.23	3.08	2.98	2.92	2.78	2.68	2.62	2.59	2.57
19	8.18	5.93	5.01	4.50	4.17	3.94	3.77	3.63	3.52	3.43	3.15	3.00	2.91	2.84	2.71	2.60	2.55	2.51	2.49
20	8.10	5.85	4.94	4.43	4.10	3.87	3.70	3.56	3.46	3.37	3.09	2.94	2.84	2.78	2.64	2.54	2.48	2.44	2.42
21	8.02	5.78	4.87	4.37	4.04	3.81	3.64	3.51	3.40	3.31	3.03	2.88	2.79	2.72	2.58	2.48	2.42	2.38	2.36
22	7.95	5.72	4.82	4.31	3.99	3.76	3.59	3.45	3.35	3.26	2.98	2.83	2.73	2.67	2.53	2.42	2.36	2.33	2.31
23	7.88	5.66	4.76	4.26	3.94	3.71	3.54	3.41	3.30	3.21	2.93	2.78	2.69	2.62	2.48	2.37	2.32	2.28	2.26
24	7.82	5.61	4.72	4.22	3.90	3.67	3.50	3.36	3.26	3.17	2.89	2.74	2.64	2.58	2.44	2.33	2.27	2.24	2.21
25	7.77	5.57	4.68	4.18	3.85	3.63	3.46	3.32	3.22	3.13	2.85	2.70	2.60	2.54	2.40	2.29	2.23	2.19	2.17
26	7.72	5.53	4.64	4.14	3.82	3.59	3.42	3.29	3.18	3.09	2.81	2.66	2.57	2.50	2.36	2.25	2.19	2.16	2.13
27	7.68	5.49	4.60	4.11	3.78	3.56	3.39	3.26	3.15	3.06	2.78	2.63	2.54	2.47	2.33	2.22	2.16	2.12	2.10
28	7.64	5.45	4.57	4.07	3.75	3.53	3.36	3.23	3.12	3.03	2.75	2.60	2.51	2.44	2.30	2.19	2.13	2.09	2.06
29	7.60	5.42	4.54	4.04	3.73	3.50	3.33	3.20	3.09	3.00	2.73	2.57	2.48	2.41	2.27	2.16	2.10	2.06	2.03
30	7.56	5.39	4.51	4.02	3.70	3.47	3.30	3.17	3.07	2.98	2.70	2.55	2.45	2.39	2.25	2.13	2.07	2.03	2.01
40	7.31	5.18	4.31	3.83	3.51	3.29	3.12	2.99	2.89	2.80	2.52	2.37	2.27	2.20	2.06	1.94	1.87	1.83	1.80
50	7.17	5.06	4.20	3.72	3.41	3.19	3.02	2.89	2.78	2.70	2.42	2.27	2.17	2.10	1.95	1.82	1.76	1.71	1.68
60	7.08	4.98	4.13	3.65	3.34	3.12	2.95	2.82	2.72	2.63	2.35	2.20	2.10	2.03	1.88	1.75	1.68	1.63	1.60
70	7.01	4.92	4.07	3.60	3.29	3.07	2.91	2.78	2.67	2.59	2.31	2.15	2.05	1.98	1.83	1.70	1.62	1.57	1.54
80	6.96	4.88	4.04	3.56	3.26	3.04	2.87	2.74	2.64	2.55	2.27	2.12	2.01	1.94	1.79	1.65	1.58	1.53	1.49
100	6.90	4.82	3.98	3.51	3.21	2.99	2.82	2.69	2.59	2.50	2.22	2.07	1.97	1.89	1.74	1.60	1.52	1.47	1.43
150	6.81	4.75	3.91	3.45	3.14	2.92	2.76	2.63	2.53	2.44	2.16	2.00	1.90	1.83	1.66	1.52	1.43	1.38	1.33
200	6.76	4.71	3.88	3.41	3.11	2.89	2.73	2.60	2.50	2.41	2.13	1.97	1.87	1.79	1.63	1.48	1.39	1.33	1.28
500	6.69	4.65	3.82	3.36	3.05	2.84	2.68	2.55	2.44	2.36	2.07	1.92	1.81	1.74	1.57	1.41	1.31	1.23	1.16
+∞	6.63	4.61	3.78	3.32	3.02	2.80	2.64	2.51	2.41	2.32	2.04	1.88	1.77	1.70	1.52	1.36	1.25	1.15	1.00

续表

$\alpha=0.005$

n_2 \ n_1	1	2	3	4	5	6	7	8	9	10	15	20	25	30	50	100	200	500	$+\infty$
1	16 211	19 999	21 615	22 500	23 056	23 437	23 715	23 925	24 091	24 224	24 630	24 836	24 960	25 044	25 211	25 337	25 401	25 439	25 464
2	198.50	199.00	199.17	199.25	199.30	199.33	199.36	199.37	199.39	199.40	199.43	199.45	199.46	199.47	199.48	199.49	199.49	199.50	199.50
3	55.55	49.80	47.47	46.19	45.39	44.84	44.43	44.13	43.88	43.69	43.08	42.78	42.59	42.47	42.21	42.02	41.93	41.87	41.83
4	31.33	26.28	24.26	23.15	22.46	21.97	21.62	21.35	21.14	20.97	20.44	20.17	20.00	19.89	19.67	19.50	19.41	19.36	19.32
5	22.78	18.31	16.53	15.56	14.94	14.51	14.20	13.96	13.77	13.62	13.15	12.90	12.76	12.66	12.45	12.30	12.22	12.17	12.14
6	18.63	14.54	12.92	12.03	11.46	11.07	10.79	10.57	10.39	10.25	9.81	9.59	9.45	9.36	9.17	9.03	8.95	8.91	8.88
7	16.24	12.40	10.88	10.05	9.52	9.16	8.89	8.68	8.51	8.38	7.97	7.75	7.62	7.53	7.35	7.22	7.15	7.10	7.08
8	14.69	11.04	9.60	8.81	8.30	7.95	7.69	7.50	7.34	7.21	6.81	6.61	6.48	6.40	6.22	6.09	6.02	5.98	5.95
9	13.61	10.11	8.72	7.96	7.47	7.13	6.88	6.69	6.54	6.42	6.03	5.83	5.71	5.62	5.45	5.32	5.26	5.21	5.19
10	12.83	9.43	8.08	7.34	6.87	6.54	6.30	6.12	5.97	5.85	5.47	5.27	5.15	5.07	4.90	4.77	4.71	4.67	4.64
11	12.23	8.91	7.60	6.88	6.42	6.10	5.86	5.68	5.54	5.42	5.05	4.86	4.74	4.65	4.49	4.36	4.29	4.25	4.23
12	11.75	8.51	7.23	6.52	6.07	5.76	5.52	5.35	5.20	5.09	4.72	4.53	4.41	4.33	4.17	4.04	3.97	3.93	3.90
13	11.37	8.19	6.93	6.23	5.79	5.48	5.25	5.08	4.94	4.82	4.46	4.27	4.15	4.07	3.91	3.78	3.71	3.67	3.65
14	11.06	7.92	6.68	6.00	5.56	5.26	5.03	4.86	4.72	4.60	4.25	4.06	3.94	3.86	3.70	3.57	3.50	3.46	3.44
15	10.80	7.70	6.48	5.80	5.37	5.07	4.85	4.67	4.54	4.42	4.07	3.88	3.77	3.69	3.52	3.39	3.33	3.29	3.26
16	10.58	7.51	6.30	5.64	5.21	4.91	4.69	4.52	4.38	4.27	3.92	3.73	3.62	3.54	3.37	3.25	3.18	3.14	3.11
17	10.38	7.35	6.16	5.50	5.07	4.78	4.56	4.39	4.25	4.14	3.79	3.61	3.49	3.41	3.25	3.12	3.05	3.01	2.98
18	10.22	7.21	6.03	5.37	4.96	4.66	4.44	4.28	4.14	4.03	3.68	3.50	3.38	3.30	3.14	3.01	2.94	2.90	2.87
19	10.07	7.09	5.92	5.27	4.85	4.56	4.34	4.18	4.04	3.93	3.59	3.40	3.29	3.21	3.04	2.91	2.85	2.80	2.78
20	9.94	6.99	5.82	5.17	4.76	4.47	4.26	4.09	3.96	3.85	3.50	3.32	3.20	3.12	2.96	2.83	2.76	2.72	2.69
21	9.83	6.89	5.73	5.09	4.68	4.39	4.18	4.01	3.88	3.77	3.43	3.24	3.13	3.05	2.88	2.75	2.68	2.64	2.61
22	9.73	6.81	5.65	5.02	4.61	4.32	4.11	3.94	3.81	3.70	3.36	3.18	3.06	2.98	2.82	2.69	2.62	2.57	2.55
23	9.63	6.73	5.58	4.95	4.54	4.26	4.05	3.88	3.75	3.64	3.30	3.12	3.00	2.92	2.76	2.62	2.56	2.51	2.48
24	9.55	6.66	5.52	4.89	4.49	4.20	3.99	3.83	3.69	3.59	3.25	3.06	2.95	2.87	2.70	2.57	2.50	2.46	2.43
25	9.48	6.60	5.46	4.84	4.43	4.15	3.94	3.78	3.64	3.54	3.20	3.01	2.90	2.82	2.65	2.52	2.45	2.41	2.38
26	9.41	6.54	5.41	4.79	4.38	4.10	3.89	3.73	3.60	3.49	3.15	2.97	2.85	2.77	2.61	2.47	2.40	2.36	2.33
27	9.34	6.49	5.36	4.74	4.34	4.06	3.85	3.69	3.56	3.45	3.11	2.93	2.81	2.73	2.57	2.43	2.36	2.32	2.29
28	9.28	6.44	5.32	4.70	4.30	4.02	3.81	3.65	3.52	3.41	3.07	2.89	2.77	2.69	2.53	2.39	2.32	2.28	2.25
29	9.23	6.40	5.28	4.66	4.26	3.98	3.77	3.61	3.48	3.38	3.04	2.86	2.74	2.66	2.49	2.36	2.29	2.24	2.21
30	9.18	6.35	5.24	4.62	4.23	3.95	3.74	3.58	3.45	3.34	3.01	2.82	2.71	2.63	2.46	2.32	2.25	2.21	2.18
40	8.83	6.07	4.98	4.37	3.99	3.71	3.51	3.35	3.22	3.12	2.78	2.60	2.48	2.40	2.23	2.09	2.01	1.96	1.93
50	8.63	5.90	4.83	4.23	3.85	3.58	3.38	3.22	3.09	2.99	2.65	2.47	2.35	2.27	2.10	1.95	1.87	1.82	1.79
60	8.49	5.79	4.73	4.14	3.76	3.49	3.29	3.13	3.01	2.90	2.57	2.39	2.27	2.19	2.01	1.86	1.78	1.73	1.69
70	8.40	5.72	4.66	4.08	3.70	3.43	3.23	3.08	2.95	2.85	2.51	2.33	2.21	2.13	1.95	1.80	1.71	1.66	1.62
80	8.33	5.67	4.61	4.03	3.65	3.39	3.19	3.03	2.91	2.80	2.47	2.29	2.17	2.08	1.90	1.75	1.66	1.60	1.56
100	8.24	5.59	4.54	3.96	3.59	3.33	3.13	2.97	2.85	2.74	2.41	2.23	2.11	2.02	1.84	1.68	1.59	1.53	1.49
150	8.12	5.49	4.45	3.88	3.51	3.25	3.05	2.89	2.77	2.67	2.33	2.15	2.03	1.94	1.76	1.59	1.49	1.42	1.37
200	8.06	5.44	4.41	3.84	3.47	3.21	3.01	2.86	2.73	2.63	2.30	2.11	1.99	1.91	1.71	1.54	1.44	1.37	1.31
500	7.95	5.35	4.33	3.76	3.40	3.14	2.94	2.79	2.66	2.56	2.23	2.04	1.92	1.84	1.64	1.46	1.35	1.26	1.18
$+\infty$	7.88	5.30	4.28	3.72	3.35	3.09	2.90	2.74	2.62	2.52	2.19	2.00	1.88	1.79	1.59	1.40	1.28	1.17	$+\infty$

续表

$\alpha=0.002$

n_2 \ n_1	1	2	3	4	5	6	7	8	9	10	15	20	25	30	50	100	200	500	$+\infty$
1	101 321	124 999	135 094	140 625	144 101	146 484	148 218	149 536	150 571	151 405	153 941	155 227	156 004	156 524	157 571	158 361	158 757	158 996	159 155
2	498.50	499.00	499.17	499.25	499.30	499.33	499.36	499.37	499.39	499.40	499.43	499.45	499.46	499.47	499.48	499.49	499.49	499.50	499.50
3	104.34	92.99	88.45	85.98	84.42	83.35	82.57	81.98	81.51	81.13	79.97	79.38	79.02	78.78	78.30	77.93	77.74	77.63	77.56
4	51.45	42.72	39.27	37.39	36.21	35.40	34.80	34.35	33.99	33.70	32.82	32.36	32.08	31.90	31.52	31.24	31.10	31.01	30.95
5	34.73	27.53	24.70	23.16	22.20	21.53	21.04	20.67	20.37	20.13	19.40	19.02	18.79	18.64	18.33	18.09	17.97	17.90	17.85
6	27.12	20.81	18.34	17.01	16.16	15.58	15.15	14.83	14.57	14.36	13.71	13.38	13.18	13.04	12.76	12.55	12.44	12.38	12.34
7	22.90	17.16	14.93	13.72	12.95	12.42	12.03	11.73	11.50	11.31	10.72	10.41	10.22	10.10	9.84	9.65	9.55	9.49	9.45
8	20.26	14.91	12.84	11.71	11.00	10.50	10.14	9.86	9.64	9.46	8.91	8.62	8.45	8.33	8.09	7.90	7.81	7.75	7.71
9	18.46	13.41	11.44	10.38	9.70	9.23	8.89	8.63	8.42	8.25	7.72	7.44	7.28	7.16	6.93	6.75	6.66	6.61	6.57
10	17.17	12.33	10.45	9.43	8.79	8.34	8.01	7.75	7.55	7.39	6.88	6.62	6.45	6.34	6.12	5.94	5.86	5.80	5.77
11	16.20	11.52	9.71	8.73	8.11	7.67	7.36	7.11	6.91	6.76	6.26	6.01	5.85	5.74	5.52	5.35	5.26	5.21	5.17
12	15.44	10.90	9.15	8.19	7.59	7.17	6.86	6.62	6.43	6.27	5.79	5.54	5.38	5.28	5.06	4.89	4.81	4.75	4.72
13	14.84	10.41	8.70	7.77	7.17	6.76	6.46	6.23	6.04	5.89	5.42	5.17	5.02	4.91	4.70	4.53	4.45	4.39	4.36
14	14.34	10.01	8.33	7.42	6.84	6.44	6.14	5.91	5.73	5.58	5.12	4.87	4.72	4.62	4.41	4.24	4.16	4.10	4.07
15	13.93	9.68	8.03	7.14	6.57	6.17	5.88	5.65	5.47	5.33	4.87	4.63	4.48	4.38	4.16	4.00	3.92	3.87	3.83
16	13.59	9.40	7.78	6.90	6.34	5.95	5.66	5.44	5.26	5.11	4.66	4.42	4.27	4.17	3.96	3.80	3.72	3.66	3.63
17	13.29	9.16	7.56	6.69	6.14	5.76	5.47	5.25	5.08	4.93	4.48	4.25	4.10	4.00	3.79	3.63	3.54	3.49	3.46
18	13.04	8.95	7.38	6.52	5.97	5.59	5.31	5.09	4.92	4.78	4.33	4.10	3.95	3.85	3.64	3.48	3.40	3.35	3.31
19	12.81	8.77	7.21	6.37	5.83	5.45	5.17	4.95	4.78	4.64	4.20	3.97	3.82	3.72	3.52	3.35	3.27	3.22	3.18
20	12.62	8.62	7.07	6.23	5.70	5.32	5.05	4.83	4.66	4.52	4.09	3.85	3.71	3.61	3.40	3.24	3.16	3.11	3.07
21	12.44	8.48	6.95	6.11	5.58	5.21	4.94	4.73	4.56	4.42	3.99	3.75	3.61	3.51	3.30	3.14	3.06	3.01	2.97
22	12.28	8.35	6.84	6.01	5.48	5.12	4.84	4.63	4.47	4.33	3.90	3.67	3.52	3.42	3.22	3.05	2.97	2.92	2.88
23	12.15	8.24	6.74	5.92	5.39	5.03	4.76	4.55	4.38	4.25	3.81	3.59	3.44	3.34	3.14	2.97	2.89	2.84	2.80
24	12.02	8.14	6.65	5.83	5.31	4.95	4.68	4.47	4.31	4.17	3.74	3.51	3.37	3.27	3.07	2.90	2.82	2.76	2.73
25	11.90	8.05	6.56	5.76	5.24	4.88	4.61	4.40	4.24	4.10	3.68	3.45	3.31	3.21	3.00	2.84	2.75	2.70	2.66
26	11.80	7.97	6.49	5.69	5.17	4.81	4.55	4.34	4.18	4.04	3.62	3.39	3.25	3.15	2.94	2.78	2.69	2.64	2.60
27	11.70	7.89	6.42	5.62	5.11	4.75	4.49	4.28	4.12	3.99	3.56	3.34	3.19	3.09	2.89	2.72	2.64	2.58	2.55
28	11.62	7.82	6.36	5.56	5.06	4.70	4.44	4.23	4.07	3.93	3.51	3.29	3.14	3.05	2.84	2.67	2.59	2.53	2.50
29	11.53	7.76	6.30	5.51	5.00	4.65	4.39	4.18	4.02	3.89	3.47	3.24	3.10	3.00	2.79	2.63	2.54	2.49	2.45
30	11.46	7.70	6.25	5.46	4.96	4.60	4.34	4.14	3.98	3.84	3.42	3.20	3.06	2.96	2.75	2.59	2.50	2.44	2.41
40	10.94	7.29	5.88	5.12	4.63	4.29	4.03	3.83	3.67	3.54	3.13	2.91	2.77	2.67	2.46	2.29	2.20	2.14	2.10
50	10.64	7.06	5.68	4.92	4.44	4.11	3.85	3.66	3.50	3.37	2.96	2.74	2.60	2.50	2.29	2.12	2.02	1.96	1.92
60	10.44	6.91	5.54	4.80	4.32	3.99	3.74	3.55	3.39	3.27	2.86	2.64	2.50	2.40	2.18	2.01	1.91	1.85	1.80
70	10.31	6.80	5.45	4.71	4.24	3.91	3.66	3.47	3.32	3.19	2.79	2.56	2.42	2.32	2.11	1.93	1.83	1.76	1.72
80	10.21	6.72	5.38	4.65	4.18	3.85	3.61	3.41	3.26	3.13	2.73	2.51	2.37	2.27	2.05	1.87	1.77	1.70	1.65
100	10.07	6.62	5.29	4.56	4.10	3.77	3.53	3.34	3.18	3.06	2.66	2.44	2.29	2.19	1.98	1.79	1.68	1.61	1.56
150	9.89	6.48	5.17	4.45	3.99	3.67	3.42	3.24	3.09	2.96	2.56	2.34	2.20	2.09	1.87	1.68	1.56	1.49	1.43
200	9.81	6.41	5.11	4.39	3.94	3.61	3.37	3.19	3.04	2.91	2.51	2.29	2.15	2.05	1.82	1.62	1.51	1.42	1.36
500	9.65	6.29	5.00	4.29	3.84	3.52	3.29	3.10	2.95	2.83	2.43	2.21	2.06	1.96	1.73	1.52	1.39	1.29	1.21
$+\infty$	9.55	6.21	4.93	4.23	3.78	3.47	3.23	3.04	2.90	2.77	2.38	2.15	2.01	1.91	1.67	1.46	1.31	1.19	1.00

续表

$\alpha=0.001$

n_2 \ n_1	1	2	3	4	5	6	7	8	9	10	15	20	25	30	50	100	200	500	$+\infty$
1	405 284	499 999	540 379	562 500	576 405	585 937	592 873	598 144	602 284	605 621	615 764	620 908	624 017	626 099	630 285	633 444	635 030	635 983	636 619
2	998.50	999.00	999.17	999.25	999.30	999.33	999.36	999.37	999.39	999.40	999.43	999.45	999.46	999.47	999.48	999.49	999.49	999.50	999.50
3	167.03	148.50	141.11	137.10	134.58	132.85	131.58	130.62	129.86	129.25	127.37	126.42	125.84	125.45	124.66	124.07	123.77	123.59	123.47
4	74.14	61.25	56.18	53.44	51.71	50.53	49.66	49.00	48.47	48.05	46.76	46.10	45.70	45.43	44.88	44.47	44.26	44.13	44.05
5	47.18	37.12	33.20	31.09	29.75	28.83	28.16	27.65	27.24	26.92	25.91	25.39	25.08	24.87	24.44	24.12	23.95	23.85	23.79
6	35.51	27.00	23.70	21.92	20.80	20.03	19.46	19.03	18.69	18.41	17.56	17.12	16.85	16.67	16.31	16.03	15.89	15.80	15.75
7	29.25	21.69	18.77	17.20	16.21	15.52	15.02	14.63	14.33	14.08	13.32	12.93	12.69	12.53	12.20	11.95	11.82	11.75	11.70
8	25.41	18.49	15.83	14.39	13.48	12.86	12.40	12.05	11.77	11.54	10.84	10.48	10.26	10.11	9.80	9.57	9.45	9.38	9.33
9	22.86	16.39	13.90	12.56	11.71	11.13	10.70	10.37	10.11	9.89	9.24	8.90	8.69	8.55	8.26	8.04	7.93	7.86	7.81
10	21.04	14.91	12.55	11.28	10.48	9.93	9.52	9.20	8.96	8.75	8.13	7.80	7.60	7.47	7.19	6.98	6.87	6.81	6.76
11	19.69	13.81	11.56	10.35	9.58	9.05	8.66	8.35	8.12	7.92	7.32	7.01	6.81	6.68	6.42	6.21	6.10	6.04	6.00
12	18.64	12.97	10.80	9.63	8.89	8.38	8.00	7.71	7.48	7.29	6.71	6.40	6.22	6.09	5.83	5.63	5.52	5.46	5.42
13	17.82	12.31	10.21	9.07	8.35	7.86	7.49	7.21	6.98	6.80	6.23	5.93	5.75	5.63	5.37	5.17	5.07	5.01	4.97
14	17.14	11.78	9.73	8.62	7.92	7.44	7.08	6.80	6.58	6.40	5.85	5.56	5.38	5.25	5.00	4.81	4.71	4.65	4.60
15	16.59	11.34	9.34	8.25	7.57	7.09	6.74	6.47	6.26	6.08	5.54	5.25	5.07	4.95	4.70	4.51	4.41	4.35	4.31
16	16.12	10.97	9.01	7.94	7.27	6.80	6.46	6.19	5.98	5.81	5.27	4.99	4.82	4.70	4.45	4.26	4.16	4.10	4.06
17	15.72	10.66	8.73	7.68	7.02	6.56	6.22	5.96	5.75	5.58	5.05	4.78	4.60	4.48	4.24	4.05	3.95	3.89	3.85
18	15.38	10.39	8.49	7.46	6.81	6.35	6.02	5.76	5.56	5.39	4.87	4.59	4.42	4.30	4.06	3.87	3.77	3.71	3.67
19	15.08	10.16	8.28	7.27	6.62	6.18	5.85	5.59	5.39	5.22	4.70	4.43	4.26	4.14	3.90	3.71	3.61	3.55	3.51
20	14.82	9.95	8.10	7.10	6.46	6.02	5.69	5.44	5.24	5.08	4.56	4.29	4.12	4.00	3.77	3.58	3.48	3.42	3.38
21	14.59	9.77	7.94	6.95	6.32	5.88	5.56	5.31	5.11	4.95	4.44	4.17	4.00	3.88	3.64	3.46	3.36	3.30	3.26
22	14.38	9.61	7.80	6.81	6.19	5.76	5.44	5.19	4.99	4.83	4.33	4.06	3.89	3.78	3.54	3.35	3.25	3.19	3.15
23	14.20	9.47	7.67	6.70	6.08	5.65	5.33	5.09	4.89	4.73	4.23	3.96	3.79	3.68	3.44	3.25	3.16	3.10	3.05
24	14.03	9.34	7.55	6.59	5.98	5.55	5.23	4.99	4.80	4.64	4.14	3.87	3.71	3.59	3.36	3.17	3.07	3.01	2.97
25	13.88	9.22	7.45	6.49	5.89	5.46	5.15	4.91	4.71	4.56	4.06	3.79	3.63	3.52	3.28	3.09	2.99	2.93	2.89
26	13.74	9.12	7.36	6.41	5.80	5.38	5.07	4.83	4.64	4.48	3.99	3.72	3.56	3.44	3.21	3.02	2.92	2.86	2.82
27	13.61	9.02	7.27	6.33	5.73	5.31	5.00	4.76	4.57	4.41	3.92	3.66	3.49	3.38	3.14	2.96	2.86	2.80	2.75
28	13.50	8.93	7.19	6.25	5.66	5.24	4.93	4.69	4.50	4.35	3.86	3.60	3.43	3.32	3.09	2.90	2.80	2.74	2.69
29	13.39	8.85	7.12	6.19	5.59	5.18	4.87	4.64	4.45	4.29	3.80	3.54	3.38	3.27	3.03	2.84	2.74	2.68	2.64
30	13.29	8.77	7.05	6.12	5.53	5.12	4.82	4.58	4.39	4.24	3.75	3.49	3.33	3.22	2.98	2.79	2.69	2.63	2.59
40	12.61	8.25	6.59	5.70	5.13	4.73	4.44	4.21	4.02	3.87	3.40	3.14	2.98	2.87	2.64	2.44	2.34	2.28	2.23
50	12.22	7.96	6.34	5.46	4.90	4.51	4.22	4.00	3.82	3.67	3.20	2.95	2.79	2.68	2.44	2.25	2.14	2.07	2.03
60	11.97	7.77	6.17	5.31	4.76	4.37	4.09	3.86	3.69	3.54	3.08	2.83	2.67	2.55	2.32	2.12	2.01	1.94	1.89
70	11.80	7.64	6.06	5.20	4.66	4.28	3.99	3.77	3.60	3.45	2.99	2.74	2.58	2.47	2.23	2.03	1.92	1.84	1.79
80	11.67	7.54	5.97	5.12	4.58	4.20	3.92	3.70	3.53	3.39	2.93	2.68	2.52	2.41	2.16	1.96	1.85	1.77	1.72
100	11.50	7.41	5.86	5.02	4.48	4.11	3.83	3.61	3.44	3.30	2.84	2.59	2.43	2.32	2.08	1.87	1.75	1.67	1.62
150	11.27	7.24	5.71	4.88	4.35	3.98	3.71	3.49	3.32	3.18	2.73	2.48	2.32	2.21	1.96	1.74	1.62	1.53	1.47
200	11.15	7.15	5.63	4.81	4.29	3.92	3.65	3.43	3.26	3.12	2.67	2.42	2.26	2.15	1.90	1.68	1.55	1.46	1.39
500	10.96	7.00	5.51	4.69	4.18	3.81	3.54	3.33	3.16	3.02	2.58	2.33	2.17	2.05	1.80	1.57	1.43	1.32	1.23
$+\infty$	10.83	6.91	5.42	4.62	4.10	3.74	3.47	3.27	3.10	2.96	2.51	2.27	2.10	1.99	1.73	1.49	1.34	1.21	1.00

附录 7 均值的 t 检验的样本容量

单边检验 双边检验 β		显著性水平																				
		$\alpha=0.005$ $\alpha=0.01$					$\alpha=0.01$ $\alpha=0.02$					$\alpha=0.025$ $\alpha=0.05$					$\alpha=0.05$ $\alpha=0.1$					
		0.01	0.05	0.10	0.20	0.50	0.01	0.05	0.10	0.20	0.50	0.01	0.05	0.10	0.20	0.50	0.01	0.05	0.10	0.20	0.50	
$\Delta=\frac{\mid\mu_1-\mu_0\mid}{\sigma}$	0.05																					0.05
	0.10																					0.10
	0.15																				122	0.15
	0.20										139					99					70	0.20
	0.25					110					90				128	64			139	101	45	0.25
	0.30				134	78				115	63			119	90	45		122	97	71	32	0.30
	0.35			125	99	58			109	85	47		109	88	67	34		90	72	52	24	0.35
	0.40		115	97	77	45		101	85	66	37	117	84	68	51	26	101	70	55	40	19	0.40
	0.45		92	77	62	37	110	81	68	53	30	93	67	54	41	21	80	55	44	33	15	0.45
	0.50	100	75	63	51	30	90	66	55	43	25	76	54	44	34	18	65	45	36	27	13	0.50
	0.55	83	63	53	42	26	75	55	46	36	21	63	45	37	28	15	54	38	30	22	11	0.55
	0.60	71	53	45	36	22	63	47	39	31	18	53	38	32	24	13	46	32	26	19	9	0.60
	0.65	61	46	39	31	20	55	41	34	27	16	46	33	27	21	12	39	28	22	17	8	0.65
	0.70	53	40	34	28	17	47	35	30	24	14	40	29	24	19	10	34	24	19	15	8	0.70
	0.75	47	36	30	25	16	42	31	27	21	13	35	26	21	16	9	30	21	17	13	7	0.75
	0.80	41	32	27	22	14	37	28	24	19	12	31	22	19	15	9	27	19	15	12	6	0.80

续表

单边检验 双边检验 β		显著性水平 $\alpha=0.005$ $\alpha=0.01$					$\alpha=0.01$ $\alpha=0.02$					$\alpha=0.025$ $\alpha=0.05$					$\alpha=0.05$ $\alpha=0.1$					
		0.01	0.05	0.10	0.20	0.50	0.01	0.05	0.10	0.20	0.50	0.01	0.05	0.10	0.20	0.50	0.01	0.05	0.10	0.20	0.50	
	0.85	37	29	24	20	13	33	25	21	17	11	28	21	17	13	8	24	17	14	11	6	0.85
	0.90	34	26	22	18	12	29	23	19	16	10	25	19	16	12	7	21	15	13	10	5	0.90
	0.95	31	24	20	17	11	27	21	18	14	9	23	17	14	11	7	19	14	11	9	5	0.95
	1.00	28	22	19	16	10	25	19	16	13	9	21	16	13	10	6	18	13	11	8	5	1.00
	1.1	24	19	16	14	9	21	16	14	12	8	18	13	11	9	6	15	11	9	7		1.1
	1.2	21	16	14	12	8	18	14	12	10	7	15	12	10	8	5	13	10	8	6		1.2
	1.3	18	15	13	11	8	16	13	11	9	6	14	10	9	7		11	8	7	6		1.3
	1.4	16	13	12	10	7	14	11	10	9	6	12	9	8	7		10	8	7	5		1.4
	1.5	15	12	11	9	7	13	10	9	8	6	11	8	7	6		9	7	6			1.5
	1.6	13	11	10	8	6	12	10	9	7	5	10	8	7	6		8	6	6			1.6
$\Delta=\frac{\lvert\mu_1-\mu_0\rvert}{\sigma}$	1.7	12	10	9	8	6	11	9	8	7		9	7	6	5		8	6	5			1.7
	1.8	12	10	9	8	6	10	8	7	7		8	7	6			7	6				1.8
	1.9	11	9	8	7	6	10	8	7	6		8	6	6			7	5				1.9
	2.0	10	8	8	7	5	9	7	7	6		7	6	5			6					2.0
	2.1	10	8	7	7		8	7	6	6		7	6				6					2.1
	2.2	9	8	7	6		8	7	6	5		7	6				6					2.2
	2.3	9	7	7	6		8	6	6			6	5				5					2.3
	2.4	8	7	7	6		7	6	6			6										2.4
	2.5	8	7	6	6		7	6	6			6										2.5
	3.0	7	6	6	5		6	5	5			5										3.0
	3.5	6	5	5			5															3.5
	4.0	6																				4.0

附录 8　均值差的 t 检验的样本容量

单边检验 双边检验 β	显著性水平																				
	$\alpha=0.005$ $\alpha=0.01$					$\alpha=0.01$ $\alpha=0.02$					$\alpha=0.025$ $\alpha=0.05$					$\alpha=0.05$ $\alpha=0.1$					
	0.01	0.05	0.10	0.20	0.50	0.01	0.05	0.10	0.20	0.50	0.01	0.05	0.10	0.20	0.50	0.01	0.05	0.10	0.20	0.50	
$\Delta=\frac{\lvert\mu_1-\mu_0\rvert}{\sigma}$ 0.05																					0.05
0.10																					0.10
0.15																					0.15
0.20																				137	0.20
0.25															124					88	0.25
0.30										123					87					61	0.30
0.35					110					90					64				102	45	0.35
0.40					85					70				100	50			108	78	35	0.40
0.45				118	68				101	55			105	79	39		108	86	62	28	0.45
0.50				96	55			106	82	45		106	86	64	32		88	70	51	23	0.50
0.55			101	79	46		106	88	68	38		87	71	53	27	112	73	58	42	19	0.55
0.60		101	85	67	39		90	74	58	32	104	74	60	45	23	89	61	49	36	16	0.60
0.65		87	73	57	34	104	77	64	49	27	88	63	51	39	20	76	52	42	30	14	0.65
0.70	100	75	63	50	29	90	66	55	43	24	76	55	44	34	17	66	45	36	26	12	0.70
0.75	88	66	55	44	26	79	58	48	38	21	67	48	39	29	15	57	40	32	23	11	0.75
0.80	77	58	49	39	23	70	51	43	33	19	59	42	34	26	14	50	35	28	21	10	0.80

续表

单边检验 双边检验 β		显 著 性 水 平																				
		$\alpha=0.005$ $\alpha=0.01$					$\alpha=0.01$ $\alpha=0.02$					$\alpha=0.025$ $\alpha=0.05$					$\alpha=0.05$ $\alpha=0.1$					
		0.01	0.05	0.10	0.20	0.50	0.01	0.05	0.10	0.20	0.50	0.01	0.05	0.10	0.20	0.50	0.01	0.05	0.10	0.20	0.50	
$\Delta=\frac{\lvert\mu_1-\mu_0\rvert}{\sigma}$	0.85	69	51	43	35	21	62	46	38	30	17	52	37	31	23	12	45	31	25	18	9	0.85
	0.90	62	46	39	31	19	55	41	34	27	15	47	34	27	21	11	40	28	22	16	8	0.90
	0.95	55	42	35	28	17	50	37	31	24	14	42	30	25	19	10	36	25	20	15	7	0.95
	1.00	50	38	32	26	15	45	33	28	22	13	38	27	23	17	9	33	23	18	14	7	1.00
	1.1	42	32	27	22	13	38	28	23	19	11	32	23	19	14	8	27	19	15	12	6	1.1
	1.2	36	27	23	18	11	32	24	20	16	9	27	20	16	12	7	23	16	13	10	5	1.2
	1.3	31	23	20	16	10	28	21	17	14	8	23	17	14	11	6	20	14	11	9	5	1.3
	1.4	27	20	17	14	9	24	18	15	12	8	20	15	12	10	6	17	12	10	8	4	1.4
	1.5	24	18	15	13	8	21	16	14	11	7	18	13	11	9	5	15	11	9	7	4	1.5
	1.6	21	16	14	11	7	19	14	12	10	6	16	12	10	8	5	14	10	8	6	4	1.6
	1.7	19	15	13	10	7	17	13	11	9	6	14	11	9	7	4	12	9	7	6	3	1.7
	1.8	17	13	11	10	6	15	12	10	8	5	13	10	8	6	4	11	8	7	5		1.8
	1.9	16	12	11	9	6	14	11	9	8	5	12	9	7	6	4	10	7	6	5		1.9
	2.0	14	11	10	8	6	13	10	9	7	5	11	8	7	6	4	9	7	6	4		2.0
	2.1	13	10	9	8	5	12	9	8	7	5	10	8	6	5	3	8	6	5	4		2.1
	2.2	12	10	8	7	5	11	9	7	6	4	9	7	6	5		8	6	5	4		2.2
	2.3	11	9	8	7	5	10	8	7	6	4	9	7	6	5		7	5	5	4		2.3
	2.4	11	9	8	6	5	10	8	7	6	4	8	6	5	4		7	5	4	4		2.4
	2.5	10	8	7	6	4	9	7	6	5	4	8	6	5	4		6	5	4	3		2.5
	3.0	8	6	6	5	4	7	6	5	4	3	6	5	4	4		5	4	3			3.0
	3.5	6	5	5	4	3	6	5	4	4		5	4	4	3		4	3				3.5
	4.0	6	5	4	4		5	4	4	3		4	4	3			4					4.0

附录 9　秩和临界值表

样本容量为(n_1,n_2)

n_1	n_2	T_1	T_2	α	n_1	n_2	T_1	T_2	α	n_1	n_2	T_1	T_2	α
2	4	3	11	0.067	4	4	12	24	0.057	6	7	30	54	0.051
2	5	3	13	0.047	4	5	12	28	0.032	6	8	29	61	0.021
2	6	3	15	0.036	4	5	13	27	0.056	6	8	32	58	0.054
2	6	4	14	0.071	4	6	12	32	0.019	6	9	31	65	0.025
2	7	3	17	0.028	4	6	14	30	0.057	6	9	33	63	0.044
2	7	4	16	0.056	4	7	13	35	0.021	6	10	33	69	0.028
2	8	3	19	0.022	4	7	15	33	0.055	6	10	35	67	0.047
2	8	4	18	0.044	4	8	14	38	0.024	7	7	37	68	0.027
2	9	3	21	0.018	4	8	16	36	0.055	7	7	39	66	0.049
2	9	4	20	0.036	4	9	15	41	0.025	7	8	39	73	0.027
2	10	4	22	0.030	4	9	17	39	0.053	7	8	41	72	0.047
2	10	5	21	0.061	4	10	16	44	0.026	7	9	41	78	0.027
3	3	6	15	0.050	4	10	18	42	0.053	7	9	43	76	0.045
3	4	6	18	0.028	5	5	18	37	0.028	7	10	43	83	0.028
3	4	7	17	0.057	5	5	19	36	0.048	7	10	46	80	0.054
3	5	6	21	0.018	5	6	19	41	0.026	8	8	49	87	0.025
3	5	7	20	0.036	5	6	20	40	0.041	8	8	52	84	0.052
3	6	7	23	0.024	5	7	20	45	0.024	8	9	51	93	0.023
3	6	8	22	0.048	5	7	22	43	0.053	8	9	54	90	0.046
3	7	8	25	0.033	5	8	21	49	0.023	8	10	54	98	0.027
3	7	9	24	0.058	5	8	23	47	0.047	8	10	57	95	0.051
3	8	8	28	0.024	5	9	22	53	0.021	9	9	63	108	0.025
3	8	9	27	0.042	5	9	25	50	0.056	9	9	66	105	0.047
3	9	9	30	0.032	5	10	24	56	0.028	9	10	66	114	0.027
3	9	10	29	0.050	5	10	26	54	0.050	9	10	69	111	0.047
3	10	9	33	0.024	6	6	26	52	0.021	10	10	79	131	0.026
3	10	11	31	0.056	6	6	28	50	0.047	10	10	83	127	0.053
4	4	11	25	0.029	6	7	28	56	0.026					

附录 10 正交表

$L_4(2^3)$

列号 / 试验号	1	2	3
1	1	1	1
2	1	2	2
3	2	1	2
4	2	2	1

$L_8(2^7)$

列号 / 试验号	1	2	3	4	5	6	7
1	1	1	1	1	1	1	1
2	1	1	1	2	2	2	2
3	1	2	2	1	1	2	2
4	1	2	2	2	2	1	1
5	2	1	2	1	2	1	2
6	2	1	2	2	1	2	1
7	2	2	1	1	2	2	1
8	2	2	1	2	1	1	2

$L_8(2^7)$两列间的交互作用表

列号 / 试验号	1	2	3	4	5	6	7
	(1)	3	2	5	4	7	6
		(2)	1	6	7	4	5
			(3)	7	6	5	4
				(4)	1	2	3
					(5)	3	2
						(6)	1

$L_{16}(2^{15})$

试验号 \ 列号	1	2	3	4	5	6	7	8	9	10	11	12	13	14	15
1	1	1	1	1	1	1	1	1	1	1	1	1	1	1	1
2	1	1	1	1	1	1	1	2	2	2	2	2	2	2	2
3	1	1	1	2	2	2	2	1	1	1	1	2	2	2	2
4	1	1	1	2	2	2	2	2	2	2	2	1	1	1	1
5	1	2	2	1	1	2	2	1	1	2	2	1	1	2	2
6	1	2	2	1	1	2	2	2	2	1	1	2	2	1	1
7	1	2	2	2	2	1	1	1	1	2	2	2	2	1	1
8	1	2	2	2	2	1	1	2	2	1	1	1	1	2	2
9	2	1	2	1	2	1	2	1	2	1	2	1	2	1	2
10	2	1	2	1	2	1	2	2	1	2	1	2	1	2	1
11	2	1	2	2	1	2	1	1	2	1	2	2	1	2	1
12	2	1	2	2	1	2	1	2	1	2	1	1	2	1	2
13	2	2	1	1	2	2	1	1	2	2	1	1	2	2	1
14	2	2	1	1	2	2	1	2	1	1	2	2	1	1	2
15	2	2	1	2	1	1	2	1	2	2	1	2	1	1	2
16	2	2	1	2	1	1	2	2	1	1	2	1	2	2	1

$L_{16}(2^{15})$两列间的交互作用表

试验号 \ 列号	1	2	3	4	5	6	7	8	9	10	11	12	13	14	15
	(1)	3	2	5	4	7	6	9	8	11	10	13	12	15	14
		(2)	1	6	7	4	5	10	11	8	9	14	15	12	13
			(3)	7	6	5	4	11	10	9	8	15	14	13	12
				(4)	1	2	3	12	13	14	15	8	9	10	11
					(5)	3	2	13	12	15	14	9	8	11	10
						(6)	1	14	15	12	13	10	11	8	9
							(7)	15	14	13	12	11	10	9	8
								(8)	1	2	3	4	5	6	7
									(9)	3	2	5	4	7	6
										(10)	1	6	7	4	5
											(11)	7	6	5	4
												(12)	1	2	3
													(13)	3	2
														(14)	1

$L_9(3^4)$

试验号 \ 列号	1	2	3	4	5	6	7	8	9
1	1	1	1	2	2	2	3	3	3
2	1	2	3	1	2	3	1	2	3
3	1	2	3	2	3	1	3	1	2
4	1	2	3	3	1	2	2	3	1

注：$L_9(3^4)$中任意二列间的交互作用为另外二例.

$L_{27}(3^{13})$

试验号 \ 列号	1	2	3	4	5	6	7	8	9	10	11	12	13
1	1	1	1	1	1	1	1	1	1	1	1	1	1
2	1	1	1	1	2	2	2	2	2	2	2	2	2
3	1	1	1	1	3	3	3	3	3	3	3	3	3
4	1	2	2	2	1	1	1	2	2	2	3	3	3
5	1	2	2	2	2	2	2	3	3	3	1	1	1
6	1	2	2	2	3	3	3	1	1	1	2	2	2
7	1	3	3	3	1	1	1	3	3	3	2	2	2
8	1	3	3	3	2	2	2	1	1	1	3	3	3
9	1	3	3	3	3	3	3	2	2	2	1	1	1
10	2	1	2	3	1	2	3	1	2	3	1	2	3
11	2	1	2	3	2	3	1	2	3	1	2	3	1
12	2	1	2	3	3	1	2	3	1	2	3	1	2
13	2	2	3	1	1	2	3	2	3	1	3	1	2
14	2	2	3	1	2	3	1	3	1	2	1	2	3
15	2	2	3	1	3	1	2	1	2	3	2	3	1
16	2	3	1	2	1	2	3	3	1	2	2	3	1
17	2	3	1	2	2	3	1	1	2	3	3	1	2
18	3	3	1	2	3	1	2	2	3	1	1	2	3
19	3	1	3	2	1	3	2	1	3	2	1	3	2
20	3	1	3	2	2	1	3	2	1	3	2	1	3
21	3	1	3	2	3	2	1	3	2	1	3	2	1
22	3	2	1	3	1	3	2	2	1	3	3	2	1
23	3	2	1	3	2	1	3	3	2	1	1	3	2
24	3	2	1	3	3	2	1	1	3	2	2	1	3
25	3	3	2	1	1	3	2	3	2	1	2	1	3
26	3	3	2	1	2	1	3	1	3	2	3	2	1
27	3	3	2	1	3	2	1	2	1	3	1	3	2

$L_{27}(3^{13})$两列间的交互作用表

列号 试验号	1	2	3	4	5	6	7	8	9	10	11	12	13
	(1)	3 4	2 4	2 3	6 7	5 7	5 6	9 10	8 10	8 9	12 13	11 13	11 12
		(2)	1 4	1 3	8 11	9 12	10 13	5 11	6 12	7 13	5 8	6 9	7 10
			(3)	1 2	9 13	10 11	8 12	7 12	5 13	6 11	6 10	7 8	5 9
				(4)	10 12	8 13	9 11	6 13	7 11	5 12	7 9	5 10	6 8
					(5)	1 7	1 6	2 11	3 13	4 12	2 8	4 10	3 9
						(6)	1 5	4 13	2 12	3 11	3 10	2 9	4 8
							(7)	3 12	4 11	2 13	4 9	3 8	2 10
								(8)	1 10	1 9	2 5	3 7	4 6
									(9)	1 8	4 7	2 6	3 5
										(10)	3 6	4 5	2 7
											(11)	1 13	1 12
												(12)	1 11

附录 11 谱密度表

$R_X(\tau)$	$S_X(\omega)$
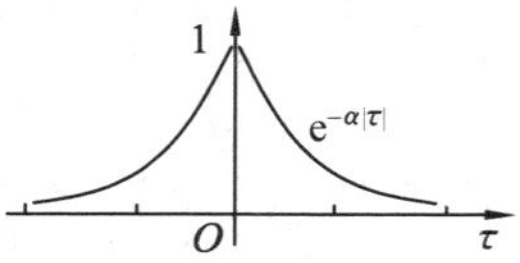	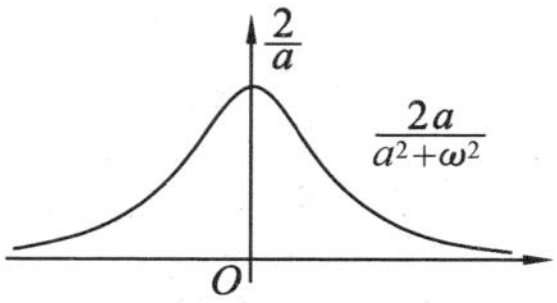
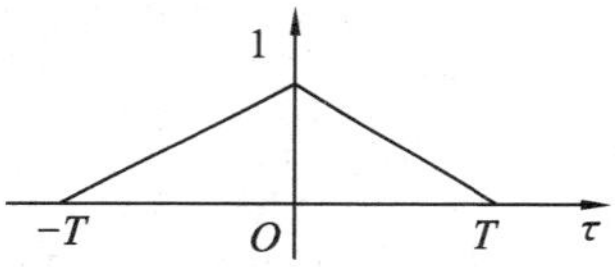	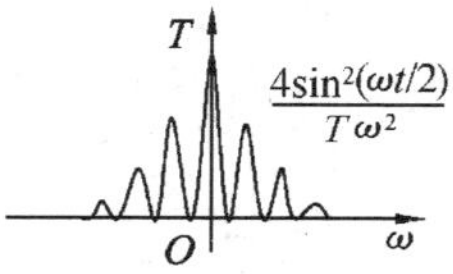
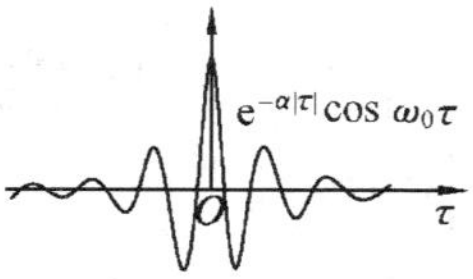	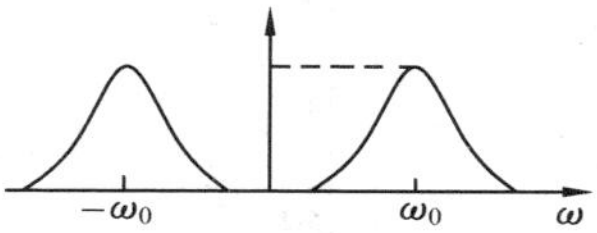
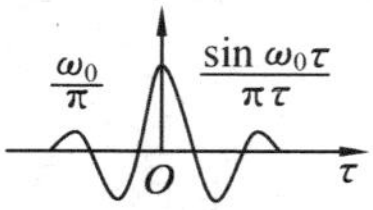	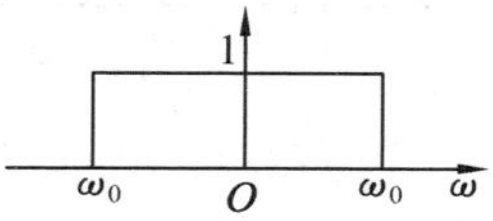
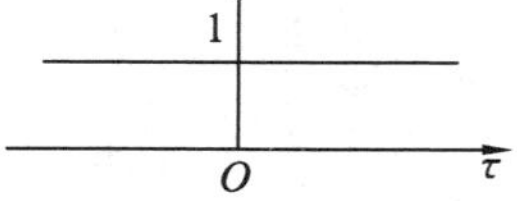	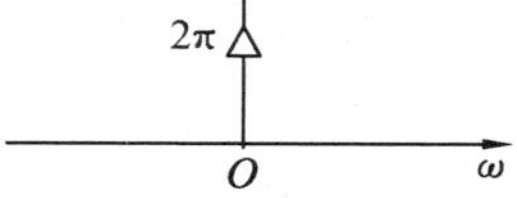
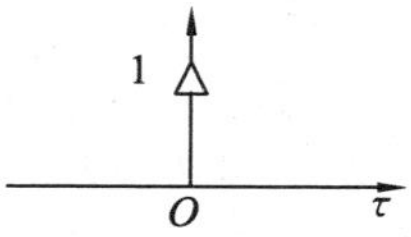	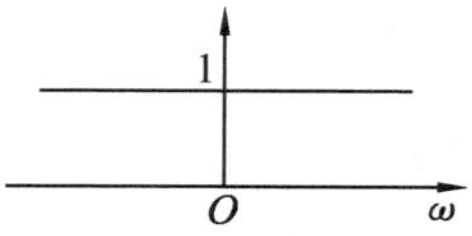
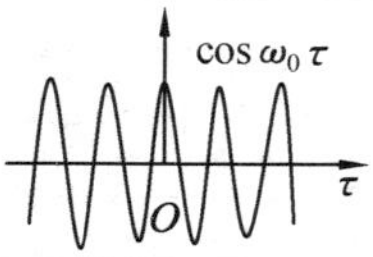	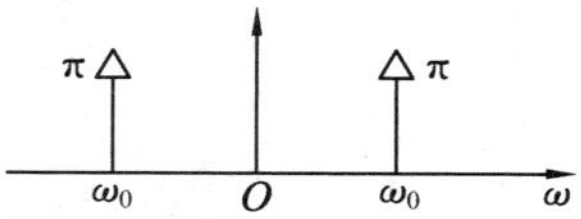

习题参考答案

习题 1

1. (1) $S=\left\{\frac{i}{n}\middle|i=0, 1, \cdots, 100n\right\}$,其中 n 为小班人数;(2) $S=\{3, 4, \cdots, 18\}$;(3) $S=\{10, 11, \cdots\}$;(4) $S=\{00, 100, 0100, 0101, 0110, 1100, 1010, 1011, 1101, 1110, 1111, 0111\}$,其中 0 表示次品,1 表示正品;(5) $S=\{(x, y)|x^2+y^2<1\}$;(6) $S=\{(x, y, z)|x>0, y>0, z>0, x+y+z=1\}$,其中 x, y, z 分别表示第一、第二、第三段的长度.
2. (1) $A\overline{B}\overline{C}$;(2) $AB\overline{C}$;(3) ABC;(4) $A\cup B\cup C$;(5) $\overline{ABC}$;(6) $\overline{AB\cup BC\cup CA}$;(7) $\overline{ABC}$;(8) $AB\cup BC\cup CA$;(9) $A\Delta B\Delta C$ 或 $A\overline{B}\overline{C}+\overline{A}B\overline{C}+\overline{A}\overline{B}C$.
3. (1) $\{5\}$;(2) $\{1, 3, 4, 5, 6, 7, 8, 9, 10\}$;(3) $\{2, 3, 4, 5\}$;(4) $\{1, 2, 3, 4, 5, 6, 7, 8, 9, 10\}$;(5) $\{1, 2, 5, 6, 7, 8, 9, 10\}$.
4. (1) $\overline{A}B=\left\{X\middle|\frac{1}{4}\leqslant x\leqslant\frac{1}{2}\right\}\cup\left\{x\middle|1<x<\frac{3}{2}\right\}$;(2) $\overline{A}\cup B=\Omega$;(3) $\overline{\overline{A}B}=A\cup B=B$;

   (4) $\overline{AB}=\overline{A}=\left\{x\middle|0\leqslant x\leqslant\frac{1}{2}\right\}\cup\{x|1<x\leqslant 2\}$.
5. (1) $A_1A_2A_3A_4$;(2) $\overline{A_1A_2A_3A_4}$;(3) $A_1\Delta A_2\Delta A_3\Delta A_4$;(4) $\overline{A}_1A_2A_3A_4+A_1\overline{A}_2A_3A_4+A_1A_2\overline{A}_3A_4+A_1A_2A_3\overline{A}_4+A_1A_2A_3A_4$.
6. (1) $\frac{25}{49}$;(2) $\frac{10}{49}$;(3) $\frac{20}{49}$;(4) $\frac{5}{7}$.
7. 0.526.
8. 0.5.
9. 0.25;0.375.
10. 设甲、乙两艘轮船到达码头的时刻分别是 x 及 y,则所有基本事件:$0\leqslant x\leqslant 24, 0\leqslant y\leqslant 24$;而不需要等候空出码头所包含的基本事件:$y-x\geqslant 1, x-y\geqslant 2, p=0.879$.
11. (1) $\frac{1}{4}$;(2) $\frac{5}{8}$.
12. $\frac{1}{4}$.
13. 略.
14. $\frac{4}{7}$;$\frac{2}{3}$.
15. 0.008 4.
16. $\frac{19}{28}$.
17. 0.973.
18. 0.455.
19. (1) 0.056;(2) 0.05.

20. (1) $\frac{28}{45}$；(2) $\frac{1}{45}$；(3) $\frac{16}{45}$；(4) $\frac{9}{45}$.

21. $\frac{252}{2\,431}$.

22. 均为$\frac{1}{10}$.

23. 0.25.

24. $\frac{1}{3}$.

25. 0.18.

26. (1) 0.3；(2) 0.6.

27. 略.

28. 0.504；0.496.

29. 0.328.

30. 11 次.

31. 2 台.

32. (1) 0.321；(2) 0.436.

33. $\frac{6}{17}$，$\frac{3}{17}$，$\frac{8}{17}$.

34. $\frac{20}{21}$.

35. 0.458.

36. $\frac{2\alpha p_1}{(3\alpha-1)p_1+1-\alpha}$.

习题 2

1. 令 X 为掷出的点数，则"出现奇数点"为$\{X=1$ 或 3 或 $5\}$，"出现的点数大于 4"为$\{X=5$ 或 $6\}$.

2. (1) $\{X_1=1, X_2=0\}$为"第一、第二次分别取得正品、次品"；(2) $\{X_1+X_2+X_3\geqslant 1\}$为"前三次检验中至少有一个是正品".

3. (1) $F(x)=\begin{cases}0, & x<a,\\ 1, & x\geqslant a;\end{cases}$ (2) $F(x)=\begin{cases}0, & x<1,\\ 1/6, & 1\leqslant x<2,\\ 1/3, & 2\leqslant x<3,\\ 1/2, & 3\leqslant x<4,\\ 2/3, & 4\leqslant x<5,\\ 5/6, & 5\leqslant x<6,\\ 1, & x\geqslant 6.\end{cases}$

4. (1) $C=1$；(2) $C=\frac{1}{e^{\lambda}-1}$；(3) $C=\frac{2}{3^{n+1}-1}$.

5. (1) $P(X=3)=0.1$，$P(X=4)=0.3$，$P(X=5)=0.6$，$P(X\leqslant 4)=0.4$；(2) $P(Y=1)=0.6$，$P(Y=2)=0.3$，$P(Y=3)=0.1$，$P(Y>4)=0$；$P(Y>4)=0$.

6.

X	0	1	2	3	4	5	6
$P(X=x_i)$	$\frac{1}{3}$	$\frac{2}{3^2}$	$\frac{2^2}{3^3}$	$\frac{2^3}{3^4}$	$\frac{2^4}{3^5}$	$\frac{2^5}{3^6}$	$\frac{2^6}{3^6}$

7. 令 X,Y 分别表示甲、乙两人的射击次数，$P(X=k)=0.76\times(0.24)^{k-1},k=1,2,\cdots$；$P(Y=0)=0.4,P(Y=k)=0.456\times(0.24)^{k-1},k=1,2,\cdots$.

8.

ξ	0	1	2	3
$P(\xi=x_i)$	$\frac{1}{30}$	$\frac{3}{10}$	$\frac{1}{2}$	$\frac{1}{6}$

9. (1) $47\times\frac{2^{11}}{3^{12}}$；(2) 11 个单位.

10. 20 万.

11. $1/(6e)$.

12. 16.

13. 不一定，不一定.

14. 提示：易知 $F(x)$ 为分布函数，设对应的随机变量为 X，由 $F(x)$ 的表达式可知，X 可以取 $(-\infty,0)$ 中任一值，故 X 不是离散型随机变量；又由 $P(X=1)=F(1)-F(1-0)=1/2$ 知，X 不是连续型随机变量.

*15. $f(x)=\begin{cases}\dfrac{2(h-x)}{h^2}, & 0<x<h,\\ 0, & \text{其他}.\end{cases}$

16. (1) $k=\lambda/2$, $P(-1<X<1)=1-e^{-\lambda}$, $F(x)=\begin{cases}\dfrac{1}{2}e^{\lambda x}, & x<0,\\ 1-\dfrac{1}{2}e^{-\lambda x}, & x\geqslant 0.\end{cases}$

(2) $k=1/2,P\left(-\frac{\pi}{4}<X<\frac{\pi}{4}\right)=\sqrt{2}/2$, $F(x)=\begin{cases}0, & x<-\dfrac{\pi}{2},\\ \dfrac{1+\sin x}{2}, & -\dfrac{\pi}{2}\leqslant x<\dfrac{\pi}{2},\\ 1, & x\geqslant\dfrac{\pi}{2}.\end{cases}$

17. (1) $A=1/2,B=1/\pi$；(2) 1/3；(3) $f(x)=\begin{cases}\dfrac{1}{\pi\sqrt{a^2-x^2}}, & -a<x<a,\\ 0, & \text{其他}.\end{cases}$

18. 0.6.

19. $V=1-\sqrt[5]{0.01}\approx 0.601\,9$(千加仑).

20. 约为 0.63.

21. (1) 0.308 5；(2) 0.774 5；(3) 0.066 8.

22. (1) 0.988 6；(2) 约为 99.84.

23. (1)

η	0	1/2	1	3/2	5/2
P	11/30	1/5	1/6	1/5	1/15

(2)

η	cos3	cos2	cos1	1
P	11/30	1/5	7/30	1/5

24. $P(Y=-1)=0.25,P(Y=0)=0.5,P(Y=1)=0.25$.

25. $F_Y(y)=\begin{cases}0, & y<0,\\ F(y^2)-F(-y^2), & y\geqslant 0.\end{cases}$

26. $f_Y(y)=\begin{cases}\dfrac{1}{(1-y)^2}, & 0<y<\dfrac{1}{2},\\ 0, & 其他.\end{cases}$

27. $N(0,1)$.

28. (1) $f_{Y_1}(y)=\begin{cases}\dfrac{1}{\sqrt{2\pi}y}e^{-\frac{1}{2}(\ln y)^2}, & y>0,\\ 0, & y\leqslant 0;\end{cases}$ (2) $f_{Y_2}(y)=\begin{cases}0, & y\leqslant -1,\\ \dfrac{1}{2\sqrt{\pi(1+y)}}e^{-\frac{1+y}{4}}, & y>-1.\end{cases}$

29. $f_Y(y)=\begin{cases}\dfrac{2}{\pi\sqrt{1-y^2}}, & 0<y<1,\\ 0, & 其他.\end{cases}$

习题 3

1.

X \ Y	1	2	3	4
1	$\frac{1}{4}$	0	0	0
2	$\frac{1}{8}$	$\frac{1}{8}$	0	0
3	$\frac{1}{12}$	$\frac{1}{12}$	$\frac{1}{12}$	0
4	$\frac{1}{16}$	$\frac{1}{16}$	$\frac{1}{16}$	$\frac{1}{16}$

2.

X \ Y	1	3
1	0	$\frac{1}{8}$
1	$\frac{3}{8}$	0
2	$\frac{3}{8}$	0
3	0	$\frac{1}{8}$

3.

X \ Y	1	3	5
1	0	$\frac{1}{6}$	$\frac{1}{12}$
3	$\frac{1}{6}$	$\frac{1}{6}$	$\frac{1}{6}$
5	$\frac{1}{12}$	$\frac{1}{6}$	0

4.

X_1 \ X_2	0	1	2
0	$\frac{4}{16}$	$\frac{4}{16}$	$\frac{4}{16}$
1	$\frac{4}{16}$	$\frac{2}{16}$	0
2	$\frac{1}{16}$	0	0

X_1	0	1	2
P_k	$\frac{9}{16}$	$\frac{6}{16}$	$\frac{1}{16}$

5. (1) $k=12$；(2) $F(x, y)=\begin{cases}(1-e^{-3x})(1-e^{-4y}), & x>0, y>0,\\ 0, & 其他;\end{cases}$ (3) 0.95.

6. $\frac{65}{72}$.

7. (1) $\frac{1}{2}$；(2) $e^{-\frac{R_1^2}{200}}-e^{-\frac{R_2^2}{200}}$.

8. (1)

X	1	2	3	4
P_k	$\frac{1}{4}$	$\frac{1}{4}$	$\frac{1}{4}$	$\frac{1}{4}$

Y	1	2	3	4
P_k	$\frac{25}{48}$	$\frac{13}{48}$	$\frac{7}{48}$	$\frac{3}{48}$

(2)

X	0	1	2	3
P_k	$\frac{1}{8}$	$\frac{3}{8}$	$\frac{3}{8}$	$\frac{1}{8}$

Y	1	4
P_k	$\frac{6}{8}$	$\frac{2}{8}$

9. (1) $c=\frac{21}{4}$；(2) $f_X(x)=\begin{cases}\frac{21}{8}x^2(1-x^4), & -1\leqslant x\leqslant 1,\\ 0, & 其他,\end{cases}$ $f_Y(y)=\begin{cases}\frac{7}{2}y^{\frac{5}{2}}, & 0\leqslant y\leqslant 1,\\ 0, & 其他.\end{cases}$

10. 略.

11. 不相互独立.

12. (1) 相互独立；(2) 0.091.

13. (1) 不相互独立；

(2)

X	1	3	5
P_k	$\frac{1}{3}$	$\frac{1}{3}$	$\frac{1}{3}$

14. (1) X,Y 不相互独立；(2) $f_{X|Y(x|y)}=\begin{cases}\frac{6x(2-x-y)}{4-3y}, & 0\leqslant x\leqslant 1,\\ 0, & 其他,\end{cases}$

$f_{Y|X(y|x)}=\begin{cases}\frac{6y(2-x-y)}{4-3x}, & 0\leqslant y\leqslant 1,\\ 0, & 其他.\end{cases}$

15. (1) $f(x, y)=\begin{cases}\frac{1}{2}e^{-\frac{y}{2}}, & 0<x<1, y>0,\\ 0, & 其他;\end{cases}$ (2) 0.144 5.

16. 略.

17. $f_{\delta}(z)=\begin{cases}\dfrac{1}{15\ 000}(600z-60z^2+z^3), & 0\leqslant z<10,\\ \dfrac{1}{15\ 000}(800-1\ 200z+60z^2-z^3), & 10\leqslant z\leqslant 20,\\ 0, & \text{其他}.\end{cases}$

18. (1) $f_1(x)=\begin{cases}\dfrac{x^3\mathrm{e}^{-x}}{3!}, & x>0,\\ 0, & x\leqslant 0;\end{cases}$ (2) $f_2(x)=\begin{cases}\dfrac{x^5\mathrm{e}^{-x}}{5!}, & x>0,\\ 0, & x\leqslant 0.\end{cases}$

19. $f_U(t)=\begin{cases}\dfrac{3t^2}{(1+4)^4}, & t>0,\\ 0, & t\leqslant 0.\end{cases}$

习题 4

1. $\dfrac{1}{3},\dfrac{2}{3},\dfrac{35}{24}$.

2. 12.

3. $2,\dfrac{4}{3}$.

4. $\dfrac{1}{3}$.

5. $2,\dfrac{1}{3}$.

6. (1) $\dfrac{3}{4},\dfrac{5}{8}$; (2) $\dfrac{1}{8}$.

7. q, q^2.

8. 0.6, 0.46.

9. $\sqrt{\dfrac{2}{p}},1-\dfrac{2}{p}$.

10. $25.6,\dfrac{4}{9}$.

11. $\dfrac{\alpha}{\beta},\dfrac{\alpha}{\beta}$.

12. $\dfrac{1}{3},\dfrac{1}{3},\dfrac{1}{12}$.

13. (1) 2; (2) 1.

14. (1) $\dfrac{5}{3}$, $\dfrac{47}{24}$; (2) $\dfrac{27}{8}$; (3) $\dfrac{5}{9},\dfrac{47}{64}$.

15. (1)

X_2 \ X_1	0	1
0	$1-\mathrm{e}^{-1}$	$\mathrm{e}^{-1}-\mathrm{e}^{-2}$
1	0	e^{-2}

(2) $\mathrm{e}^{-1},\mathrm{e}^{-1}+\mathrm{e}^{-2}$.

16. (1) 略; (2) $\dfrac{22}{9}$.

17. (1) 不相互独立；(2) 不相关.

18. (1) 略；(2) $\alpha=\frac{1}{4}$，$\beta=\frac{1}{8}$ 或 $\alpha=\frac{1}{8}$，$\beta=\frac{1}{4}$；(3) 当 $\alpha=\frac{1}{4}$，$\beta=\frac{1}{8}$ 时不独立，当 $\alpha=\frac{1}{8}$，$\beta=\frac{1}{4}$ 时独立.

19. (1) $\frac{1}{2}$；(2) $\frac{7}{12},\frac{11}{144}$；(3) $-\frac{1}{144},-\frac{1}{11}$.

20. (1) $\frac{1}{3}$,3；(2) 0.

21. (1) 1,1；(2) 0,不相关.

22. 略.

23. 2.5,1.875.

24. (1)

Z	0	1
P_i	$2pq$	p^2+q^2

(2)

X \ Z	0	1
0	pq	q^2
1	pq	p^2

(3) $p(p-p^2-q^2)$；

(4) $\frac{1}{2}$,独立.

25. 略.

26. $\frac{a^2-b^2}{a^2+b^2}$.

27. $\frac{1}{6},\frac{7}{6},\frac{11}{36},\frac{11}{36},-\frac{11}{36},-\frac{1}{11}\begin{bmatrix}\frac{11}{36} & -\frac{11}{36}\\ -\frac{11}{36} & \frac{11}{36}\end{bmatrix}$

习题 5

1～4 略.

5. 0.942 2.

6. 189.

7. 0.816 48.

8. 能.

9. 14 710.

10. 略.

11. 略

习题 6

1. (1) 总体为机械电子工程专业本科生毕业实习期满后的月薪(X)；(2) 样本为 35 名

2008 年机械电子工程专业本科毕业生实习期满后的月薪；(3) 样本容量为 35.

2. (1) 样本的概率分布为 $P(X_1=i_1,X_2=i_2,\cdots,X_n=i_n)=p^{\sum_{j=1}^{n}i_j}(1-p)^{n-\sum_{j=1}^{n}i_j}$；(2) 样本的概率密度为 $f(x_1,x_2,\cdots,x_n)=\begin{cases}\lambda^n e^{-\lambda\sum_{i=1}^{n}x_i}, & x_1,x_2,\cdots,x_n>0,\\ 0, & 其他.\end{cases}$

3. $F_n(x)=\begin{cases}0, & x<-2.1,\\ 1/5, & -2.1\leqslant x<-1,\\ 2/5, & -1\leqslant x<0,\\ 3/5, & 0\leqslant x<1.5,\\ 4/5, & 1.5\leqslant x<2.3,\\ 1, & x\geqslant 2.3.\end{cases}$

4. 是,对应的概率分布为

X	x_1	x_2	$\cdots$	x_n
$P(X=x_i)$	$1/n$	$1/n$	$\cdots$	$1/n$

5. 样本 k 阶原点矩、k 阶中心矩的观察值分别是经验分布函数的 k 阶原点矩、k 阶中心矩.

6. (1) 0.34；(2) 170.

7. 略.

8. (1) $X_n+3\lambda$ 不是统计量,其他都是；(2) 样本均值为 3/5,样本方差为 6/25.

9. (1) 略；(2) $\sum_{i=1}^{n}(x_i-c)^2=\sum_{i=1}^{n}[(x_i-\bar{x})+(\bar{x}-c)]^2=\sum_{i=1}^{n}(x_i-c)^2+2\sum_{i=1}^{n}(x_i-\bar{x})(\bar{x}-c)+n(\bar{x}-c)^2$,等式右边第二项由(1) 知为 0,由此即得所证.

10. 提示:利用上题(1)的结论.

11. 略.

12. 样本最小值为 $x_{(1)}=341$,样本第一 4 分位数 $\hat{x}_{0.25}=383$,样本中位数 $\hat{x}_{0.5}=408.5$,样本第三 4 分位数 $\hat{x}_{0.75}=428$,样本最大值为 $x_{(n)}=479$;箱线图略.

13. (1) 0.159 8, (2) 183.05(g).

14. (1) 2 831；(2) 40.

15. 提示:$Z_1=X_1^2+X_2^2+\cdots+X_m^2\sim\chi^2(m)$,$Z_2=Y_1^2+Y_2^2+\cdots+Y_n^2\sim\chi^2(n)$,且 Z_1 与 Z_2 独立.

16. 0.195.

17. 20/9.

18. (1) 略;(2) 提示:在题 9 中将 n 换作 $n+1$ 并令 $c=\overline{X}_n$,则有 $\sum_{i=1}^{n+1}(X_i-\overline{X}_n)^2=\sum_{i=1}^{n+1}(X_i-\overline{X}_{n+1})^2+(n+1)(\overline{X}_{n+1}-\overline{X}_n)^2$,由此再结合(1) 即可得所证.

19. 提示:利用 $t(1)$分布的生成.

20. 提示:Y_1, S^2 是样本$(X_1,X_2,\cdots,X_6)$的样本均值和样本方差, Y_2 是样本(X_7,X_8,X_9)的样本均值,因此借助定理及其性质即可得所证.

习题 7

1. $\hat{\theta}=\dfrac{1}{\overline{x}}$.

2. $\begin{cases}\hat{a}=\overline{x}-\sqrt{3\hat{\sigma}^2},\\ \hat{b}=\overline{x}+\sqrt{3\hat{\sigma}^2},\end{cases}$ 其中 $\hat{\sigma}^2=\dfrac{1}{n}\sum\limits_{i=1}^{n}(x_i-\overline{x})^2$.

3. $\hat{\mu}=A_1=\dfrac{1}{n}\sum\limits_{i=1}^{n}X_i=\overline{X},\hat{\sigma}^2=\dfrac{1}{n}\sum\limits_{i=1}^{n}(X_i-\overline{X})^2$.

4. $\hat{\mu}=\dfrac{1}{n}\sum\limits_{i=1}^{n}X_i=\overline{X},\hat{\sigma}^2=\dfrac{1}{n}\sum\limits_{i=1}^{n}(X_i-\overline{X})^2$.

5. $\hat{\theta}=\max(X_1,X_2,\cdots,X_n)$.

6. $\hat{\theta}=\dfrac{1}{n}\sum\limits_{i=1}^{n}x_i=\overline{x}$.

7. $\hat{\theta}=\dfrac{1}{n}\sum\limits_{i=1}^{n}x_i^{a}$.

8～10，略.

11. $c=\dfrac{1}{3},d=\dfrac{2}{3}$.

12. [1 244.2,1 273.8].

13. $n\geqslant\left(\dfrac{2\sigma_0}{L}u_{\frac{\alpha}{2}}\right)^2$.

14. (1) (1 185.612, 1 214.388)； (2) 0.95.

15. $c=\dfrac{1}{2(n-1)}$.

16. ($\sqrt{189.24}$, $\sqrt{1\ 333.33}$).

17. (0.02, 0.10).

18. (0.222, 3.601).

19. (−0.40, 2.60).

20. (0.41, 0.49).

21. (3.52, 5.48).

22. (0.54, 0.66).

23. (1) 假定该批零件的长度服从正态分布；(2) (14.77,15.03)；(3) 不能确定.

24. (1) (10.35,13.65)；(2) (10.43,13.57)；(3)在(1)估计中，假定该银行办理每笔业务所需的时间服从正态分布.

25. (1) (149.216,150.784)；(2) 略；(3) 62.

26. (1) (100.87,101.77)；(2) (0.82, 0.98).

27. (1) (0.26, 0.44)；(2) 179.

28. (1) (22.74,48.26)；(2) (23.39, 47.61)；(3) 22.

29. (1) (6.62,8.38)；(2) (0.014, 0.086)；(3) 143.

习题 8

1. 接受.
2. 可以认为 $\mu=1\ 600$.
3. 接受.
4. 不显著地小于 10.
5. 能.
6. 无显著差异.
7. 元件寿命不大于 255h.
8. 标准差显著偏大.
9. 接受.
10. (1) 拒绝;(2) 接受.
11. 接受.
12. 有显著变化.
13. 拒绝.
14. (1) 接受 H_0;(2) 拒绝 H_0.
15. 无显著变化.
16. 支持.
17. 接受 H_0,认为方差相等.

参 考 文 献

[1] 沈恒范. 概率统计讲义. 2 版. 北京:高等教育出版社,1982.

[2] 盛骤,等. 概率论与数理统计. 4 版. 北京:高等教育出版社,2008.

[3] 梁之舜,邓集贤,等. 概率论及数理统计. 2 版. 北京:高等教育出版社,1998.

[4] 同济大学教研室. 概率论. 北京:高等教育出版社,1982.

[5] 袁荫棠. 概率论与数理统计. 修订版. 北京:中国人民大学出版社,1989.

[6] 朱翼隽,等. 概率论. 北京:机械工业出版社,1998.

[7] 陶永德,等. 数理统计. 沈阳:辽宁科学技术出版社,1991.

[8] 魏宗舒. 概率论与数理统计. 北京:高等教育出版社,1983.

[9] 复旦大学. 概率论(1-3 册). 北京:高等教育出版社,1981.

[10] 王梓坤. 概率论基础及其应用. 北京:科学出版社,1976.

[11] 何声武. 随机过程导论. 上海:华东师范大学出版社,1989.

[12] 汪荣鑫. 随机过程. 西安:西安交通大学出版社,1998.

[13] 叶中行. 信息论基础. 北京:高等教育出版社,2003.

[14] Chung Kai-lai. A Course in Probability Theory . 2nded. Academic Press ,1974.